普通高等教育“十四五”规划教材
应用型本科食品科学与工程类专业系列教材

食品包装学

刘士伟　张平安　主编
张钦发　主审

中国农业大学出版社
·北京·

内容简介

本书系统且全面地介绍了食品包装的基本概念、食品包装的技术要求、包装食品腐败变质与包装原理、食品包装材料、食品包装保质期预测理论与方法、食品包装技术、食品包装实例、食品包装安全与检测、食品包装标准与法规九大方面的内容。其目的是学生在能够了解食品腐败变质原理的基础上，根据食品有效期的要求，选择合适的包装材料、包装方法对食品进行合理的包装，以满足现代生活中人们不断提高的对食品安全的要求。

根据市场对人才的需求，本书在内容选取上重视体现应用型本科的教学特点，既具有一定的理论深度和知识广度，又具有实用性和先进性。本书涉及很多新材料、新技术、新工艺和大量食品包装实例。其不仅能提高学生的专业理论水平，同时还能使学生了解当前食品包装发展方向。在大量的包装实例中，学生将理论与实际相结合，可更好地应对企业的实际生产需要。本书可作为食品科学与工程、包装工程等专业的教学用书，也可作为食品生产企业、食品包装生产企业及相关管理部门的参考用书。

图书在版编目(CIP)数据

食品包装学 / 刘士伟，张平安主编. --北京：中国农业大学出版社，2021.10
ISBN 978-7-5655-2462-2

Ⅰ.①食… Ⅱ.①刘…②张… Ⅲ.①食品包装 Ⅳ.①TS206

中国版本图书馆 CIP 数据核字(2020)第 217865 号

书　名　食品包装学
作　者　刘士伟　张平安　主编　　张钦发　主审

策划编辑　赵　中　　　　责任编辑　赵　中　张　程
封面设计　郑　川
出版发行　中国农业大学出版社
社　址　北京市海淀区圆明园西路 2 号　　　　邮政编码　100193
电　话　发行部 010-62733489，1190　　　　读者服务部 010-62732336
　　　　编辑部 010-62732617，2618　　　　出　版　部 010-62733440
网　址　http://www.caupress.cn　　　　**E-mail** cbsszs @ cau.edu.cn
经　销　新华书店
印　刷　北京溢漾印刷有限公司
版　次　2021 年 2 月第 1 版　　2021 年 2 月第 1 次印刷
规　格　185 mm×260 mm　　16 开本　　21.5 印张　　495 千字
定　价　68.00 元

应用型本科食品科学与工程类专业系列教材
编审指导委员会委员

（按姓氏拼音排序）

编审人员

主　编　刘士伟（河南牧业经济学院）

　　　　　张平安（河南农业大学）

副主编　向延菊（塔里木大学）

　　　　　高　松（郑州工程技术学院）

　　　　　郑华艳（吉林农业科技学院）

参　编　张　丹（晋中信息学院）

　　　　　王利平（新乡学院）

　　　　　毛烨炫（河南农业大学）

　　　　　苗红涛（河南牧业经济学院）

　　　　　位春傲（河南牧业经济学院）

　　　　　卢芳芳（河南牧业经济学院）

主　审　张钦发（华南农业大学）

出版说明

随着世界人口增长、社会经济发展、生存环境改变，人类对食品供给、营养、健康、安全、美味、方便的关注不断加深。食品消费在现代社会早已成为经济发展、文明程度提高的主要标志。从全球看，食品工业已经超过了汽车、航空、信息等行业成为世界上的第一大产业。预计未来20年里，世界人口每年将增加超过7300万，对食品的需求量势必剧增。食品产业已经成为民生产业、健康产业、国民经济支柱产业，在可预期的未来更是朝阳产业。

在我国，食品消费是人生存权的最根本保障，食品工业的发展直接关系到人民生活、社会稳定和国家安全，在国民经济中的地位和作用日益突出。食品工业在发展我国经济、保障人们健康、提高人民生活水平方面发挥了越来越重要的作用。随着新时代我国工业化、城镇化建设和发展特别是全面建成小康社会带来的巨大的消费市场需求，食品产业的发展潜力巨大。

展望未来食品科学技术和相关产业的发展，有专家指出，食品营养健康的突破，将成为食品发展的新引擎；食品物性科学的进展，将成为食品制造的新源泉；食品危害物发现与控制的成果，将成为安全主动保障的新支撑；绿色制造技术的突破，将成为食品工业可持续发展的新驱动；食品加工智能化装备的革命，将成为食品工业升级的新动能；食品全链条技术的融合，将成为食品产业的新模式。

随着工农业的快速发展，环境污染的加剧，食品中各种化学性、生物性、物理性危害的风险不同程度地存在或增大，影响着人民群众的身体健康与生命安全以及国家的经济发展与社会稳定；同时，各种与食物有关的慢性疾病不断增长，对食品的营养、品质和安全提出了更高的要求。

鉴于以上食品科学与行业的发展状况，我国对食品科学与工程类的人才需求量必将不断增加，对食品类人才素质、知识、能力结构的要求必将不断提高，对食品类人才培养的层次与类型必将发生相应变化。

2015年教育部 国家发展改革委 财政部发布《关于引导部分地方普通本科高校向应用型转变的指导意见》（教育部 国家发展改革委 财政部 2015年10月21日 教发〔2015〕7号。以下简称《转型指导意见》）。《转型指导意见》提出，培养应用型人才，确立应用型的类型定位和培养应用型技术技能型人才的职责使命，根据所服务区域、行业的发展需求，找准切入点、创新点、增长点。抓住新产业、新业态和新技术发展机遇，以服务新产业、新业态、新技术为突破口，形成一批服务产业转型升级和先进技术转移应用特色鲜明的应用技术大学、学院。建立紧密对接产业链、创新链的专业体系。按需重组人才培养结构和流程，围绕产业链、创新链调整专业设置，形成特色专业集群。通过改造传统专业、设立复合型新专业、建立课程超市等方式，大幅度提高复合型技术技能人才培养比重。创新应用型技术技能型人才培养模式，建立以提高实践能力为引领的人才培养流程和产教融合、协同育人的人才培养模式，实现专业链与产业链、课程内容与职业标准、教学过程与生产过程对接。

为了贯彻落实《转型指导意见》精神，更好地推动应用型高校建设进程，充分发挥教材在教育教学中的基础性作用，近年来中国农业大学出版社就全国高等教育食品科学类专业教材出版和使用情况深入相关院校和教学一线调查研究，先后 3 次召开教学研讨会，总计有 400 余人次近 200 名食品院校专家和老师参加。在深入学习《转型指导意见》《普通高等学校本科专业类教学质量国家标准》(以下简称《教学质量国家标准》)和《工程教育认证标准》(包括《通用标准》和食品科学与工程类专业《补充标准》)的基础上，出版社和相关院校形成高度共识，决定建设一套服务于全国应用型本科院校教学的食品科学与工程类专业系列教材，并拟定了具体建设计划。

历时 4 年，“应用型本科食品科学与工程类专业系列教材”终于与大家见面了。本系列教材具有以下几个特点：

1. 充分体现《转型指导意见》精神。坚持应用型的准确类型定位和培养应用型技术技能型人才的职责使命。教材的编写坚持以“四个转变”为指导，即把办学思路真正转到服务地方经济社会发展上来，转到产教融合、校企合作上来，转到培养应用型技术技能型人才上来，转到增强学生就业创业能力上来。强化“一个认识”，即知识是基础、能力是根本、思维是关键。坚持“三个对接”，即专业链与产业链对接、课程内容与职业标准对接、教学过程与生产过程对接，实现教材内容由学科学术体系向生产实际需要的突破和从“重理论、轻实践”向以提高实践能力为主转变。教材出版创新，要做到“两个突破”，即编写队伍突破清一色院校教师的格局，教材形态突破清一色的文本形式。

2. 以《教学质量国家标准》为依据。2018 年 1 月《普通高等学校本科专业类教学质量国家标准》正式公布(以下简称《标准》)。此套教材编写团队认真对照《标准》，以教材内容和要求不少于和低于《标准》规定为基本要求，全面体现《标准》提出的“专业培养目标”和“知识体系”，教学学时数适当高于《标准》规定，并在教材中以“学习目的和要求”“学习重点”“学习难点”等专栏标注细化体现《标准》各项要求。

3. 充分体现《工程教育认证标准》有关精神和要求。整套教材编写融入以学生为中心的理念、教学反向设计的理念、教学质量持续改进的理念，体现以学生为中心，以培养目标和毕业要求为导向，以保证课程教学效果为目标，审核确定每一门课程在整个教学体系中的地位与作用，细化教材内容和教学要求。

4. 整套教材遵循专业教学与思政教学同向同行。坚持以立德树人贯穿教学全过程，结合食品专业特点和课程重点将思想政治教育功能有机融合，通过专业课程教学培养学生树立正确的人生观、世界观和价值观，达到合力培养社会主义事业建设者和接班人的目的。

5. 在新形态教材建设上努力做出探索。按课程内容教学需要，按有益于学生学习、有益于教师教学的要求，将纸质主教材、教学资源、教学形式、在线课程等统筹规划，制定新形态教材建设工作计划，有力推动信息技术与教育教学深度融合，实现从形式的改变转变为方法的变革，从技术辅助手段转变为交织交融，从简单结合物理变化转变为发生化学反应。

6. 系列教材编写体例坚持因课制宜的原则，不做统一要求。与生产实际关系比较密切的课程教材倡导以项目式、案例式为主，坚持问题导向、生产导向、流程导向；基础理论课程教材，提倡紧密联系生产实践并为后续应用型课程打基础。各类教材均在引导式、讨论式教学方面做出新的尝试。

希望"应用型本科食品科学与工程类专业系列教材"的推出对推进全国本科院校应用型转型工作起到积极作用。毕竟是"转型"实践的初次探索，此套系列教材一定会存在许多缺点和不足，恳请广大师生在教材使用过程中及时将有关意见和建议反馈给我们，以便及时修正，并在修订时进一步提高质量。

中国农业大学出版社

2020 年 2 月

前　言

食品包装学是以食品为核心的系统工程，是一门多学科相互交叉渗透的边缘学科，涉及食品科学、包装材料和容器、食品包装技术方法、食品化学、微生物、包装机械、标准法规及质量控制等内容。食品包装以食品学科的基础课及专业课为背景，是包装机械、包装材料学、包装结构设计等包装工程专业课的延伸及实践应用，对培养学生的理论分析和综合应用创新能力具有重要作用。近年来，随着食品产业的快速发展，行业对食品包装人才的需求越来越大，很多高等院校因此开设了食品包装课程。

本书根据市场对人才的需求，在内容的选取上重视体现应用型本科院校教学特点：既要具有一定的理论深度和知识广度，又要具有实用性和先进性。

理论深度：本书中的内容具有一定的理论深度，能满足应用型本科的课程学习需求，如食品腐败变质与包装原理、食品包装保质期预测及方法、食品包装安全与检测等。

知识广度：本书所选取的内容包括食品包装要求、食品腐败变质的原理、食品的包装保质期预测、食品包装实例、食品包装安全与测试、食品包装法规与标准，即整个食品包装过程。其内容丰富，体现了一定的知识广度。

实用性：本书包含了大量的食品包装实例，如蛋类食品、乳制品、饼干的包装、新鲜肉类、熟肉制品的包装。学生能从实例中学习不同食品种类的包装方法。

先进性：本书涉及很多新材料、新技术、新的工艺，如包装材料部分加入了功能性包装等新材料；包装工艺部分加入了微波食品包装、绿色包装、防伪包装等内容，防伪包装中更是涉及很多新技术。

参加本书编写人员的有河南牧业经济学院刘士伟（第 1 章、第 2 章、第 9 章），河南农业大学张平安和毛烨炫（第 3 章），塔里木大学向延菊（第 4 章第 1 节、第 3 节），晋中信息学院张丹（第 4 章第 2 节、第 4 节），新乡学院王利平（第 5 章），河南牧业经济学院位春傲（第 6 章第 1～3 节，第 7 章第 9 节），河南牧业经济学院苗红涛（第 6 章第 4～6 节，第 7 章第 9 节），河南牧业经济学院卢芳芳（第 7 章第 1～3 节，第 7～8 节），吉林农业科技学院郑华艳（第 7 章第 4～6 节），郑州工程技术学院高松（第 8 章）。全书由刘士伟和张平安统稿并主编。

本书可作为高等院校食品与包装相关专业的教学用书，也可作为食品、包装行业的有关教学、科研、生产方面的工程技术人员的实用工具书。在编写过程中，本书参考了许多资料和文献，在此仅列出主要部分，不一一列举，敬请有关作者见谅。

由于编者学识水平有限，书中的错误与不当之处，敬请同行专家和其他读者批评指正。

编者

2020 年 10 月

目　　录

第1章 绪论

【学习目的和要求】

1. 掌握食品包装的基本概念
2. 掌握食品包装研究的基本对象和主要内容
3. 掌握食品包装的现状及发展

【学习重点】

1. 食品包装的定义
2. 食品包装的作用

【学习难点】

1. 食品包装研究的主要内容
2. 食品包装的研究对象

知识树

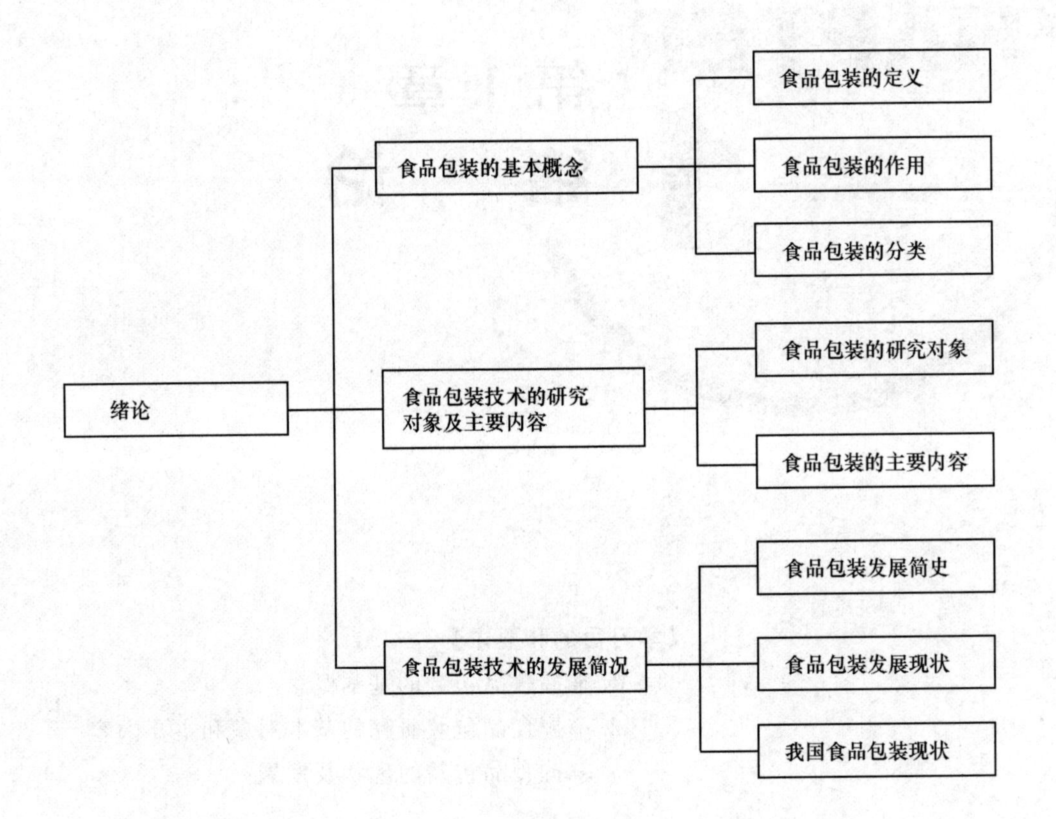

绪论
食品包装的基本概念
食品包装技术的研究对象及主要内容
食品包装技术的发展简况
食品包装的定义
食品包装的作用
食品包装的分类
食品包装的研究对象
食品包装的主要内容
食品包装发展简史
食品包装发展现状
我国食品包装现状

食品包装(food packaging)是食品商品的组成部分,被称为“特殊食品添加剂”。它是现代食品工业的最后一道工序。在一定程度上,食品包装已经成为食品不可分割的重要组成部分,食品安全离不开包装安全。随着社会生活水平的不断提高,人们对食品包装的功能性的要求也逐渐提高,从以往单一的“包裹”食品功能,逐步发展成以“绿色、环保、便捷、安全、时尚”为理念的新型食品包装。

食品包装的主要作用是保护食品,避免食品在离开工厂到消费者手中的流通过程中,受到生物的、化学的、物理的外来因素的损害。它既有保持食品本身稳定质量的功能以方便食品的食用,又能表现食品外观以吸引消费,从而使食品具有物质成本以外的价值。有资料显示,70%以上的消费者不仅要求食品质优价廉,还要求其包装美观、方便实用和安全卫生等。

食品产业的迅猛发展对食品包装提出了更高的要求。21 世纪食品市场的竞争在很大程度上取决于包装质量的竞争。科学技术突飞猛进,食品包装日新月异,而食品包装理念也显现出新特色,食品包装要以多样化满足现代人不同层次的消费需求。无菌、方便、智能、个性化是食品包装发展的新时尚。拓展食品包装的功能,减轻包装废弃物对环境污染的绿色包装已成为 21 世纪食品包装的发展趋势。

1.1 食品包装的基本概念

学习目标

1. 掌握食品包装的定义
2. 掌握食品包装的作用
3. 掌握食品包装的分类

1.1.1 食品包装的定义

根据《包装术语　第 1 部分:基础》(GB/T 4122.1—2008),包装是指为在流通过程中保护产品,方便储运,促进销售,按一定技术方法而采用的容器、材料及辅助物品的总体名称,也指为了上述目的而采用容器、材料及辅助物的过程中施加一定技术方法等的操作活动。包装的概念可从两个方面来理解:一是盛装商品的容器、材料及辅助物品,即包装物;二是实施盛装和封缄、包扎等的技术活动。

本书所讲的“食品包装”是指采用适当的包装材料、容器和包装技术把食品包裹起来,保障食品在运输和贮藏过程中保持其价值和原有形态。

1.1.2 食品包装的作用

在现代商品社会里,包装对商品流通起着极其重要的作用。包装的好坏将会影响商品能否以完美的形态传递到消费者手中。包装的设计水平直接影响企业形象乃至商品本身的市场竞争。现代食品包装的作用主要体现在以下 4 个方面。

1.1.2.1 保护食品

食品包装最重要的作用就是要保护食品。食品在贮存、运输、销售、消费等流通过程中常会受到各种不利条件及环境因素的破坏和影响。采用合理的包装可使食品免受或减少这些破坏和影响,以达到保护食品的目的。

对食品能产生破坏的因素主要有两大类:一类是自然因素,包括微生物、温度、水和水蒸气、氧气、光线、昆虫、尘埃等对食品造成破坏,引起食品的腐败变质、变色、变味及食品污染。另一类是人为因素,包括冲击、震动、跌落、承压载荷、人为盗窃、污染等,引起内装物变形、破损和变质等。

不同食品、不同的流通环境对包装保护功能的要求是不一样的。例如:饼干易碎、易吸潮,其包装应耐压、防潮;油炸食品极易氧化变质,其包装应能阻氧和避光照;生鲜食品的包装应具有一定的氧气、二氧化碳和水蒸气的透过率。这就要求食品包装工作者应根据包装产品的定位,分析产品的特性及在流通过程中可能发生的质变及其影响因素,选择适当的包装材料、容器及技术方法对产品进行适当的包装,以保护产品在一定保质期内的质量。

1.1.2.2 方便贮运

食品包装能为食品的生产、流通、消费等环节提供诸多方便。①方便厂家及运输部门搬运装卸;②方便仓储部门堆放保管;③方便商店陈列销售;④方便消费者的携带、取用和消费。现代食品包装还注重发展包装形态的展示方便、自动售货方便及消费时的开启和定量取用的方便等。

1.1.2.3 促进销售

随着经济与社会的发展,现代食品工业也日新月异。市场上商品琳琅满目,竞争十分激烈,而产品之间的竞争不仅仅是质量与价格的竞争,而是逐渐发展为以产品文化为特征的品牌竞争。如世界著名品牌百事可乐、可口可乐、康师傅、麦当劳等,其产品形象已深入人心。这些知名品牌稳持市场大部分份额,为企业带来巨大的社会效益与经济效益。精美的包装能在心理上征服购买者,增加其购买欲望。在超市内,包装更是充当着无声推销员的角色。因此,包装是提高商品竞争力,促进销售的重要手段。

现代包装设计已成为企业营销战略的重要组成部分。企业竞争的最终目的是自己的产品为广大消费者所接受。而产品的包装包含了企业名称、企业标志、商标、品牌特色以及产品性能、成分容量等商品说明信息,因而包装形象比其他广告宣传媒体能更直接、更生动、更广泛地面对消费者。消费者在决定购买食品时能从产品包装上得到直观精确的品牌和企业形象。由于产品具有普遍性和日常消费性等特点,生产厂家通过包装来传递和树立企业品牌形象更显重要。

1.1.2.4 提高商品价值

包装是商品生产的继续,产品通过包装才能免受各种损害从而避免降低或失去其原有价值。因此,投入包装的成本不但能在商品出售时得以补偿,而且能给商品增加价值。

包装的增值作用不仅体现在能直接给商品增加价值(这种增值方式最直接),而且更体现在通过包装塑造名牌所体现的品牌价值这种无形的增值方式。当代市场经济倡导名牌战略,同类商品是否为名牌,其差值很大。品牌本身不具有商品属性,但可以被拍卖,通过赋予它的价格而取得商品形式,而品牌转化为商品的过程可能会给企业带来巨大的直接或潜在的经济效益。包装的增值策略运用得当将取得事半功倍的效果。

1.1.3 食品包装的类别

现代食品包装种类很多,因分类角度不同形成多种分类方法。

1.1.3.1 按包装结构形式分类

食品包装按技术分有贴体包装、泡罩包装、热收缩包装等。

(1)贴体包装 它是将产品封合在用塑料片制成的,与产品形状相似的型材和盖材之间的一种包装形式。

(2)泡罩包装 它是将产品封合在用透明塑料片材料制成的泡罩与盖材之间的一种包装形式。

(3)热收缩包装 它是将产品用热收缩薄膜包裹或装袋,通过加热使薄膜收缩而形成产品包装的一种形式。

食品包装按形式分有可携带包装、托盘包装、组合包装等。

(1)可携带包装 它是在包装容器上制有提手或类似装置,以便于携带的包装形式。

(2)托盘包装 它是将产品或包装件堆码在托盘上,通过扎捆、裹包或黏结等方法固定而形成包装的一种包装形式。

(3)组合包装 它是同类或不同类商品组合在一起进行适当包装,形成一个搬运或销售单元的包装形式。

此外,还有悬有挂式包装、可折叠包装和喷雾包装等。

1.1.3.2 按流通过程中的作用分类

(1)运输包装 又称大包装。其具有很好的保护功能以及方便贮运和装卸功能。其外表面对贮运注意事项应有明显的文字说明或图示,如“防潮”“防压”“不可倒置”等。属于此类包装的主要有:瓦楞纸箱、木箱、金属大桶和集装箱等。

(2)销售包装 又称小包装或商业包装。它不仅具有对商品的保护作用,而且更注重包装的促销和增值功能,通过包装设计手段来树立商品和企业形象,吸引消费者,提高竞争力。属于此类包装的主要有:瓶、罐、盒、袋及其组合包装等。

1.1.3.3 按包装材料和容器分类

按照传统分类方法分类,食品包装材料及容器可分为7类,分别为:纸类、塑料、金属、玻璃陶瓷、复合材料、木材及其他,表1-1列举了7类食品包装材质及其典型产品。

表1-1 7类食品包装材质及其典型产品

包装材料	典型产品
纸类	羊皮纸、半透明纸、茶叶滤纸、纸盒、纸袋、纸罐、纸杯、纸质托盘、纸浆模塑制品等
塑料	塑料薄膜(袋)、复合膜(袋)、片材、编织袋、塑料容器(塑料瓶、桶、罐、盖等)、食品用工具(塑料盒、碗、杯、盘、碟、刀、叉、勺、吸管、托等)等
金属	马口铁、无锡钢板、铝等制成的罐、桶、软管、金属炊具、金属餐具等
玻璃陶瓷	瓶、罐、坛、缸等

续表 1-1

包装材料	典型产品
复合材料	纸、塑料、铝箔等组合而成的复合软包装薄膜、袋、软管等
木材	布质餐具、木箱、木桶等
其他	麻袋、布袋、草或竹制品等

1.1.3.4 按包装技术方法分类

食品包装可分为:真空和充气包装、控制气氛包装、脱氧包装、防潮包装、软罐头包装、无菌包装、缓冲包装、热成型及热收缩包装等。

1.1.3.5 按销售对象分类

食品包装可分为:出口包装、内销包装、军用包装和民用包装等。

1.1.3.6 按食品形态、种类分类

食品包装可分为:固体包装、液体包装、农产品包装、畜产品包装、水产品包装等。总之,食品包装分类方法没有统一的模式,可根据实际需要选择使用。

1.2 食品包装技术的研究对象及主要内容

学习目标

1. 掌握食品包装的研究对象
2. 掌握食品包装的主要研究内容

1.2.1 食品包装技术的研究对象

"食品包装技术"是研究食品工业生产过程中产品包装材料与技术的一门食品工程技术课程。它是一门综合性的应用科学,涉及化学、生物学、物理学、美学、食品科学、包装科学和人文科学。

为了能使食品工业所生产的产品有一个较好的存在形式,且为了保护食品、方便贮运、促进销售和提高其商业价值,食品工业所生产的产品就要经过有效的包装。由此可见,食品包装在食品工业生产中具有重要的地位。

食品包装技术的研究对象就是研究食品在工业生产过程中所使用的各种食品包装材料、包装技术及包装原理和设备。

1.2.2 食品包装技术的主要内容

食品包装技术的主要内容有以下 7 个方面。

1.2.2.1 食品包装的技术要求

要做好食品包装工作,一方面要研究食品本身的特性及其防护条件,即了解食品的主要成分、特性及其在加工和贮藏运输过程中可能发生的内在反应,研究影响食品中主要成分的

敏感因素：光线、氧气、温度、湿度、微生物及物理、机械力学等；另一方面还要研究流通环境的影响因素。为此，本书收纳了"食品包装的技术要求"这一章节内容。食品包装的技术要求主要从包装的内在要求和外在要求 2 个方面重点进行阐述：

(1)食品包装的内在要求　是指食品通过包装实现保质保量的技术性要求。内在要求主要讲述：强度要求、阻隔性要求、呼吸要求、营养性要求、耐温性要求、避光性要求等。

(2)食品包装的外在要求　是指利用包装反映出食品的特征、性能、形象，是食品外在形象和表现形式与手段。外在要求主要讲述：安全性设计研究、促销性要求、便利性要求、提示性要求、趣味性说明要求及情感性说明要求等。

1.2.2.2 包装食品腐败变质与包装原理

食品品质包括食品的色香味，营养价值，应具有的形态、质量及应达到的卫生指标。食品包装在保证食品加工流通过程中的质量稳定、有效延长食品保质期方面发挥重大作用。本部分主要阐述食品腐败变质的影响因素和包装原理与方法。

其主要内容为：食品从原料加工到消费的整个流通环节是复杂多变的，它会受到生物性和化学性的污染，受到流通过程中出现的各种环境因素的影响，诸如光、氧、水分、温度、微生物等。从而导致食品腐败变质。通过对包装食品中的微生物及其控制进行说明，包装食品的品质变化及其控制 2 个方面体现食品包装的原理与方法。

1.2.2.3 食品包装材料和容器

食品包装材料和容器是食品包装学的重要学习内容，它在食品包装学中占据着极其重要的地位。

其主要内容为：纸包装材料及包装容器，涉及纸类包装材料的特性及其性能指标、包装用纸和纸板、包装纸和包装纸盒及其他包装纸器等；食品包装用塑料材料及其包装容器，涉及塑料的组成、分类和主要包装性能、食品包装常用的塑料树脂、软塑包装材料、塑料包装容器及制品等；玻璃包装材料及容器，涉及玻璃容器的特点、种类、常用材料、结构设计和容器的成型方法等；功能性包装材料，涉及功能性包装材料和传统材料的关系、可溶性包装材料、可食性包装材料、保鲜包装材料和绿色包装材料等。

1.2.2.4 食品包装技术

对于给定的食品而言，除了需要选取合适的包装材料和容器，其还应采用最适宜的包装技术方法。同一种食品往往可以采用不同的包装技术方法而达到相同或相近的包装要求及效果。包装技术是食品包装的关键，也体现了一个企业的技术水平和经济实力。因此，各种食品包装技术及应用也便成了《食品包装学》中最主要的内容。

(1)无菌包装技术　其是指把包装食品、包装材料、容器分别杀菌，并在无菌环境条件下完成充填、密封的一种包装技术。目前这种技术被广泛应用于果蔬汁、液态乳类、酱类食品等。

(2)防潮包装技术　其是指采用具有一定隔绝水蒸气能力的防潮包装材料对食品进行包装，隔绝外界湿度对产品的影响，同时使食品包装内的相对湿度满足产品的要求，在保质期内控制在设定的范围内，保护内容物的质量。

(3)改善和控制气氛包装技术　其是指采取改善和控制食品周围气体环境从而限制食

品的生物活性的一种包装方法。目前其最常用的方法就是真空和充气包装。

(4)微波食品包装技术　其是指对食品为适应微波加热(调理)的要求而采用的一定的包装方式。微波是指波长在1～1 000 mm、频率为300 MHz至30 GHz的电磁波。此种技术主要用于速食汤料、熟肉类调理食品、汉堡包及冷冻调理食品等。

(5)收缩和拉伸包装技术　其是利用有热收缩性能的塑料薄膜裹包产品或包装件,然后经过加热处理,包装薄膜即按一定的比例自行收缩,贴紧被包装件的一种包装方法。拉伸包装是利用可拉伸的塑料薄膜在常温下对薄膜进行拉伸,对产品或包装件进行裹包的一种方法。

(6)绿色包装技术　其是指包装材料及包装制品从设计、制造、使用到废弃及其处理均对环境无害,或者说在包装的全过程中对环境的影响降低到最低限度,且能够循环复用,再生利用或降解腐化的适度包装。简单而言,绿色包装就是无害包装或环保包装。

(7)其他包装技术　如防伪包装技术、纳米包装技术、智能包装技术、活性包装技术等。

1.2.2.5　食品包装实例

本部分以食品的包装实例再现了食品包装材料、容器及包装技术的原理在各类食品中的应用,主要有如下实例。

蛋类和乳制品的包装;饮料的包装,如软饮料的包装和含醇饮料的包装;调味品类的包装;粮食谷物及粮谷类食品的包装,如面条、方便面的包装、面包的包装、饼干的包装、糕点的包装和米类食品的蒸煮袋包装技术;肉类食品的包装,如新鲜肉类的包装和熟肉制品的包装;果蔬包装,如新鲜果蔬的包装和果蔬制品的包装;糖类、茶叶和咖啡食品的包装,如糖果的特点及包装要求、茶叶的包装和咖啡的包装方法等。

1.2.2.6　食品包装的安全与测试

简述影响食品包装安全的危害源。食品包装引起的食品安全问题主要是由使用了有害物质超标的食品包装材料在长期存放过程中材料中的物质发生迁移和扩散以及高温、高压等外界环境导致材料变形而释放出有害物质所引起的。

合格的商品必须有合格的包装。商品检测除对产品本身进行检测外,其对包装也必须检测,合格后方能进入流通领域。包装测试项目很多,大致分为以下2类。

(1)对包装材料或容器的检测　包括包装材料和容器的氧、二氧化碳和水蒸气的透过率、透光率等的阻透性测试;包装材料的耐压、耐拉、耐撕裂强度、耐折次数、软化及脆化温度、黏合部分的剥离和剪切强度的测试;包装材料与内装食品间的反应,如印刷油墨、材料添加剂等有害成分向食品的迁移量的测试;包装容器的耐霉试验和耐锈蚀试验等。

(2)包装件的检测　包括跌落、耐压、耐振动、耐冲击试验和回转试验等,主要解决贮运流通过程中的耐破损问题。

具体的包装究竟要进行哪些项目的测试主要应视内装食品的特性及敏感因素,包装材料的种类及其国家标准和法规要求而定。例如:罐头食品用空罐常需测定其内涂料在食品中的溶解情况而防潮包装应测定包装材料的水蒸气透过率等。

1.2.2.7　食品包装标准与法规

本部分主要阐述了食品包装标准、法规的分类及实施。包装操作的每一步都应严格遵守国家标准和法规。只有标准化、规范化过程贯穿整个包装操作过程，才能保证包装的原材料供应、包装作业、商品流通及国际贸易等顺利进行。

需要指出的是，随着市场经济和国际贸易的发展，包装的标准化越来越重要。只有掌握和了解国内和国外的有关包装标准，我们的商品才能走出国门，参与国际市场的竞争。

1.3 食品包装技术的现代发展简况

学习目标

1. 了解食品包装的发展简史
2. 了解食品包装的现状与发展
3. 了解食品包装学在我国的发展

1.3.1 食品包装的发展简史

1.3.1.1 原始包装

原始包装萌芽于原始社会的旧石器时代。植物叶、果壳、兽皮、动物膀胱、贝壳、龟壳等物品来盛装、转移食物和饮水。虽然这些几乎没有经过技术加工的动、植物的某一部分还称不上是真正的包装，但从包装的含义来看，已是萌芽状态的包装了。

1.3.1.2 古代包装

古代包装历经人类原始社会后期、奴隶社会、封建社会的漫长过程。人类开始用多种材料制作生产工具和生活用具，其中也包括了包装器物。

(1)在古代包装材料方面　人类从截竹凿木，模仿葫芦等自然物的造型制成包装容器到用植物茎条编成篮、筐、篓、席，用麻、畜毛等天然纤维黏结成绳或织成袋、兜等用于包装，经历了一个很长的历史阶段。而陶器、玻璃容器、青铜器的相继出现以及造纸术的发明使包装的水平得到了更明显的提高。

(2)在古代包装技术方面　开始采用了透明、遮光、透气、密封和防潮、防腐、防虫和防震等技术以及便于封启、携带、搬运的一些方法。

(3)在古代包装造型艺术方面　已掌握了对称、均衡、统一、变化等形式的规律，并采用了镂空、镶嵌、堆雕、染色、涂漆等装饰工艺，制成极具民族风格的多彩多姿的包装容器，包装不但具有容纳、保护产品的实用功能，还具有审美价值。

1.3.1.3 近代包装

近代包装主要发生在 16 世纪末至 19 世纪。随着工业化的出现，大量的商品包装使一些发展较快的国家开始形成机器生产包装产品的行业。

(1)在包装材料及容器方面　18 世纪发明了黄板纸及纸板制作工艺，出现纸制容器；19 世纪初发明了用玻璃瓶、金属罐保存食品的方法，产生了食品罐头行业等。

(2)在包装技术方面　16 世纪中叶，欧洲已普遍使用了锥形软木塞密封包装瓶口。17 世纪 60 年代，香槟酒问世时就是用绳系瓶颈和软木塞封口，1856 年发明了加软木垫的螺纹盖,1892 年发明了冲压密封的王冠盖,密封技术更简捷可靠。

(3)在近代包装标志的应用方面　1793 年西欧国家开始在酒瓶上贴挂标签。1817 年英国药商行业规定对有毒物品的包装要有便于识别的印刷标签等。

1.3.1.4　现代包装

现代包装实质上是进入 20 世纪以后开始的。伴随着商品经济的全球化发展和现代科学技术的高速发展,包装的发展也进入了全新时期。其主要表现在以下 5 个方面。

(1)新的包装材料、容器和包装技术不断涌现。

(2)包装机械的多样化和自动化。

(3)包装印刷技术的进一步发展。

(4)包装测试的进一步发展。

(5)包装设计进一步科学化、现代化。

1.3.2　食品包装的现状和发展

在科学技术迅速发展的今天,包装材料与包装技术已不再是那么简单和直观的东西。无论是那些融入各学科技术而开发出的功能性包装材料,还是那些应用十分普遍的真空包装、活性包装、无菌包装等技术,都需借助理论性与应用性极强的包装工程。因此,现代包装已成为一门系统工程,而这一工程的重点又取决于包装材料与包装技术。

1.3.2.1　我国食品工业现状及发展

(1)“民以食为天”,揭示了食品在人类生活中的重要地位。因此,食品工业成为经济活动中一个必不可少的组成部分,也成为一个欣欣向荣的朝阳产业、国民经济中重要的支柱产业。

“十二五”期间,我国食品工业企业不断发展壮大,2015 年,我国食品工业规模以上企业主营业务收入为 11.35 万亿元,比 2014 年增长 4.6%,年均增长达 13.25%;上缴税金总额达 9 643 亿元,比 2010 年增长 71.4%,年均增长达 11.4%;食品工业实现利润总额为 8 028 亿元,比 2010 年增长 56.9%,年均增长达 9.4%。

2010 年超过百亿元的食品工业企业有 27 家。2015 年,据不完全统计,全国达到和超过这一规模的食品工业企业有 54 家,超额完成了“十二五”规划中提出的百亿元食品工业企业超过 50 家的发展目标。

2015 年食品工业固定资产投资突破 2 万亿元,达到 20 205 亿元,比 2014 年增长 8.4%。“十二五”期间累计完成固定资产投资总额 77 568 亿元,比“十一五”期间增加 54 521 亿元,增长 2.36 倍。2014 年全国食品工业总资产值为 6.58 万亿元,比 2010 年增长 66.6%,年均增长达 13.6%。

(2)食品和包装机械行业现状。我国食品和包装机械行业起步较晚,但是近年来发展迅速。“十二五”期间,行业经济运行态势保持高速增长,平均增长率为 14.5%,高于全国机械工业的整体增长速度。截至 2015 年,行业规模以上的企业有 1 031 家,主营业务收入达 1 482.86 亿元,实现利润 102.23 亿元。尽管我国食品和包装机械行业发展势头很好,但仍存在一些问题。

①政府主导和行业引导力度薄弱。长期以来，我国食品和包装机械行业面对经济形势复杂多变、国内外市场竞争日益激烈的外部环境，缺乏宏观引导，力度薄弱。一是对长期存在的技术水平低、产品质量差、产品结构不合理、创新能力不足等问题缺乏有效措施，从而导致这些问题长期未能根本好转；二是对长期存在的低水平同质无序竞争等问题未能有效遏制，从而导致此类问题愈演愈烈；三是在国家实施食品市场准入后，装备行业没有配套的跟进政策和措施，食品机械和包装机械对食品安全的保障作用未能受到应有的重视。

②市场无序竞争环境亟待改善、产品质量需要进一步提升。我国是食品和包装机械制造和使用大国。高端的关键装备及成套装备市场已被国外企业和行业骨干企业占领。在中、低端食品装备产品市场，许多没有研发平台的企业通过模仿或通过其他渠道廉价获取产品技术资料、生产相关产品，形成低水平、同质、无序竞争的市场环境，且这种状况恶性循环，影响了行业的整体技术水平提升和新产品研发的积极性。全行业产品质量参差不齐，普遍存在稳定性和可靠性差、使用寿命短、维护成本高、售后服务差等现象，产品质量、服务意识和质量仍需进一步提升。

③自主创新能力亟待加强。引进、消化、吸收、再创新的发展历程提升了食品和包装机械行业的整体水平。但面对激烈的市场竞争，特别是国际竞争，我国食品和包装机械企业普遍存在着整体实力不强、自主创新能力不足的局限，科研手段和设施缺乏，技术资源分散，绝大多数企业属于中小企业，没有研发中心，技术力量薄弱，科研投入不足。研究院所和高等院校的相关研究人才少，实验条件落后，在全国范围内没有先进的能与发达国家可比的研究开发试验基地。我国投放市场的设备主要是仿制或稍加改造形成的产品，产业高端的主体技术主要依靠从国外进口，具有自主知识产权的产品不足。许多新产品开发工作缺乏严谨的试验研究和科研程序，就直接投入生产使用，导致其稳定性和安全性差。标准化体系建设不够完善，标准结构不够合理，国家标准与行业标准覆盖率不高。现有标准主要是产品标准，缺乏基础标准、方法标准、管理标准和安全卫生标准等，从而制约了标准的适用性。

④企业品牌意识有待提升。我国食品和包装机械企业普遍存在原始创新能力弱，产品技术含量和国际一流水平产品相比有一定差距，仅注重有形的产品生产、销售和简单的售后服务，忽略后续产品全生命周期的售后服务，不注重产品的市场影响力和企业品牌建设。

⑤企业规模小，缺乏具有国际影响力的企业集团。我国食品和包装机械行业80%以上为中小企业，缺乏具有较高品牌认知度的大型跨国企业。受到企业规模的制约，这些企业难以形成与国际一流大企业集团抗衡的制造能力、开发能力、经济实力和市场竞争能力。企业普遍存在研发投入不足、产品科技含量低、产业集中度不高、同质化竞争严重、利润空间小等问题。

(3)食品工业的发展趋势

①我国经济社会发展面临日趋强化的资源和环境双重制约，以节能减排为重点，加快构建资源节约型、环境友好型的生产方式和消费模式已成为我国长期的主要任务之一。我国食品工业部分产品的能耗、水耗和污染物排放仍然较高。对于这些企业而言，加快转型升级，大力发展循环经济成为必然的选择。

②食品科学是高度综合的应用性学科，其他科学领域的重大科技成果都会直接或间接

带动食品工业的技术创新。信息技术、生物技术、纳米技术、新工艺新材料等高新技术的迅速发展，与食品科技交叉融合，不断转化为食品生产新技术，如物联网、生物催化、生物转化等技术已开始应用于食品原料生产、加工到消费的各个环节。营养与健康、酶工程、发酵工程等高新技术的突破催生了传统食品工业化、新型保健与功能性食品产业、新资源食品产业等新业态。

③随着人口增长、国民收入水平提高和城镇化深入推进，城乡居民对食品消费需求将继续保持较快增长的趋势。随着我国中高收入阶层的人越来越多，城乡居民对食品的消费正从生存型消费加速向健康型、享受型消费转变，从“吃饱、吃好”向“吃得安全、吃得健康”转变。食品消费的进一步多样化、市场空间的持续扩大，将继续推动食品消费总量的持续增长。

(4)食品包装技术的发展趋势

①未来食品包装机械的技术特征趋于“三高”，即高速、高效、高质量。机电一体化技术，自动化控制技术，膜技术，数字化、智能化技术等将得到广泛应用。

②先进的设计技术和设计方法，如机械优化技术、可靠性设计、人机学设计、工业造型设计、专家系统、并行设计、机械CAD/CAPP/CAM以及价值优化设计将被广泛应用于食品包装。

③食品包装设备的开发趋向多用途、高效率，并且越来越注重快速和成本。未来的发展趋势是设备更小型、更灵活机动，趋向多功能化、柔性化。

④食品包装设计加快国际化趋势，包装机械生产的产品趋于模块化、系列化和标准化。

⑤食品包装注重废弃物的再生利用与经济可持续发展。为了消除食品包装废弃物给人类带来的危害，保护环境，我国包装今后的发展方向将以绿色包装、包装废弃物综合利用作为包装工业未来全面发展的第一推动力。

1.3.2.2 国外食品包装行业的发展

(1)美国　美国包装工业起步于20世纪初期，自“二战”以来，得到快速发展，逐步建立并形成包括包装材料、包装工艺和包装机械方面完整而独立的工业体系。其包装工业总产值占国民经济总产值的3%，其包装机械最大使用行业是食品产业。

美国食品包装产业中，饮料所占比重最大，其次是蔬菜和水果，肉品第3位，乳品第4位，面包第5位，糖果第6位。1994—2010年，食品行业对包装机械的需求的年均增长率为7%。这种发展势头加快了包装机械的更新换代速度，也奠定了美国在包装机械行业位列世界第一的行业地位。

美国当前前景被看好的包装机械是：水平枕式微机控制、配有伺服电机和薄膜张力好的电力控制装置的包装机械。今后，微电子、电脑、工业机器人、智能型、图像传感技术和新材料等在包装机械中将会得到越来越广泛的应用，包装机械日趋自动化、高效化、节能化。

(2)欧盟　截至2005年，欧盟及整个欧洲包装市场总产值约为1 400亿美元(世界包装市场总产值约为6 000亿美元，包装机械约为200亿美元)。欧盟各成员国中包装工业产值平均占其国民经济总产值的1.5%～2.2%。当时欧盟五大包装市场是德国、法国、英国、意大利和西班牙。欧盟国家的人均包装产量最大的国家是丹麦。

欧洲包装机械市场约为120亿美元，其中德国、法国、意大利、西班牙合计占80%的份额。在欧盟各成员国中，意大利的包装机械可以说是世界一流的，意大利包装行业的成功主要依赖于：一是灵活的产品系统与积极的技术创新；二是以顾客为导向，意大利机械为满足不同顾客的要求，在策划、检测、质检、顾客分析上花费了很多心血，白领工作者约占从业人员总数的65%；三是大型集团综合性强，中小型企业求精求专；四是公司赖以发展的整个工业框架十分精良，并注重培养年轻力量。

(3)日本　食品包装兼具强烈的民族特色与现代“简约主义”风格，将商业、文化、艺术恰当结合起来，在传统文化与现代文化、本土文化与世界文化中取得了和谐的共融，受到设计界和消费者的认可。同时，日本包装业界积极推行3R原则，即reducing(减量化)、reusing(再利用)、recycling(再循环)，也就是节约包装材料，做好循环再利用。

日本很注重高新技术在食品包装上的应用。保鲜包装技术、防腐包装技术、抗菌包装技术、可食性包装技术在食品包装上都得到了广泛应用。日本积极推广标有ID号码的食品包装。在日本超市蔬菜包装上有2个标示：一个是ID码，印有“某县某町某人生产”；另一个是QR码，里边储存着该蔬菜品种、栽培方法、种菜人的劳作照片等多种信息。同样，肉类也有相同的ID码和QR码，其信息包括饲养人的照片、姓名、地址、电话，饲养过程中使用的饲料、药物使用、使用这些药物的原因、检疫证明书和屠宰厂家等。

1.3.3　食品包装学在我国的发展

自新中国成立以来，随着食品包装科学技术的发展，食品包装学应运而生，并且不断地发展、完善和提高。与国外相比，尽管我国食品包装业还比较落后、发展较晚，但截至目前也已发展成为一个比较完整的学科体系。食品包装学包括肉制品包装、果蔬及其制品包装、乳制品包装、酱腌菜食品包装、饮料包装、农产品保鲜包装技术等学科分支。

自20世纪80年代以来，为了适应我国农业、食品工业生产发展及社会对人才的需要，我国农林院校、轻工类院校陆续开办了“农产品贮藏与加工”“食品科学与工程”“食品质量与安全”等食品类专业。对这类专业人才的培养，除食品加工类等专业课程外，食品包装学也是必不可少的。因为这是完善学生知识结构很重要的一个方面，也是食品专业人才应具备的知识。

国家提出了要大力发展高等职业技术教育，培养高等技术应用型人才的号召。为了适应国家的政策、应用型本科院校学生的特点和食品专业的培养目标，我们编写了《食品包装学》。这本书着重于食品包装材料、包装技术要求和各种包装新技术及应用实例。

思考题

1. 你是怎样看待食品包装在市场经济中的作用的？
2. 根据食品包装技术的研究对象与主要内容，请谈一下你对这门课程的认识。
3. 根据当前社会发展，谈一谈食品包装所存在的问题、变化及对策。

HAPTER 2

第 2 章 食品包装的技术要求

【学习目的和要求】

1.掌握食品包装的内在要求

2.掌握食品包装的外在要求

【学习重点】

1.食品包装的强度要求

2.食品包装的阻隔性要求

3.食品包装的呼吸性要求

4.食品包装的耐温性要求

5.食品包装的安全性要求

【学习难点】

1.食品包装的避光性要求

2.食品包装的促销性要求

3.食品包装的便利性要求

知识树

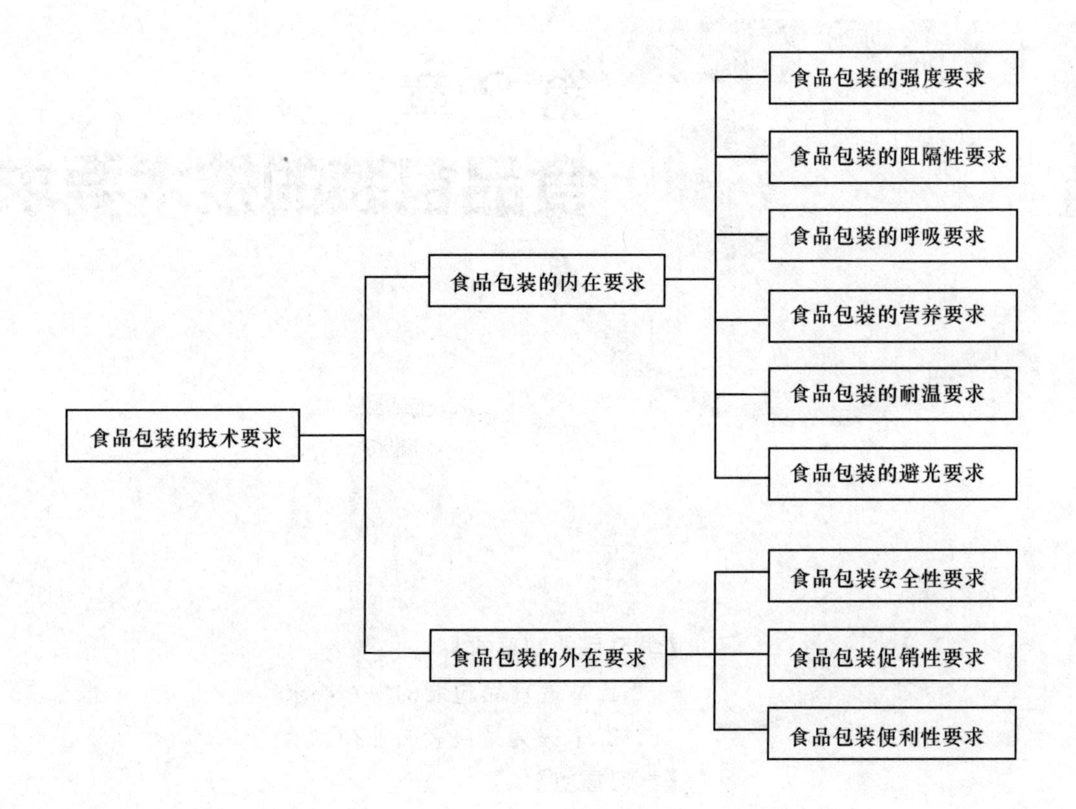

食品包装的技术要求
食品包装的内在要求
食品包装的外在要求
食品包装的强度要求
食品包装的阻隔性要求
食品包装的呼吸要求
食品包装的营养要求
食品包装的耐温要求
食品包装的避光要求
食品包装安全性要求
食品包装促销性要求
食品包装便利性要求

从包装性能来看，食品包装要求可分为内在要求和外在要求，内在要求是通过包装使食品在其包装内实现保质保量的技术性要求，主要包括强度、阻隔、呼吸、耐温、避光、营养等。外在要求是利用包装反映出食品的特征、性能、形象，是食品外在形象化和表现形式与手段。

2.1 食品包装的内在要求

学习目标

1. 掌握食品包装强度要求的相关因素
2. 掌握食品包装阻隔性要求的相关因素
3. 掌握食品包装的呼吸控制的相关因素
4. 掌握食品包装的避光控制的相关因素

2.1.1 食品包装的强度要求

强度是物体抵抗外力的能力。物体的强度与所用的材料、断面形状和断面面积大小等因素有关，如设计零件一般都要进行强度计算，做到安全可靠且经济。食品包装的强度要求是包装要保护食品在贮藏堆码、运输、搬运过程中能抵抗外界各种破坏力。这些破坏力有可能是压力、冲击力或振动力等。对食品包装而言，强度要求就是一种力学保护性。

2.1.1.1 影响食品包装强度的相关因素

食品包装强度要求的相关因素较多，主要有运输、堆码和环境三大类。

1. 运输因素

运输因素包括运输方法、运输距离和装卸方式等转移过程。运输方法主要有火车、汽车、飞机、人力车或畜力车。装卸方式有机械和人工 2 种。运输距离越长越会有遭受破坏力作用的可能性。但多数情况下，商品的运输是委托专门的公司和运输商来完成的，一旦产品进入运输环节，就离开了厂家和用户的管辖，可能会由对包装物品毫不关心或缺乏责任心的人来装卸与运输，商品难以得到保护。商品运往目的地的途中所经历的运输条件越恶劣、对商品的运输条件越是不了解，越需要对商品包装的强度着重加以考虑。另外，运输距离越远越应考虑包装的强度。这是因为远距离运输中商品遭受冲击、振动、碰撞的可能性比短距离运输要大。为使其商品的破损率减少到最低，包装必须要有一定的强度。

2. 堆码因素

无论是何种包装结构形式（袋、盒、桶、箱），其对所包装物品（食品）的力学保护性都与其堆码方式有关。堆码方式按堆码层数分主要有：多层堆码、单层堆码；按层与层之间的交叉方式有：杂乱堆码、交叉堆码、平齐堆码、骑缝堆码、井字堆码等。在各种堆码方式中，单层堆码仅用于陈列商品；杂乱堆码很少采用；平齐多层堆码用得较多，这种堆码对保持包装强度有利，但稳定性较差。既能保持包装强度，又能提高稳定性的最理想的堆码方式是骑缝堆码和井字堆码。

3. 环境因素

影响食品包装强度的环境因素很多，主要有运输环境、气候环境、贮藏环境、卫生环境。

运输环境是指运输道路平整程度、路面等级及海运的航海水面条件等。路面或海面条件越差，则食品包装中越需考虑其强度问题。与食品强度有关的气候环境有温度、湿度、温差、湿差，温度越高，湿度越大，食品的包装强度越易减弱。同样，温差与湿差越大，食品包装强度也越易降低，从而影响包装内食品变形与变质。贮藏环境是指存放仓库的地面与空间的潮湿程度、支撑商品表面的平整度、通风效果等，只有这些贮藏条件优良，才可能保证食品包装的强度。卫生环境是指商品存储的卫生条件有无老鼠、蚊虫等及其对包装后造成的影响，或者环境是否适合于微生物生长及其对包装强度造成影响。

2.1.1.2 典型食品的包装强度要求

突出的典型食品主要有：酒类、果蔬类、禽蛋类、饼干糕点类、膨化食品类、豆制品类等。酒类的食品多数是瓶装或盒装的，其抵抗外力与瓶内相撞问题也需要有较高强度的要求。果蔬类、饼干糕点及豆制品等食品均须防外力作用。只有在包装的刚性与防潮功能保护下，才能更好地实现产品的正常运输。禽蛋类、膨化食品类是较易破碎的食品，仅仅靠包装的强度来保护还不够，只有通过充入气体才能达到其防震、防压、防冲击等目的。啤酒、汽水、可乐等饮料，因其内部有二氧化碳气体作用而导致内压。这类包装要承受内外双重压力，需起到承受内外压力的双重保护作用。

以上各类食品的包装在强度要求上根据自身的特性，针对运输因素、堆码因素和环境因素，采取不同材料、不同结构、不同性能的包装材料进行包装，才能满足所要实现的包装强度要求。

2.1.2 食品包装的阻隔性要求

阻隔性是食品包装要求的重要性能之一。许多食品在贮藏与包装中由于阻隔性差，导致食品的风味和品质发生变化，最终影响产品质量。食品包装阻隔性要求是由食品本身特性所决定的。不同食品对其包装的阻隔性要求的特性也不相同。食品包装阻隔性特征主要有以下几个方面。

2.1.2.1 对内阻隔

对内阻隔是通过食品包装容器（包装材料），所包装的食品所含气味、油脂、湿度及其他挥发性物质向包装外渗透。其主要是保护包装内食品的各种成分不逸出，不至于损害食品的风味。对内阻隔主要是针对那些自身呼吸速度和呼吸强度很低的食品。这类食品在运输、陈列、销售中所处的环境应较为优良，其环境空间没有不利于食品贮藏的物质和成分。

2.1.2.2 对外阻隔

对外阻隔是将食品通过包装容器包装后，包装外部的各种气味、水分、气体等不能渗入包装内的食品。多数食品需要对外阻隔的材料进行包装，保证产品在一定时间内达到保护食品原有风味的目的。对外阻隔可防止食品受到环境中各种不良成分的污染，尤其对市场大、覆盖面广、销售和运输环境较为恶劣的环境特别重要。对外阻隔可使包装内物品排出的气体向外渗透，而不让包装外的有关成分与物质向内渗入。

2.1.2.3　互为阻隔

互为阻隔包含的第一层含义是大包装内的小包装食品，而且这些小包装食品各具特征，为了防止不同特征的食品在包装中串味，就要求内包装具有一定的阻隔性；第二层含义是通过包装使包装内食品和包装外各种物质不相渗透，即包装内物质不向外溢出，而包装外的各种物质也不渗入。互为阻隔效果越好，其货架寿命越长。

2.1.2.4　选择性阻隔

选择性阻隔要求根据食品的性能，利用包装材料使内外物质有选择性地阻隔有关成分的渗透，让某些成分渗透通过，而另一些成分受阻隔不能通过，实际上这是利用不同物质的不同分子直径，使包装材料起到了分子筛的作用。当某些物质的分子直径大于某个值，则该物质的分子便被阻隔；当分子直径小于某个值，则该物质便可通过。有很多食品都需要选择性阻隔来达到其包装目的。例如，果蔬类食品的保鲜就需要其包装具有这种特性。

2.1.2.5　阻隔的成分与物质

食品的品质是通过其自身的成分和加工方式得以实现并在有效的时间内将其风味予以保存体现出来的。影响食品贮藏品质并需要阻隔的物质有很多。因食品种类和加工方法而异，主要有：空气、湿气、水、油脂、光、热、异味及不良气体、细菌、尘埃等。这些物质一旦渗透到包装内的食品，轻则使食品的外观产生变化，严重时会使食品变味，产生化学反应，形成有害物质，最终导致食品腐烂变质。

2.1.2.6　对阻隔性包装材料的要求

阻隔性是保证包装食品品质的重要技术措施。食品包装最重要的是包装材料与包装容器在具备阻隔性能的同时，还必须保证自身无毒，无挥发性物质产生，也就是要求自身具有稳定的结构成分。另外，在包装工艺的实施过程中，其也不能产生与食品成分发生化学反应的物质和成分，再就是在贮藏和转移过程中，包装材料与包装容器不能因不同气候和环境因素的变化而产生化学变化。

2.1.3　食品包装的呼吸要求

2.1.3.1　呼吸的概念

呼吸是鲜活食品在包装贮藏中最基本的生理机能，是一种复杂的生理变化过程，也是其细胞组织中复杂的有机物质在酶的作用下缓慢地分解为简单的有机物质，同时释放出能量的过程。食品呼吸靠吸收氧气、排出二氧化碳来进行。食品的正常呼吸是在包装与贮藏中实现保鲜，延长货架寿命的必要条件。活鲜食品的呼吸可通过包装来控制其呼吸强度、供氧量而使之能很好地贮藏。

2.1.3.2　呼吸强度及作用

呼吸强度是指呼吸作用的强弱或呼吸速率的快慢。一般以 1 kg 活性体在 1 h 内消耗的氧气或释放出的二氧化碳的质量(mg)来计量。鲜活食品的呼吸强度太大或太小都会影响食品的贮藏期或货架寿命。与呼吸有关的因素有活鲜食品的成熟度、贮藏环境温度、环境与包装内的气体成分等。

2.1.3.3 呼吸形式及作用

鲜活食品的呼吸形式可分为有氧呼吸与无氧呼吸。

1. 有氧呼吸

有氧呼吸是在有氧供应条件下进行的呼吸，是正常的呼吸形式。为了达到较长的保质期，必须控制其氧气含量时刻处于恰当的水平状态。包装措施上利用包装透氧量来实现以及利用包装的隔热等功能来降低呼吸热，以延长货架寿命。

2. 无氧呼吸

无氧呼吸所提供的能量很少。活鲜食品为了获得维持其生理活动的能量，只能分解更多的呼吸基质，消耗更多的养分，加速了活鲜食品的衰老和腐烂。呼吸作用产生的酒精、乳酸、乙酸等积累到一定程度后，会引起细胞中毒从而使细胞死亡及新陈代谢活动受阻，最后导致鲜活食品的腐烂变质。在生产和流通过程中，食品对包装材料或包装容器、环境的温度、气体成分等条件提出了要求。不同食品的包装要求的无氧呼吸主要在于利用包装来控制呼吸。

2.1.4 食品包装的营养要求

随着时间的推移，食品在流通过程中会逐渐变化、变质、腐败，最后失去价值，所以食品包装应有利于营养的保存，更理想的是能通过包装对营养加以补充。

2.1.4.1 食品包装营养控制的依据

1. 食品在贮藏过程中会发生一系列的物理化学变化

水分子的散失、糖分的增减、有机酸和淀粉的变化、维生素和氨基酸的损失、色素及芳香物质的损失均属于食品的营养成分。传统的食品包装只是通过高温杀菌方式或密封方式来减少营养损失或污染，并未能采取补充营养的措施。

2. 食品在包装贮藏中加入营养补充剂

研究表明，通过相应的技术及工艺，使用具有保鲜作用的包装材料加入具有营养补充作用的保鲜剂，对食品进行营养补充，食品在营养消耗与外界补充中得以暂时平衡，从而延长食品的货架寿命。营养补充是将所需的特别成分直接放入包装内或直接加入包装材料制取。其中，特别的成分必须是食品所必需的且易于消耗的。其主要是糖分、氨基酸、维生素等。

2.1.4.2 食品营养性要求的有关因素

包装的目的是保存食品的营养成分。在包装材料成分中加入营养成分是最重要的营养补充形式。随着贮藏时间的增长，其损失会逐渐增加，不同的食品在包装贮藏中的营养损失的快慢也有所不同。先进的包装技术与良好的包装材料可减少营养损失或补充营养素的要求。低温、弱光有利于营养损失的减少；在食品包装中加入食品所含营养成分有利于减少营养损失和营养补充。

2.1.4.3 现代食品包装的营养控制

食品包装形式已经从单一的营养保护转向营养保护与营养补充相结合的双重作用。大多数食品是通过保鲜来实现其保质和营养保护，但是食品在烹饪过程中注重色、香、味的同时，营养成分也被破坏了，包装同样也会造成营养损失。当食品超过保质期后，从外观上食品并无差别，实际上食品的营养已被破坏，因此现代食品必须通过专门的仪器来检测其包装内容物的营养所在。包装技术、包装材料与包装辅料相结合是保护食品营养或补充营养的最好办法。

2.1.5　食品包装的耐温要求

耐温是现代食品包装的重要特征之一。食品在包装加工、贮藏、运输等环境中都可能会因高温导致食品变质。为了避免温度升高而使包装内的食品变质，常通过选择耐热的包装及其容器进行隔热控制。

2.1.5.1　材料耐温隔热

常采用具有耐温与隔热特性的金属、玻璃、陶瓷及复合材料进行包装。近年来，美国研究了一种新型包装保温纸。这种新型包装保温纸可将太阳能转化为热能，如太阳能聚集器一样，保护包装内的物品；放在有阳光照射的地方，可以把食品加热。这种新型包装保温纸只有将包装打开，热量才会散去。

2.1.5.2　真空耐温隔热

包装容器内抽真空或在包装容器材料夹层中加入真空胶囊型材料粒子，使之具有隔热耐温的作用。

2.1.6　食品包装的避光要求

2.1.6.1　光线对食品的影响

光线的直射会加快食品营养的损失并导致食品发生腐败变质。光线对食品的影响表现如下：食品中的油脂加速氧化而导致酸败；食品中的色素发生化学变化而变色；食品中的有效营养成分（维生素）被破坏；引起食品中蛋白质和氨基酸的变化。

2.1.6.2　避光包装技术

为了减少光线对食品的影响，可通过包装材料与包装技术来加以实现。先用隔光阻光材料包装食品，利用包装材料对光线的遮挡或将光线吸收或反射，以便减少光线直射食品；然后在包装材料中加入光吸收剂或阻光剂和保护剂。例如，在塑料、玻璃等包装材料中加入色素，或在包装材料中加入纳米材料，使其对紫外线等产生较强的阻隔性能；最后在包装表面着色或印刷，在塑料或纸类包装材料着色、涂布遮光层或进行深层印刷，实现遮光。

食品包装的其他要求还有防碎要求、保湿要求、防潮要求等。

2.2 食品包装的外在要求

学习目标

1. 掌握食品包装的安全性要求的基本方法
2. 掌握设计促销性要求的内涵
3. 掌握结构促销的基本方法和内涵
4. 掌握便利性要求的用处

随着社会经济的快速发展，现代食品工业种类繁多，竞争也非常激烈，产品之间的竞争不仅仅是质量和价格的竞争，逐渐发展为以产品文化为特征的品牌竞争。经过包装的产品市场差价很大，生产成本也远远超过包装成本，名牌产品和非名牌产品不仅是质量的差别，其产品的市场价值也很大。由此可见，包装的增值效应的重要性通过对产品科学的、系统的指导和规划设计，才能有针对性、有目的地对产品量身定做外形包装，以此提升企业形象，提高附加价值。

食品包装的外在要求是利用包装反映出食品的特征、性能、形象，是食品外在形象化的表现形式与手段。因此，食品企业愈发注重运用各种包装策略、设计形式、表现方式来抒发食品作为市场商品的内在吸引力。食品包装的外在要求主要体现在安全性、促销性、便利性及环保性等方面。

2.2.1 食品包装安全性要求

食品包装的安全性包括卫生安全、搬运安全和使用安全等方面。

2.2.1.1 卫生安全

卫生安全是指在食品包装材料中不含有对人体有害的物质，在包装设计技术方面，处理后的食品在营养成分、颜色、味道等方面应尽可能保持不变。食品包装原材料多采用聚乙烯、聚丙烯、聚酯、聚酰胺等高分子材料。这些材料适应了食品包装的要求，但这些材料在制作过程中会加入加工助剂，而食品包装的有害物质大多来源于这些加工助剂。比如，聚氯乙烯(PVC)保鲜膜，聚乙烯单体可能会残留超标。在加工过程中，使用DEHA(二乙邻苯二甲酸)增塑剂，其中，DEHA增塑剂遇到油脂或加热时很容易释放出来进入食品，影响人体健康。在食品包装材料中，玻璃容器应该由钠钙玻璃制作，应避免重金属，如铅的超标。

苯类物质一直被公认为是致癌物质，但苯类物质又是树脂材料的良好溶剂，具有溶解能力强、挥发速度快、价格便宜等优点。在包装中，苯类物质主要用于复合包装材料黏合剂和塑料印刷油墨的溶剂。在食品包装过程中，苯类物质可能会渗透到食品中，从而造成食品中含有苯类物质。在食品生产过程中，如果生产工艺控制的得当，苯类物质的含量也是能够完全控制在安全范围的。

2.2.1.2 搬运安全

搬运安全是指在包装能够保证在运输装卸过程中的安全问题以及消费者在购物时提取

和购买后的携带安全。食品包装要求适于搬运、陈列、放置和购买。当消费者使用时，商品若带有伤人的棱角或毛刺，需要尽量设计专门的手提装置，以便携带。

2.2.1.3 使用安全

使用安全是指保证消费者在开启或食用过程中不至于受到伤害，还要考虑消费者在打开包装时，不会对消费者造成伤害。

2.2.2 食品包装促销性要求

促销性是食品包装的重要功能之一。通过包装设计，刺激消费者购买，达到促销的目的。食品包装设计是食品促销的最佳手段之一。食品的性能、特点、食用方法、营养成分、文化内涵可以在包装上加以宣传，这就是商品包装的促销性。食品包装设计的促销性包括：必要的促销信息、形象促销、色彩促销、结构促销等。

2.2.2.1 必要的促销信息

食品外包装上标明了食品的名称、商标、主要成分、生产厂标、净含量、生产日期、产地和保质期等必要的信息。这些信息反映了商品的特性，其在无形中起到了宣传促销的作用。

2.2.2.2 形象促销

形象促销是利用包装体现商品特性的促销方式。进入市场后，商品包装的外观可促进消费者的购买欲望。形象促销最重要的环节就是做好商品定位，再确定包装的形象。商品定位就是指珍藏品、日常消费品、休闲食品、礼品、生活必需品等。一般而言，软包装塑料不能作为高档礼品的形象的包装选择，更多将硬盒包装和木质包装用于高档品或珍藏品。

需要再次造型包装的食品（如粉料及面食类）宜选用非透明的软包装或硬包装；形体和颜色都较好的食品适宜选择透明或非透明的硬盒包装；液体食品适合选择单层或多层的硬或软包装形式。总之，形象促销要依据食品的不同场合销售及特性，针对消费者不同的购买需求来进行。包装将在食品销售中扮演重要的角色。

2.2.2.3 色彩促销

在当代美学设计中，色彩是最有视觉信息传达能力的要素之一。它不仅具有美化与装饰的作用，还具有语言和文字无法替代的作用。包装设计色彩的功能不仅可吸引顾客视线，也是促使消费者选购食品的关键。在食品包装设计时，企业设计出在市场上能迅速抓住消费者视线的个性化色彩，以吸引消费者注意力。商品包装的色彩对人的生理、心理产生刺激作用。在食品包装上，使用色彩艳丽明快的粉色、橙色、橘红等颜色可以强调出食品香、甜的嗅觉，味觉和口感。巧克力、麦片等食品多用金色、红色、咖啡色等暖色给人以新鲜美味、营养丰富的感觉。茶叶包装用绿色，给人以清新、健康的感觉。冷饮食品的包装多采用具有凉爽感、冰雪感的蓝或白色，可以突出食品的冷冻性和卫生性。

色彩的主要功能是对商品的外包装材料进行修饰、美化，最重要的是传递商品信息。食品包装色彩与商品的内容及品质有着相互依存的关系，各类产品在消费者心目中产生了根深蒂固的“常用色”。因此，食品包装的色彩会直接影响消费者对商品内容的判定。麦当劳在产品包装设计上大量地运用红色，刺激消费者的视觉感受，积极地调动了消费者的食欲。

色彩语言运用在产品包装中主题突出，具有显著的识别效应，使消费者更易辨识和产生亲切感，消费者看到色彩符合就能想到某种商品的品牌。

研究表明，色彩作用于人的视觉器官能使人产生感觉，通过感觉的强烈冲击作用，产生某种复杂的情感和心理活动，并能产生某种心理感受，并在不知不觉中影响消费者的行动和情绪。

不同年龄的消费人群有着不同的色彩喜好。性格活泼的年轻人多数处于性情张扬，其对食品色彩的喜爱有着强烈的时代特点，要求色彩具有鲜亮感和时尚感。例如，百事可乐包装使用了大面积的蓝色，在纯白的底色上用蓝色字体，十分醒目、活跃，百事可乐通过包装的用色与它的活泼、年轻、时代的形象达成了完美的统一。儿童多喜欢鲜亮、饱满、单纯的色彩，所以儿童食品的包装多采用富有趣味性的卡通形象与鲜明的色调来传递信息。老年人则多偏爱沉稳、宁静的色调，不喜夸张与张扬的色彩。

不同国家、不同民族由于政治、经济、文化、教育、宗教信仰及传统生活习惯的不同表现，在气质、性格、兴趣、爱好等方面也不相同，对色彩也会各有偏爱。总之，色彩设计要与时代、地区、民族对色彩的好恶相统一。

2.2.2.4 结构促销

1. 整体结构

特别性是食品包装整体结构促销的关键。只有通过特别性，才能表现与众不同和引起消费者的注意和兴趣。造型别致，与众不同就有较好的促销作用。例如，将包装瓶设计成圆形、棱形、球形，或腰鼓形、果物形等都可以成为食品包装整体结构促销的关键。

2. 局部结构

包装的某一部分采用特殊的结构，如包装的封口和出口，某部位设置特殊的提手、开孔，加密于内层的有奖识别或开启方法，以引起购买者的注意而进行购买。

采用与众不同、仿生、仿物、仿古等结构设计，投消费者所好。正如美国经济学家帕克顿在《隐藏着的说客》中所描述的那样，为什么在超级市场里消费者要买更多的物品，因为消费者拥有如下的消费哲学：只要是称心如意的东西就买，只要由于某种理由而显得非常别致的商品就买。该书中所说的别致就是指商品包装的特殊结构。

2.2.2.5 品牌促销

品牌促销是指利用包装设计体现食品内涵的促销方法。有些食品品牌名称极其响亮，以至于成为该类产品的代名词。例如，说到可口可乐，人们自然而然会想到可乐类饮料。包装品牌促销问题的关键是如何设法在众多的食品或同类的产品中引起消费者注意。通常，商家通过有形的包装在立体与平面相结合的基础上加以实现。例如，对食品品名的滑稽化或使用形象代言人和商标、图案有鲜明的象征性都是食品品牌促销的关键。

2.2.3 食品包装便利性要求

包装的便利性也是消费者在购买商品中的一个重要选择。包装的便利性包括生产便利，运输便利，销售便利等几个方面。包装是一个传递有效信息的媒介，所有的品牌说明都会在上面充分展示，只有优秀的包装才能充分展现这些方面，达到利于销售的结果。

在食品包装设计中，还要考虑视觉识别的便利性、购买后提携的便利性、开启的便利性、拿取与食用的便利性、存储的便利性等。如今，对于消费者而言，更多的便利性已不只是关于食品与饮料的交付、贮存、食用等问题，而是具有新的含义。通过食品包装技术，可以实现自加热、微波加热、高阻隔、自动冷却等功能。现在市面上很多种类的自发热米饭、自发热速食火锅、自热食品鱼香茄子等。这种自加热系统主要是利用焙烤硅藻土、铁粉、铝粉、焦炭粉、盐组成一袋，经搓揉可发热至 60 ℃，其可用于冬季取暖、医疗热敷，加入生石灰、碳酸钠和水，温度可升至 120 ℃，用来加热饭菜或蒸煮食物。广式腊味炒饭、比萨、咖喱牛肉饭等微波加热食品出现在市场中，深受广大消费者喜爱。它们是一种依靠微波能将其转换成热能的自身整体升温的加热方式，完全区别于其他常规加热方式。

此外，还期待更新、更方便的包装技术，如具有自动提示温度、产品质量、包装保质期或内容物是否易变质等功能的包装；可根据精确的设定值对内容物的加热、冷却，甚至可直接按照厨师配方进行烹调加工的产品包装等。

思考题

1. 影响包装强度的因素有哪些？
2. 食品包装的阻隔性要求包括哪些？
3. 光线对包装食品的影响有哪些？
4. 影响食品包装安全性的主要因素有哪些？
5. 食品包装的便利性要求包括哪些？

HAPTER 3

第3章 包装食品腐败变质与包装原理

【学习目的和要求】

1.掌握食品腐败变质的原因,基本原理及其控制方法

2.掌握微生物对包装食品品质变化的影响、基本原理及其控制方法

3.掌握包装食品褐变变色、风味改变、油脂氧化的基本原理及控制措施

【学习重点】

1.食品腐败变质的原因——生物学因素

2.包装食品中的微生物及其控制

【学习难点】

1.包装食品的油脂氧化及其控制

2.包装食品的颜色变化及其控制

3.包装食品的风味变化及其控制

知识树

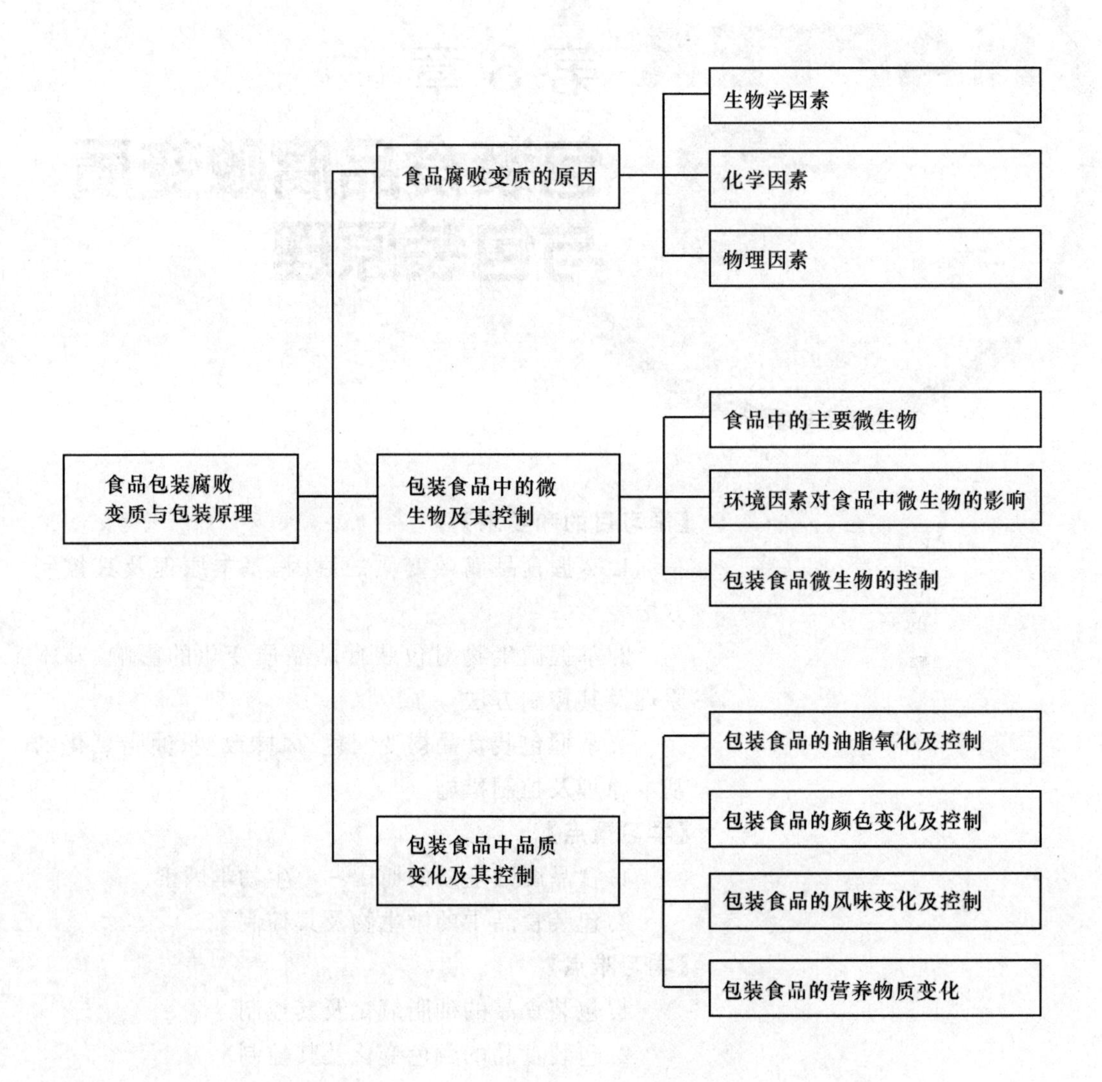
食品包装腐败变质与包装原理
食品腐败变质的原因
生物学因素
化学因素
物理因素
包装食品中的微生物及其控制
食品中的主要微生物
环境因素对食品中微生物的影响
包装食品微生物的控制
包装食品中品质变化及其控制
包装食品的油脂氧化及控制
包装食品的颜色变化及控制
包装食品的风味变化及控制
包装食品的营养物质变化

3.1　食品腐败变质的原因

学习目标

1. 掌握微生物是如何影响食品品质
2. 掌握氧气、光线等化学因素导致食品品质变化的规律
3. 了解常见物理因素引起食品腐败变质的原因

对于许多包装食品而言，包装材料能够影响产品的质量和货架期，包装本身也是限制产品货架期的一个因素。从原料加工到消费者手里的整个流通环节中，食品会受到生物学因素、化学因素、物理因素等各种环境因素的影响。食品自身的品质及保质期都是由特定的关键因素决定的，并能在产品开发时预估。这些都是基于类似产品的观察经验以及来自食品成分（内源性因素）和食品加工时期内遇到环境因素（外源性因素）的综合考虑。

3.1.1　生物学因素

3.1.1.1　酶活性对食品品质的影响

从包装食品的角度来看，了解酶作用对于更全面地理解不同形式的包装含义是必不可少的。酶对食品加工的重要性通常取决于食品内外的条件，控制这些条件对于控制食品加工和储存期间的酶活性是必要的。控制酶活性的主要因素是温度、水分活度（A_w）、酸碱度（pH）、可抑制酶作用的化学物质、底物的改变、产物的改变和预处理控制等。其中三个因素在包装环境中尤为重要。首先是温度，包装保持产品低温能够延迟酶作用的能力从而增加产品的保质期。其次是水分活度（A_w），因为酶活性的速率取决于可用的水量，降低水分活度能够大大限制酶活性，甚至会改变活动模式。最后是基质的改变（特别是氧进入包装中）在依赖氧的酶催化反应中是十分重要的。例如，水果和蔬菜中酚类的氧化导致的酶促褐变。

水果和蔬菜是常见的消费品，它们的呼吸速度会影响保质期，通常呼吸率越高，保质期越短。豌豆等豆类未成熟产品比成熟的储存组织具有更高的呼吸率和更短的保质期，如马铃薯和洋葱等产品。呼吸作用是通过糖类和氧转化为活细胞以更容易地利用的能量来源的一种代谢过程，高度可控的生物化学途径能够促进该代谢的进程，而用于呼吸作用的储备物的消耗和耗尽则会导致代谢衰竭，并开始出现衰老现象。在鲜切市场的水果和蔬菜制备过程中，食物组织的破坏导致细胞内容物的外泄，并促进微生物的侵入。该过程还会增加细胞的呼吸速率，从而消耗贮存组织并导致质量损失。在非贮存组织中这种效果甚至更大，例如，莴苣和菠菜以及未成熟的花卉作物。使用温度控制可以降低呼吸率（表 3-1），延长产品的使用寿命。结合 MAP 的温度控制可抑制酵母菌、霉菌和细菌的生长进一步延长了保质期。

表 3-1 新鲜蜜瓜在常温和低温下的呼吸作用

项目	呼吸速率/[μL/(h·g)]			温度系数(Q_{10})	
	0 ℃	10 ℃	20 ℃	0～10	10～20
完整的蜜瓜	1.4	5.2	10.0	3.7	1.9
切割后蜜瓜	2.3	8.3	62.0	3.6	7.5
呼吸增长率/%	64.3	59.6	520.0		

乙烯(C_2H_4)是一种植物生长调节剂,可加速衰老和成熟过程。它是一种无色气体,具有甜美的醚味。所有植物都能不同程度地产生乙烯,植物的某些部位则会产生更多的乙烯。乙烯的作用取决于商品,但也取决于温度、暴露时间和浓度。如果长时间暴露,许多商品对乙烯浓度低至 0.1 μL/L 敏感,跃变型果实对乙烯特别敏感,如苹果、鳄梨、甜瓜和西红柿。特别是在果实组织中,物理切割或寒冷损伤影响生物化学途径中限速酶(1-氨基环丙烷-1-羧酸合酶),诱导产生乙烯,并增加组织对乙烯的敏感性。乙烯诱导衰老,它对质量损失有显著影响(表 3-2)。

表 3-2 乙烯对水果和蔬菜质量的影响

商品	乙烯的影响
叶类蔬菜	由于叶绿素的损失而变黄
	叶片表面产生黄褐色斑点
	加速叶片脱落
	酚类物质的合成导致的褐变以及产生苦味
黄瓜	颜色变黄,质地变软
未成熟水果	加速成熟,组织变软
芦笋	纤维变厚,韧性增强

研究发现,利用活性炭或高锰酸钾吸收除去乙烯可以通过延长熟化时间来延长水果和蔬菜的保质期,如通过加入活性炭和高锰酸钾、MAP 包装杧果的贮存寿命从 16 d 延长至 21 d。

3.1.1.2 微生物对食品品质的影响

在适宜的条件下,大多数微生物均会生长繁殖,细菌通过分裂繁殖从 1 个分裂成 2 个,数量呈指数增长。在理想条件下,某些细菌可每 20 min 生长分裂 1 次,因此每个细菌细胞可能会在 8 h 内增加到 1 600 万个细胞。在不利条件下,其可以防止或延长细菌倍增和生长时间,这一特征也常常被用于开发食品工艺过程中以实现所需的保质期。

在食物储存期间,微生物将消耗食物中的营养物质并产生代谢副产物,例如,气体或酸。它们的释放可以影响产品质地、风味、气味和外观的细胞外酶(例如,淀粉酶、脂肪酶、蛋白酶)。这些酶产生的微生物死亡后将继续存在,最终导致产品变质。

当只有少数微生物存在时,生长的表现形式可能不明显;当数量增加时,大量酵母菌、细菌和霉菌的存在从而形成肉眼可见的菌落,产生黏液,浊度明显增加。微生物数量与食物腐败之间的关系目前尚不清楚,大量微生物是否导致腐败取决于存在的数量,微生物类型及其所处的生长阶段以及食物的内在和外在因素方面等。保证产品所需保质期的关键是了解哪些微生物的生长和繁殖会影响食物的内在和外在因素，从而导致产品变质以及可以用什么方式杀死这些微生物，降低产品变质。

在食物中，有毒生物（病原体）的存在不一定从食物的变化中由肉眼观察到，可能仅从它们产生的效果中被发现，从轻微的疾病到死亡。对于许多人类病原体而言，消耗的细胞数量越多，感染的机会越大，并且疾病发作前的潜伏期越短。因此，破坏、抑制或控制病原体生长是至关重要的。

研究人员可利用微生物生长特性的原理，破坏它们的生存条件或降低它们的生长速度，获得内在和外在因素的最佳组合用于开发和设计食品。另外，预测性微生物生长模型的开发和实施，特别是对于冷藏食品，协助制定有针对性的产品配方和包装要求，以达到预期的食品保质期。

3.1.2　化学因素

由于食物内部组分之间或食物组分与环境之间的相互作用，可能发生多种重要的变质变化。如果反应物可用并且超过反应的活化能阈值，则化学反应将进行，反应速率取决于反应物的浓度、温度、或其他因素，例如光诱导反应等。一般的假设是，温度每升高 10 ℃，反应速度就会加倍。

3.1.2.1　氧对食品品质的影响

在食物的许多化学成分与氧气反应后，其会影响食物的颜色、味道、营养状况和物理特性等。在某些情况下，反应效果是负面的并缩短保质期。在其他情况下，它们对保持所需的产品特性是必不可少的，如食品包装就是为了除去或控制包装食品中氧气的含量，从而获得有效的保质期。食物对氧的亲和力不同，即它们吸收的量以及它们对氧的敏感性的差异，即导致质量变化的量。估计食品的最大耐氧性（表 3-3）可用于确定满足所需保质期所需的包装材料的透氧性。

表 3-3　不同种类食品的最大耐氧量　‰

食品/饮料	最大耐氧量/10^{-6}
啤酒（巴氏消毒）	1～2
高压蒸汽处理的低酸性食品	1～3
现磨咖啡	2～5
番茄类产品	3～8
强酸性水果饮料	8～20
碳酸饮料	10～40
油类	20～50
色拉类调料	30～100
酒精类饮料	50～200＋

含有高比例脂肪，特别是不饱和脂肪的食物易受氧化酸败和风味变化的影响。与不饱和脂肪酸相比，饱和脂肪酸的氧化作用比较缓慢。天然存在或加入的抗氧化剂可以减缓酸败的发生率或增加延迟时间。

3 种不同的化学途径可以引发脂肪酸的氧化：在热、光或金属离子催化剂（如铁离子）存在条件下形成自由基，该过程称为经典的自由基途径；光氧化作用，其中光敏剂如叶绿素或肌红蛋白影响氧的能量状态；或由脂氧合酶催化的酶途径。一旦通过任何这些途径将氧气引入不饱和脂肪酸以形成氢过氧化物，无论氧化过程是怎样开始的，这些无色无味中间体的分解就会沿着类似的路线进行。氢过氧化物的分解产物——醛、醇和酮与脂肪在氧化过程中所产生的陈腐的、腐臭的以及类纸板的气味有关。

降低储存温度并不能阻止氧化酸败，因为反应中的第一步骤和第二步骤都具有低活化能。将 O_2 浓度（包含溶解的和顶部空间存在的）降低至 1%以下。去除引发氧化的因子和使用抗氧化剂是延长保质期的有效方法，其中酸败是保质期限制因素。

在牛奶巧克力中，生育酚（维生素 E）（一种可可液中的天然抗氧化剂）为防止巧克力酸败提供了高效保护作用。然而，白巧克力不具有可可液的抗氧化保护能力，因此易于氧化酸败，特别是在光诱导下，会加速其氧化酸败。即使采用避光包装，其保质期也短于牛奶或纯巧克力。然而，从包装中完全消除 O_2 的成本很高，并且不值得增加额外的成本。在零食产品中，特别是坚果中，酸败同样是保质期的限制因素。这种敏感产品通常是充入气体以除去 O_2，用 100% N_2 填充以防止氧化同时提供缓冲作用以防物理损坏。

真空包装延长了冷冻多脂鱼的保质期。聚乙烯材料（高透氧性）包装冰冻的鳟鱼时，8 d 后产生明显的腐臭味，而 O_2 渗透性低的塑料材料用于包装鳟鱼时，0 ℃的保质期增加到 20 d。对于常规冷冻鱼来说，低温储存和良好的包装能够减缓鱼肉的降解，因为鱼的表面容易遭受冷冻、烧伤，包装材料必须具有低水蒸气透过率（WVTR）。脂肪含量丰富的鱼需特别使用具有低透氧性的包装材料，并且优选真空包装。

含氧肌红蛋白和氧合肌红蛋白是生肉中的色素，呈现明亮诱人的红色，消费者常将其与新鲜度和良好的饮食品质联系起来。在常规包装的新鲜牛肉中，塑料托盘上的肉被高度透气的塑料材料包裹，这利于向肌红蛋白供应充足的 O_2，维持生肉的鲜红色。真空包装新鲜牛肉会降低 O_2 含量，从而使保质期显著增加，然而，肌红蛋白转化为还原型肌红蛋白，肉色由鲜红色变为紫色，大多数消费者并不能理解这些。通过使用 MAP，将肉放在容量为肉的 2～3 倍的托盘上，抽出空气并用约含 80% O_2 与 20% CO_2 的气体混合物代替，其中的 O_2 保持鲜红色，CO_2 可减少细菌生长，保质期可延长至传统包装鲜肉的 2～3 倍。

亚硝基色素是煮熟的腌制肉的粉红色着色的颜料。这种颜料在暴露于空气（O_2）和光线下会迅速消失。因此，通常使用真空包装或 MAP 来实现烹饪的腌制肉的所需保质期。O_2 含量必须小于 0.3%，并且在 MAP 中常用的混合物是 60% N_2 和 40% CO_2。

3.1.2.2 光对食品品质的影响

光对食品品质的影响很大，它可以引发并加速食品中营养成分的分解，发生食品的腐败变质反应。其主要表现在 5 个方面：①食品中油脂发生氧化反应而产生氧化性酸败；②食品中的色素发生化学变化而变色；③植物性食品中的绿、黄、红色及肉类食品中的红色变暗或变成褐色；④引起光敏感性维生素的破坏，如B族维生素和维生素C，并与其他物质发生不良的化学反应；⑤引起食品中蛋白质和氨基酸的变性。

1. 维生素的光分解

维生素对光照（尤其是紫外线）敏感，表3-4为维生素 B_2 在水溶液中的光分解程度与pH的关系。由表3-4可知，维生素 B_2 的光分解程度随pH的升高而增加。当维生素 B_2 与维生素C共存时，维生素C可抑制维生素 B_2 的光分解，而维生素C则因与维生素 B_2 共存而容易分解，如牛奶经日光暴晒后维生素C显著减少。其原因就是牛奶中维生素 B_2 促使维生素C的光分解。

表3-4　维生素 B_2 在不同pH溶液中用人工光照30 min后的存留率　　%

pH	维生素 B_2 存留率	pH	维生素 B_2 存留率
4.0	42	6.0	46
4.6	40	6.6	35
5.0	40	7.0	27
5.6	46	7.6	20

2. 光线对氨基酸及蛋白质的影响

氨基酸中因光引起分解的是色氨酸，其溶液经日光暴晒后着色而变褐，经紫外光照射可生成氨基丙酸、天冬氨酸、羟基邻氨基苯甲酸。另外，色氨酸、胱氨酸、甲硫氨酸、酪氨酸等如与荧光物质、维生素 B_2、荧光黄素等共存时，经日光暴晒将引起光分解，但此光分解反应可在 CO_2、N_2 环境中得到抑制。硫脲、维生素C亦可阻止此反应。

蛋白质也可因日光、紫外光照射而变化。酪蛋白溶液在荧光物质存在下经日光照射，其中的色氨酸分解而使其营养价值下降；卵蛋白经紫外光照射，其黏度虽无变化，但其表面张力减小，这是与热变性不同的一种蛋白质变化。

3. 光照对食品的渗透规律

光照能促使食品内部发生一系列的变化是因其具有很高的能量。在光照下，食品中对光敏感的成分能迅速吸收并转换光能，从而激发食品的内部发生变质的化学反应。食品对光能吸收的量愈多、转移传递愈深，食品变质愈快、愈严重。

食品吸收光能量的多少用光密度表示，光密度越高，光能量越大，对食品变质的作用就越强。根据Beer-Lamber定律，光照食品的密度向内层渗透的规律为：

$$I_x = I_i e^{-\mu x} \tag{3-1}$$

式中，I_x—光线透入食品内部 x 深处的密度；I_i—光线照射在食品表面处的密度；μ—特定成分的食品对特定波长的光波的吸收系数。

显然，入射光密度越高，透入食品的光密度也越高，深度也越深，对食品的影响也越大。

食品对光波的吸收量还与光波波长有关，短波长光（如紫外光）透入食品的深度较浅，食品所接收的光密度也较少；反之，长波长光（如红外光）透入食品的深度较深。图3-1为光谱图。此外，食品的组成成分各不相同，每一种成分对光波的吸收有一定的波长范围。未被食品吸收的光波对食品变质没有影响。

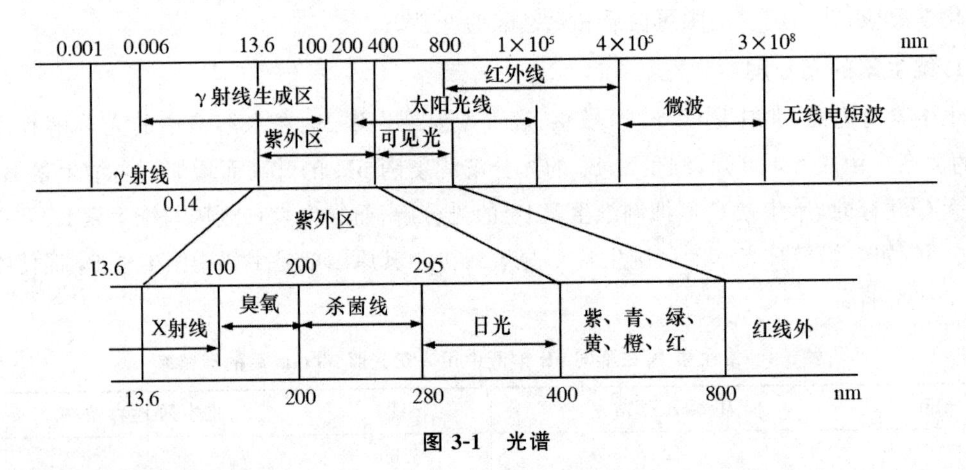

图 3-1 光谱

4. 包装避光机理和方法

要减少或避免光线对食品品质的影响，主要的防护方法是：通过包装将光线吸收或反射，减少或避免光线直接照射食品；同时防止某些有利于光催化反应因素，如水分和氧气透过包装材料，从而起到间接的防护效果。根据 Beer-Lamber 定律，透过包装材料照射到食品表面的光密度为：

$$I_i = I_0 e^{-\mu_p x_p} \tag{3-2}$$

式中，I_0—食品包装表面的入射光密度；x_p—包装材料厚度；μ_p—包装材料的吸光系数。

将此式代入式(3-1)得光线透过包装材料透入食品的光密度为：

$$I_x = I_0 e^{-(\mu_p x_p + \mu x)} \tag{3-3}$$

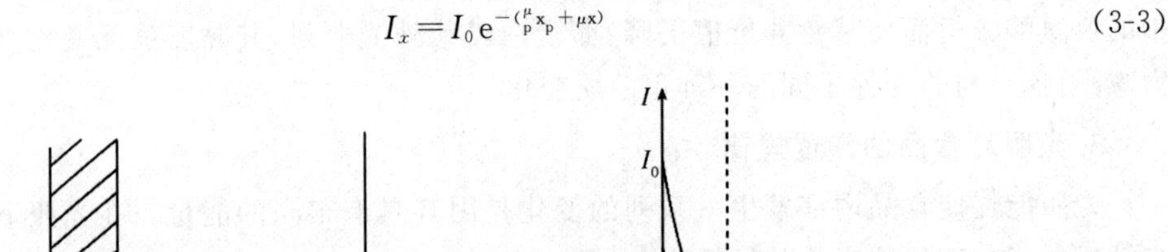

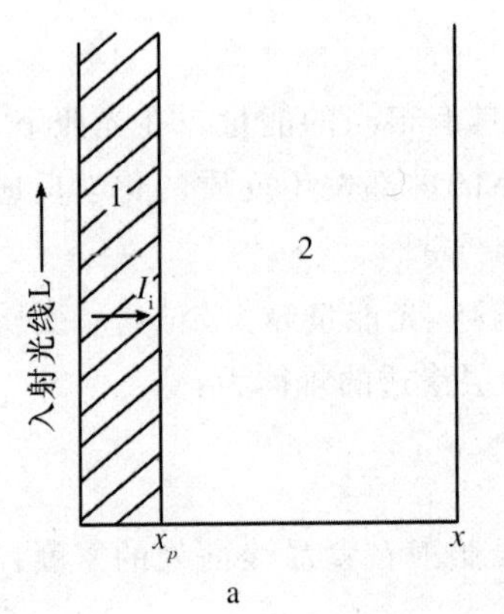

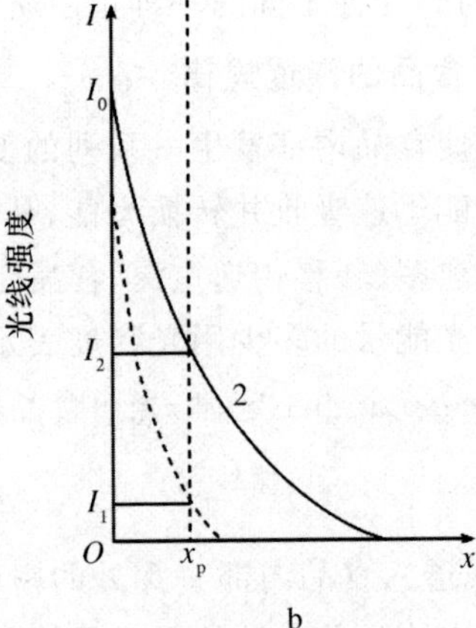

图 3-2 光线在包装材料和食品中传播分布规律

光线在包装材料和食品中的传播和透入的光密度分布规律可用图3-2表示。由图3-2可知，包装材料可吸收部分光线，从而减弱光波射入食品的强度，甚至可以全部吸收光波，阻挡光线射入食品内。选用不同成分、不同厚度的包装材料，可以达到不同程度的遮光效果。

在对食品进行包装时，可根据食品的吸光特性和包装材料的吸光特性，选择一种对食品敏感的光波具有良好遮光效果的材料作为该食品的包装材料，可有效地避免光对食品质变的影响。为了满足食品不同的避光要求，可对包装材料进行必要的处理来改善其遮光性能，如玻璃一般采用加色处理。有些包装材料还可采用表面涂覆遮光层的方法改变其遮光性能。在透明的塑料包装材料中，也可加入不同的着色剂或在其表面涂敷不同颜色的涂料，同样可以达到遮光效果。

3.1.3　物理因素

影响保质期的物理变化可以直接通过物理损害或由物理化学过程引起。消费者认为食品包装的功能，应起到保护产品免受环境中的灰尘和污垢因素，脱水和吸水因素，昆虫和啮齿动物侵扰因素等污染，产品的密封以避免泄漏和溢出，还要在贮存和分配过程中对有害物质的隔绝。但是产品要达到相应的保质期，则需要仔细考虑产品在贮存和分销链环境中所需的保护程度。

3.1.3.1　物理损害对食品品质的影响

在产品保质期内，特别是在存储、分配和消费者处理过程中，产品在车辆上受到震动，在仓库中堆叠时受到压缩载荷，以及突然发生颠簸和撞击时，产品自身的生产设计必须足以承受这些冲击或长时间的震动(例如，乳液必须足够稳定才能承受持续震动)，并且包装也必须能够承受并防止这些外部冲击力。易碎产品外部包裹纸箱可以防止物理损坏，如早餐麦片和饼干等，容易受到擦伤的水果和蔬菜在配送过程中需要防止粗暴处理，其外包装材料需要有一定的抗压能力，另外还要具备保湿能力。

3.1.3.2　昆虫破坏对食品品质的影响

对于消费者而言，食品中发现昆虫是非常不愉快的。因为在产品打开之前通常不会检测到。昆虫侵扰可以在加工过程的任何时间点发生，但很可能是在延长的保质期期间或在运输期间发生。虽然这种问题可能不是食品制造商的问题，但如果涉及法律纠纷后，对品牌的声誉就会造成不良影响。包装害虫可分为2种：穿透者和入侵者。穿透者能够穿透一层或多层柔性包装材料，通过使用阻隔材料防止气味从包装中逸出，可以减少穿透者的侵袭。入侵者常见于通过现有开口进入包裹，通常是由密封不良，或由其他昆虫导致的开口或机械损坏造成的开口，因此，密封件不易受到昆虫的攻击。

3.1.3.3　湿度对食品品质的影响

食品中水分的损失或增加是食品保质期失效的重要物理原因。表3-5可见，一般食品中都含有不同程度的水分，水分的含量是食品的重要质量指标之一，同时也是重要的经济指标，对微生物生长及相关生化反应都有密切关系。吸湿性食品需要防止吸收水分，如干燥产品早餐谷物和饼干吸水受潮后，影响其质地，特别是脆性。水分较多的水果蔬菜类产品在脱水后，其形貌变得干瘪，影响口感。

表 3-5 一些代表性食品的典型水分含量 %

食品	鲜果	乳类	鱼类	鸡蛋	猪肉	面粉	奶粉	饼干
水分含量	70～93	87～89	67～81	67～74	43～59	12～14	2.5～3	2.5～4.5

保持或防止水分流失的最好方式是通过保持正确的温度和湿度进行储存。在冷藏和冷冻食品中，失水（干燥，脱水或蒸发）会导致质量损失。在冷藏柜中所售卖的熟鲜肉、鱼、肉酱和奶酪等冷藏食品的保质期与包装后的等效产品明显不同。这些产品的保质期与包装的等效产品明显不同，从 6 h 到几天、几周的差异。蒸发损失导致外观变化（表 3-6），以至于消费者将选择最近装入橱柜的产品，而不是那些装在展示柜中的产品。

表 3-6 放置 6 h 后的切片牛肉重量的损失以及相应的外观形貌 g/cm^2

蒸发质量	外观变化
0.010	肉质呈诱人的红色状，仍然保持湿润，略微失去些光泽
0.015～0.025	肉质表面变得更加干燥，仍显湿润，但稍微变暗
0.025～0.035	明显变暗，肉质变得干燥，变韧
0.050	干燥，色泽变黑
0.050～0.100	黑色

水果和蔬菜储存期间的减重主要是由于蒸腾作用。大多数的平衡湿度为 97%～98%，如果保持湿度小于平衡湿度，则会失去水分。出于实际原因，建议的存储湿度范围为 80%～100%。水的流失速率取决于产品施加的水蒸气压力与空气中的水蒸气压力之间的差异，以及产品表面的空气流动。按重量计，少 5%的水分就会致水果和蔬菜蔫软。MAP 包装中使用的薄膜应具有低水蒸气透过率（WVTR），以最大限度地减少包装内水分含量的变化。随着空气温度的升高，使其饱和所需的水量增加（温度每升高 10 ℃，水量几乎加倍）。

如果将食物置于密封容器中，食物将不断地吸收和释放水分，直到容器内湿度与食物自身的含水量相当，即平衡相对湿度（equilibrium relative humidity，ERH）。如果温度升高且容器中水蒸气含量保持恒定，则湿度将下降，因此，最小化温度波动对防止水分损失是至关重要的。

冷冻食品发生脱水后会引起冻烧现象，食品表面形成空腔，产生灰白色斑块。冻烧则会导致瘦肉表面发生腐臭、变色和一些物理变化。低水蒸气渗透性材料的包装可防止在储存和配送过程中的水分流失。然而，由于温度经常波动而不是恒定的，如果使用的包装材料不能紧紧包裹产品，则仍会发生脱水现象。当水从食物中脱离时，它将作为霜保留在包装内，包装中的霜可达到产品重量的 20%或更多，随着产品的干燥从而导致其表面积增加，更容易获得 O_2，从而增加食品表面的质量损失率。尽可能多地除去包装中的空气可以减少该问题的发生，然而，这对于诸如蔬菜等的零售包装食品来说很难实现，并且这种产品非常容易形成内部结霜，特别是长期存放与展柜中的产品。通过使用包括铝箔层的层压材料，可以显著减少内部结霜。

3.1.3.4　气味对食品品质的影响

在实际储存或运输过程中，有时将几种商品存储或分配在同一容器或拖车中。乳制品，鸡蛋和鲜肉极易吸收强烈的气味；巧克力产品具有高脂肪含量，味道清淡，如果它们没有充分包裹而且存放在强烈气味的化学物质（例如清洁液）旁边，或是存放在接近强烈味道的糖果商店（例如包裹不良的薄荷糖）中，则会吸收一些异味。包装能够减少上述问题的发生，但大多数塑料材料仍具有显著的渗透性，用于真空包装和 MAP 的塑料材料具有低渗透性，但只能减少吸收外来气味并不能彻底阻碍外来气味。

如果食品中存在的化合物对包装材料具有高亲和力，则它将倾向于被吸收或吸附到包装上，直到在食品和包装材料之间达到平衡，该现象不是引起食品安全的直接因素。然而，导致食物特有风味的挥发性化合物的损失则会影响感官质量。天然存在于食物中的令人不适的味道通常被其他物质味道所掩盖，如果该物质被包装材料吸收或吸附，则产品中令人不适的味道更容易被察觉。吸收或吸附程度部分取决于化合物的性质，部分取决于芳香化合物的尺寸，极性和溶解性。在特定的食品包装组合中，气味化合物易于被吸收或吸附的情况下，引入有效的阻挡层可以减少该问题，但必须经过精心设计和高灵敏度测试，以确保最大限度地减少通过屏障的渗透。另外，食品和包装材料之间的直接接触提供了迁移的可能。这种相互作用可能降低产品的安全性和质量，从而限制产品的保质期。

3.2　包装食品中的微生物及控制

学习目标

1. 掌握食品中常见的微生物种类
2. 掌握外界环境对微生物生长影响的途径
3. 掌握包装食品微生物的控制方法

人类生活在微生物的包围的环境之中，空气、土壤、水及食品中都存在着无数的微生物。如猪肉火腿和香肠，在原料肉腌制加工后的细菌总数 10^5～10^6 个/g，其中大肠埃希菌 10^2～10^4 个/g。完全无菌的食品只限于蒸馏酒、高温杀菌的包装食品和无菌包装食品等少数几类。虽然大部分微生物对人体无害，但食品中微生物繁殖量超过一定限度时食品就会腐变，微生物是引起食品质量变化最主要的因素。微生物在分解有机物质方面可以发挥非常重要的作用，而食品保鲜技术就是为了抑制或消除微生物对有机物质的分解。

3.2.1　食品中的主要微生物

3.2.1.1　细菌

细菌在食品中的繁殖可以引起食品的腐败、变色、变质而导致食物不能食用，其中有些细菌还能引起人们食物中毒。细菌性食物中毒中，最多的是肠类弧菌所引起的中毒，约占食物中毒的50%;其次是葡萄球菌和沙门菌引起的中毒,约占40%;其他常见的能引起食物中毒的细菌有:肉毒杆菌、致病大肠埃希菌、魏氏梭状芽孢杆菌、蜡状芽孢杆菌、弯曲杆菌属、耶尔森氏菌属。

3.2.1.2 真菌

食品中常见的真菌菌属主要为霉菌和酵母菌。霉菌在自然界中分布极广,种类繁多,常以寄生或腐生的方式生长在阴暗、潮湿和温暖的环境中。霉菌有发达的菌丝体,其营养来源主要是糖、少量的氮和无机盐,因此极易在粮食和各种淀粉类食品中生长繁殖。

大多数霉菌对人体无害,许多霉菌在酿造或制药工业中被广泛利用,如用于酿酒的曲霉,用于发酵制造腐乳的毛霉及红曲霉,用于制造发酵饲料的黑曲霉等。然而,有些霉菌大量繁殖可引起食品变质,少数菌球在适当条件下还可产生毒素。到目前为止,经人工培养查明的霉菌毒素已达100多种。

3.2.2 环境因素对食品中微生物的影响

3.2.2.1 温度

温度对微生物生长具有广泛的影响,生长的温度范围一般在 −10～100 ℃,但对于特定的某一种微生物,只能在一定的范围内生长,表3-7中表示不同类型微生物的生长温度范围和分布区域,根据微生物适宜繁殖的温度范围,可将微生物分为以下几种。

(1)嗜冷微生物(冷耐受型),可在冷藏条件下繁殖,有时生产温度低至4 ℃,这些是最容易被热量破坏的。

(2)嗜冷微生物(好冷型),最佳生长温度为20 ℃。

(3)嗜温微生物(中等范围),最佳生长温度在20～44 ℃。这些是包装食品最受关注的微生物。

(4)嗜热微生物(好热型),最佳生长温度在45～60 ℃。一般而言,如果在温带气候下生产或贮存包装食品,这些微生物会引起生产企业的关注。

(5)嗜热微生物(耐热型),可在70 ℃以上存活,但在这些温度下无法再生。

表3-7 微生物的生长温度类型 ℃

微生物类型	生长温度		
	最低	最适	最高
嗜冷微生物	>0	15	20
兼性嗜冷微生物	0	20～30	35
嗜温微生物	15～20	20～45	45以上
嗜热微生物	<45	55～65	80
超嗜热或嗜高温微生物	65	80～90	>100

食品在贮存、运输和销售过程中所处的温度一般处于嗜冷微生物和嗜温微生物的生长繁殖温度的威胁之中,因此调节温度是杀死或控制食品和包装材料表面微生物数量最常用的方法。

通常，真菌对高温的耐受性低于细菌，例外的情况是来自诸如 Byssochlamys fulva (*B. fulra*)的霉菌的子囊孢子。为了生产商业上无菌的食品，其中这些子囊孢子是目标生物体，需要在高于 90 ℃的温度下进行延长加热。草莓是 *B. fulva* 的常见来源。通常，酵母或霉菌细胞在 60 ℃加热仅 5～10 min 后，被杀死。真菌最佳生长的温度通常在 20～30 ℃。这是在夏季的食品生产中腐败暴发增加的主要原因。

肉毒杆菌是一种孢子形成物，由于所产生的孢子的抗性和细菌产生的致命毒素，因此热加工食品领域受到关注。如果 pH 高于 4.5 并且没有氧气(即厌氧条件)，肉毒杆菌孢子将会发芽。由于它是最耐热和致命的病原体，所有用于杀死它的灭菌过程也会破坏其他耐热性较差的病原体。

3.2.2.2 水分

水分对细菌生长至关重要，因为它通过渗透压梯度促进小分子通过细菌细胞的外部细胞质膜转运。表 3-8 显示了多种微生物生长的最低水分活度值，大部分细菌在水分活度 A_w 0.90 以上的环境中生长，大部分霉菌在 A_w 0.80 以上的环境中繁殖，部分霉菌和酵母菌在 A_w 较低的环境中也能繁殖。因此，与酵母或霉菌相比，细菌需要更高水平的可用水，在 20% 的可用水中，它们的生长是良好的，但当降低到 10%时细菌的生长则受到限制，并且在 5% 时细菌无法生长，这里可用的水分活度(A_w)代表食物中游离水的量，不包括不能供微生物使用的结合水分。

表 3-8 微生物生长必需的最低水分活度

最低 A_w	细菌	酵母菌	霉菌
0.96	假单胞杆菌		
	沙门菌		
0.95	埃希氏杆菌		
	芽孢杆菌		
	梭状芽孢杆菌		
0.94	乳杆菌		
	足球菌		
	分枝杆菌		
0.93			根霉菌
			毛霉菌
0.92		红酵母	
		毕赤氏酵母	
0.90	小球菌	酵母	芽枝霉菌
		汉逊氏酵母	
0.88		假丝酵母	
		圆酵母	

续表 3-8

最低 A_w	细菌	酵母菌	霉菌
0.87		德巴利氏酵母	
0.86	葡萄球菌		
0.85			青霉菌
0.75	嗜盐菌		
0.65			曲霉菌
0.62		接合酵母	
0.60			耐干霉菌

酵母和霉菌生长的条件与细菌相似，它们可以在较低的可用水位下存活，这就是为什么面包存在霉菌腐败的风险，而不是由于无法生长的细菌的腐败。真菌的渗透压也比细菌更强，并且可以在许多商业果酱和橘子酱中生长。存在于包装表面和食品中的真菌会被应用于包装食品的热处理杀死，通常为 85 ℃，持续 5 min。一旦包装罐打开，霉菌孢子就会导致空气污染(表 3-9)。

表 3-9　食品中 A_w 与微生物生长

A_w 范围	在此范围内的最低 A_w 一般所能抑制的微生物	在此 A_w 范围内的食品
1.00～0.95	假单胞菌、大肠埃希菌变形杆菌、志贺菌属、克雷伯菌属、芽孢杆菌、产气荚膜梭状芽孢杆菌、一些酵母菌	极易腐败变质(新鲜)食品、罐头水果、菜、肉、鱼以及牛乳；熟香肠和面包；含约 40%(质量分数)蔗糖或 7%氯化钠的食品
0.95～0.91	沙门杆菌属、溶副血红蛋白弧菌、肉毒梭状芽孢杆菌、沙雷菌、乳酸杆菌属、足球菌、一些霉菌、酵母菌(红酵母菌、毕赤氏酵母菌)	一些干酪(英国切达、瑞士、法国明斯达、意大利菠罗伏洛)、腌制肉(火腿等)、一些水果汁浓物；含 55%(质量分数)蔗糖或 12%氯化钠的食品
0.91～0.87	许多酵母(假丝酵母菌、球拟酵母菌、汉逊酵母菌)小球菌	发酵香肠(萨拉米)、松蛋糕、干的干酪，人造奶油、含 65%(质量分数)蔗糖(饱和)或 15%氯化钠的食品
0.87～0.80	大多数霉菌(产生毒素的青霉菌)，金黄色葡萄球菌、大多数酵母菌属(拜耳酵母)、德巴利氏酵母菌	大多数浓缩水果汁，甜炼乳、巧克力糖浆、槭糖浆和水果糖浆、面粉、米、含 15%～17%水分的豆类食品、水果蛋糕、家庭自制火腿，微晶糖膏、重油蛋糕
0.80～0.75	大多数嗜盐细菌、产真菌毒素的曲霉菌	果酱、加柑橘皮丝的果冻、杏仁酥糖、糖渍水果、一些棉花糖
0.75～0.65	嗜旱霉菌(谢瓦曲霉、白曲霉)、二孢酵母	含约 10%水分的燕麦片、颗粒牛皮糖、砂性软糖、棉花糖、果冻、糖蜜、粗蔗糖、一些果干、坚果
0.65～0.60	耐渗透压酵母(鲁酵母菌)，少数霉菌(刺孢曲霉、二孢红曲霉)	含 15%～20%水分的果干、一些太妃糖与焦糖、蜂蜜

续表 3-9

A_w范围	在此范围内的最低 A_w 一般所能抑制的微生物	在此 A_w 范围内的食品
0.5	微生物不增殖	含约 12%水分的酱、含约 10%水分的调味料
0.4	微生物不增殖	含约 5%水分的全蛋粉
0.3	微生物不增殖	含 3%～5%水分的曲奇饼，脆饼干，面包硬皮等
0.2	微生物不增殖	含 2%～3%水分的全脂奶粉、含约 5%水分的脱水蔬菜、含约 5%水分的玉米片、家庭自制的曲奇饼、脆饼干

3.2.2.3　氧气

氧的存在有利于需氧微生物的繁殖，且繁殖速度与氧分压有关。由图 3-3 可见，细菌繁殖速率随氧分压的增大而急速增高。即使仅有 0.1%的氧气，也就是空气中氧分压的 1/200 的残留量，细菌的繁殖仍不会停止，只不过速度变得缓慢。须在食品进行真空或无氧包装时应特别注意这个问题。

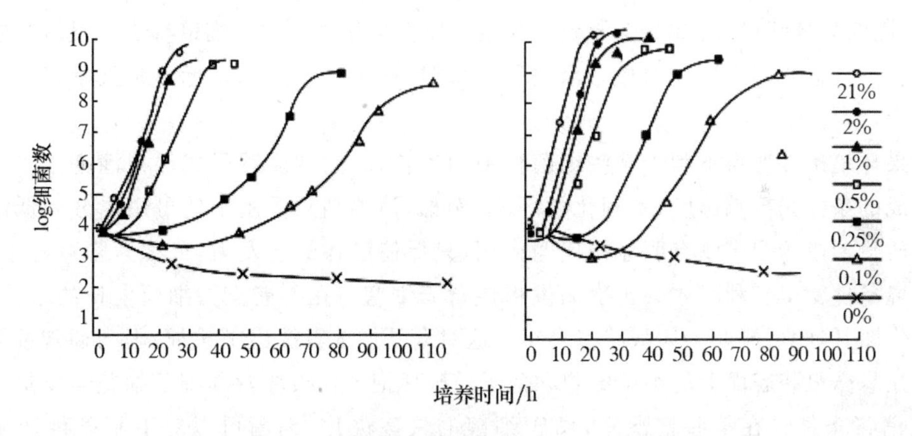

图 3-3　好氧微生物的繁殖与氧分压的关系

对于食品微生物而言，大部分细菌由于氧的存在而繁殖生长，造成食品的腐败变质。所有细菌都需要供氧来氧化食物，以产生能量和生长。一些细菌直接从空气中获得 O_2（好氧细菌），而其他细菌从食物中获取氧气（厌氧细菌）。后者通常在暴露于空气中的 O_2 时被杀死。一些细菌可以兼性厌氧，这意味着它们如果存在则可以从空气中消耗 O_2，但是也可以在没有氧气的环境下生长。调整包装食品顶空的气氛用作防止细菌生长的手段，通常与冷藏相结合作为细菌生长的进一步抑制。这样可以在无热处理的情况下生产食品，同时延长保质期。

酵母菌是兼性厌氧生物，在有氧和无氧的条件下均能生长。在无氧的情况下，酵母细胞将糖分解为酒精和水；在有氧时，糖被分解为 CO_2 和 H_2O。前一种反应用于酒精饮料的发酵；然而，在发酵液中，条件介于厌氧和好氧之间，因此产生醇类和 CO_2。

食品包装的主要目的之一就是通过采用适当的包装材料和一定的技术措施，防止食品中的有效成分因氧化而造成品质劣化或腐败变质。

3.2.2.4 pH

环境中 pH 的变化对微生物生命活动也起着很大的影响作用，能够引起细胞膜电荷的变化，影响微生物对营养物质的吸收和代谢过程中酶的活性，也会改变生长环境中营养物质的可给性及有害物质的毒性，表 3-10 展示了不同微生物生长 pH 范围，因此，适当控制食品的 pH 也能控制微生物的生长和繁殖。

表 3-10　不同微生物的生长 pH 范围

微生物	最低 pH	最适 pH	最高 pH
细菌	3～5	6.5～7.5	8～10
酵母菌	2～3	4.5～5.5	7～8
霉菌	1～3	4.5～5.5	7～8

3.2.2.5 光

光不是细菌生长的必要条件，因为细胞不会使用光能合成食物。相反，光对细菌具有破坏作用，因为紫外线（UV）成分会导致细胞蛋白质发生化学变化。细菌喜欢在没有光线的条件下生长。通过使用 UV 光对瓶装水进行灭菌时，瓶子透明度的指标不是灭菌好坏的主要限制因素。

如果环境条件变得不利于某些细菌物种的生长，它们则能够形成保护性孢子。可引发孢子形成的条件如极端温度、不利化学环境（例如，消毒剂）、低水平的可用水分和低浓度的营养物质。形成的孢子没有明显的代谢作用，只保持潜在的萌发力，可称为隐藏的生命，只有在环境条件变得有利时才会再次萌发形成营养细胞。在不能支持细菌生长的条件下，孢子不会代谢，因此可能处于休眠状态多年。这对食品加工者提出了挑战，因为通常都需要杀死聚集在暴露包装表面上的细菌细胞和孢子。破坏孢子比破坏营养细菌细胞需要更严格的热量或消毒条件。在某些情况下，由于细菌的快速进化，细菌可以对不利条件产生抵抗作用。

3.2.3 包装食品微生物的控制

食品保鲜旨在延长食品的保质期。在大多数情况下，腐败或引起疾病的微生物的生长限制了食物可以保存的时间，并且大多数保存技术主要基于减少或阻止微生物生长。然而，还存在限制保质期的其他因素，如食物中天然存在的酶的影响，或食物成分之间的天然化学反应，并且还必须考虑这些因素。

有许多方法可用于保存食物，这些方法通常会组合使用以降低任何单一方法所带来的局限性。以下描述了食品行业部分重要的保存方法。由于组合方法的协同效应，每种方法的重要性可能难以确定。

3.2.3.1 包装食品的加热杀菌

微生物和酶是食品腐败变质的主要原因。二者都易受热,并且适当的加热方式可用于减少,抑制或破坏微生物和酶活性。生产具有可接受稳定性的产品所需的热处理程度将取决于食品的性质,其相关的酶,微生物的数量和类型,加工食品的储存条件和使用的其他保存技术。

保温包装食品的制造可以分为 2 个基本过程:①加热食品以将致病和腐败微生物在预期储存条件生长的数量减少到最小值;②将食品密封在密封包装内以防止再次受致病和腐败微生物的污染。传统罐头的保存方法是:在将热量施加到包装的食品之前将食品密封在其包装中,而其他操作如,烹饪—冷却和烹饪—冷冻,在分配到其包装之前加热食品。

1. 烫漂

烫漂的目的是使酶失活,通常在其他热保存过程之前施加。烫漂不是为减少食品表面的微生物种群而设计的,但它会减少耐热性较低的生物数量,如酵母,霉菌和某些细菌(如李斯特菌,沙门菌,大肠埃希菌)。在没有热烫步骤的情况下,例如冷冻蔬菜的保质期将由于储存期间的化学分解而显著降低。冷冻并不能完全消除商业使用中储存温度下的反应,但它确实减缓了那些依赖于离子传输的反应。如果在冷冻储存期间食物中存在酶,则可能发生导致食物变质的化学反应,尽管速度很慢。灭活酶可以防止这种反应的发生,延长保质期。在水果和蔬菜的热加工中,热烫步骤是类似的,但其目的是如果在加工食品之前发生延迟,则防止食品的进一步酶分解。这种处理方式的优点是包含在细胞材料(如草莓中)中的一部分空气被除去,并且这样做减少了水果或蔬菜漂浮的趋势。

2. 高温杀菌

蒸煮是仍然广泛使用的食品工业加工方式,加热包装内的食品达到商业无菌包装食品的要求。加热在蒸馏器中进行,蒸馏器基本上是间歇式或连续式热水和/或蒸汽加热的压力锅。食品罐头是通过在密封容器中加热食品的方式,使其在环境温度下进行商业灭菌,换句话说,使得在正常储存条件下,微生物在食品罐头打开之前均不会生长。一旦打开包装,罐头的效果将会丧失,食品将被视为易腐烂,其保质期将取决于食品本身的性质。在罐装过程中使用各种包装材料,包括锡板、玻璃、塑料罐、托盘、瓶子、小袋以及铝罐。大多数罐头食品都经过消毒处理,但越来越多的趋势是对微生物生长施加额外的巴氏杀菌,是加工者能够使用的更温和的热处理方法。

3. 超高温瞬时杀菌

超高温或超热处理(UHT)是一种通过在线连续热过程达到食品保存的目的。在无菌包装过程中,经过 UHT 处理之后,在无菌环境中将食品包装在无菌容器中。这里的主要区别在于包装和食品分开灭菌,然后将包装填充并密封在无菌环境中,即无菌形式,填充和密封(FFS)过程。液体食物或饮料在被填至包装中之前,通过热交换器进行连续的消毒或巴氏灭菌。该技术特别适用于液体食品,例如,汤、果汁、牛奶和其他液体乳制品。无菌包装采用金属罐,塑料罐和瓶子,软包装和铝箔层压纸板箱进行。由于在该过程中不需要空气过压,因此合适容器的选择范围要大于热加工食品包装容器的选择范围。

4. 巴氏杀菌

巴氏杀菌是一种在较低温度(通常低于 105 ℃)下进行的加热方法,可达到商业无菌的目的。有效巴氏灭菌所需的实际加热程度将根据食物的性质和存在的微生物的类型和数量而变化。在某些情况下,可能需要延长巴氏灭菌处理以灭活耐热酶。

牛奶是英国消费最广泛的巴氏杀菌食品,该工艺最初是 20 世纪 30 年代在英国商业化引入的,当时使用 63 ℃处理 30 min。现代牛奶巴氏杀菌采用 72 ℃的等效工艺处理 15 s。

巴氏杀菌法广泛用于生产许多不同类型的食品,包括水果产品、泡菜、果酱和冷藏即食食品。食物可以在密封容器(类似于罐装食品)中或在连续过程中进行巴氏消毒(类似于无菌灌装操作)。重要的是要注意巴氏杀菌食品不是无菌的,并且通常依赖于其他防腐机制以确保它们在所需的时间长度内具有延长的稳定性。通常使用冷冻温度,但是一些食物具有足够高的盐,糖或酸含量以使它们在室温下稳定(例如巴氏杀菌的罐装火腿)。

虽然用于环境储存的保温包装食品(如上所述)具有以数年计量的保质期,但烹饪冷藏食品通常具有以数周或数月计量的保质期。在保存因素仅为冷却的情况下,保质期明显低于上述情况。

3.2.3.2　包装食品的低温贮存

1. 冷冻

冷冻食物不会使其无菌。虽然冷冻过程可以降低一些易感微生物的水平,但这在食品的整体微生物质量的背景下并不重要。然而,在商业冷冻温度(−24～−18 ℃)下,所有微生物活动都被暂停,并且食物可以保持的时间长短取决于其他因素。然而,值得注意是,一旦冷冻食品解冻,那些活的微生物将继续生长和繁殖。

在冷冻温度下,尽管速率降低,酶活性仍可以继续保持,并且随着时间的推移可以改变食物的感官特性。酶活性的潜在问题将取决于特定的食物。例如,一旦采摘豆荚,豌豆中的糖就会迅速转化为淀粉,如果不加以防治,就会成为不甜的产品。蔬菜产品在收获后数小时内进行冷冻,但在冷冻前需进行热烫以确保酶失活。典型的烫漂过程包括在快速冷冻之前加热 90～95 ℃几分钟。冷冻速度对食物的质量很重要。在鼓风冷冻机中快速冷冻是可取的,以防止形成大的冰晶,这些冰晶会通过破坏水果和蔬菜中的细胞完整性或降低肉类,鱼类和家禽的肌肉蛋白质而对食物的质地产生不利影响。

除酶活性外,还有许多其他化学和物理变化可能会限制冷冻食品的保质期,例如,食物中的脂肪氧化和其表面发生的干燥现象,均可在几个月的时间内发生,而食物包装对减少这些不良反应起着至关重要的作用。

冷冻食品的包装使用各种材料和形式,包括纸张,塑料和金属。与在环境条件下储存的热加工食品不同,对包装材料的要求不那么严格。通过包装材料向诸如氧气的气体迁移对食物的影响较小,因为化学反应不会以显著的速率发生。因此,对阻气材料的需求不那么重要。食物是冷冻固体,包装因此必须具有更大的刚性,所以不需要如在无菌填充中那样在商业上消毒包装。

冷冻食品的储存寿命往往更多地取决于消费者处理而不是冷冻过程的有效性。反复的冻融循环会破坏边缘周围的食物结构，促进化学和物理破坏。冰激凌是高品质食品的一种，其制造中包含复杂基质内的小(不可见)冰晶。然而，随着运输中冰激凌的储存温度反复变化，冰晶的大小逐渐变大，导致平滑的结构逐渐分解并被具有可见冰晶，纹理粗糙的食物所取代。

2. 冷藏

冷藏可以被称为将食品温度降低到 0～5 ℃的安全贮存温度的过程，而冷却是应用于降低食物温度的更通用的术语。与冷冻食品相比，冷藏食品可能对公共安全构成更大的风险。将产品保持放在低温环境会降低食品的微生物和化学变质速率。在大多数加工过的冷藏食品中，微生物的生长会限制保质期；即使在冷藏条件下生长速率变缓，最终也会导致微生物水平较高，这可能会影响食物或造成潜在的危害。这种微生物生长可导致食物腐败、腐烂、浑浊或产生发酵，但具有生长潜力的病原体(如果存在)即使不断生长繁殖，食物也不会产生明显的变化迹象。根据英国 1990 年的《食品保护法》，必须在包装冷藏乳制品、肉类、蛋类、海产品和家禽类产品的标签上注明日期使用，必须在 5 ℃或更低温度下进行分销，储存和零售。

为了将微生物效应降至最低，冷藏预制食品通常采用巴氏杀菌加热工艺，足以消除各种病原体，如沙门菌、李斯特菌和大肠埃希菌 O157。通常认为相当于 70 ℃处理 2 min 的过程就足够了，但给出的确切过程将取决于食物的性质。巴氏杀菌或冷却能够抑制食物细胞的生长，使食品货架期延长数天。如果巴氏灭菌方案更严格，例如，90 ℃ 10 min(CCFRA，1992)，则可以将保质期延长 18～24 d 或更长。确切的长度取决于食物是否适合支持微生物生长，并且食品制造商通常将相同的加热过程应用于 2 种不同的食物，但其中的一种宣称保质期可能是 14 d，而另一种可能允许 20 d。使用具有低微生物数，超清洁处理和填充条件的产品成分与无菌包装(即接近无菌条件)相结合将有助于减少巴氏灭菌产品的初始微生物负载，从而延长保质期。

低温还用于延长许多新鲜水果和蔬菜的保质期。低温不仅阻碍了天然存在的微生物(可能腐烂食物)的生长，而且还减缓了食物收获后继续的生化过程。然而，每个单独的水果和蔬菜都有其理想的储存温度，有些易受寒冷伤害。例如，将香蕉储存在 12 ℃以下会导致皮肤变黑。许多新鲜水果和蔬菜只需冷却至 5 ℃以上的温度即可。

冷藏食品的包装比其他保鲜系统更具多样性。这是因为食物中的微生物生长限制了保质期，而不是食物和包装之间的相互作用。该包装只需要在消费者使用它之前有效即可，而冷冻或罐装食品的包装必须为食品提供长达 3 年的保护效果。因此，短保质期食品的阻隔性能较少限制。冷藏食品包装需要清洁但不能消毒，这也开启了无菌灌装无法实现的新包装机会。有时使用消毒溶液对开口包装进行部分消毒以减少微生物群体，尽管包装仅接受水洗或空气喷射更常见。

3.2.3.3 包装食品干燥处理和水活度控制

微生物需要水才能生长。减少微生物可用的食物中的水量是减缓或阻止生长的一种方式。因此，干燥的食物和成分如干草药和香料不会支持微生物生长，并且只要它们在干燥条件下储存，即使不是几年也可以具有数月的预期保质期。许多主食以干燥形式(例如谷物、豆类和大米)提供,并且如果它们保持干燥,则可长时间食用。早餐谷物的保质期通常受到通过包装进入水分引起的质地变化的限制,食物失去其脆性并变软。因此,选择合适的包装材料对于延长干燥食品的保质期至关重要。具有塑料防潮层的层压纸板,例如聚乙烯,是用于干燥食品(例如面食、水果和早餐谷物)的常见包装形式,尽管替代包装形式包括防潮袋和袋。干燥食品的保质期可延长至数年。

大多数干燥食品达到的水分含量低到足以防止发生化学反应,并且这样做会消除化学变质作为影响保质期的因素。通过 ERH,测量食物的水分含量。它代表食物的蒸气压除以纯水的比例,并给出符号 A_w 水活度。正如前面关于微生物生长的部分所述,大多数细菌不能生长到 0.91 以下的水平,酵母在 0.85 的 A_w 水平下停止生长,在 A_w 0.81 的水平下霉菌停止生长。干燥食品的目标 A_w 水平约为 0.30,基本上低于支持微生物生长的值。在如此低的水平下是否存在杀灭效果是不确定的,并且可能取决于当水分含量在生长限度内时微生物是否可以在可用时间内产生抗性孢子。诸如喷雾干燥之类的快速干燥过程可能没有时间发生这种情况,但是传统的晒干方法将涉及更长的时间,因为食物的水分含量以更慢的速率降低,这可能足以用于孢子生产。

各种干燥方法可用于生产干燥食品(表 3-11)。方法和包装形式的选择取决于食物及其预期用途。所列出的每种方法都可以将 A_w 水平降低至接近 0.30,从而消除微生物和酶分解反应。

表 3-11 常见食品的商业干燥方法

干燥方式	常见食品	包装形式
喷雾干燥	奶粉	玻璃罐、马口铁罐、复合纸袋
冷冻干燥	颗粒咖啡	玻璃罐
流化床干燥	豌豆	纸箱
鼓膜干燥	早餐麦片	复合塑料膜
晒干	肉干	玻璃罐

降低食物中水分的传统方法是使用糖来产生渗透压梯度。一些食物如橘子酱或其他果酱可能含有相当高的水分,但其中大部分被果酱中存在的糖和果胶捆绑或束缚(即食物的水分活度低),并且不适用于微生物使用。因此,传统的果酱可以保存数月而不会变质。相反,许多低糖果酱在开封后必须冷藏,因为糖含量不足以防止微生物生长。存在于果酱中和包装上的微生物在制造过程中通过施加巴氏灭菌而被破坏,但是一旦打开,就可以引入来自霉菌孢子的空气污染。这就表明消费者对具有改变特性的食品(即糖含量较少的食品)的需求如何导致食品失去其主要的原始特征之一,在室温下具有长期稳定性。螺旋盖玻璃罐和热封塑料罐是使用渗透压来控制水分的食品常见包装类型。所选包装的关键标准是高防潮性(如果热灌装,则具有良好的耐热性),以防止水分在长达 18 个月的保质期内进入,而在玻璃罐的情况下,顶部也必须重新进入,这样可开封后可提供数周的额外保质期。

3.2.3.4 包装食品的化学保藏

向食品中添加特定化学物质以抑制微生物生长及化学反应是保存食物的主要方法。抗菌添加剂(防腐剂)可能受到的关注最多。在英国和欧盟允许使用的防腐剂相对较少,并且在许多情况下,对于可以使用多少和哪些食物有特定的限制。一些防腐剂的使用仅限于几种类型的食物(例如特定肉类,奶酪和鱼类产品的硝酸盐和亚硝酸盐)。最广泛使用的2种防腐剂类型是山梨酸和苯甲酸及其盐,以及二氧化硫及其衍生物。消费者主导的一项重大举措是减少含有防腐剂和实际使用的防腐剂含量的食品。这对于食品工业来说是一个重大问题,因为防腐剂含量的降低需要使用另一种保存技术(例如加热或冷冻)或显著降低保质期。这两种替代方案都可能导致实际或感觉质量较差的食物。

除防腐剂外,抗氧化剂还被广泛用于防止食品的化学变质,其中包括由脂肪氧化引起的酸败和由于多酚氧化酶的作用而形成高分子量化合物引起的切菜的褐变。可以以2种方式之一实现将防腐剂引入包装食品中。截至目前,最常见的是在包装被填充和密封之前将防腐剂混合到食物中。这是用于生产软饮料的方法,一旦包装(例如浓缩汁的塑料瓶)被打开,需要苯甲酸盐、偏硫酸盐和山梨酸盐以抑制微生物生长。没有防腐剂,酵母和霉菌会污染果汁,在环境储存条件下生长并很快导致其变质。这就是为什么许多包装,如单次饮料瓶,没有重新关闭的设施。一些肉制品,在施加热处理之前添加亚硝酸盐和/或乳链菌肽(例如罐装火腿)。它们的功能是允许进行减少的热处理(肉毒杆菌烹饪,例如 F_0 0.5～1.5),但仍然确保产品安全性并避免肉的过度热降解。将防腐剂引入食品的替代方法是将其整合到包装中或将其作为包装的组分引入。活性包装材料的成本远远高于传统材料;因此,这些包装几乎是专属于可以获得更高零售价格的食品。包装中包含的防腐剂称为细菌素。抗微生物剂缓慢释放到食物或食物上方的大气中,并且在短暂的保质期内防止微生物生长。通过使用活性包装可以延长几天的保质期,该活性包装已经发展成为具有相当大商业价值的增长领域值。

与相对新颖的活性包装技术不同,某些形式的化学保存是公认的传统技术,如下所述。

1. 腌制

严格来说,固化实际上意味着节约或保存,并且过程包括晒干、吸烟和干盐腌。然而,现在固化通常是指依赖于盐(氯化钠),硝酸盐和亚硝酸盐的组合来实现食品(通常是肉类)的化学保存的传统方法,但是在较小程度上还包括鱼和奶酪。该保存方法依赖微生物生长所需的可用水与固化剂通过化学或物理方式结合,因此微生物将无法再利用已被固定的水分。例如,盐通过在水中的极化氢和氢氧根离子与来自盐的钠离子和氯离子之间产生离子键来实现这一点。

在腌制肉制品中,盐具有防腐和带来风味的效果,而亚硝酸盐也具有防腐效果,并有助于这些食品的特征颜色。培根、火腿是腌制猪肉产品,固化技术有很多种。例如,传统的威尔特郡培根涉及将盐水注入猪胴体并浸入固化盐水中,其含有24%～25%盐,0.5%硝酸盐和0.1%亚硝酸盐。从一批到另一批使用的固化盐水在批次之间加满,并且由于高浓度的累积蛋白质而具有特征性的深红色。

典型的固化食品如培根、火腿和鱼用塑料薄膜收缩包装,通常在冷藏条件下储存。真空包装很常见,因为这可以通过降低氧化损伤的速度来延长保质期。

2. 酸洗

酸洗通常是指在酸或醋中保存食物，尽管该术语偶尔也可用于保存盐。大多数食物中毒细菌（例如肉毒杆菌）在低于 pH 4.5 的酸度水平下停止生长，这是酸洗过程中达到的最低水平，尽管酵母和霉菌需要更高程度的酸度（pH 1.5～2.3）以防止其生长。

在英国，一些蔬菜用醋腌制，如甜菜根、黄瓜和黄瓜、洋葱、卷心菜、核桃和鸡蛋。在一些食品中，将原料或熟料简单地浸入醋中以进行保存，但在其他食品中，需要额外的过程，如用巴氏杀菌来生产可口且安全的最终产品。例如，腌制甜菜根的典型过程包括甜菜根的剥皮，大小分级和蒸汽烫漂（使氧化物酶失活、降解红色素、在氧气存在下降解），粉碎，用切碎的容器填充容器甜菜根和热泡菜盐水，排出（以去除夹带的空气），盐水补足以校正顶空水平，蒸汽流关闭和巴氏杀菌在 100 ℃的水中蒸馏。

带有马口铁常规扭转开/关（RTO）凸耳盖和全内涂漆马口铁罐的玻璃罐是用于酸洗和低 pH 食品的典型包装。由于泡菜盐水对马口铁罐的外表面具有腐蚀作用，因此包装的密封材料要能够防止内部盐水泄漏，并且在玻璃罐的情况下，马口铁盖帽凸耳生锈到玻璃螺纹上可能会妨碍盖子的移除。而且，瓶装泡菜中没有真空或不良的真空水平可能有助于促进内部漆涂层下面的腐蚀（即膜下侵蚀）和帽的复合衬里，从而影响泄漏。在过去 10 年中，环境保存稳定的低 pH 食物已成为主要的增长领域。将天然存在的酸（例如乳酸和柠檬酸）添加到各种食物中以将 pH 降低至高耐热性和毒性肉毒杆菌生物体不能生长的水平。虽然这种生物体的孢子可能存在于食物中，但它并不存在风险，因为孢子在 pH 低于 4.5 时不能发芽。通常使用玻璃作为包装形式来生产具有高酸、低 pH 的巴氏杀菌食品。通过应用低 pH 和低温的跨栏技术，可以生产高品质的食品，玻璃能提供优异的视觉特性以及消费者的吸引力。

3. 烟熏

这是另一种传统的保存方法，它依赖于化学物质来保护食物。肉类吸烟源于在烟囱或壁炉中悬挂肉类以使其干燥的做法。这具有多种效果：肉被部分干燥，其本身有助于保存，但烟雾中的多酚化学物质具有直接的防腐和抗氧化作用，并赋予食物特有的风味。在现代吸烟技术中，干燥程度以及烟雾沉积和烹饪通常是分开控制的。

烟熏鲑鱼是一种食物的例子，其中盐水与吸烟结合使用以使最终产品在冷藏条件下具有延长的保质期。3 种保存技术（盐水、吸烟和低温）为微生物生长提供了障碍。烟熏食品的包装通常是透明的收缩包装塑料薄膜，其不包括包装中的空气并提供气味屏障以防止产品失去味道。

许多现代制造商现在使用合成烟雾溶液，食品浸入其中以实现更高的生产率并更好地控制香料以及防腐化学品渗透到产品中。它还用于限制不需要的多芳烃（PAH）的存在。液体烟雾不像传统的吸烟方法那样使食物变干，并且与沉积在食物上的不同化学特征相结合，它可能导致食物表面上的不同微生物群体。液体熏制产品可能以与传统烟熏产品不同的方式变质。

3.2.3.5 其他技术

食品制造商不断寻找新的方法来生产具有增强的风味和营养特性的食品。传统的热过程往往会降低食物中的维生素含量，并会影响其质地、风味和外观。正在积极开发与传统热系统一样有效减少或消除微生物但不会对食品成分产生不利影响的方法。除了上面提到的那些，超声波、脉冲光、电场和磁场系统都在积极研究中。在英国，在任何完全新颖的食品、成分或工艺可以上市之前，必须由新型食品和工艺咨询委员会(ACNFP)评估。ACNFP的主要功能是调查新食品或工艺的安全性，并向政府提供他们的研究结果。欧盟还制定了新食品立法。

1. 辐照技术

辐照在美国的应用范围远远超过英国。在英国，需要标记已经辐照或含有辐照成分的食物。除了杀死细菌病原体(例如家禽上的沙门菌)，它还能有效地破坏新鲜水果如草莓中存在的微生物，从而显著延长其保质期。它也可以用来防止马铃薯发芽。它的最大优点是它对食物本身影响很小，很难判断食物是否已被照射。它也有一些技术限制，因为它不适合高脂肪的食物，因为它可能导致异味的产生。目前，在英国获得照射许可的唯一商业食品是干草药和香料，众所周知，这些食品很难通过其他技术去除污染，而没有明显降低味道。辐照的主要应用是净化包装。例如用于填充欧姆加热的水果制品的包装袋被辐照后以杀灭其表面的微生物。

2. 膜处理技术

膜加工已经在食品工业中用于过滤和分离过程多年，通常采用多孔管、中空纤维、螺旋缠绕和陶瓷等材料用于合成膜结构。膜保留溶解的和悬浮的固体，其被称为浓缩物或渗余物，并且穿过膜的部分被称为渗透物或滤液。产品可以是渗透物(如果汁澄清或废水净化)或浓缩物(如抗生素、乳清蛋白的浓缩)，或偶尔2种情况同时存在。通过选择膜孔径，可以从水或液体食物中除去细菌，并对食物进行冷巴氏杀菌。商业实例是啤酒、果汁和牛奶的冷巴氏杀菌。由于膜用于去除食物中的微生物，因此必须使用灭菌溶液和加热来杀死包装表面上存在的微生物。

3. 微波处理技术

微波处理通过热效应破坏微生物，如欧姆加热。950 Hz和2 450 Hz的频率用于激发极性分子，极性分子产生热能并提高温度。在欧洲，小微波巴氏杀菌装置的数量正在运行，主要是在透明塑料托盘中生产面食产品。快速加热的好处是可以改善对热降解敏感的食品的质量。由于设备的高资本成本和整个封装的温度分布广泛，该技术尚未得到广泛采用。微波炉产生的热量将食品和包装一起进行巴氏灭菌，产品在冷藏条件下出售，以延长保质期。由于需要空气过压以在加工过程中保持柔性包装的形状，因此微波灭菌没有太大发展。因为腔室之间需要转移阀，这使得连续系统产生复杂性。

家用微波炉的使用对食品行业的影响要大得多，微波炉可加热包装的食品种类繁多。封装设计可能很复杂，利用感受器技术遮蔽区域，从而实现更均匀的再加热性能。研究增强某些食品所需的褐变和脆化的方法正开始进入商业包装。

3.3　包装食品中的品质变化及控制

学习目标

1. 掌握包装食品油脂氧化种类及其控制方法
2. 掌握包装食品颜色变化规律及其控制方法
3. 了解包装食品风味变化规律

食品中发生的许多化学反应都会导致食品质量(营养和感官)或食品安全受损。这些反应类别可以包括不同的反应物或底物,这取决于具体的食物和加工或储存的特定条件。这些化学反应的速率取决于可通过包装控制的各种因素,包括光、氧浓度、温度和 A_w。因此,在某些情况下,包装可以在控制这些因素中起主要作用,并因此间接地影响恶化的化学反应的速率。

在食品加工和储存过程中发生的 2 种主要化学变化导致感官质量下降,即脂质氧化和非酶褐变(NEB)。化学反应也是加工和储存过程中食物颜色和食物变化的原因。

3.3.1　包装食品的油脂氧化及控制

现代加工食品构成中大多含有油脂成分,油脂不仅能改善食品的风味,而且在营养上其单位重量能提供更多的热量,对人体发育和生理机能也起着重要作用。油脂一旦氧化变质会发生异臭,不仅失去食用价值,其氧化生成物,即过氧化物(POV)对人体有一定的毒害。

3.3.1.1　油脂的氧化方式

根据氧化的条件和机理可分为 3 类。

1. 自动氧化

这是油脂在常温下放置在空气中的氧化现象,其中的不饱和脂质在环境条件(光、水分、金属离子)作用下的一个连锁复杂的反应过程,从而使油脂分解生成有害的氧化生成物。自动氧化在低温环境中也会缓慢进行。

2. 热氧化

油脂在与空气中的氧接触状态下加热所产生的氧化现象,此时明显产生有较强毒性的羰基化合物和聚合物,且不饱和脂肪酸和饱和脂肪酸也一起被氧化。

3. 酶促氧化

酶促氧化主要是脂肪氧化酶(lipoxidase)、曲霉(aspergillus)、镰孢菌(fusarium)和根霉(rhizopus)的各属也起作用,对食品中的饱和脂肪酸和不饱和脂肪酸均起促进氧化的作用。

自氧化是分子氧通过自由基机理与烃和其他化合物的反应。自由基与氧的反应非常迅速,并且已经描述了许多引发自由基反应的机制。自动氧化在食品中不良气味和香气的发展中起着至关重要的作用,有很多文献记载,自动氧化是食品变质的主要原因。

影响脂质氧化速率和过程的因素众所周知，包括光、局部氧浓度、高温、催化剂（通常是过渡金属，如铁、铜，以及肌肉食品中的血红素）以及 A_w。控制这些因素可以显著降低食物中脂质氧化的程度。

3.3.1.2 油脂类食品变质的影响因素及控制方法

1. 光线

光能明显地促进油脂的氧化，其中紫外线的影响最大。包装食品直接暴露在阳光下的机会很少，主要受到橱窗和商店内部荧光灯产生的紫外线照射。表 3-12 为光波波长和油脂氧化的关系，500 nm 以下的光线对氧化的影响极大，为防止包装食品因透明薄膜引发的光氧化，最好采用红褐色薄膜或采用铝箔等作为富含油脂食品的包装材料。

表 3-12 用各种波长的光照玉米油和棉籽油以后的过氧化值

滤纸的透过性范围/μm	过氧化值/(meq/kg)			
	玉米油		棉籽油	
	试料 1	试料 2	试料 1	试料 2
360～420	20.9	20.2	17.6	17.3
420～520	8.7	8.5	12.4	12.5
490～590	4.5	4.9	8.1	7.9
590～680	1.1	1.4	3.1	3.4
680～790	1.0	1.2	2.1	1.8

表 3-13 为荧光灯照射对低温保存的奶油、奶酪氧化影响。奶油奶酪对空气中的氧是相对稳定的，当受到荧光照射时就会迅速氧化，当用 5 000 lx 荧光灯照射时仅几个小时，奶油奶酪就会产生异味，但使用蛋白的奶油奶酪可抑制光氧化，这是因蛋白质阻挡了部分光线的作用。

表 3-13 奶油奶酪在低温保存时受荧光灯照射的影响(过氧化值 meq/kg)

照度	1 000			3 000			5 000		
照射条件/d	1	3	5	1	3	5	1	3	5
奶油乳/lx	2.52	3.77	6.18	4.80	9.58	12.36	7.89	13.67	25.33
使用蛋白的奶油乳酪/lx	1.33	1.69	2.43	1.93	3.41	4.72	2.08	4.60	6.57
猪油混合奶油乳酪/lx	1.89	3.37	4.65	4.12	7.81	11.00	4.94	12.10	17.70

注：保存温度为 10 ℃；每天荧光灯照射时间为 10 h；使用油脂的 AOM 稳定度，奶油 27 h，猪油 85 h。

图 3-4 表示了添加玉米油的小麦粉光照实验；在商店明亮处照度为 500～1 000 lx 能明显促进包装食品的氧化，当照度为 20 000 lx、温度 37 ℃条件下，其包装食品的氧化速度是照度为 1 000 lx 时的 7 倍，是 500 lx、30 ℃条件下的 15 倍。

因荧光灯照射引起的包装食品氧化，即使其过氧化值较低，也会促使食品产生特有异味，并使香味降低。因此，对光氧化敏感的食品，必须采用避光包装材料和包装方法。近年来铝箔及其复合包装材料的大量采用，使光线对食品氧化的作用减少了，但为了提高包装食品的透视性以便吸引消费者，大部分食品依然采用透明包装，故光线对食品氧化变质的影响一直存在，解决这个问题的方法只能局部或大部地牺牲包装食品的可视性，采用装潢印刷，制成完全避光的包装材料来保全光氧化敏感食品的风味和品质。

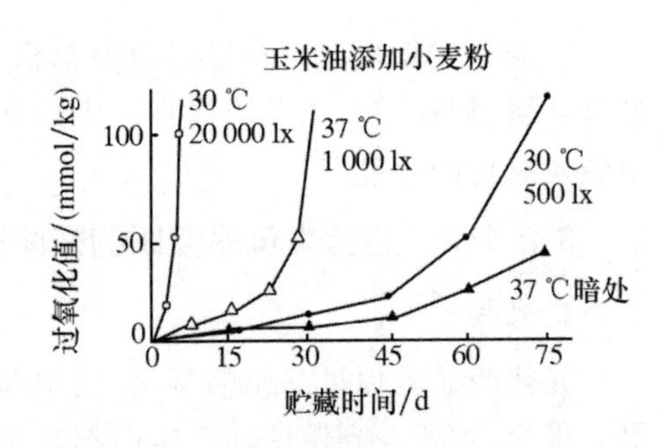

图 3-4　荧光灯照明度与氧化的关系

2. 氧气

食品中油脂氧化与氧分压密切相关，图 3-5 表示了氧气浓度与亚油酸乳油液氧化速度的关系。当氧气降至 2%以下时，氧化速度明显下降，故油脂食品常采用真空或充气包装。

食品油脂氧化还与接触面积和油脂稳定性有关，若食品中油脂稳定性差则极易氧化变质，这时可采用封入脱氧剂的包装方法，使包装内的氧浓度降低到 0.1%以下。

对添油小麦粉的过氧化值(POV)、总羰基值(COV)与耗氧量的关系研究表明(图 3-6)，油脂含量 15%小麦粉 15 g 包装在 10 cm×15 cm 的薄膜袋中，包装的容差空间为 160 mL，其中氧占油脂量的 2.06%，在 60 ℃暗处保存，当耗氧量相当于油脂的 0.1%时，POV 值为 60 meq/kg，COV 值为 28 meq/kg，发生明显的氧化变质。

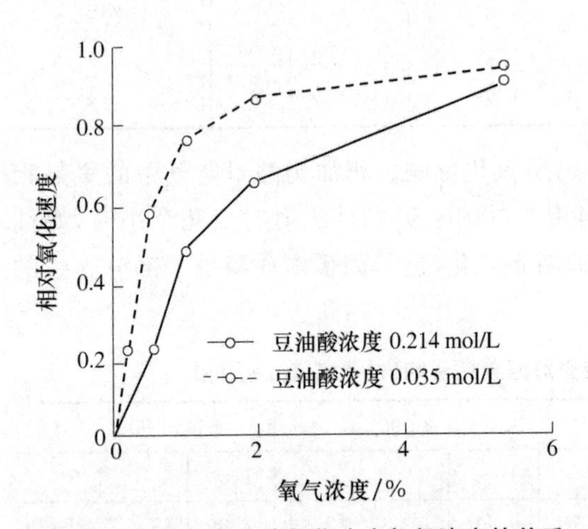

图 3-5　亚油酸乳浊液氧化速度与氧浓度的关系

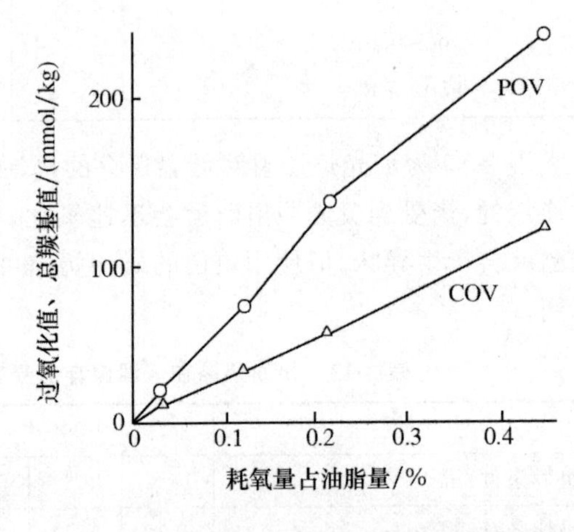

图 3-6　添油小麦粉 POV、COV 与耗氧量的关系

3. 水分

食品中的水分以游离水和化合水 2 种形式存在。干燥食品其化合水的存在对保护食品质量稳定是非常重要的，过度干燥并失去了化合水的食品，其氧化速度很快；水分的增加又会助长水解而使游离脂肪酸增加，并且会使霉菌和脂肪氧化酶增殖，故应尽可能保持食品的较低水分活度。水分对油脂氧化的影响是复杂的，对油脂食品的包装，一般以严格控制其透湿度为保质措施，即不论包装外部的湿度如何变化，采用的包装材料必须使包装内部的相对湿度保持稳定。

4. 温度

油脂的氧化速度随温度的升高而加快，低温贮藏能明显减缓食品中油脂的氧化。

3.3.2 包装食品的颜色变化及控制

食品的色泽不仅给人以美感和消费倾向性，也是食用者心理上的一种营养素。食品所具有的色泽好坏，已成为食品品质的一个重要方面，事实上，食品色泽的变化往往伴随着食品内部维生素、氨基酸、油脂等营养成分及香味的变化。因此，食品包装必须有效地控制其色泽的变化。

3.3.2.1 食品的主要褐变及变色

食品褐变包括食品加工或贮存时，食品或原料失去原有色泽而变褐或发暗。图 3-7 表示几种产生褐变的食品成分及反应机理。

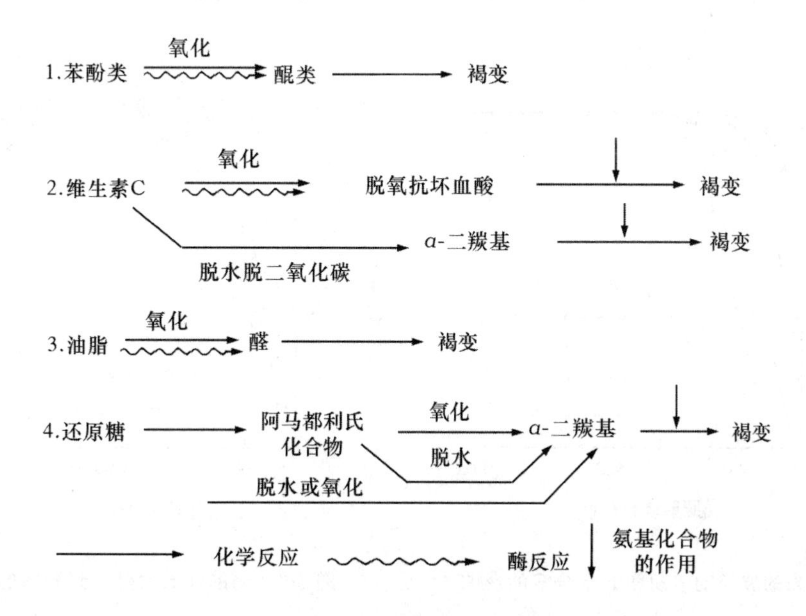

图 3-7 产生褐变的食品成分及其反应机理

褐变反应有 3 类：食品成分由酶促氧化而引起的酶促性褐变；非酶促性氧化或脱水反应引起的非酶促性褐变；油脂因酶和非酶促性氧化引起酸败而褐变。在导致褐变的食品成分中，以具有还原性的糖类、油脂、酚及抗坏血酸等较为严重，尤其是还原糖引起的褐变，如果与游离的氨基酸共存，则反应非常显著，即所谓美拉德反应。

典型的非酶褐变有氨基、羰基反应和焦糖反应等，从影响食品质量的角度来分析，氨基、羰基反应又可分为基本上无氧也能进行的加热褐变和在有氧条件下发生的氧化褐变，前者在食品加工过程中赋予食品以令人满意的色香味，后者是由于褐变而呈暗色和产生异臭。

典型的酶促褐变，如苹果、香蕉和茄子、山药等果蔬受伤去皮之后，其组织与氧接触时所引起的褐变，其反应是在多酚氧化酶、过氧化酶等作用下酚类物质氧化成醌类，并使其聚合而着色，酶促性褐变需有酚类、氧化酶和氧等基质，因此，加热使酶失活，降低 pH，或使用亚硫酸盐来可抑制酶促褐变；真空或充气包装也能有效减缓褐变反应。

食品的变色主要是食品中原有颜色在光、氧、水分、温度、pH、金属离子等因素影响下的褪色和色泽变化。

3.3.2.2 影响褐变变色的因素

1. 光

光线对包装食品的变色和褪色有明显的促进作用,特别是紫外线的作用更显著。天然色素中,叶绿素和类胡萝卜素是一种在光线照射下较易分解的色素。图 3-8 和图 3-9 为光的波长对β胡萝卜素和叶绿素分解的影响,由图可知,波长 300 nm 以下的紫外线部分对色素分解的影响最为显著。

玻璃和塑料包装材料虽能阻挡大部分的紫外线,但所透过的光线也会使食品变色和褪色,缩短食品保质期。为减少光线对食品色泽的影响,选择的包装材料必须能阻挡使色素分解的光波。

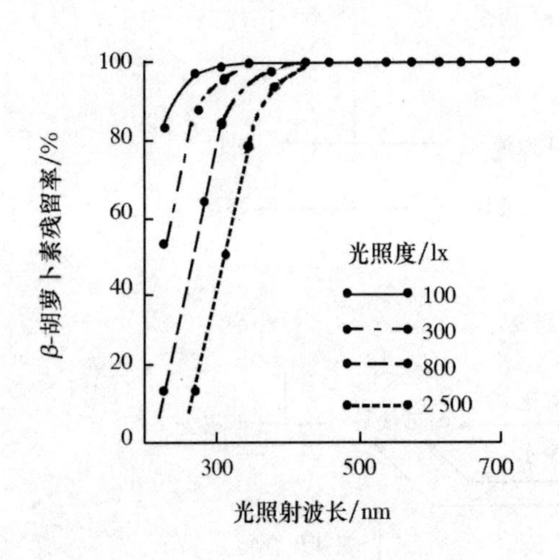

图 3-8 光的波长对β胡萝卜素分解的影响

图 3-9 光的波长对叶绿素分解的影响

2. 氧气

氧是氧化褐变和色素氧化的必需条件。色素是容易氧化的,类胡萝卜素、肌红蛋白,还有血红色素、醌类、花色素等都是易氧化的天然色素;在苯酚化合物中,如苹果、梨、香蕉中含有绿原酸、白花色等单宁成分,还原酮类中的维生素 C、氨基还原酮类,羰基化合物中的油脂、还原糖等,这些物质的氧化会引起食品的褐变、变色或褪色,随之而来的是风味降低、维生素等微量营养成分的破坏。因此,包装食品对氧化的控制是至关重要的保质措施。图 3-10 为透氧性不同的各种塑料薄膜包装咸味牛肉其贮藏温度对牛肉色泽的影响,显然包装材料的透氧率越高,温度越高,色素的分解越快。

3. 水分

褐变是在一定水分条件下发生的。一般认为,参与多酚氧化酶的酶促褐变是在 A_w0.4 以上,非酶褐变 A_w0.25 以上,反应速度随 A_w上升而加快,在 A_w0.55~0.90 的中等水分中反应最快。若水分含水量再增加时,其基质浓度被稀释而不易引起反应。

水分对色素稳定性的影响因色素性质不同而有较大差异,类胡萝卜素在活体上非常稳定，但在干燥后暴露在空气中就非常不稳定；叶绿素，花色素系色素在干燥状态下非常稳定，但在水分达 6%～8%时，就会明显地迅速分解，尤其在光氧存在的条件下很快褪色。

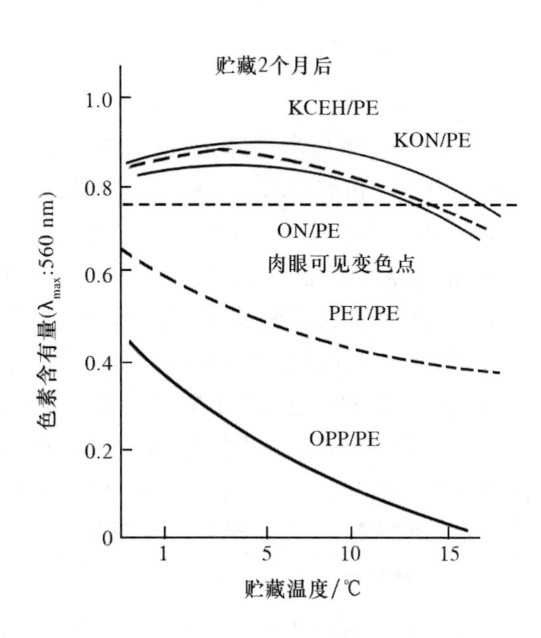

图 3-10 包装材料的阻隔性对咸味熟牛肉色泽的影响

4. 温度

温度也会引起食品的变色，温度越高，变色反应越快。干燥食品吸湿后就会褐变或褪色，这种反应与环境温度关系密切；由氨基—羰基反应引发的非酶促褐变，温度提高 10 ℃，其褐变程度增高 2～5 倍。高温会使食品失去原有的色泽，如干菜、绿茶、海带等含有叶绿素、类胡萝卜素的食品，高温还能破坏色素和维生素类物质而使风味变差，若需长期贮存，应关注环境温度的影响。

5. pH

褐变反应一般在 pH 3 左右最慢，pH 越高，褐变反应越快。在中等水分到高水分的食品中，pH 对色素的稳定性影响很大，叶绿素和氨苯随 pH 下降，分子中 Mg^+ 和 H^+ 换位，变为黄褐色脱镁叶绿素，色泽变化显著；花色素系和蒽醌系色素，pH 对色素稳定性的影响各异，红色素在 pH 5.5～6.0 时易变成青紫色，檀色素青色素等在有 pH 4 左右时变为不溶性而不能使用，故包装食品的色泽保护应考虑 pH 的影响。

6. 金属离子

一般地，铜、铁、镍、锰等金属离子对色素分解起促进作用，如番茄中的胭脂红，橘子汁中的叶黄素等类胡萝卜素只要有$(1～2)\times10^{-6}$的 Cu^+ 、Fe^+ 就能促进色素氧化。

3.3.2.3 控制包装食品褐变变色的方法

食品变色是食品变质中最明显的一项，尽管褐变变色的影响因素很多，但通过适当的包装技术手段可有效地加以控制。

1. 隔氧包装

在常温下，氧化褐变反应速度比加热褐变反应速度快得多，对易褐变食品必须使用隔氧包装。浓缩肉汤和调味液汁类的风味食品即使包装内有少量的残留氧，也能引起褐变变色，降低食品的风味和品质。真空包装和充气包装是常用的隔氧包装，要求完全地除去包装内部的氧、特别是吸附在食品上的微量氧，在技术上是困难的，而解决问题的方法就是在包装中封入脱氧剂，用以吸除包装内的残留氧，并可吸除包装食品在贮运过程中透过包装材料的微量氧，这样处理可长期地保持包装内部的低氧状态，有效防止食品氧化褐变。目前大部分食品采用软塑包装材料，隔氧包装应选用高阻氧的如 PET、PA、PVDC、Al 箔等为主要阻隔层的复合包装材料。

2. 避光包装

利用包装材料对一定波长范围内光波的阻隔性，防止光线对包装食品的影响，选用的包装材料既不失内装食品的可视性，又能阻挡紫外线等对食品的影响。例如能阻挡 400 nm 以下光的包装材料，适用于油脂食品包装，用在含有类胡萝卜素及花色素类的食品也有效。然而，一般色素可见光也会加速光变质，对长时间暴露在光照下的食品，可对包装材料着色或印刷红、橙、黄褐色等色彩，这样虽部分丧失了包装的可视性，但能有效地阻挡光线对食品品质的影响，而且通过丰富多彩的图案装潢设计，可增加食品的陈列效果和广告促销作用。图 3-11 说明了各种颜色的光阻隔性包装材料对色素稳定性的影响。

现代食品包装也采用阻光、阻氧、阻气兼容的高阻隔包装材料，如铝箔、金属罐等防止光氧对食品的联合影响，大大延长了保质期。

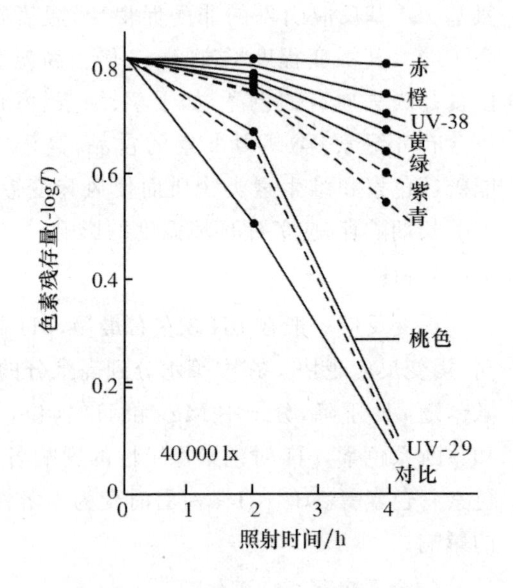

图 3-11　光阻隔性包装材料对辣椒色素稳定性的影响

3. 防潮包装

水分对食品色泽的影响包括 2 方面含义：其一是对一定水分（20%～30%）的食品，如半带馅的点心等糕点食品，由于脱湿而发生变色；其二是干燥食品会因吸湿增大食品中的水分而变色。前者防止变色的方法是采用适当的包装材料保持其原有水分，而后者主要是保持食品干燥而使色素处于稳定状态，采用阻湿防潮性能较好的包装材料或采用防潮包装方法，能较好地控制因水分发生的褐变变色。

给定食物中颜色的可接受性受许多因素的影响，包括人口因素、文化因素，地理因素和社会学因素。然而，不管这些因素如何，某些食物只有在某一颜色范围内才可接受。许多食物的颜色是由天然色素的存在而导致的，如叶绿素、花青素、类胡萝卜素、C 类黄酮和肌红蛋白。

3.3.3　包装食品的风味变化及控制

在水果和蔬菜中，源自长链脂肪酸的酶促产生的化合物在特征性气味的形成中起着极其重要的作用。此外，这些类型的反应可能导致重要的 off-Cavors。酶诱导的不饱和脂肪酸的氧化分解广泛存在于植物组织中，并且这产生与一些成熟果实和破坏的组织相关的特征性香味。

脂肪和油因其在通过自动氧化产生异味中的作用而臭名昭著。醛和酮是自动氧化的主要挥发物，当它们的浓度足够高时，这些化合物会在食品中引起油腻、脂肪、金属、纸质和烛状香味。然而，许多熟食和加工食品的味道来自适度浓度的这些化合物。包装材料的渗透性对于保持包装内所需的挥发性组分和防止外来的组分从环境大气进入包装是重要的。

3.3.4　包装食品的营养物质变化及控制

除了前面描述的可能对食品的感官特性产生有害影响的化学变化外，还有其他化学变化会影响食品的营养价值。影响营养物质降解并且可以通过包装控制到不同程度的 4 个主要因素是光、氧浓度、温度和 A_w。然而，各种营养素的多样性、每类化合物中的化学异质性以及这些变量的复杂相互作用导致无法准确地概括食品中营养物降解方式。

思考题

1. 环境中有哪些因素会对食品的品质产生影响？食品经包装后环境因素对食品的品质影响与包装前有何异同？

2. 怎样的光照条件对食品的品质会产生影响？食品包装时怎样考虑减少光线对食品品质的影响？

3. 氧气对食品品质有哪些显著影响？食品包装时如何减少氧气对食品的影响？

4. 食品中脂肪的氧化酸败途径有几种？如何通过包装控制脂肪氧化？

5. 食品微生物在环境因素的影响下将如何变化？如何控制微生物的变化？

6. 食品的品质变化主要表现为哪些方面？如何控制品质变化？

第 4 章 食品包装材料

【学习目的和要求】

1. 掌握纸类、塑料、金属、玻璃和陶瓷五类包装材料的特性及质量标准

2. 了解各种包装材料的生产过程与容器成型原理、容器种类及适用场合

3. 掌握常用的功能性包装材料

【学习重点】

1. 纸类包装材料的特性及其性能指标
2. 常用的塑料包装材料
3. 金属包装材料及容器

【学习难点】

1. 纸箱结构设计
2. 金属罐的质量检查
3. 可食性包装材料
4. 可溶性包装材料
5. 保鲜包装材料
6. 环境可降解塑料

知识树

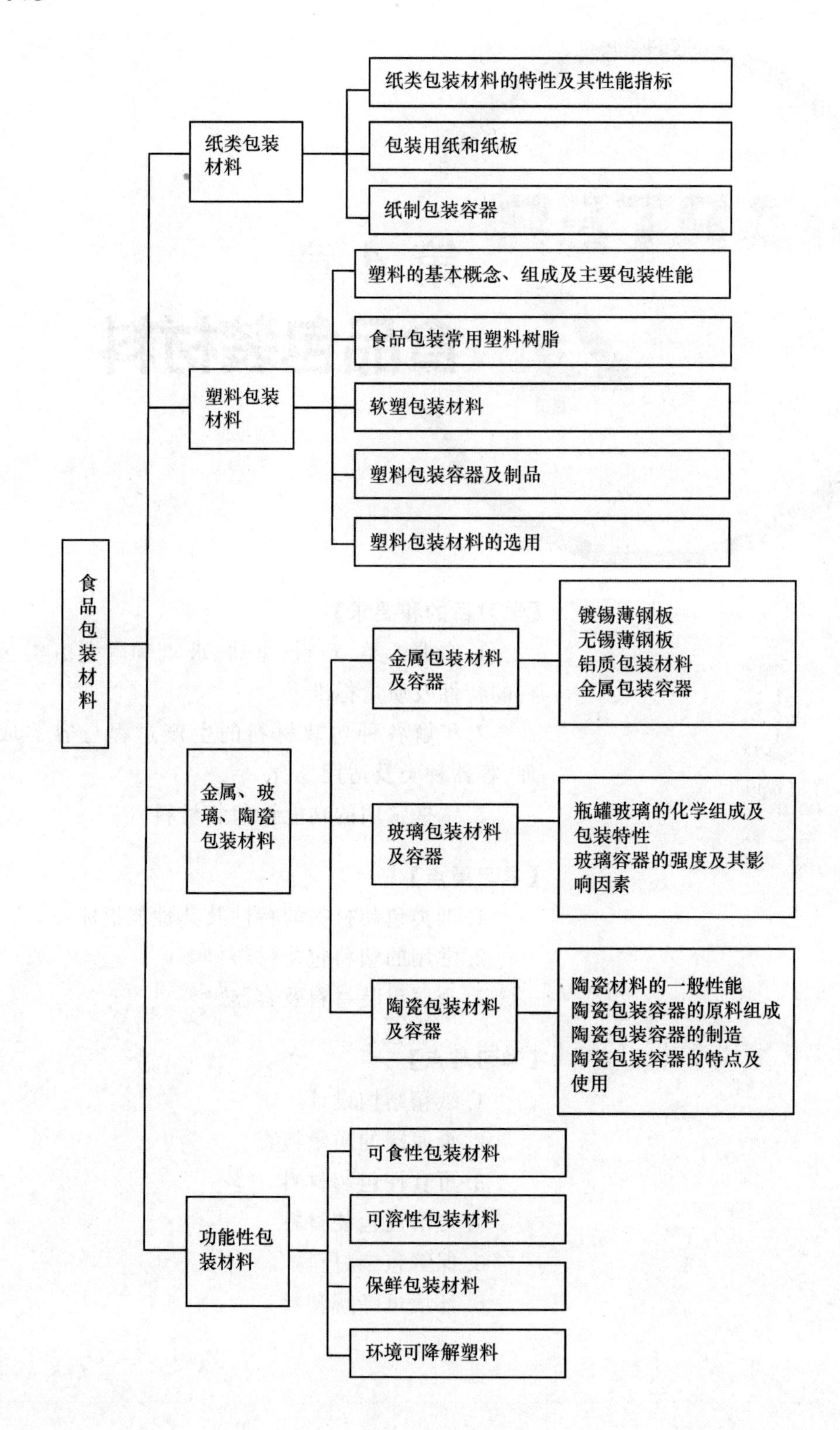

食品包装材料
纸类包装材料
纸类包装材料的特性及其性能指标
包装用纸和纸板
纸制包装容器
塑料包装材料
塑料的基本概念、组成及主要包装性能
食品包装常用塑料树脂
软塑包装材料
塑料包装容器及制品
塑料包装材料的选用
金属、玻璃、陶瓷包装材料
金属包装材料及容器
镀锡薄钢板
无锡薄钢板
铝质包装材料
金属包装容器
玻璃包装材料及容器
瓶罐玻璃的化学组成及包装特性
玻璃容器的强度及其影响因素
陶瓷包装材料及容器
陶瓷材料的一般性能
陶瓷包装容器的原料组成
陶瓷包装容器的制造
陶瓷包装容器的特点及使用
功能性包装材料
可食性包装材料
可溶性包装材料
保鲜包装材料
环境可降解塑料

4.1 纸类包装材料

学习目标

1. 掌握纸类包装材料的特性及其性能指标
2. 掌握包装用纸和纸板的分类、规格
3. 掌握食品包装用纸和纸板的主要种类、特点及应用场合
4. 掌握瓦楞纸板的楞形、类型、种类和技术标准
5. 掌握瓦楞纸箱的特性、结构形式、结构设计和技术标准
6. 掌握纸盒的种类、结构设计和选用依据
7. 了解其他纸质包装容器的种类、特性及适用场合

纸是由纤维交织而成的网络状薄片材料。它是一种古老而传统的包装材料，自从公元105年中国发明了造纸术以来，纸不仅带来了文化的普及，而且促进了科学技术的发展。在现代包装工业体系中，纸类包装材料及容器占有非常重要的地位。某些发达国家纸类包装材料占包装材料总量的40%～50%，我国占40%左右。

纸类包装材料之所以在包装领域独占鳌头是因为其具有如下独特的优点：①原料充足、成本低廉、品种繁多，便于大批量生产；②具有优良的加工性能、便于复合加工，且印刷性能优良；③具有一定的机械性能、质量较轻、缓冲性好；④卫生安全性好；⑤使用后废弃物可回收利用，属环保无污染材料。可完全回收的纸容器主要包括各种纸箱、纸盒、纸袋等，可工业化回收利用，具有较好的经济效益和环保效益。经回收的纸质包装废弃物的利用途径主要有制造再生纸和开发新产品，新产品如纸浆模塑制品、新型复合材料及包装容器等。

常用的纸类包装制品主要有纸箱、纸盒、纸袋、纸桶、纸罐、纸杯、纸盘等。这些纸质包装都不同程度用于食品包装，特别是纸箱、纸袋、纸盘在生鲜农产品包装中占了很大比例。瓦楞纸板及其纸箱占据纸类包装材料和制品的主导地位；由多种材料复合而成的复合纸和纸板、特种加工纸已被广泛应用，并将部分取代其他包装材料在食品包装上的应用。

4.1.1 纸类包装材料的特性及性能指标

4.1.1.1 纸类包装材料的包装性能

用作食品包装的纸类包装材料的性能主要有以下几个方面。

1. 机械性能

纸和纸板应具有一定的强度、挺度和机械适应性。其强度大小主要决定于纸的制作材料、品质、加工工艺、表面状况和环境温湿度条件等。由于纸质纤维具有较大的吸水性，当环境湿度增大时，纸的抗拉强度和撕裂强度会下降，从而影响纸和纸板的强度。环境温湿度的改变将会引起纸和纸板平衡水分的变化，最终使其机械性能发生变化。纸还具有一定的折叠性、弹性、撕裂性等，以适合制作成包装容器或用于裹包。图4-1为纸的机械性能随环境

相对湿度变化的规律。

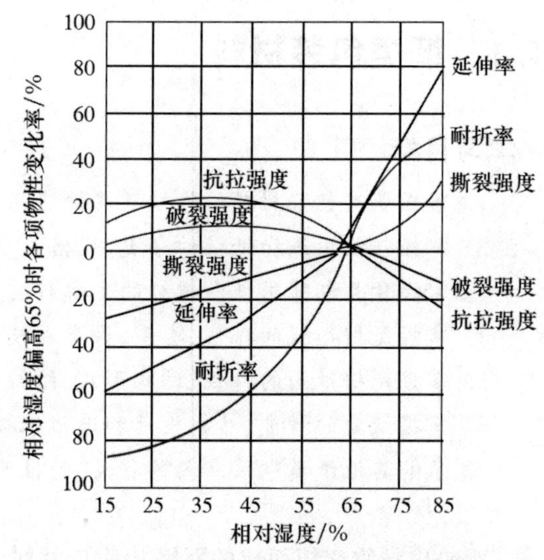

图 4-1 纸的机械性能随环境相对湿度变化的规律

2. 阻隔性能

纸和纸板属于多孔性纤维材料，对光线、气体和油脂等具有一定的渗透性，且其阻隔性受环境、温湿度的影响较大。单一的纸类包装材料不能用于包装对气体或油脂阻隔性要求高的食品，但可以通过适宜的表面加工处理来满足其阻隔性能的要求。

3. 印刷性能

纸和纸板因其吸收和黏结油墨的能力较强而具有良好的印刷性能，在包装上常用作印刷表面。纸和纸板的印刷性能主要决定于其表面平滑度、施胶度、弹性及黏结力等。

4. 加工性能

纸和纸板具有良好的加工性能，易实现裁剪、折叠，并可采用多种封合方式进行封合。良好的加工性能使得纸类包装容器的加工容易实现机械化和自动化生产，且为纸类包装容器设计各种功能性结构(如提手、开窗、透气、间壁及展示台等)创造了条件。另外，通过适当的表面加工处理，可为纸和纸板提供必要的防潮性、防虫性、阻隔性、热封性、强度及物理性能等，从而扩大其使用范围。

5. 卫生安全性能

纸用于食品包装，不应对人体健康产生危害，在卫生方面有较为严格的要求，其标准详见 GB 4806.1—2016《食品接触材料及制品通用安全要求》和 GB 4806.8—2016《食品接触用纸和纸板材料及制品》。在感官上要求其色泽正常，无异味、无臭感、霉斑或其他污物，其内在要求可由理化指标和微生物指标加以控制，具体指标见表 4-1 所示。

表 4-1 食品包装用纸的理化指标和微生物指标

项目	指标	检测方法
铅(以 Pb 计)/(mg/kg)[a]	≤3.0	GB 31604.34—2016，或 GB 31604.49—2016
砷(以 As 计)/(mg/kg)[a]	≤1.0	GB 31604.38—2016，或 GB 31604.49—2016
甲醛/(mg/dm^2)[a]	≤1.0	按照 GB 4806.8—2016 附录 A 制备水提取试液，然后按照 GB 31604.48—2016 测定(不进行迁移试验)
荧光性物质，波长 254 nm 和 365 nm	阴性	GB 31604.47—2016
大肠菌群/(50 cm^2)	不得检出	GB 14934—2016
沙门菌/(50 cm^2)	不得检出	GB 14934—2016
霉菌/(CFU/g)	≤50	GB 4789.15—2016

注：以单位纸或纸板面积的物质毫克数计。

对于预期直接接触液态食品、表面有游离水或游离脂肪食品的纸或纸板材料及制品，其迁移物应符合表 4-2 的规定。

表 4-2 食品包装用纸迁移物指标

项目	指标	检测方法
总迁移量[a]/(mg/dm²)	≤10	GB 31604.8—2021
高锰酸钾消耗量/(mg/kg)水(60 ℃,2 h)	≤40	GB 31604.2—2016
重金属(以 Pb 计)[b]/(mg/kg) 4% 乙酸(体积分数)(60 ℃,2 h)	≤1	GB 31604.9—2016

注：a. 不适用于食品接触表面覆蜡的纸和纸板材料及制品；

b. 仅适用于预期接触水性食品或表面有游离水食品的成品纸和纸板材料及制品。

在纸的加工过程中，尤其是化学法制浆，通常会残留一定的化学物质（如硫酸盐法制浆过程残留的碱液及盐类），因此，必须根据包装内容物来合理选择各种纸和纸板。纸质包装材料中的有害物质见表 4-3。

表 4-3 纸质包装材料中的有害物质分类

分类	举例
纸质品生产中添加的功能性助剂	防油剂 荧光增白剂（如二苯乙烯衍生物） 湿强剂（如脲醛、三聚氰胺等合成树脂） 消泡剂（如二噁英）
油墨中添加的功能性助剂	甲醛、多氯联苯、重金属及其化合物等
其他	造纸原料中的杀虫剂、农药残留、再生纤维带来的污染以及二异丙基萘、米氏酮、4,4′-二（二乙氨基）二苯甲酮、杀菌剂五氯苯酚等

4.1.1.2 纸与纸板的质量指标

用作食品包装的纸类包装材料其质量要求主要包括：外观、物理机械性能、光学性能、化学性能等方面。

1. 外观

纸的外观品质可以用各种外观纸病进行度量。纸病指凡不包括在纸张技术要求内的纸张缺陷。而外观纸病指可以用感官鉴别的纸病。产生外观纸病的原因有加工时原料处理不当、加工操作不正确、包装运输过程中疏忽等。

常见的外观纸病有以下 5 种。

（1）孔眼和破洞　指纸张上完全穿通的窟窿，小的称孔眼，大的称破洞。

（2）透光点和透帘　将纸张迎光照看，见到纸面中纤维层比其他部分薄，但却没有破孔迹象，这种薄面小的称透光点，大的称为透帘。

（3）尘埃　指肉眼可见的与纸张表面颜色有显著差异的细小脏点。

（4）折子　指纸张本身折叠产生的条痕。能伸展开的条痕（仍有折痕）称活折子，不能伸展开的条痕称死折子。

(5)皱纹　纸面出现凹凸不平的曲皱,导致纸张平滑度、匀称性下降,影响印刷效果。

此外还有斑点、硬质块、裂口、有无光泽等。根据等级不同分别规定不允许存在或加以限制。

2. 物理性能

(1)定量(W)(GB/T 451.2—2002)　指单位面积的纸或纸板的质量,单位 g/m^2。

(2)紧度(D)(GB/T 451.2—2002)　即纸的单位体积的质量,反映纸的结实与松弛程度,单位 g/cm^3。

(3)厚度(d)(GB/T 451.3—2002)　指将纸样放在两测量板之间,在一定压力下直接测量出来的厚度,单位 mm。

(4)成纸方向(GB/T 452.1—2002)　可分为纵向和横向 2 个方向。纵向指与造纸机运行方向平行的方向;横向指与造纸机运行方向垂直的方向。纸与纸板的许多性能都有显著的方向性,如抗拉强度和耐折度,其纵向大于横向,而撕裂度则横向大于纵向。

(5)纸面(GB/T 452.2—2002)　包括正面和反面。正面指抄纸时与毛毯接触的一面,也称毯面;反面指抄纸时贴向抄纸网的一面,也称网面。纸张的反面有网纹而比较粗糙、疏松,正面则比较平滑、紧密。

(6)平滑度(GB/T 456—2002)　指在规定的真空度下使定量容积的空气透过纸样与玻璃面之间的缝隙所需的时间,单位 s。

(7)施胶度(GB/T 460—2008)　指用标准墨划线后不发生扩散和渗透的线条的最大宽度,单位 mm。它反映了加入胶料的程度。

(8)水分(GB/T 462—2008)　指单位质量的试样在 100～105 ℃温度烘干至质量不变时所减少的质量与试样原质量的百分比,用%表示。

(9)吸水性(GB/T 1540—2002)　指单位面积的试样在规定的温度条件下,浸水 60 s 后所吸收的实际水分质量,单位 $g/(m^2 \cdot h)$。

3. 机械性能

(1)破裂强度(GB/T 454—2020)　又称耐破度,指单位面积的纸或纸板所能承受的均匀增大的垂直最大压力,单位 kPa。

(2)撕裂强度(GB/T 455—2002)　是指表明纸的抗撕破能力。采用预切口将纸两边往相反方向撕裂至一定长度所需的力,单位 mN。它是包装纸、箱板纸的重要质量指标。

(3)耐折度(GB/T 457—2008)　指在一定张力下将纸或纸板往返折叠,直至折缝断裂为止的双折次数,分为纵向和横向两项,单位为折叠次数。

(4)透气度(GB/T 458—2008)　按规定条件,在单位时间和单位压差下,通过单位面积的纸或纸板的平均空气质量,以微米每帕斯卡秒表示 [$1\ \mu m/(Pa \cdot s)$]。

(5)伸长率(GB/T 459—2002)　指纸或纸板受到拉力直到拉断,其长度增加量与原试样长度之比,用 % 表示。

(6)戳穿强度(GB/T 2679.7—2005)　指的是纸在流通过程中,突然受到外部冲击时所能承受的冲击力的强度。

(7)边压强度(GB/T 6546—2021)　指在一定加压速度下,使矩形试样的瓦楞垂直于压板,平均受压时所能承受的最大力。

(8)抗张强度(GB/T 12914—2018) 指纸或纸板抵抗平行施加的拉力的能力,即单位宽度的纸或纸板拉断之前所承受的最大张力。可用抗张力(N)、断裂长(m)和单位横截面的抗张力(N/cm^2)3种方法表示。

4. 光学性质

(1)透明度(GB/T 2679.1—2020) 指可见光透过纸的程度,以清楚地看到底样字迹或线条的试样层数来表示。

(2)白度(GB/T 8940—2002) 指白或近白的纸对蓝光反射率所显示的白净程度,采用标准白度计对照测量,用反射百分率(%)表示。

5. 化学性质

(1)酸碱度(GB/T 1545—2008) 纸在制造过程中,由于方法不同,使纸呈酸性或碱性。过大的酸、碱性都能显著降低纸的质量。对于直接接触食品的包装用纸,还要考虑是否对食品有影响。

(2)纤维组成(GB/T 4688—2020) 包括纤维粗度和质量因子。纤维粗度指特定纤维每单位长度的质量(绝干量),单位 mg/m。重量因子指特定纤维的纤维粗度与标准(指定)纤维的粗度之比。

4.1.2 包装用纸和纸板

4.1.2.1 包装用纸和纸板的分类、规格

1. 纸和纸板的分类

一般地,纸类产品按厚度和定量分为纸与纸板两大类。凡定量在 225 g/m^2 以下或厚度小于 0.1 mm 的称为纸,定量在 225 g/m^2 以上或厚度大于 0.1 mm 的称为纸板。但这一划分标准不是很严格,如有些折叠盒纸板、瓦楞原纸的定量虽小于 225 g/m^2,但通常也称为纸板;有些定量大于 225 g/m^2 的纸,如白卡纸、绘图纸等通常也称为纸。

包装纸和纸板种类繁多,根据加工工艺可分为包装纸、包装纸板、加工纸和纸板等几大类,其种类及应用见表 4-4。

表 4-4 包装纸和纸板的种类

类别	品种	用途
包装纸	牛皮纸、纸袋纸、瓦楞原纸、铜版纸、鸡皮纸、食品包装纸、中性包装纸	制造纸袋、裹包和包装标签等纸包装制品的纸张
包装纸板	白纸板、黄纸板、箱纸板、灰纸板、茶纸板、标准纸板、厚纸板	加工纸盒、纸管、纸桶或其他包装制品,用于包装普通商品
加工纸	羊皮纸、玻璃纸(铸涂纸)、防锈纸、保险纸、防油纸、真空镀铝纸、无碳复写纸	增加纸的包装适性
加工纸板	涂布纸板(单面、双面涂布白纸板、铸涂纸板)、复合纸板、钢纸板、瓦楞纸板、蜂窝纸板	增加纸板的包装适性

在包装方面，纸主要用作包装商品、制作纸袋、印刷装潢商标等；纸板则主要用于生产纸箱、纸盒、纸桶等包装容器。

2. 纸和纸板的规格

规定纸和纸板的规格尺寸，有利于实现纸类包装容器规格尺寸的标准化和系列化。

包装纸和纸板分为平板纸、卷筒纸和卷盘纸 3 种商品形式，它们的规格尺寸各有不同。

平板纸尺寸规格差别较大，常见规格为 787 mm×1 092 mm、850 mm×1 168 mm、880 mm×1 092 mm、900 mm×1 280 mm。平板纸既可以按重量来计量，也可以按令来计数，一般 250 g 以下的纸，以 500 张为 1 令，10 令为 1 件，但每件纸重量不应超过 250 kg，以利于包装与装卸。

卷筒纸的质量最大不超过 1 t，一般为 250～350 kg，其宽度一般都有统一的标准，卷筒直径也规定了一定的范围。国产卷筒纸的宽度规格为 1 940 mm、1 600 mm、1 220 mm、1 120 mm、940 mm 等；进口的牛皮纸、瓦楞原纸等的卷筒纸，其宽度为 1 600 mm、1 575 mm、1 295 mm 等。由于纸和纸板的定量差别较大，故卷筒纸长度没有统一的规定。习惯上，新闻纸和胶版纸长度为 6 000 m 左右，卷筒纸袋纸长度为 4 000 m。

卷盘纸多用来制造胶带、缠绕纸管。复合软包装纸板也可以被看成卷盘纸。

4.1.2.2 包装用纸

包装用纸的品种很多，常用食品包装用纸有食品包装纸、玻璃纸、半透明纸、牛皮纸、羊皮纸、鸡皮纸、茶叶袋滤纸、涂布纸、复合纸、可食性包装纸和纳米材料改性纸等。

1. 食品包装纸

依据 QB/T 1014—2010，食品包装纸（food packaging paper）按质量分为一等品和合格品，按用途分为Ⅰ型和Ⅱ型 2 种类型。Ⅰ型食品包装纸为糖果包装原纸，为卷筒纸，经印刷、上蜡加工后供糖果包装和商标用纸。Ⅱ型食品包装纸为普通食品包装纸，是一种不经涂蜡加工，直接用于入口食品包装用的食品包装用纸，在食品零售市场作用广泛。

食品包装纸因直接与食品接触，所以必须严格遵守其理化卫生指标。食品包装纸不应采用废旧纸或社会回收废纸作为原料，不得使用荧光增白剂或对人体有危害的化学物质，卫生指标应符合 GB 4806.1—2016 和 GB 4806.8—2016 的规定，纸张纤维组织应均匀，纸面应平整，不得有明显的褶子、皱纹、残缺、破损、裂缺、裂口、孔眼和严重突起的砂粒、硬质块、浆疙瘩等影响使用的纸病。

2. 玻璃纸

玻璃纸（glass paper）又称赛璐玢，是一种天然再生纤维透明薄膜，它是用高级漂白亚硫酸木浆经过一系列化学处理制成黏胶液，再成型为薄膜而成。玻璃纸是一种透明性最好的高级包装材料，可见光透过率达 100%，质地柔软、厚薄均匀，有优良的光泽度、印刷性、阻气性、耐油性、耐热性，且不带静电；多用于中、高档商品包装，主要用于糖果、糕点、化妆品、药品等商品美化包装，也可用于纸盒的开窗包装。但防潮性差，撕裂强度较小，干燥后发脆，不能热封。

玻璃纸分普通玻璃纸和防潮玻璃纸 2 种，有白色和彩色、平板纸和卷筒纸之分。普通玻璃纸的主要技术指标见标准 GB/T 22871—2008。食品包装用玻璃纸其制造时不得使用对身体有害的助剂，卫生要求符合 GB 4806.8—2016 的规定，其主要技术指标见 GB/T 24695—2009。

玻璃纸和其他材料复合，可以改善其性能。如可在普通玻璃纸上涂一层或两层树脂（硝化纤维素、PVDC 等）制成防潮玻璃纸，或在玻璃纸上涂蜡以制成有很好的保护性、且能与食品直接接触的蜡纸。

3. 半透明纸

半透明纸（semitransparent paper）是用漂白硫酸盐木浆，经长时间的高黏度打浆及特殊压光处理而制成的双面光纸。它是一种柔软的薄型纸，定量为 31 g/m^2；质地紧密坚韧，具有半透明、防油、防水、防潮等性能，且有一定的机械强度。半透明纸按质量分为优等品、一等品和合格品，有平板纸和卷筒纸 2 个种类，其颜色分为白色和彩色两种，其主要技术指标见标准 GB/T 22812—2008。半透明纸可用于土豆片、糕点等脱水食品的包装，也可作为乳制品、糖果等油脂食品包装。

4. 牛皮纸

牛皮纸（kraft paper）是用硫酸盐木浆抄制的高级包装用纸，具有高施胶度，因其坚韧结实似牛皮而得名。牛皮纸常用作纸盒的挂面、挂里以及制作要求坚牢的档案袋、纸袋等。有的将纸袋纸也列入牛皮纸范围，称为重包装袋用牛皮纸。牛皮纸还可以作为砂纸的基纸。牛皮纸机械强度高，有良好的耐破度和纵向撕裂度，并富有弹性，抗水性、防潮性和印刷性良好。大量用于食品销售包装和运输包装，如包装点心、粉末等食品，多采用强度不太大、表面涂树脂等材料的牛皮纸。牛皮纸的主要技术指标见 GB/T 22865—2008。

5. 羊皮纸

羊皮纸（parchment paper）又称植物羊皮纸或硫酸盐纸，是用未施胶的高质量化学浆纸，在 15～17 ℃温度下浸入 72% 硫酸中处理，待表面纤维胶化，即羊皮化后，经洗涤并用 0.1%～0.4%碳酸钠碱液中和残酸，再用甘油浸渍塑化，形成质地紧密坚韧的半透明乳白色双面平滑纸张。由于采用硫酸处理而羊皮化，因此也称硫酸纸。羊皮纸具有良好的防潮性、气密性、耐油性和机械性能。它是一种半透明的具有高度的防油、防水、不透气性、湿度大的高级包装用纸。

食品包装用羊皮纸适于油性食品、冷冻食品、防氧化食品的防护要求，可用于乳制品、油脂、鱼肉、糖果点心、茶叶等食品的包装，但应注意羊皮纸酸性对金属制品的腐蚀作用。其主要技术指标见标准 GB/T 24696—2009。

6. 鸡皮纸

鸡皮纸（cartridge paper）是一种单面光且光泽度较高、比较强韧的平板薄型包装纸。鸡皮纸原料为漂白硫酸盐木浆或未漂-亚硫酸盐木浆掺用少量草浆制成，其生产过程和单面光牛皮纸生产过程相似，要进行施胶、加填和染色。鸡皮纸纸质坚韧，有较高的耐破度、耐折度和耐水性，有良好的光泽，但不如牛皮纸强韧，故戏称“鸡皮纸”，可供包装食品、日用百货等，也可印刷商标，其主要技术指标见标准 QB/T 1016—2006。食品包装用鸡皮纸不得使用对人体有害的化学助剂，要求纸质均匀、纸面平整、正面光泽良好及无明显外观缺陷。

7. 茶叶袋滤纸

茶叶袋滤纸(tea bag paper)是一种低定量专用包装纸,用于袋泡茶的包装。要求纤维组织均匀,无折痕皱纹,无异味,具有较大的湿强度和一定的过滤速度,耐沸水冲泡,同时应有适应袋泡茶自动包装机包装的干强度和弹性。茶叶袋滤纸有热封性茶叶滤纸和非热封性茶叶滤纸两类,其主要技术指标分别见 GB/T 25436—2010 和 GB/T 28121—2011。

与茶叶袋滤纸相似的还有咖啡袋滤纸,一般为宽度 60 mm、94 mm 或 125 mm 的盘纸,也可按订货合同进行生产,其主要技术指标应符合 QB/T 5050—2017 中的规定。

8. 涂布纸

涂布纸(coated paper)主要是在纸的表面涂布沥青、LDPE 或 PVDC 乳液、改性蜡(热熔黏合剂和热封蜡)等,使纸的性能得到改善。如 PVDC 涂布纸表面非常光滑,无臭无味,可用于极易受水蒸气损害、特别是需要隔绝氧气的食品包装。也可涂布防锈剂、防霉剂、防虫剂等制成防锈纸、防霉纸、防虫纸等。涂布纸的主要技术指标见 GB/T 10335.5—2008。

9. 复合纸

复合纸(compound paper)是另一类加工纸,是将纸与其他挠性包装材料相贴合而制成的一种高性能包装纸。常用的复合材料有塑料及塑料薄膜(如 PE、PP、PET、PVDC 等)、金属箔(如铝箔)等。复合方法有涂布、层合等方法。复合加工纸具有许多优异的综合包装性能,从而改善了纸的单一性能,使纸基复合材料大量用于食品包装等场合。

10. 可食性包装纸

可食性包装纸是一类区别于上述一系列不可食用纸的一种新型食品包装材料,其突出特点是安全可食用。根据原料的不同,可食性包装纸可分为多糖类、蛋白质基类、脂质基类和复合型 4 种。

多糖类可食包装纸是以植物多糖和动物多糖为成膜材料制备的可食性包装纸,主要包括淀粉可食包装纸、纤维素可食包装纸、壳聚糖可食包装纸和动植物胶可食包装纸等;常用的动物胶有明胶、骨胶和虫胶等;常用的植物胶有魔芋葡甘聚糖、卡拉胶、果胶和海藻酸钠等。多糖具有较好的成膜性,但由于其属于亲水性物质,所以多糖类可食包装纸的阻湿性能和机械性能较差。

蛋白质基可食包装纸是以蛋白质为成膜材料制备的可食包装纸,主要包括大豆分离蛋白包装纸、乳清蛋白包装纸、玉米蛋白包装纸、小麦蛋白包装纸、花生蛋白包装纸和鱼肉蛋白包装纸等。由于蛋白质分子间的交联作用,蛋白质基可食包装纸具有优秀的阻气性能和机械性能,并具备一定的营养价值。

脂质基可食包装纸是以脂类物质为成膜材料制备的可食包装纸,常用的脂类物质有硬脂酸、软脂酸、石蜡、蜂蜡和微生物共聚酯等。因为脂类物质的极性较弱,主要被用于制备阻湿性能强的可食包装纸。

单一的多糖类、蛋白质和脂质可食包装纸都具备自己的特点,但在机械性能、阻隔性能或其他性能方面可能存在不同的缺陷。利用多种成膜材料按一定比例,采用共混或涂层等加工工艺就可以制得各方面性能均较好的复合型可食包装纸。

11. 纳米材料改性纸

目前，用于改善纸类包装材料性能的纳米材料包括有机纳米材料和无机纳米材料 2 类，主要有纳米纤维素、壳聚糖纳米粒子、纳米银、纳米黏土、纳米氧化物等。将纳米材料引入纸张中，使纸张的表面性能、光学性能、力学性能、阻隔性能和抗菌性能等得以改善，材料具有高强度、高硬度、高韧性、高阻隔性、高降解性、高抗菌能力等特点，使其有利于在实现包装功能的同时实现绿色包装材料的环境性能、资源性能、减量化性能以及回收处理性能等。

应用纳米技术可研发出高性能的特殊包装纸产品，如抗菌纸、防伪纸和优异的瓦楞纸板等，可广泛应用于食品和药品等包装领域。抗菌纸由于其优良的抗菌性可被广泛应用于包装领域，如蔬菜、水果在贮存和运输中的包装袋纸；用于奶酪、黄油等油类食品的防油包装纸；用于贮存粮食的防霉包装袋纸。用纳米材料制得的超导、光致变色材料来制造包装防伪用纸。纳米纸疏水以及抗菌保鲜等其他特殊性能可以应用于瓦楞纸箱中，以提高纸箱的印刷性能并赋予瓦楞纸箱抗菌保鲜的功能。纳米复合材料涂布于纸或纸板的表面用于提高包装纸的耐磨性及其印刷适性。

4.2.2.3 包装用纸板

用于包装的纸板主要有标准纸板、白纸板、箱纸板、瓦楞原纸、黄纸板、白纸板、灰纸板、茶纸板、厚纸板以及白卡纸和米卡纸等。此处主要介绍与食品包装密切的几种。

1. 标准纸板

标准纸板(standard board)是一种经压光处理，适用于制作精确特殊模压制品以及重要制品的包装纸板，颜色为纤维本色。纸板要求表面平整不翘曲且全张厚度必须均匀一致。其原料一般为 30%～40%的本色硫酸盐木浆和 60%～70%褐色磨木浆。标准纸板的技术指标应符合 QB/T 1314—1991 标准。

2. 白纸板

白纸板(white board)是一种白色挂面纸板，有单面和双面 2 种，其结构由面层、芯层、底层组成。单面白纸板面层通常是用漂白的化学木浆制成，表面平整、洁白、光亮，芯层和底层常用半化学木浆、精选废纸浆、化学草浆等低级原料制成，其技术指标应满足 QB/T 2250—2005 中的规定；双面白纸板底层原料与面层相同，仅芯层原料较差。

白纸板主要用于销售包装，具备良好的印刷、加工和包装性能。经彩色印刷后可制成各种类型的纸盒、箱，起着保护商品、装潢美化商品的促销作用，也可用于制作吊牌、衬板和吸塑包装的底板。且白纸板又具有一定的抗张强度、耐折度和挺度等包装性能，最适宜作为销售包装材料。通常白纸板制成的纸盒，用于包装香烟、食品、化妆品、药品、纺织品等。

3. 箱纸板

箱纸板(case board)是以化学草浆或废纸浆为主的纸板，是制造瓦楞纸板、固体纤维板或纸板盒等产品的表面材料，定量为 125～360 g/m^2。以本色居多，表面平整、光滑，纤维紧密、纸质坚挺、韧性好，具有较好的耐压、抗拉、耐撕裂、耐戳穿、耐折叠和耐水性能，印刷性能好。

箱纸板按质量分为 A、B、C、D、E 5 个级别，A 级适用于制造精细、贵重和冷藏物品包装用的出口瓦楞纸板；B 级适用于制造出口物品包装用的瓦楞纸板；C 级适用于制造较大型物品包装用的瓦楞纸板；D 级适用于制造一般包装用的瓦楞纸板；E 级适用于制造轻载瓦楞纸板。

4. 瓦楞原纸

瓦楞原纸(corrugating base paper)是一种低定量的薄纸板，具有一定的耐压、抗拉、耐破、耐折叠的性能。瓦楞原纸经轧制成瓦楞纸后，用黏结剂与箱纸板黏合成瓦楞纸板，可用来制造纸盒、纸箱和做衬垫用；瓦楞纸在瓦楞纸板中起支撑和骨架作用。瓦楞原纸必须有较高的挺度，即较高的环压强度和压楞强度；还要求其紧度要适中，以不小于 0.45～0.50 g/cm² 为宜。

瓦楞原纸按质量分为 A、B、C、D 4 个等级，瓦楞原纸的纤维组织应均匀，纸幅间厚薄一致；纸面应平整，不许有影响使用的折子、窟窿、硬杂物等外观纸病；瓦楞原纸切边应整齐，不许有裂口、缺角、毛边等现象；水分应控制在 8%～12%，如果水分超过 15%，加工时会出现纸身软、挺力差、压不起楞、不吃胶、不黏合等现象；如果水分低于 8%则纸质发脆，压楞时会出现破裂现象。

5. 加工纸板

加工纸板是为了改善原有纸板的包装性能，对纸板进行再加工的一类纸板，如在纸板表面涂蜡、涂聚乙烯或聚乙烯醇等，处理后纸板的防潮、强度等综合包装性能大大提高。

4.2.2.4 瓦楞纸板

瓦楞纸板(corrugated fiberboard)是将瓦楞原纸加工轧制成屋顶瓦片状波纹形状的瓦楞纸后，然后将瓦楞纸与两面箱板纸黏合制成的用于制造瓦楞纸箱的一种复合纸板。瓦楞波纹宛如一个个连接的小型拱门，相互并列支撑形成类似三角的结构体，既坚固又富弹性，能承受一定重量的压力。瓦楞波纹的形状直接关系到瓦楞纸板的抗压强度及缓冲性能。

1. 瓦楞纸板的楞形

瓦楞形状一般可分为 U 形、V 形和 UV 形 3 种，见表 4-5 所示。

表 4-5　瓦楞纸板的瓦楞形状

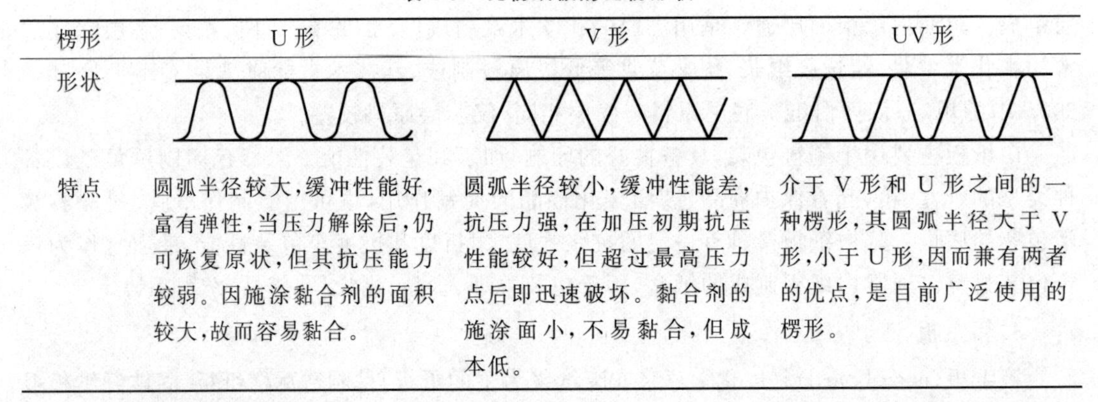

楞形	U 形	V 形	UV 形
形状			
特点	圆弧半径较大，缓冲性能好，富有弹性，当压力解除后，仍可恢复原状，但其抗压能力较弱。因施涂黏合剂的面积较大，故而容易黏合。	圆弧半径较小，缓冲性能差，抗压力强，在加压初期抗压性能较好，但超过最高压力点后即迅速破坏。黏合剂的施涂面小，不易黏合，但成本低。	介于 V 形和 U 形之间的一种楞形，其圆弧半径大于 V 形，小于 U 形，因而兼有两者的优点，是目前广泛使用的楞形。

2. 瓦楞纸板的楞型

楞型是指瓦楞的型号种类，即按瓦楞的大小、密度与特性的不同分类。同一楞型，其楞形可以不同。按 GB/T 6544—2008 规定，所有楞型的瓦楞形状均采用 UV 形，瓦楞纸板的楞型有 A、B、C、E 4 种，我国瓦楞纸板的楞型标准、特性及适用场合见表 4-6 所示。

表 4-6 我国瓦楞纸板的楞型标准、特性及适用场合

瓦楞楞型	名称	瓦楞高度/mm	瓦楞宽度/mm	瓦楞个数/300 mm	特性	适用场合
A	大瓦楞	4.5～5.0	8.3～9.4	34±2	缓冲性好，垂直耐压强度高，但平压性欠佳	质量较小的易碎物品；衬垫隔板
B	小瓦楞	2.5～3.0	5.8～6.3	50±2	平压和平行压缩强度高，但缓冲性稍差，垂直支承力低	较重、较硬物品
C	中瓦楞	3.5～4.0	7.5～8.3	38±2	既具有良好的缓冲保护性能，又具有一定的刚性	代替 A 型瓦楞使用
E	微小瓦楞	1.1～2.0	3.3～3.3	96±4	挺度好，表面平坦且刚度强；制得的瓦楞折叠纸盒缓冲性能好，开槽切口美观；印刷性好	大量用于食品的销售包装

A、B、C、E 型瓦楞纸板在实际应用中各有特点，其性能相对关系如表 4-7 所示。根据表中相互关系，在生产多层瓦楞纸板时为了取得各向耐压性能平衡，更好地保护商品，一般采用 AB、CB、BE，及 ACB、BAA 等楞型组合，使之互为补充，从而更好地发挥各种楞型的优良性能。

表 4-7 各种楞型瓦楞纸板的相对性能和用途

楞型	平面耐压	垂直耐压	平行作用	缓冲作用	适印性能	用途	
						制品容器	制品用途
A	4	1	4	1	4	纸箱 ↓ 纸盒	运输包装 ↓ 销售包装
B	2	3	2	3	2		
C	3	2	3	2	3		
E	1	4	1	4	1		

3. 瓦楞纸板的种类

瓦楞纸板按其材料的组成可分为单面、双面、双芯双面和三芯双面等，见图 4-2 所示。

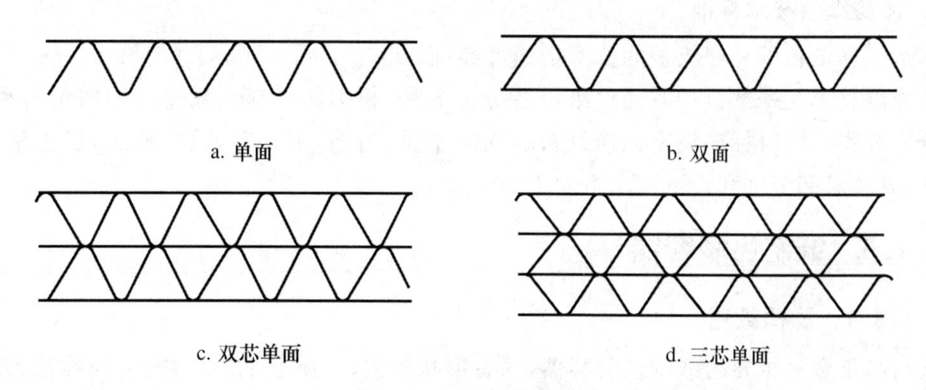

a. 单面　b. 双面　c. 双芯单面　d. 三芯单面

图 4-2 瓦楞纸板种类

(1)单面瓦楞纸板　仅在瓦楞芯纸的一侧贴有面纸，一般作为缓冲或固定材料，而不用于制作瓦楞纸箱。

(2)双面瓦楞纸板　又称单瓦楞纸板或三层瓦楞纸板，指由两层纸或纸板和一层瓦楞纸粘合而成的瓦楞纸板。目前多使用这种纸板。

(3)双芯双面瓦楞纸板　简称双瓦楞纸板或五层瓦楞纸板，用双层瓦楞芯纸加以面纸板制成，即由一块单面瓦楞纸板和一块双面瓦楞纸板黏合而成。可以采用各种楞型的组合形式，如AB、BC、AC、AA等结构。组合形式不同，其性能也不相同，一般外层用抗戳穿能力好的楞型，而内层用抗压强度高的楞型，由于双瓦楞纸板比单瓦楞纸板厚，所以各方面的性能都比较好，特别是垂直抗压强度明显提高，多用于制造易损、重的及需要长期保存的物品(如含水分较多的新鲜果品等)等的包装纸箱。

(4)三芯双面瓦楞纸板　简称三瓦楞纸板或七层瓦楞纸板，使用三层瓦楞芯纸制成，即由一块单面瓦楞纸板和一块双瓦楞纸板黏合而成。在结构上也可以采用A、B、C、E各种楞型的组合，常用AAB、AAC、CCB和BAE结构。其强度比双瓦楞纸板又要强一些，可以用来包装重物品以代替木箱，一般与托盘或集装箱配合使用。

近年来，国内外都在致力于研究开发瓦楞纸板的新品种，以期提高瓦楞纸板的强度和适应性，现已开发了一些瓦楞纸板的新品种，如图4-3所示。这些新品种包括X-PLY瓦楞纸板，强化瓦楞纸板、蛇形瓦楞纸板、十字形瓦楞纸板、双拱形瓦楞纸板和微型瓦楞纸板等。

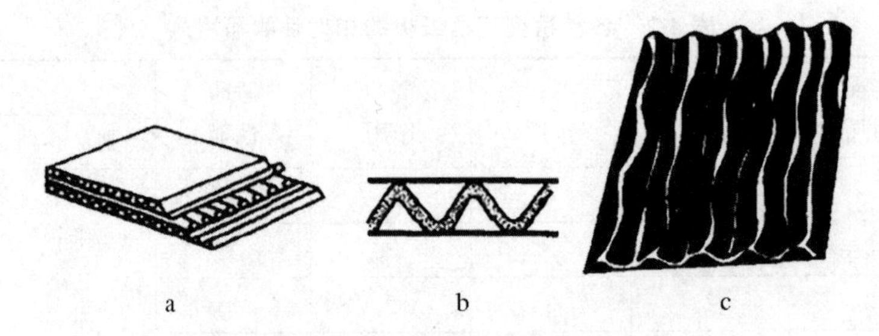

a. X-PLY瓦楞纸板；b. 强化瓦楞纸板；c. 蛇形瓦楞纸板

图4-3　新型瓦楞纸板

4. 瓦楞纸板技术标准

制造瓦楞纸箱的瓦楞纸板的技术指标可参见GB/T 6544—2008。GB/T 6544—2008中按物理强度将单瓦楞纸板和双瓦楞纸板各分为5种，根据原材料与用途的不同将每种瓦楞纸板分为3类。同时标准规定瓦楞纸板表面应平整、清洁，不许有缺材、薄边，切边整齐，黏合牢固，其脱胶部分之和每平方米不大于20 cm^2。

4.1.3　纸制包装容器

4.1.3.1　瓦楞纸箱

纸箱与纸盒是主要的纸制包装容器，两者形状相似，习惯上小的称盒、大的称箱，其间没有严格的区分界限。纸盒一般用于销售包装，纸箱多用于运输包装。包装用纸箱按结构可分为瓦楞纸箱和硬纸板箱2类。包装上用得最多的是瓦楞纸箱(corrugated box)。

1. 瓦楞纸箱的特性

瓦楞纸箱是使用最广泛的纸质包装容器，已大量用于运输包装。其制作材料是瓦楞纸板，纸板结构60%～70%的体积中空，与相同定量的层合纸板相比，瓦楞纸板的厚度大2倍，因而具有良好的减震缓冲性能，极大地增强了纸板的横向抗压强度。

与传统的运输包装相比，瓦楞纸箱有如下特点：①轻便牢固、缓冲性能好。瓦楞纸板结构中空，能以最少的用材制得刚性较大的箱体。②成本低廉，原料充足。秸秆、芦苇、竹、边角木料等均可作为瓦楞纸板的原料，且其成本仅为同体积木箱的一半左右。③便于自动化生产加工。瓦楞纸箱的生产可实现高度的机械化、自动化生产，用于产品的包装操作也可实现机械化和自动化。④贮藏和运输方便。空箱可折叠或平铺展开运输和存放，便于装卸、搬运和堆码，节省运输工具和库房的有效空间，提高其使用效率。⑤使用范围广。瓦楞纸箱包装物品范围广，与各种覆盖物和防潮材料结合制造使用，可大大提高使用性能，拓展使用范围，如防潮瓦楞纸箱可包装水果和蔬菜；加塑料薄膜覆盖的可包装易吸潮食品；使用塑料薄膜衬套，在箱中可形成密封包装，可以包装液体、半液体食品等。⑥易于印刷装潢。瓦楞纸板有良好的吸墨能力，印刷装潢效果好。

2. 纸箱箱型结构的基本型式

纸箱的种类繁多，其结构型式也各不相同。按照国际纸箱箱型标准，基本箱型一般用4位数字表示，前2位表示箱型种类，后2位表示同一箱型种类中不同的纸箱式样。纸箱箱型结构基本形式如下：

(1)02类摇盖纸箱　由一页纸板裁切而成纸箱坯片，通过钉合、黏合剂或胶纸带黏合来结合接头。运输时呈平板状，使用时封合上下摇盖。这类纸箱使用最广，尤其是0201箱，可用来包装多种商品，国际上称为RSC箱(regular slotted case)。02类箱的基本箱型和代号见图4-4所示。

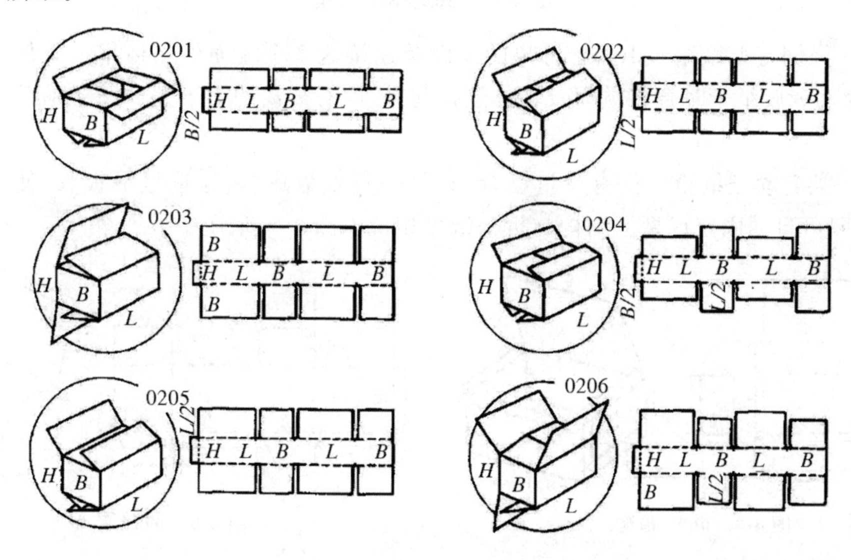

图4-4　02类箱基本箱型和代号

(2)03 类套合型纸箱　由 2 个以上独立部分组成，即箱体与箱盖（有时也包括箱底）分离。纸箱正放时，顶盖或底盖可以全部或部分盖住箱体。图 4-5 所示为 0310 箱型。

(3)04 类折叠型纸箱　通常由一页纸板组成，不需钉合或胶纸带粘合，甚至一部分箱型不需要黏合剂粘合，只要折叠即能成型，还可设计锁口、提手和展示牌等结构。图 4-6 所示为 0420 箱型。

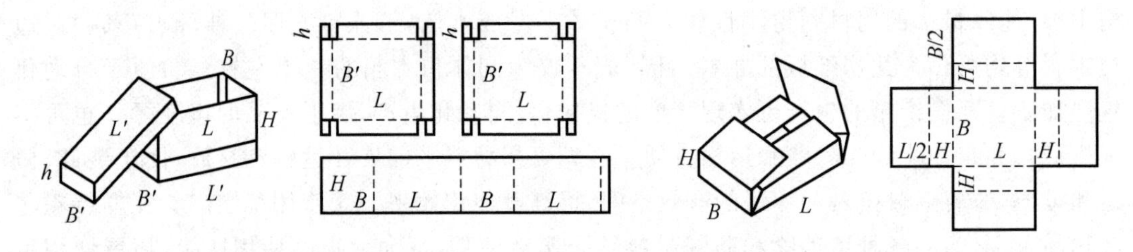

图 4-5　0310 箱型　　　　**图 4-6　0420 箱型**

(4)05 类滑盖型纸箱　由数个内装箱或框架及外箱组成，内箱与外箱以相对方向运动套入。这一类型的部分箱型可以作为其他类型纸箱的外箱。图 4-7 所示为 05 类箱的一种形式。

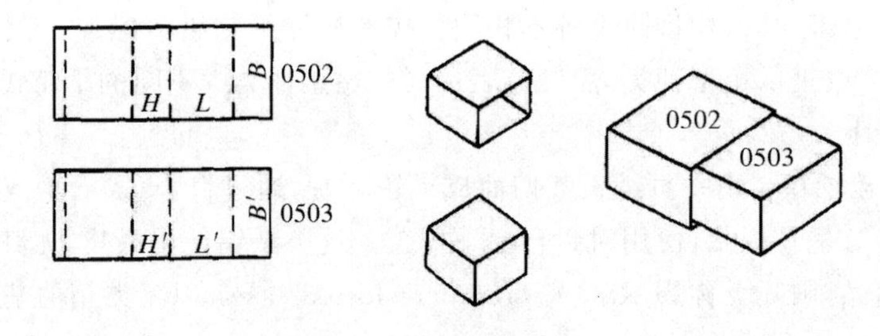

图 4-7　0502、0503 箱型

(5)06 类固定型纸箱　由两个分离的端面及连接这 2 个端面的箱体组成。使用前通过钉合、黏合剂或胶纸带黏合将端面及箱体连接起来，没有分离的上下盖。图 4-8 所示为 0601 箱型。

(6)07 类自动型纸箱　仅有少量黏合，只是一页纸板成型，运输呈平板状，使用时只要打开箱体即可自动固定成型。结构与折叠纸盒相似。图 4-9 所示为 0713 箱型。

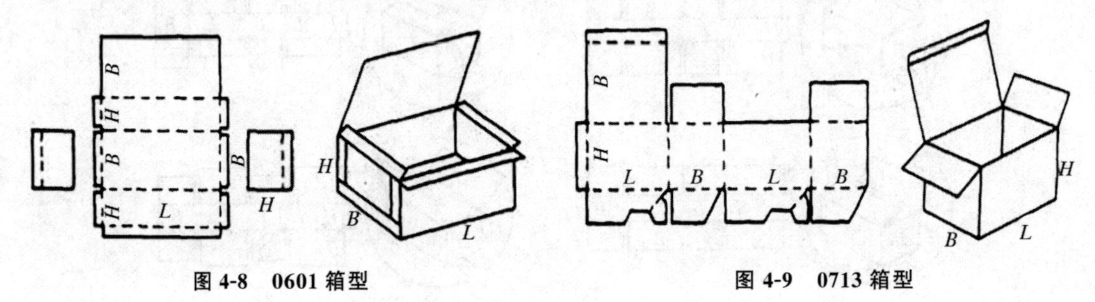

图 4-8　0601 箱型　　　　**图 4-9　0713 箱型**

(7)09 类为内衬件　包括隔垫、隔框、衬垫、垫板等。盒式纸板、衬套周边不封闭，放在纸盒内部，加强了箱壁，并提高包装的可靠性。隔垫、隔框用于分别被包装的产品，以提高箱底的强度等。图 4-10 所示为 09 类隔框常见的几种。

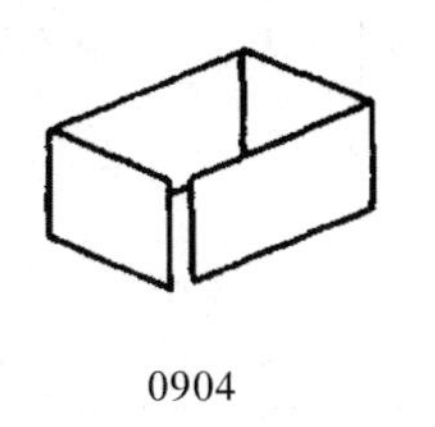

0904

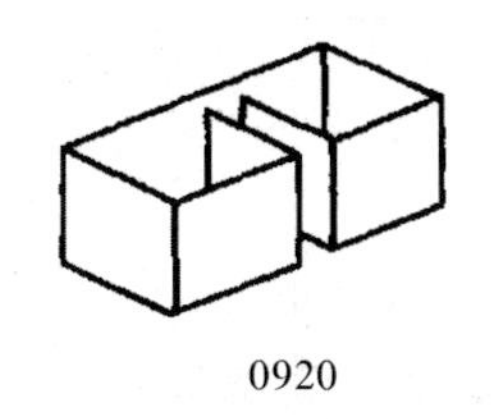

0920

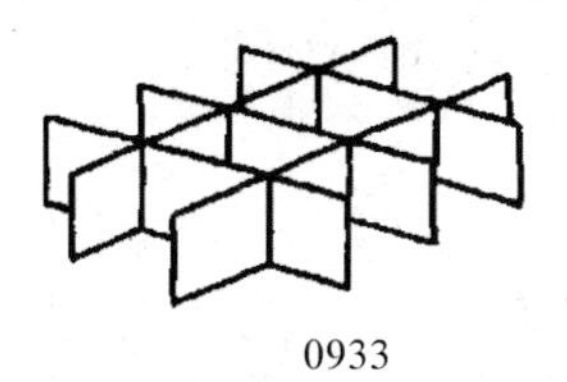

0933

图 4-10　09 类隔框

3. 纸箱结构设计

(1)纸箱结构设计的一般原则与依据　纸箱结构设计应遵循以下原则：符合保护商品要求，达到要求的性能指标；符合生产包装车间要求，装箱使用方便；满足销售者要求，便于搬运、堆垛、货架陈列等；达到商品包装标志上(怕热、易碎等)的要求；原材料利用最经济，排列套装结构合理；适合机械化包装；外销的设计应符合销往国有关包装标准及规定。

在设计时，应充分考虑所包装商品的质量、尺寸、易碎、怕压、怕热等特性，及商品的贮运条件，如堆垛高度、搬运条件、仓储流通条件及贮存时间等，进行合理设计。

(2)纸箱裁片尺寸　在确定纸箱裁片尺寸时，取纸箱所要求的内部尺寸及纸板厚度作为计算的基础。纸箱裁片各部尺寸见图 4-11 所示，纸箱裁片尺寸关系见表 4-8。

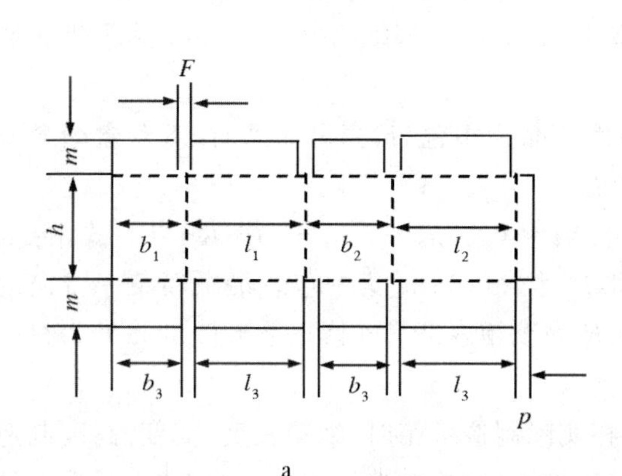

a

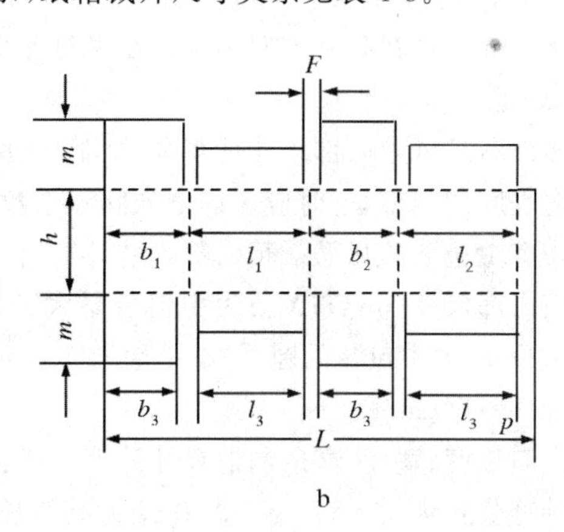

b

a. 等尺寸箱扇箱型(0201)；b. 不等尺寸箱扇箱型(0204)

图 4-11　纸箱裁片尺寸标注

①内部尺寸。内部尺寸即容积尺寸，是测量纸容器装量大小的重要数据。内部尺寸确定的因素：商品的最大外形尺寸；商品的组装与个装；商品的隔衬与缓冲装置的尺寸厚度；公差系数(按商品形式确定)。其中松泡商品(针棉织品)公差系数为±3 mm；中包装瓦楞纸箱公差系数为±(1～2)mm；硬质刚性不可压缩商品公差系数只允许为 ±(1～2)mm。

表 4-8　纸箱裁片尺寸关系

纸箱各部尺寸	尺寸代号	纸箱类型	
		等尺寸箱扇箱型	不等尺寸箱扇箱型
原始数据:纸箱内部尺寸			
长	L	L	L
宽	B	B	B
高	H	H	H
纸板厚度	S	S	S
计算尺寸:			
箱壁长度	L_1	$L+S/2$	$L+S/2$
	b_1	$B+S$	$B+S$
	L_2	$L+S$	$L+S$
	b_2	$B+S/2$	$B+S/2$
连接折板/mm	p	30～40	30～40
纵向压槽间的距离	h	$H+S$	$H+S$
从纵向压槽折板间的距离	m	$B/2+S/2+1$	$L/2+S/2+1$
长箱壁扇(折板)的长度	L_3	$H+S$	$H-S$
端箱壁扇(折板)的长度	B_3	$B/2+S/2+1$	$L/2+S/2+1$
槽的宽度	F	$2S$	$2S$

单件商品纸箱内部尺寸计算公式为 $Xi = X_{max} + R$。式中:Xi 为纸箱内部尺寸(mm);X_{max}为商品最大外形尺寸(mm);R 为纸箱内部尺寸修正系数(mm);R 在长度和宽度方向上取 3～7 mm。R 在高度方向标准为小型纸箱取 1～3 mm、中型纸箱取 3～4 mm、大型纸箱取 5～7 mm。

多件商品纸箱内部尺寸计算公式:假如多件商品为中包装,当有商品时,纸盒盒壁会发生一定程度的凸鼓,这时应考虑增加间隙系数 d。

带有中包装的瓦楞纸箱内部尺寸计算公式:$Xi=X_{max}\cdot n_x+d(n_x-1)+R+T$。式中:$Xi$ 为纸箱内部尺寸(mm);X_{max} 为中包装最大外形尺寸(mm);n_x 为中包装沿纸箱某一方向的排列数目;d 为中包装间隙系数,一般取 1 mm;R 为纸箱内部尺寸修正系数(mm);T 为衬格或缓冲件厚度(mm)。

纸箱长度、宽度、高度制造尺寸计算公式:在实际制造纸箱时,纸箱长度、宽度、高度制造尺寸计算公式为$X=Xi+t$。式中 X 为纸箱长度、宽度、高度制造尺寸(mm);Xi 为纸箱内部尺寸(mm);t 为纸板厚度(mm);且实际生产中要根据设备及纸板的种类等因素加以修正。

②接头制造尺寸。接头制造尺寸一般依据工厂的工艺水平而定。我国国标规定接头尺寸为 35～50 mm。一般都采用以下标准:单瓦楞纸箱 35～40 mm;双瓦楞纸箱 45～50 mm;三瓦楞纸箱 50 mm。

③外摇盖制造尺寸。在外摇盖对接封合的箱型中,摇盖宽度制造尺寸理论值应为箱宽制造尺寸的 1/2。由于内摇盖的回弹作用,外摇盖必然在对接处产生间隙。因此,对接的外摇盖宽度制造尺寸应该加上一个修正值——摇盖伸长系数。摇盖伸长系数与制造设备及纸板种类有关,一般采用以下标准,即单瓦楞纸板箱取 3 mm;双瓦楞纸板箱取 5 mm;三瓦楞纸板箱取 7 mm。

④外部尺寸。在纸箱设计中，不仅要根据内部尺寸来确定制造尺寸，还要根据制造尺寸计算外部尺寸。外部尺寸计算公式为 $Xo=X+t$。式中 Xo 为纸箱外部尺寸(mm)；X 为纸箱制造尺寸(mm)；t 为纸板厚度(mm)；这是理论公式，在实际生产中要根据设备及纸板的种类等因素加以修正。

4. 瓦楞纸箱的技术标准、物理性能及测试

(1)瓦楞纸箱技术标准　通用瓦楞纸箱国家标准(GB/T 6543—2008)适用于运输包装用单瓦楞纸箱和双瓦楞纸箱。按照瓦楞纸板种类、内装物最大质量及纸箱内径尺寸，瓦楞纸箱可分为一类、二类和三类 3 种型号，见表 4-9。其中一类箱主要用于出口及贵重物品的运输包装；二类箱主要用于内销产品的运输包装；三类箱主要用于短途、价廉商品的运输包装。各型号瓦楞纸箱的尺寸最大偏差见表 4-10。

钉合瓦楞纸箱用带镀层的低碳钢扁钢丝作箱钉，钢丝不应有锈斑、剥层、龟裂或其他质量上的缺陷。黏合纸箱使用乙酸乙烯乳液或具有相同黏合效果的其他黏合剂。要求箱体方正，表面不允许有明显的损坏和污迹，切断口表面裂损宽度不超过 8 mm。箱面印刷图文清晰，深浅一致，位置正确。瓦楞纸箱的机械性能应根据每种具体产品所用瓦楞纸箱的标准或技术要求，或由供需双方商定。瓦楞纸箱的其他规定，详见瓦楞纸箱国家标准(GB/T 6543—2008)。

表 4-9　瓦楞纸箱的分类

种类	内装物最大质量/kg	最大综合尺寸/mm	代号			
			纸板结构	一类	二类	三类
单瓦楞纸箱	5	700	单瓦楞	BS—1.1	BS—2.1	BS—3.1
	10	1 000		BS—1.2	BS—2.2	BS—3.2
	20	1 400		BS—1.3	BS—2.3	BS—3.3
	30	1 750		BS—1.4	BS—2.4	BS—3.4
	40	2 000		BS—1.5	BS—2.5	BS—3.5
双瓦楞纸箱	15	1 000	双瓦楞	BD—1.1	BD—2.1	BD—3.1
	20	1 400		BD—1.2	BD—2.2	BD—3.2
	30	1 750		BD—1.3	BD—2.3	BD—3.3
	40	2 000		BD—1.4	BD—2.4	BD—3.4
	55	2 500		BD—1.5	BD—2.5	BD—3.5

注：纸箱综合尺寸是指内尺寸长、宽、高之和。

表 4-10　纸箱尺寸的允许最大偏差　mm

种类	一类箱		二类箱、三类箱			
	单瓦楞纸箱	双瓦楞纸箱	综合尺寸 ≤ 100		综合尺寸 ≤ 1 000	
			单瓦楞纸箱	双瓦楞纸箱	单瓦楞纸箱	双瓦楞纸箱
尺寸允许偏差	±3	±5	±3	±5	±4	±6

(2)瓦楞纸箱的物理性能　瓦楞纸箱的物理性能主要包括因包装强度不足引起的包装破坏和变形。

包装纸箱的主要破坏方式有:在包装箱封闭、装载、堆垛、贮存及运输过程中,箱体材料中产生垂直方向的压缩,因包装强度不足而引起的包装破坏;在运输及装卸过程中,产生水平方向的压缩而引起的包装破坏;包装箱在包装过程中跌落时,由于动载荷会使包装产生轴向拉伸而引起的包装破坏;使用过程中,当强行从包装箱中取商品时,包装箱会发生边缘撕裂。

瓦楞纸箱的主要变形形式有:在运输及使用过程中由于静载荷或动载荷产生的变形;由于外力作用在包装件某一部位形成集中载荷,使包装破裂或产生永久变形时造成包装件的变形。

包装件变形值的大小及其所能承受的最大载荷,取决于纸箱的包装强度,而包装强度则取决于纸板材料的结构性质。影响瓦楞纸箱强度的因素可分为两类:一类是瓦楞纸板的基本因素,即原纸的抗压强度、瓦楞楞型、瓦楞纸板种类、瓦楞纸板的含水量等因素,它是决定瓦楞纸箱抗压强度的主要因素;另一类是在设计、制造及流通过程中发生影响的可变因素,主要包括箱体尺寸比例、印刷面积与印刷设计、纸箱的制造技术、制箱机械的缺陷及质量管理等因素,这类因素在设计或制造瓦楞纸板及瓦楞纸箱的过程中可以通过合理规范管理设法避免。

(3)瓦楞纸箱的物理性能测试　瓦楞纸箱的物理性能测试主要包括压缩强度试验和综合测试 2 个方面。

压缩强度试验,通常称为抗压力试验,是纸箱测试最基本的一个项目。抗压强度是考核纸箱质量的重要指标,它反映了纸箱内在强度质量,也是运输包装的主要考核指标,决定着瓦楞纸箱包装的实际功能。纸箱压缩强度试验方法(GB/T 4857.4—2008)是将试验样品置于压力机的压板之间,进行抗压和堆码试验,用于评定瓦楞纸箱在受到压力时的耐压强度及包装对内装物的保护能力。

综合测试指瓦楞纸箱装入商品后,进行破坏性模拟试验、跌落试验、迴转试验等,这些试验项目一般由专门的包装测试机构实施。

4.1.3.2　纸盒

纸盒是由纸板裁切、折痕压线后,经弯折成形、装订或粘结而制成的中小型销售包装容器。纸盒在食品和医药等物品的包装上得到广泛的应用。在目前的食品市场上,不仅有图案色彩艳丽、印刷装潢精美的固体食品盒,而且有盛装牛奶、果汁等流体食品的纸盒。制盒材料已由单一纸板向纸基复合纸板材料发展。

纸盒包装的结构要根据商品的特点和要求,采用适当的材料和美观的造型来保护商品、美化商品、方便使用和促进销售。纸盒包装装潢应把商品信息通过艺术手法形象地传达给消费者,以达到促销目的。因此,纸盒作为销售包装容器具有强大的生命力。

1. 纸盒的种类及选用

纸盒的种类和式样很多,差别在于其结构形式、开口方式和封口方法不同。通常按照制盒方式将纸盒分为折叠纸盒和固定纸盒两类。

(1)折叠纸盒(folding carton)　折叠纸盒是纸包装容器中应用最广泛、结构造型变化最丰富的一种形式。折叠纸盒采用纸板裁切压痕后折叠成盒，成品可折叠成平板状，使用时打开即成盒，其纸板厚度为0.3～1.1 mm。折叠纸盒材料可选用白纸板、挂面纸板、双面异色纸板及其他涂布纸板等耐折纸箱板。折叠纸盒按其结构特征可分为管式折叠纸盒、盘式折叠纸盒和非管非盘式折叠纸盒3类。常用的折叠纸盒形式有扣盖式、黏接式、手提式、开窗式等。

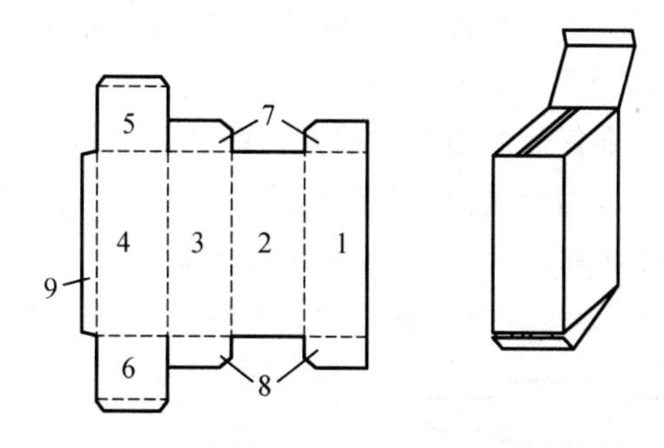

1～4.体板；5.盖板；6.底板；7.盖襟片；8.底襟片；9.折片

图 4-12　管式折叠纸盒的基本结构

①管式折叠纸盒。由一页纸板经裁切压痕后折叠、边缝粘接，盒盖盒底采用摇翼折叠组装固定或封口的一类纸盒，其基本结构见图4-12所示。盒盖结构必须便于内装物的装填和取出，且装入后不容易自行打开，从而起到保护作用，而在使用中又便于消费者开启。

4种常见的管式折叠纸盒结构见图4-13。插入式折叠纸盒有3个摇翼，具有再封盖作用，在盒盖摇翼上做一些小的变形即可进行锁合；锁口式折叠纸盒是主盖板的锁头或锁头群插入相对盖板的锁孔内，其封口比较牢固，但开启稍显不便；插锁式折叠纸盒两边摇翼锁口相接合，其封口比较牢固；粘合封口式折叠纸盒的盒盖主盖板与其余3块襟片粘合，封口密封性能较好，包装粉末或颗粒状食品不易泄漏，适用于高速全自动包装机。

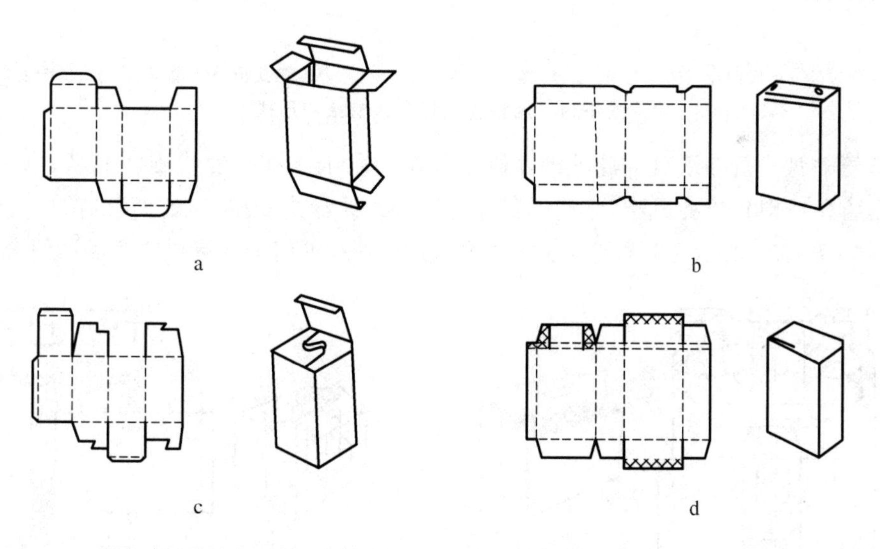

a.插入式折叠纸盒；b.锁口式折叠纸盒；c.插锁式折叠纸盒；d.粘合封口折叠纸盒

图 4-13　常见的管式折叠纸盒结构

②盘式折叠纸盒。盘式折叠纸盒是将纸板按设计要求切裁、压痕，周边体板按一定角度内折后再互相组构而成形的折叠纸盒。在结构上盘式折叠纸盒的体板与底板整体相连，各个体板之间需用一定的组构形式连接，另外，盘式折叠纸盒的盒盖相对盒体的面积较大，盒底形式单一，承重能力较强。适用于食品、药品、服装及礼品的包装。

盘式折叠纸盒有对折组装、锁合连接、粘合连接3种成形方式。对折组装，即将一组体板的襟片折叠后插入到另一组对折体板的夹层中，其中体板的内折板进行相互压叠，这种方式不需要任何的锁合和粘合。锁合连接，即通过一定的锁合结构，如锁头、襟片等使体板折叠成形。粘合连接，即通过盒体板的襟片与体板粘合使纸盒成形，采用黏合成形，需要设计自动平折压痕线，否则无法折成平板状。盘式折叠纸盒盒盖结构有摇盖式、锁口摇盖式、插别盖式、罩盖式和抽屉盖式五种形式。图4-14所示为几种典型的盘式折叠纸盒结构形式。

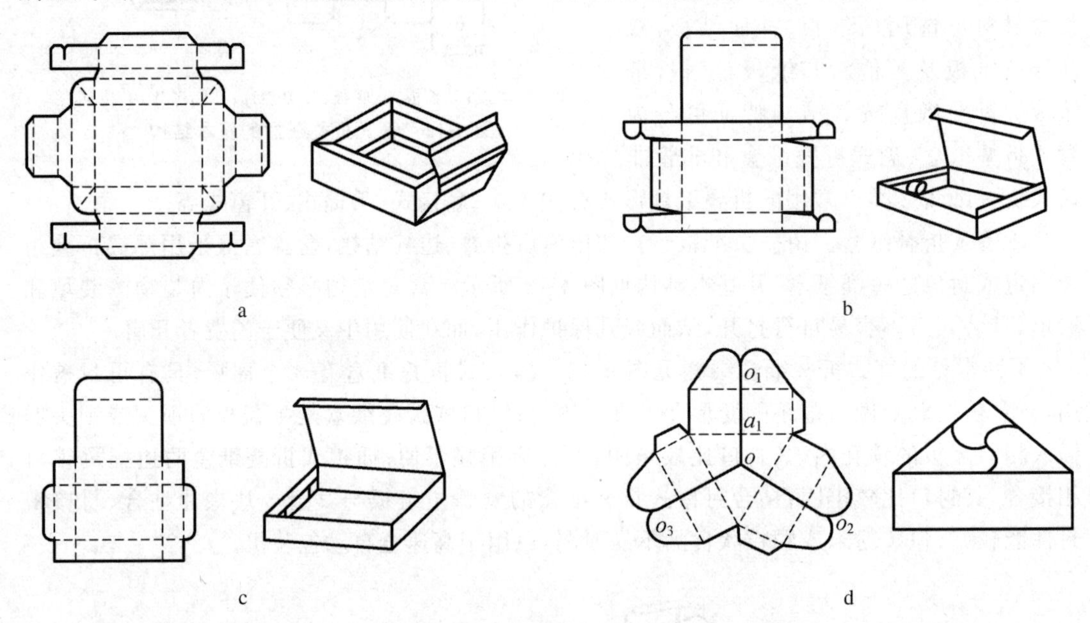

a. 全封口一页成型盘式摇盖盒；b. 锁合式盘式折叠纸盒；c. 襟片黏合盘式折叠纸盒；d. 插别式折叠纸盒

图4-14　典型盘式折叠纸盒结构形式

③非管非盘式折叠纸盒。此种纸盒既不是单纯由纸板绕一轴线旋转成型，也不是由四周侧板呈直角或斜角折叠成型，它们不仅综合了管式或盘式成型特点，而且有自己独特的成型特点。如图4-15所示为非管非盘式折叠纸盒的一种，可用于瓶罐包装食品的组合包装。

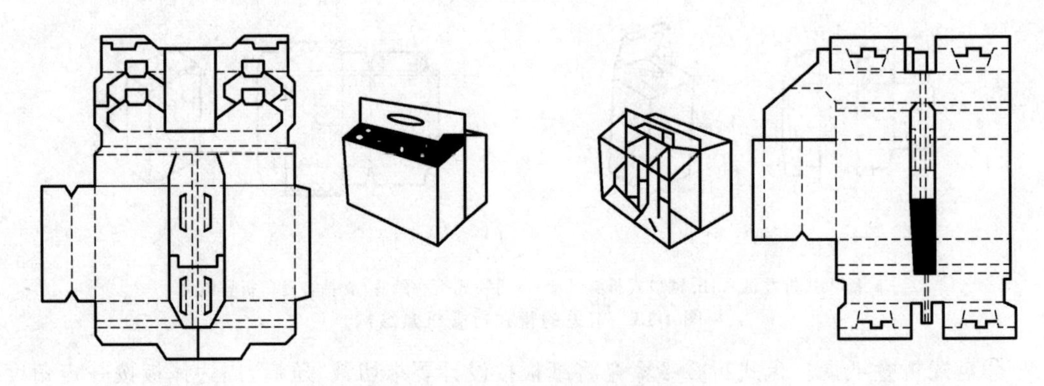

图4-15　非管非盘式折叠纸盒

④折叠纸盒的功能性结构　除了基本成型结构之外，折叠纸盒可根据其不同功能要求，分别设计一些局部特征结构，如通过异型、组合、多件集合、提手、开窗、易开结构、倒出口结

构等方面的设计来实现其功能要求。

(2)固定纸盒 固定纸盒又称粘贴纸盒,用手工粘贴制作,其结构形状、尺寸空间等在制盒时已确定,其强度和刚性较折叠纸盒高,且货架陈列方便,但生产效率低、成本高、占据空间大。制造固定纸盒的基材主要选用挺度较高的非耐折纸板,如各种草板纸、刚性纸板以及食品包装用双面异色纸板等。内衬选用白纸或白细瓦楞纸、塑胶、海绵等。贴面材料包括铜版纸、蜡光纸、彩色纸、仿革纸、布、绢、革和金属箔等。盒角可以采用涂胶纸带加固、钉合等方式进行固定。

①管式粘贴纸盒。盒底与盒体分开成型,即基盒由体板和底板 2 部分组成,外敷贴面纸加以固定和装饰,图 4-16 为套盖管式粘贴纸盒结构。

②盘式粘贴纸盒。盒体盒底用一页纸板成型,用纸或布粘合、钉合或扣眼固定盒体角隅,结构简单,便于批量生产,但其压痕及角隅尺寸精度较低。图 4-17 为摇盖盘式粘贴纸盒,常用作礼品包装。

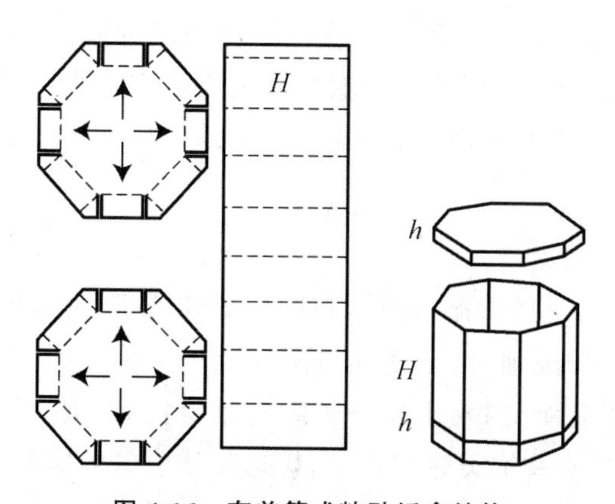

图 4-16 套盖管式粘贴纸盒结构

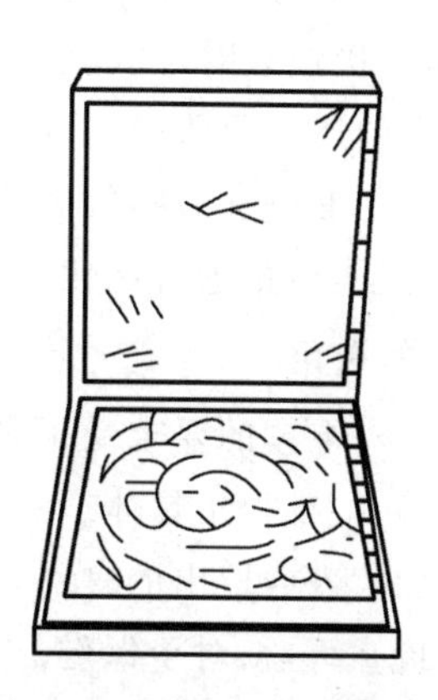

图 4-17 摇盖盘式粘贴纸盒

2. 纸盒的设计

(1)纸盒结构的造型 纸盒的造型多为几何体及其组合或分割的形态,并以侧面、盒底、盒盖形成一定容积的空间来直接或间接地包装商品。为了使纸盒美观实用,设计时要综合考虑商品的性质、形态、使用方法、流通条件及销售对象等因素,在遵循有关设计原则的基础上吸收已有造型结构并进行创新。各类食品均有其独特的和传统的包装结构,糕点多用套盖式纸盒,粉末、颗粒或流体食品多用较高的筒状纸盒,生日蛋糕一般用圆形或多角形包装纸盒。馈赠性食品与一般食品包装、成人食品与儿童食品包装、国内销售与出口食品包装、单件与组合盒装的盒型都有相应的区别。

(2)纸盒结构尺寸的设计 纸盒的结构尺寸和瓦楞纸箱的结构尺寸相似,主要是如何确定内部尺寸、外部尺寸与制造尺寸的关系。确定纸盒结构尺寸的方法,一般分为两类。

① 具有固定形态的商品。对于包装整体的固态物品,纸盒内部尺寸应根据被包装物品的最大外廓尺寸来确定,并对纸盒各向尺寸另加 3～5 mm 的余量,包装硬挺的物品时取小余量值,包装规格尺寸差别大的物品时取大余量值。当纸盒结构尺寸确定后,为便于控制纸盒的加工质量,应用公差控制各向尺寸,一般的公差范围为±(0.5～3)mm。同样,被包装物品规格尺寸变化大者其公差值取大值。

图 4-18 所示为 6 个玻璃瓶装食品的组合包装，为节省用料和运输空间，盒型应设计成与物品外廓基本相符，考虑到瓶径 d 和瓶高 h 的制造误差以及设置隔垫防护等因素，应将纸盒内部的各向尺寸适当放大。长宽方向的内部尺寸加大量一般为(排列个数—1)×1 mm，高度方向内部尺寸的加大量为瓶高误差 Δ 的 2～4 倍，因此，纸盒内部各向尺寸应为：长度方向 $[3d+(3\sim1)\times1]\pm0.5$ mm；宽度方向 $[2d+(2\sim1)\times1]\pm0.5$ mm；高度方向 $[h+(2\sim4)\times\Delta]\pm0.5$ mm。

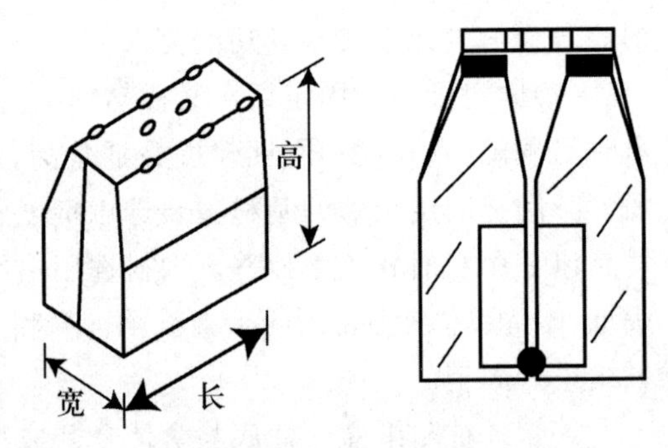

图 4-18　商品组装纸盒

②没有固定形态食品的纸盒包装。对于粉末、颗粒、糊膏或流体状的没有固定形态的食品，采用纸盒直接包装时，其包装的结构设计十分重要。此类包装盒型不受商品的限制，但商品却以纸盒的造型而取得一定的包装形态。纸盒内部尺寸应根据商品销售的容积或容重来确定。无固定形态食品的包装纸盒其造型多为简单的几何体。此种盒的结构尺寸应在满足容量的条件下，尽量进行优化设计。

3. 纸盒的选用

食品包装对纸盒的要求受很多因素影响，如食品的形态、形状，包装的具体要求、商品展示陈列效果等，很难提出具体统一的选用原则。一般地，对于诸如饼干糕点等易碎、又不易从盒的狭窄面放入或取出的食品，应选用盘式折叠纸盒；对于质量较大的瓶装食品，宜采用锁底式管式折叠纸盒；对于保健品、生日蛋糕等带有装饰美感的食品，应选用透明开窗纸盒。手提式纸盒在酒类、礼品食品包装上得到广泛应用。若要体现包装食品的民族传统文化特色，则可选用贴面纸装饰的固定纸盒。

4.1.3.3　其他纸质包装容器

1. 纸袋

纸袋多采用黏合或缝合方式成袋。作为一种软包装容器，其用途广泛，种类繁多。纸袋按形状可分为信封式纸袋、自立式纸袋、便携式纸袋、M 形折式纸袋、阀门纸袋等类型。信封式纸袋常用于包装粉状商品；自立式纸袋可用于糖果、面粉、点心、咖啡等产品的包装，其最大的缺点是袋上折痕较多，有可能会影响其强度；便携式纸袋一般用牛皮纸或复合纸制作，比较结实，在袋口处有加强边，并配有提手，以利于携带，常用于礼品包装；M 形折式纸袋其侧边折痕呈 M 形，使用时，纸袋能扩张成长方形截面，一般具有较大容积；阀门纸袋常用于颗粒物品包装。纸袋的封口方式主要有缝制封口、黏胶带封口、绳子捆扎封口、金属条开关扣式封口、热封合等方式。

2. 复合纸罐

复合纸罐(composite paper-can)是纸与其他材料复合制成的包装容器。复合纸罐包装的特点是成本低、质量轻、外观好、废品易处理，且具有隔热性，可以较好地保护内容物，可代替金属罐和其他容器。与马口铁罐相比，其耐压强度与马口铁罐相近，而内壁具有耐蚀性，外观漂亮且不生锈，价格仅为马口铁罐的1/3，因而具有更大的实用性。复合纸罐可用于干性粉体、块体等内容物的包装，也可用于流体内容物的包装，还可应用于咖啡、奶粉及花生等的“干”真空包装和浓缩汁及调味品的“湿”真空包装。

复合纸罐由内到外依次为内衬层、中间层和外层商标纸，其间用黏合剂黏接。内衬层应具有卫生安全性和对内容物的保护性，常用PE塑料薄膜、PP塑料薄膜、蜡纸、半透明纸、防锈纸、玻璃纸等加工以及40～60 GSM褐色牛皮纸/9 μm Al箔/涂料（普通罐）和40～60 GSM褐色牛皮纸/9 μm Al箔/15～20 μm HDPE（优质罐）等复合内衬。中间层也称加强层，应具有高强度和刚性，常用含有50%～70%废纸的再生牛皮纸板。外层商标纸应具有较好的外观性、印刷性和阻隔性，常用的是80～100 GSM预印的漂白牛皮纸和15 GSM LDPE/90 GSM白色牛皮纸复合商标纸（普通罐）以及采用预印的Al箔商标纸和用9 μm Al箔/90 GSM褐色牛皮纸复合商标纸（优质罐）。常用黏合剂有聚乙烯醇-聚醋酸乙烯共混物、聚乙烯、糊精、动物胶等。

3. 复合纸杯

复合纸杯（composite paper-cup）由以纸为基材的复合材料经卷绕并与纸胶合而成，其口大底小、形状如杯，并带有不同的封口形式，是一种很实用的纸质容器。《纸杯》（GB/T 27590—2011）对纸杯的技术要求做了具体规定。

纸杯分有盖和无盖两种，杯盖可用黏接、热合或卡合的方式装在杯口上以形成密封。纸杯的特点是质轻、卫生、价廉、便于废弃处理；杯身制成波纹且具有一定的保温性能。目前纸杯已经广泛用作饭店、饮料店、宾馆、飞机、轮船等的一次性使用容器，用于盛装乳制品、果酱、饮料、冰激凌及快餐面等食品。

4. 纸质托盘

纸质托盘（paper pallet）是用复合纸经冲切成杯后冲压而成，深度可达6～8 mm，所用复合材料以纸板为基材，经涂布LDPE、HDPE和PP等涂料后制成，必要时可涂布PET，可耐200 ℃以上的热加工温度。纸基材主要用漂白牛皮纸（SBS）。纸质托盘主要用于烹调食品、微波热加工食品、快餐食品等包装及用作收缩包装底盘，具有耐高温、耐油、成本低、使用方便、外观好等优点。表4-11为各种加热方式适用的涂料种类。

表4-11 纸质托盘不同加工温度对涂料的选用 ℃

加热设备	涂料
微波炉	PP、HDPE
炊用炉（140～150）	PP
热风炉（130～140）	PP
蒸汽箱（100）	PP、HDPE
热水槽（100）	PP、HDPE

5. 纸浆模塑制品

纸浆模塑制品（pulp mould）是由植物原料或废纸经过制浆，再通过模具成型的包装容器，见图 4-19 所示。纸浆模塑制品的形状取决于成型模的形状，故形状灵活多变，可满足不同商品的包装要求。

图 4-19 纸浆模塑产品

为提高纸浆模塑制品的使用性能，可对纸浆进行特殊处理，以提高湿铸型强度或改变制品的排水性、固有黏合强度和收缩率，或使制品在使用后或使用过程中能进行生物降解。通常将造纸用的明矾连同胶态松香或蜡乳化剂一起加入，可将亲水纤维制品改变成包装食品所必需的防水制品。还可以加入碳氟化合物，与阳离子保留剂一起使制品具有排斥低表面张力和油脂类液体的性能。如需要特殊应用效果时，可在内部加上结合剂、染料、阻燃剂、改性淀粉或树脂等其他添加剂。

6. 液体包装用纸容器和衬袋箱(盒)

液体包装用纸容器是以纸为基材，与塑料膜、铝箔等复合制成，主要用于牛奶、饮料、酒类等液体食品的包装，要求纸容器具有卫生、无异味、耐化学性、高温隔阻性和热封性等特点。由于液体包装纸容器是一种将各种不同性能材料复合起来的包装容器，使之兼有各种单一材料的优良特性，可满足液体食品各种特定的包装要求，目前广泛使用的有无菌包装纸盒、衬袋纸箱(BIB)和衬袋纸盒(BIC)，部分地取代了玻璃和金属包装容器，具有很好的发展前景。

液体包装用纸容器的主要优点有：容器质量轻，节省贮运费用；装潢效果好，便于销售；阻光、卫生；废弃物易处理，可省去容器的回收、清洗等工作。其缺点为包装成本较高，包装效率较低，且耐潮性不佳。

思考题

1. 简要说明纸类包装材料的主要性能特点和质量指标。
2. 什么叫纸？包装用纸有哪些种类及其主要特点是什么？
3. 什么叫纸板？包装用纸板有哪些种类及其主要特点是什么？
4. 瓦楞纸板有哪几种形状？各有什么特点？
5. 瓦楞纸板有几种楞型？各有什么特点？
6. 包装用纸和纸板的分类标准和主要种类是什么？
7. 说明玻璃纸的主要包装性能特点和包装应用。

8. 简要说明瓦楞纸箱的特点及纸箱结构设计的一般原则与依据。

9. 试列举食品包装用纸质容器的种类，并说明其特点和适用场合。

10. 说明食品包装用纸盒的特点、种类及选用。

11. 简要说明液体食品包装用纸容器和衬袋箱(盒)的材料结构和性能特点。

12. 你了解哪些国内外新型包装用纸？

13. 简述纸包装的发展趋势。

4.2　塑料包装材料

学习目标

1. 掌握塑料的基本概念、组成及主要包装性能和卫生安全性

2. 掌握食品包装常用的塑料树脂及主要包装性能和适用场合

3. 了解塑料薄膜的成型加工方法，掌握常用食品包装塑料薄膜和复合软包装材料的包装性能和适用场合

4. 熟悉常用塑料包装容器的种类及其选用方法

塑料是以高分子聚合物树脂为基本成分，再加入一些用来改善性能的各种添加剂制成的高分子有机材料。塑料用作包装材料是现代包装技术发展的重要标志，是近几十年来世界上发展最快，用量巨大的包装新材料，广泛应用于食品包装，逐步取代了玻璃、金属、纸类等传统包装材料，成为食品销售包装中最主要的包装材料。

4.2.1　塑料的基本概念、组成及主要包装性能

4.2.1.1　高分子材料基础知识

1. 高分子聚合物的基本概念

高分子聚合物简称高聚物，是一类相对分子质量通常在 $10^4 \sim 10^6$ 以上的大分子物质，分子长度达 $10^3 \sim 10^5$ nm 或更长。由于高聚物由巨大的分子组成，且大分子又有特殊的结构，从而使其具有一系列低分子化合物所不具有的特殊性能，如化学惰性、难溶、强韧性好等。

虽然相对分子量很大，但高聚物的化学组成并不复杂，通常由 C、H、O、N 等构成，往往是由一种或几种简单的化合物(单体)以某种形式重复链接而成。高聚物大分子中的基本结构单元称为链节，重复链节的数目称为聚合度(n)。显然，若已知链节的分子量和聚合度，就可以得出高聚物大分子的相对分子质量(M)。

$$M = m \cdot n$$

式中，M—高聚物大分子的相对分子质量；m—链节的相对分子质量；n—大分子的聚合度。

同一种高聚物中，各分子的聚合度不同。因此高分子聚合物的聚合度和相对分子质量是指其平均聚合度和平均相对分子质量。

2. 高分子聚合物大分子的结构及构象

高聚物大分子是原子在共价键的作用下链接而成的，形成的结合力较强，称为主价力。高分子聚合物长链分子按照其几何形状可分为直链线型大分子、线型支链大分子和体型大分子3种。

①直链线型大分子。由许多链节形成一个长链，其分子直径与长度比达1∶1 000以上，通常卷曲成不规则的团状。

②线型支链大分子。主链上带有一些支链，支链的长短和数量可以不同，支链上还可以分出支链。具有线性结构的高分子聚合物具有较好的弹性和塑性，在某些溶剂中溶胀或溶解，温度升高时易于流动，如热塑性塑料PP、PE。

③体型大分子。大分子之间以强化学键相互交联，形成网状结构。具有体型大分子的高聚物硬而脆，不溶不熔。一些热固性塑料即属于此种。

大多数高分子主链中的单键可以绕着它邻近的键按一定的键角做旋转运动，这是一种热运动，运动速度很高，能使细长的大分子链瞬息万变，时而收缩，时而舒张，因而形成大分子不同的构象。大分子构象的瞬息变化使其具有很好的柔顺性，也使其在宏观上表现出很好的柔韧性和弹性。

3. 高分子聚合物大分子间的结合及其聚集态

(1)高聚物分子间的结合　高分子聚合物内大分子之间是靠范德华力和氢键结合而构成物体，这2种结合力称为次价力。单个次价力与主价力相比很小，只相当于主价力的1%～10%，但由于大分子链很长，每个链节都对外产生吸引力，所以分子间次价力的总和要远远超过主价力。聚合度越大，分子间的结合力越大，相互结合得越紧密。因此，高分子聚合物比低分子化合物具有高得多的强度、化学稳定性和热稳定性。

(2)高聚物大分子的聚集态　高分子的聚集态是指高分子链之间的几何排列和堆砌结构。高分子聚合物大分子的聚集态按分子排列是否有序而分为2类：一类为无定型聚合物(非晶态结构)，大分子在空间以杂乱无序的形式聚集构成聚合物；另一类为结晶型聚合物，大分子有规则地排列聚集构成聚合物。结晶型聚合物内的大分子并非全都规则排列，其中分子排列规则的区域称为晶区。晶区的重量与聚合物总重量的百分比称为结晶度。结晶度越大，分子间作用力越强，因此强度、硬度、熔点越高，化学稳定性和阻透性也越好，而弹性、塑性和耐冲击强度则相应降低。

高聚物的分子结构和机械拉伸会影响其结晶性。大分子结构简单、规整，没有大的支链、侧基，交联时易结晶。外力拉伸可使聚合物沿着拉伸方向定向排列而提高结晶度，从而改善其相关使用性能。

4. 高分子聚合物的力学状态与热转变

高分子聚合物在不同温度下可呈现出玻璃态、高弹态、黏流态，各种物态分别具有一定的特性。高分子聚合物的物态及其物性与温度的关系可由温度－形变曲线表示。

(1)线型无定型高分子聚合物　在恒定应力作用下，随着温度升高，线型无定型高聚物呈现玻璃态、高弹态和黏流态3种物态。并且存在2个转变区，其一为玻璃态与高弹态之间的转变（玻璃化转变），对应的转变温度称为玻璃化温度（t_g）；其二为高弹态与黏流态之间的转变（黏流转变），对应的转变温度称为黏流温度（t_m）。

①玻璃态。温度低于玻璃化温度 t_g，它是聚合物作为塑料时的使用状态。这时聚合物的形变小，而且随外力的消失而消失，呈现刚硬的固体状态。

②高弹态。温度介于 t_g 和黏流温度 t_m 之间，大分子的热运动加剧，聚合物变成具有极高弹性的物体，弹性形变可达原长的5～10倍。室温下的橡胶即处于此种状态下。

③黏流态。温度介于黏流温度 t_m 和分解温度 t_d 之间，分子动能的增加使大分子之间产生相对滑动而使高分子聚合物变成可流动的黏稠液体，是聚合物成型加工的物态。温度超过 t_d 时，大分子的共价键被破坏而导致聚合物的分解。

（2）线型结晶型高分子聚合物　线型结晶型高分子聚合物只有2种物态，即结晶态和黏流态。当温度低于 t_m 时，高分子聚合物呈现刚硬的固体状态，称为结晶态，这是其使用状态；当温度高于 t_m 时，分子热运动加剧，大分子不能保持有序排列的结构，晶区消失而呈现黏流态，这是其成型加工的物态。

（3）体型高分子聚合物　由于大分子的交联而使体型大分子被束缚而不能产生相对滑动，因此体型高分子聚合物没有高弹态和黏流态。这类聚合物受热后仍保持刚硬状态，当温度达到一定程度时即被分解破坏。

4.2.1.2 塑料的组成

塑料是以高聚物树脂为基本成分，加入一些用来改善性能的各种添加剂而组成的高分子材料，其中树脂是最基本、最主要的成分，也是决定塑料类型、性能和用途的根本因素。

1. 聚合物树脂

塑料中树脂占40%～100%，树脂的种类、性能及在塑料中所占的比例决定了塑料的性能，各类添加剂也能改变塑料的性质。目前生产上常用的树脂分2类：一类为加聚树脂，如聚乙烯、聚丙烯、聚氯乙烯、聚乙烯醇、聚苯乙烯等；另一类为缩聚树脂，如酚醛树脂、环氧树脂等。在食品包装上常用的塑料树脂为加聚树脂。

2. 塑料添加剂

高分子材料存在诸多需要克服的缺点，如许多塑料制品脆而不耐冲击，耐热性差而不能在高温下使用，一些耐高温材料因加工流动性差而难以成形等。因此为了改善其加工条件，提高产品的质量或赋予产品某种特性，以满足用户的需要，往往要在产品的生产和加工过程中添加各种各样的辅助性的添加剂。尽管它们的添加量不多，却起着十分重要和关键的作用。塑料中常用的添加剂有增塑剂、稳定剂、填充剂、抗氧化剂等。

塑料中所用各种添加剂应与树脂有很好的相容性、稳定性、加工适应性、不相互影响其作用等特性，用于食品包装还应该具有无味、无臭、无毒、不溶出等特性，以保证被包装食品的品质、风味和卫生安全。

4.2.1.3 塑料的主要包装性能指标

包装材料的保护性能是最为重要、最基本的功能，保护性能指的是保护内容物，防止其质变或被破坏的性能，主要包括阻透性、机械力学性能、稳定性等。

1.主要保护性能指标

(1)阻透性　阻透性包括对气体、水分、水蒸气、光线等的阻隔性能。其性能指标见表4-12。

表 4-12　塑料的主要保护性能指标

性能指标	代号	单位	说明
透气度	Q_g	$cm^3/(m^2 \cdot 24\ h)$	一定厚度的材料在一个大气压差条件下，1 m^2 面积 24 h 内所透过的气体量(在标准状况下)
透气系数	P_g	$cm^3 \cdot cm/(cm^2 \cdot s \cdot Pa)$	单位时间单位压差下透过单位面积和厚度材料的气体量
透湿度	Q_v	$g/(m^2 \cdot 24\ h)$	一定厚度的材料在一个大气压差条件下，1 m^2 面积 24 h 内所透过的水蒸气的质量
透湿系数	P_v	$g \cdot cm/(cm^2 \cdot s \cdot Pa)$	单位时间单位压差下，透过单位面积和厚度材料的水蒸气质量
透水度	Q_w	$g/(m^2 \cdot 24\ h)$	1 m^2 材料在 24 h 内所透过的水分质量
透水系数	P_w	$g \cdot cm/(cm^2 \cdot s \cdot Pa)$	单位时间单位压差下，透过单位面积和厚度材料的水分质量
透光度	T	%	透过材料的光通量和射到材料表面光通量的比值

(2)机械力学性能　机械力学性能是指在外力作用下材料表现出抵抗外力作用而不发生变形和破坏的性能，其主要指标见表 4-13。

表 4-13　塑料的主要机械性能指标

性能指标	说明
硬度	在外力作用下材料表面抵抗外力而不发生永久变形的能力，常用布氏硬度 HB 和洛氏硬度 HR 表示
抗张、抗压、抗弯强度	材料在拉、压、弯力缓慢作用下不被破坏时，单位受力截面所能承受的最大力(MPa)
爆破强度	使塑料薄膜袋破裂所需施加的最小内应力，表示容器材料的抗内压能力，常用来检测包装封口的封合强度，也可由材料的抗张强度来表示
撕裂强度	材料抵抗外力使材料沿缺口连续撕裂破坏的性能，是指一定厚度材料在外力作用下沿缺口撕裂单位长度所需的力(N/cm)
戳刺强度	材料被尖锐物刺破所需的最小力(N)

(3)稳定性　指材料抵抗温度、介质、光等环境因素的影响而保持其原有性能的能力,主要包括耐高低温性、耐腐蚀性、耐老化性等。

①耐高低温性。温度升高,高聚物的强度和刚性明显降低,其阻隔性能也会下降;温度降低,会使塑料的塑性和韧性下降而变脆。材料的耐高温性能用温度来表示,常用的测试方法有马丁耐热、维卡耐热、热变形温度试验法3种,热分解温度是鉴定塑料耐高温性能的指标之一,而耐低温性用脆化温度(指材料在低温下受某种形式外力作用时发生脆性破坏的温度)表示。用于食品的塑料包装材料应具有良好的耐高低温性。

②耐腐蚀性。指材料在化学介质中的耐受程度,评定依据通常是塑料在介质中经一定时间后的质量、体积、强度、色泽等的变化情况。

③耐老化性。指塑料在加工、贮存、使用过程中,在光、热、氧、水、生物等外界因素作用下,保持其化学结构和原有性能而不被损坏的能力。

2. 卫生安全性

食品用塑料的卫生安全性非常重要,它直接影响和关系到食品本身的安全性,主要包括无毒性、耐腐蚀性、防有害物质渗透性、防生物侵入性等。

(1)无毒性　塑料由于其成分组成、材料制造、成型加工以及与之相接触的食品之间的相互关系等原因、存在着有毒物的溶出和对食品的污染问题。这些有毒物为有毒单体或催化剂残留、有毒添加剂及其分解老化产生的有毒产物等。

目前,国际上都采用模拟溶媒溶出试验来测定塑料包装材料中有毒有害物的溶出量,并对之进行毒性试验,由此获得对材料无毒性的评价,确定保障人体安全的有毒物质极限溶出量和某些塑料材料的使用限制条件。模拟溶媒溶出试验其溶媒的选用主要取决于包装食品的特性,部分国家常用食品分类与模拟溶媒见表4-14,溶出试验方法及条件按国家的有关法规或标准进行。

表4-14　常用食品分类与模拟溶媒

食品分类	食品例	模拟溶媒						
		日本	美国	德国	英国	意大利	法国	荷兰
含有游离油脂的水溶性食品	凉拌菜调味品	油脂及油脂性食品、n-庚烷	水、n-庚烷	花生油或椰子油	—	n-庚烷、5%醋酸、水	花生油、水、3%醋酸	花生油、水、3%醋酸
水分少的油脂	油脂	n-庚烷	n-庚烷	花生油或椰子油	橄榄油+2%脂肪酸	n-庚烷	花生油	花生油
表面上存在游离油脂的干燥固体食品	油炸食品	n-庚烷	n-庚烷	—	—	—	—	—
含酒精的饮料	—	酒类、20%酒精	80%或50%酒精	10%酒精	50%酒精	使用一定浓度的酒精	10%、50%或95%酒精	15%酒精、水

续表 4-14

食品分类	食品例	模拟溶媒						
		日本	美国	德国	英国	意大利	法国	荷兰
非酸性(pH 5 以上)水溶性食品	魔芋细粉条	水、4%醋酸	水	水	5% Na_2CO_3	水	水	水
酸性水溶性食品	果子酱调味料	4%醋酸	水	3%醋酸	5%醋酸	5%醋酸	—	5%醋酸
不含酒精的饮料	一般清凉饮料	4%醋酸	水	—	—	—	—	水
表面上不存在游离油脂的干燥固体食品	面条、面包粉、酥脆饼干	4%醋酸	不需试验					根据试验情况临时应变并予以判断

(2)防生物侵入性　当塑料包装材料无缺口、孔隙缺陷时，其材料本身一般可以抗环境微生物的侵入渗透，但要完全抵抗昆虫、鼠等的侵入较困难，因为抗生物侵入的能力与材料的强度有关，而塑料的强度比金属、玻璃低得多。为保证包装食品在贮存环境中免受生物侵入污染，有必要对材料进行虫害的侵害率或入侵率试验，为食品包装的选材及确定、包装质量要求和贮存条件等技术措施提供依据。

①虫害侵害率。用一定厚度的待测材料制成的容器内装食品后密封，该包装食品在存放环境中放至被昆虫侵入包装时所经过的平均周数。

②虫害入侵率。用一定厚度的待测材料制成的容器内装食品后密封，该包装食品在存放环境中存放时每周内侵入包装的昆虫个数。

3. 加工工艺性及主要性能指标

塑料包装材料的加工工艺性能包括：包装制品成型加工工艺性、包装操作加工工艺性、印刷适应性等，见表 4-15。

表 4-15　塑料包装材料加工工艺性能指标

工艺性能	性能指标	说明
成型加工工艺性	成型温度及温度范围 成型压力(MPa) 成型时的流动性 成型收缩率	温度低、范围宽，则成型容易 成型压力低，成型性能好 加热至黏流态的塑料流动性好，成型容易 成型冷却后制品收缩率小、形状尺寸精度高，模具设计加工容易
包装操作工艺性	机械性能 热封性能	包括强度、刚度等指标，表征材料的操作适应性能 包括热封温度、封合压力和时间、热封强度等
印刷适应性	油墨颜料与塑料的相容性、印刷精度、清晰度、印刷层耐磨性等	食品包装一般均需装潢印刷，销售包装外层材料必须具有良好的印刷性能

4.2.2　食品包装常用塑料树脂

4.2.2.1　聚乙烯

聚乙烯(polyethylene,PE)树脂是由乙烯单体经加成聚合而成的高分子化合物,无臭、无毒、乳白色的蜡状固体,其分子结构式为—$[CH_2—CH_2]_n$—。聚乙烯塑料由PE树脂加入少量的润滑剂、抗氧化剂等添加剂构成。大分子为线型结构,简单规整,对称性好,无极性,柔顺性好,易于结晶。

1. 主要包装特性

具有良好的化学稳定性,常温下几乎不与任何物质反应,但耐油性稍差;阻水、阻湿性好,但阻气和阻有机蒸气的性能差;有一定的机械抗拉和抗撕裂强度,柔韧性好,耐低温性很好(−50 ℃左右),能适应食品的冷冻处理,但耐高温性能差;光泽度、透明度不高,印刷性能差,进行表面处理可改善其印刷性能;加工成型性好,且热封性能优良。PE树脂本身无毒。添加剂量极少,因此被认为是一种安全性很好的包装材料。

2. 主要品种、性能特点及包装应用

聚乙烯根据聚合方法和密度不同,可分为高压低密度聚乙烯(LDPE)、低压高密度聚乙烯(HDPE)和线型低密度聚乙烯(LLDPE),其对比如表4-16所示。

表4-16　3种聚乙烯塑料的包装性能、特征及用途

性能	LDPE	HDPE	LLDPE
相对密度/(g/cm^3)	0.91～0.94	0.94～0.97	0.92
拉伸强度/(MPa)	7～16.1	30	14.5
冲击强度/(kJ/m^2)	48	65.5	
断裂伸长率/%	90～800	600	950
邵氏硬度/D	41～46	60～70	55～57
连续耐热温度/℃	80～100	120	105
脆化温度/℃	−80～−55	−65	−76
结晶熔点/℃	100～155	125～135	约108
特征	难结晶—柔韧性好、强度低、透明度高、抗拉强度低	结晶度高—强度高、耐热性好、柔韧性较差、密度高	强度较高、柔韧性好
主要用途	用于轻量小食品包装	阻气性好,可制成瓶罐容器	可包装冷冻肉类食品

4.2.2.2　聚丙烯

聚丙烯(polypropylene,PP)塑料的主要成分是聚丙烯树脂,为线型结构。属于无极性分子,密度为0.90～0.91 g/cm^3,是目前最轻的食品包装用塑料材料。

1. 主要包装特性

化学稳定性良好，在 80 ℃以下能耐酸、碱、盐及很多有机溶剂；阻隔性优于 PE，阻湿性和阻氧性与高密度聚乙烯相似，但阻气性较差；机械性能较好，具有的强度、硬度、刚性都高于 PE，尤其是具有良好的抗弯强度；耐高温性优良，可在 100～120 ℃内长期使用，耐低温性比 PE 差，－17 ℃时变脆；光泽度好，透明性优于 PE，印刷性差，但表面装潢印刷效果好；热封性比 PE 差，但比其他塑料要好。

因生产方法不同，有未拉伸聚丙烯（CPP）、单向拉伸聚丙烯（OPP）、双向拉伸聚丙烯（BOPP）等。

2. 包装应用

聚丙烯主要制成薄膜材料包装食品，OPP 薄膜和 BOPP 薄膜的强度、透明光泽效果、阻隔性比 CPP 薄膜要好，适合包装含油食品，在食品包装上可代替玻璃纸包装点心、面包等，且可做糖果、点心的扭结包装，还可制成瓶罐、塑料周转箱和编织袋。

4.2.2.3 聚苯乙烯

聚苯乙烯（polystyrene，PS）是由苯乙烯单体加成聚合而成，不易结晶，是线型、无定型、弱极性的高分子聚合物。

1. 主要包装特性

聚苯乙烯的透明度高并且有很好的光泽；机械性能好，质地坚硬，但是脆性大，耐冲击性能很差；化学稳定性差，只能耐受一般酸、碱、盐、有机酸、低级醇的腐蚀，易受有机溶剂如烃类、酯类等的腐蚀，会软化甚至溶解；耐低温性能良好，但不耐高温，连续使用温度为 60～80 ℃；容易加工成型，易着色和表面印刷，可制成薄膜、瓶和泡沫塑料；无臭、无味、无毒，卫生安全性好，适合于食品包装。

2. 应用

PS 塑料在包装上主要制成透明食品盒、水果盘、小餐具等，色泽艳丽，形状各异，包装效果很好。PS 薄膜和片材经拉伸处理后，冲击强度得到改善，可制成收缩薄膜，片材大量用于热成型包装容器。发泡聚苯乙烯 EPS 可用作保温及缓冲包装材料，目前大量使用的 EPS 低发泡薄片材可热成型为一次性使用的快餐盒、盘，使用方便卫生、价格便宜，但因包装废弃物难以处理而成为环境公害，因此将被其他可降解材料所取代。

3. PS 的改性品种

PS 最主要的缺点是脆性。其改性多集中于增加韧性和提高冲击强度，主要通过共聚和共混两种方法。目前最重要的改性品种有 ABS 和 K-树脂。

（1）ABS　由丙烯腈、丁二烯和苯乙烯三元共聚而成，具有良好的柔韧性和热塑性，对某些酸、碱、油、脂肪和食品有良好的耐性，在食品工程上常用于制作管材、包装容器等。

（2）K-树脂　由丁二烯和苯乙烯共聚而成，具有很好的透明性和耐冲击性，常用于制造各种包装容器，如盒、杯、罐等。K-树脂无毒卫生，可与食品直接接触，经 γ 射线（2.6 MGy）辐照后其物理性能不受影响，符合食品和药品的有关安全性规定，在食品包装上尤其是辐照食品包装应用前景看好。在工程领域，K-树脂品级 KR01、KP03、KP05、KP10 专用于注塑成型；KP05 也可用于中空吹塑成型；KP10 也可用于制作挤成型薄膜。

4.2.2.4 聚氯乙烯

聚氯乙烯(polyvinyl chloride，PVC)塑料是以 PVC 树脂为主要原料，添加增塑剂、稳定剂等添加剂制成。PVC 大分子中的 C—Cl 键有较强极性，故大分子间结合力强，柔软性差，且不易结晶，是线型无定型高分子化合物。

1. 主要包装特性

PVC 的阻气性能优于 PE 塑料，硬质 PVC 的阻透性优于软质 PVC；化学稳定性优良，在常温下可承受高浓度盐酸、硫酸和 70% NaOH 的作用；机械性能较好，硬质 PVC 有很好的抗拉性能和刚硬性，软质 PVC 抗拉强度相对较低，但柔韧性和撕裂强度较 PE 高；耐高、低温性能不佳，一般使用温度为 −15～55 ℃，硬质 PVC 比软质 PVC 耐高温性稍好。但耐低温性较差，在低温下变脆；透光性、光泽度较好；此外着色性、印刷性和热封合性能也较好。

PVC 树脂的热稳定性差，长期处于 100 ℃温度下会降解，在空气中超过 150 ℃会降解并释放出 HCl，在塑料成型加工过程中也会发生热分解，因此在制成塑料时需要加入 2%～5% 的稳定剂以改善其热稳定性。PVC 树脂的黏流化温度接近其分解温度，同时其黏流态的流动性也差，为此需要加入增塑剂来改善其加工成型性，加入的增塑剂的量不同，PVC 树脂的性质也会不同。当加入增塑剂的量占树脂量的 30%～40%时，为软质 PVC，当加入增塑剂的量小于树脂量的 5%时，为硬质 PVC。

2. 卫生安全性

PVC 树脂本身无毒，但其原料单体氯乙烯有麻醉作用，可引起人体四肢血管收缩而抑制痛感，且有致畸致突变作用。对人体安全限量为 1 mg/(kg·Bw)。因此，PVC 用作食品包装应严格控制材料中的氯乙烯单体残留量。国产 PVC 树脂中单体残留量降到 3 mg/kg 以下，成型制品降至 1 mg/kg 以下，可满足卫生安全要求。

影响 PVC 塑料卫生安全性的另一重要因素是增塑剂。PVC 所用增塑剂种类很多，但其安全性不尽相同，有的是致癌物质，且可向外溶出。用作食品包装的 PVC 应使用如邻苯二甲酸二辛酯、二癸酯等低毒品种作增塑剂，使用剂量应在安全范围内。

3. 包装应用

PVC 塑料存在的卫生安全性问题决定了其在食品包装上的使用范围。软质 PVC 增塑剂含量大、卫生安全性差，一般不用于直接接触食品的包装，但可制作成弹性拉伸薄膜和热收缩薄膜，因其价格低、透明性好且有一定的透气性而常用于生鲜果蔬的包装。硬质 PVC 中不含或少量含有增塑剂，故工业安全性较好、可直接用于食品包装。

4. 改性 PVC

PVC 改性可采用共聚改性和共混改性 2 种方法，其主要作用是增加材料内部塑性而在加工时少用或不用增塑剂，从而大大改善 PVC 塑料的卫生安全性。

PVC 的改性共聚物如氯乙烯与乙酸乙烯酯共聚物、氯乙烯与丙烯腈共聚物等，既增加其韧性，又保持较好的抗拉强度，同时减少有毒物质的迁移，能较长时间保持材料的柔软性和抗物理老化性能。PVC 的共混改性是通过向树脂中添加无毒小分子或较小分子物质共混，而减弱大分子间的结合力、从而起增塑作用，使 PVC 塑料不含增塑剂。

PVC 改性塑料在低温下仍保持良好的韧性，具中等阻透性，防异臭透过性好，价格也便宜。其薄膜制品可作果蔬、糕点的收缩包装，薄片热成型容器可用于冰激凌、果冻、咸菜等的包装。

4.2.2.5 聚偏二氯乙烯

聚偏二氯乙烯(polyvinylidene chloride，PVDC)塑料是由 PVDC 树脂和少量的增塑剂和稳定剂制成的，是一种具有极性且具有较强的结合能力的高结晶性大分子化合物。

1. 性能特点

纯的 PVDC 很硬、很脆，软化温度接近其分解温度，且在热、紫外线等作用下易分解，与一般增塑剂相容性差，加热成型困难而且难以应用，因此常用 5%～50%的氯乙烯单体共聚，再加入增塑剂和稳定剂来改善 PVDC 的使用性能，制成的薄膜韧性大、柔软且具有良好的阻隔性能。

2. 主要包装特性

聚偏二氯乙烯透明性光泽良好，对气体、水蒸气、油有极好的阻隔性，是阻隔性复合材料的重要组成部分，耐高温和低温，使用范围是－18～135 ℃，高温蒸煮也可。化学稳定性很好，不易受到酸、碱和普通有机溶剂的侵蚀，但热封性较差，膜封口强度低，需要采用高频脉冲热封合。

3. 包装应用

聚偏二氯乙烯制成薄膜后是一种高阻隔性的包装材料，但其成型加工困难，价格较高。因此常与其他材料复合制成高性能的复合包装材料。此外，PVDC 制成收缩薄膜后适用于畜肉制品的灌肠包装，还因其具有良好的熔黏性，可作复合材料的黏合剂，涂抹在其他薄膜材料或容器表面(称 K 涂)，可显著提高阻隔性能，适用于长期保存的食品包装。

4.2.2.6 聚酰胺

聚酰胺(polyamide，PA)商品名为尼龙(Nylon，Ny)，是分子主链上含有大量酰胺基团的线型结晶型高聚物，按链节结构中 C 原子数量分为 Ny_6、Ny_{12} 等。PA 树脂大分子为极性分子，分子间结合力强，大分子易结晶。

1. 主要包装特性

聚酰胺的阻气性好，但因为分子极性较强，阻湿性差，吸水性强，且随吸水量的增加而溶胀，其阻气和阻湿性迅速下降，其强度和包装尺寸的稳定性也会受到影响。化学稳定性良好，有优良的耐油性，耐碱和大多数盐，但不耐强酸，且水和醇能使其溶胀。耐寒、耐热性好，正常使用的温度范围为－60～130 ℃，最高可以达到 200 ℃。机械性能良好，强韧而耐磨，抗冲击强度比其他塑料明显高出很多。成型加工性好，印刷性好，但热封性差。无毒，卫生安全，符合食品包装的卫生要求。

2. 包装应用

聚酰胺主要加工成薄膜制品应用于食品包装。通过定向拉伸或与 PE 等复合，提高防潮性能和热封性能，可广泛应用于食品高温蒸煮包装和深度冷冻包装。

4.2.2.7　聚乙烯醇

聚乙烯醇(polyvinyl alcohol,PVA)是一种极性较强且高结晶性的高分子化合物。

由于不存在游离态的乙烯醇,PVA 不能用单体直接聚合,而是用醋酸乙烯酯聚合成聚醋酸乙烯酯,然后将其在碱性醇液中水解,其水解产物即为 PVA,它的性能主要取决于聚合度和醇解度。

1. 主要包装特性

聚乙烯醇薄膜透明度高,有很好的光泽;有优良的阻气性能,特别是对有机溶剂蒸汽和惰性气体及芳香气体具有良好的阻隔作用;但因为其为亲水性物质,阻湿性差,透湿能力是 PE 的 5～10 倍;吸水性强,在水中可溶胀甚至溶解,随着吸湿量的增加,其强度和阻气性会急剧下降。化学稳定性好,除水外不受烃类、醇、酮、油等普通溶剂侵蚀,印刷性好;机械性能好,抗拉强度、韧性、延伸率均较高,但会因为吸湿量和增塑剂量的增加而使强度降低;耐高温性较好,耐低温性较差;聚乙烯醇无毒、无味,符合食品包装的要求。

2. 包装应用

PVA 薄膜可直接用来包装保质期较长的含油食品及风味食品,但因其吸水性强而不能用于防潮包装。当用于包装含水食品时,因其吸湿而使包装膜内不易结露。PVA 薄膜经与其他薄膜复合后,既避免了其透湿的缺点,又提高了阻气性,广泛用于熟肉制品、汤类、黄油及快餐食品的包装。

4.2.2.8　聚对苯二甲酸乙二醇酯

聚对苯二甲酸乙二醇酯(polyethylene terephthalate,PET)简称聚酯,商品名为涤纶,其大分子具有很强的极性,主链上因含有苯环而具有高强韧性,因具有柔性醚键而仍有较好的柔顺性,因苯环存在使大分子可能为结晶型,也可能为无定型结构。

1. 主要包装特性

PET 具有优良的阻气、阻湿、阻油等高阻隔性;具有其他塑料所不及的高强韧性能,抗拉强度是 PE 的 5～10 倍,是 PA 的 3 倍,抗冲击强度高,同时具有良好的耐磨和耐折叠性;具有优良的耐高低温性能,可在 −70～120 ℃温度下长期使用,短期使用可耐 150 ℃高温,且高低温对其机械性能影响很小。PET 光亮透明,可见光透过率高达 90%以上,并可阻挡紫外线;印刷性能好,化学稳定性好,卫生安全性好,溶出物总量很少;由于熔点高,故加工成形、热封较困难。

2. 包装应用

PET 塑料薄膜用于食品包装主要有 4 种形式:①无定型未定向透明薄膜,其抗油脂性很好而用来包装含油及熟肉食品,还可作食品桶、罐等容器的内衬;②无定型定向拉伸收缩膜,具有突出的强度和良好的热收缩性,可用作禽肉类收缩包装;③结晶型定向拉伸膜,具有很好的综合包装性能;④以 PET 为基材的复合膜,可用于要求较高的诸如蒸煮杀菌食品包装。PET 制作的成型容器,主要大量用于饮料包装。

4.2.2.9　聚碳酸酯

聚碳酸酯(polycarbonate,PC)是主链上含有碳酸酯基的一类高分子材料的总称,其分子链中既含有较柔软的碳酸酯链又含有刚性的苯环结构，苯环结构导致分子链刚性很大，分子间缠结作用强，相互滑动困难；聚合物在外力作用下不易变形，尺寸稳定性高；分子链取向困难，难于结晶，通常呈无定型态。

1. 主要包装特性

PC具有优越的耐高温性能，高温下强度高，且耐低温性能好，脆化温度低于 −100 ℃，可在 130 ℃的环境下长期使用；具有优良的机械性能，既韧又刚，其他力学性能尤其是冲击韧性也非常优良，但耐应力开裂性较差；耐稀酸、脂肪烃、醇、油脂和洗涤剂，溶于卤代烃，易与碱作用。PC薄膜对水、蒸汽和空气的渗透率高，可用于果蔬的保鲜包装，若需阻隔性时，必须进行涂覆处理；安全性好，无毒、无味、无臭；透明性好，透光率可达 95%，作为透明材料，表面不易划伤；具有优越的耐老化性，对热、辐射、空气、臭氧有良好的稳定性，制品在户外暴露一年，性能几乎不变。

2. 包装应用

PC可注塑成型为盆、盒，吹塑成型为瓶、罐等各种韧性高、透明性好、耐热又耐寒的产品，可用于食品蒸煮袋、冷冻食品的包装，用途较广。在包装食品时可制成透明罐头，可耐 120 ℃高温杀菌处理。存在的缺点：因刚性大而耐应力开裂性差，耐药品性较差。应用共混改性技术，如用 PE、PP、PET、ABS、PA 等与之共混成塑料合金可改善其应力开裂性，但其共混改性产品一般都失去光学透明性。

4.2.2.10 乙烯-醋酸乙烯共聚物

乙烯-醋酸乙烯共聚物(ethylene-vinyl acetate copolymer，EVA)是由乙烯和醋酸乙烯酯共聚而成，EVA 的物理性能主要取决于醋酸乙烯酯的分子量以及它在共聚物中的含量。当醋酸乙烯酯的分子量一定时，用作塑料的 EVA 中醋酸乙烯酯的含量为 10%～20%，其性能接近于 PE，当醋酸乙烯酯的含量增大时，共聚物的弹性、柔软性、透明性增大，当大于 30%时 EVA 的性质近似于橡胶，而当含量大于 60%时便成为热熔黏结剂。

1. 主要包装特性

EVA 树脂透明度高，光泽度好，柔软，但阻隔性能较差，且随密度降低阻气性下降。增加醋酸乙烯酯能增加抗紫外线能力，具有耐臭氧的能力；有良好的韧性，易着色，印刷性能好；加工成型温度低，加工性能好，可热封也可黏合；有良好的抗霉菌生长特性，卫生安全性好。

2. 包装应用

不同的 EVA 在食品包装上用途不同，VA 含量少的 EVA 薄膜可用作生鲜果蔬的呼吸膜保鲜包装，也可直接用于其他食品的包装。VA 含量 10%～30%的 EVA 薄膜可用作食品的弹性裹包或收缩包装，因其热封温度低、封合强度高、透明性好而常作复合膜的内封层。EVA 挤出涂布在 BOPP、PET 和玻璃纸上，可直接用来包装干酪等食品。VA 含量高的 EVA 可用作黏结剂和涂料。

4.2.2.11 乙烯-乙烯醇共聚物

乙烯-乙烯醇共聚物(ethylene-vinyl alcohol copolymer，EVAL)是乙烯和乙烯醇的共聚物，也可由 EVA 水解而成，是高结晶性树脂。乙烯醇改善了乙烯的阻气性，而乙烯则改善了乙烯醇的可加工性和阻湿性，故EVAL具有聚乙烯的易流动加工成型性和优良的阻湿性，又具有聚乙烯醇的极好阻气性。

1. 主要包装特性

EVAL最突出的优点是对O_2、CO_2、N_2气体的高阻隔性及优异的保香阻异味性能。EVAL的性能依赖于其共聚物中单体的相对浓度，一般地，当乙烯含量增加时，阻气性下降，阻湿性提高，加工性能也提高。由于EVAL主链上有羟基而具亲水性，吸收水分后会影响其高阻隔性，为此常采用共挤方法把EVAL夹在聚烯烃等防潮材料的中间，充分体现其高阻隔性能。EVAL有良好的耐油和耐有机溶剂性，且有高抗静电性，薄膜有高的光泽度和透明度，并有低的雾度。

2. 包装应用

EVAL作为高阻隔性包装材料，目前已经开始用于高阻隔性食品包装领域，如真空包装、充气包装或脱气包装，可有效保证包装内部气氛的稳定。EVAL也可制成复合膜中间阻隔层，在高湿度环境中保持其高阻隔性。这种复合材料在食品业中用于无菌包装、热罐和蒸煮袋，包装奶制品、肉类、果汁罐头和调味品等。在食品包装方面，EVAL的塑料容器完全可以替代玻璃和金属容器，国内多家水产公司出口海鲜就使用PE/EVAL/PA/EVAL/PE五层共挤出膜真空包装。EVAL也可以作为阻隔材料涂覆在其他合成树脂包装材料上，起到增强阻隔性能的效果。

4.2.2.12 离子键聚合物

离子键聚合物(ionomer)又称离子交联聚合物，也称离聚体。它是在乙烯和丙烯酸等单体的共聚物主链上引入金属离子(如钠、钾、锌、镁等)进行交联而得的产品。目前常用的离聚体是由乙烯和甲基丙烯酸共聚物引入钠或锌离子进行交联而成的产品，商品名为萨林(Surlyn)。由于大分子主链有离子键存在，使聚合物具有交联大分子的物理特性，在常温下强度高、韧性强，但在加热到一定温度时，其金属离子形成的交联链可离解，表现出热塑性，冷却后可再交联。

4.2.3 软塑包装材料

软塑包装材料是指由塑料制成的挠性包装材料。它是塑料包装材料的主体，也是食品包装材料的重要组成部分。其可分为：①单种塑料薄膜，包括普通薄膜、拉伸薄膜、热收缩薄膜及弹性薄膜；②多种塑料组成的复合薄膜；③塑料与纸类、铝箔等复合而成的复合软包装材料。

4.2.3.1 常用食品包装塑料薄膜

塑料薄膜通常指厚度低于0.25 mm的平整而柔软的塑料制品，主要用作液体包装、收缩薄膜、缠绕膜、果蔬保鲜膜、表面保护膜等。

1. 普通塑料薄膜

普通塑料膜是指采用熔融挤出成型、流涎法成型及压延法成型的未经拉伸处理的薄膜材料，其包装性能主要由树脂品种决定。食品包装常用薄膜品种与性能见表4-17。

从表4-17中可以看出在单一薄膜中，PVDC、拉伸PP、PE和PET等薄膜具有良好的阻湿性;PVA、PET、PVDC、PA、PVA 等薄膜具有优良的阻气性;CPP、PET、PA 等耐高温性较好,可用于高温杀菌食品的包装。

表 4-17　常用单一薄膜性能比较

性能	透明度	光泽度	拉伸强度	延伸率	撕裂强度	阻气性	阻湿性	耐油性	耐化学性	耐低温性	耐高温性	耐热变性	防静电性	机械适应性	印刷性	热封合性
LDPE	△	△	○	*	○	×	○	×	○	*	×	*	×	×	△	*
HDPE	△	△	○	△	△	×	○	△	○	*	○	*	×	×	△	*
CPP	○	○	○	*	*	×	○	△	○	△	*	*	×	△	△	○
OPP	*	*	*	△	×	×	○	○	○	*	○	△	×	○	△	×
软 PVC	*	*	△	*	*	△	△	△	○	△	×	○	×	×	○	○
硬 PVC	*	*	*	×	×	○	○	○	*	×	△	○	△	○	*	×
PS	*	*	*	×	×	×	×	△	○	△	○	×	×	*	○	×
OPS	*	*	*	×	×	×	×	○	○	○	○	○	×	*	○	×
PET	*	*	*	○	○	○	○	*	*	*	*	○	×	○	○	×
OPET	*	*	*	×	○	○	*	*	*	*	*	○	×	*	○	×
Ny_6	○	○	*	○	*	○	×	*	*	○	*	*	×	○	○	○
ONy_6	*	○	*	×	*	○	×	*	*	*	*	○	×	○	○	×
PVDC	○	○	○	△	○	*	*	*	*	○	△	*	×	×	×	△
EVA	○	○	○	○	○	×	○	○	△	*	×	*	×	×	△	○
PVA	○	*	△	*	*	○	×	*	○	×	△	*	*	×	○	×
PT	*	*	○	×	×	○	×	*	×	×	○	*	*	*	*	×
KPT	*	*	*	×	×	○	*	*	△	△	○	*	*	*	△	○
Al 箔	×	*	○	×	△	*	*	*	×	*	*	*	*	○	△	×
纸	×	×	○	×	○	×	×	×	×	○	○	*	△	*	*	×

注:*—优;○—良;△—尚可;×—差。

2. 定向拉伸塑料薄膜

将普通塑料薄膜在其玻璃化至熔点的某一温度条件下沿某一方向拉伸到原来长度的几倍,然后在张紧状态下,在高于其拉伸温度而低于熔点的温度区间内的某一温度下保持几秒进行热处理定型,最后急速冷却至室温,可制得定向拉伸塑料薄膜(stretched film)。塑料薄膜经过定向拉伸后,其抗拉强度、阻隔性能、透明度等都有很大的提高。

定向拉伸薄膜的性能除取决于塑料的品种、分子质量大小、结晶度等材料因素和热处理温度、时间外,还与拉伸程度有重要关系,其机械性能、阻透性能和耐热耐寒性能等随拉伸程度(拉伸率)的增大、分子定向程度的提高而提高。此外,拉伸薄膜的性能与拉伸方向也有关,单向拉伸薄膜在拉伸方向上强度增加,而未拉伸方向强度较低、易撕裂;双向拉伸薄膜可分为均衡拉伸和非均衡拉伸两种,均衡拉伸膜纵横两向性能相同,而非均衡拉伸膜性能有方向性。定向拉伸膜的缺点是延伸率降低,热封性能变差,独立使用时不易封口,使用时一般与 PE 等具有良好热封性的薄膜复合。

食品包装上常用的单向拉伸膜有 OPP、OPS、OPET、OPVDC 等，双向拉伸膜有 BOPP、BOPET、BOPS、BOPA 等。常用拉伸薄膜的包装性能见表 4-18。

表 4-18 几种双向拉伸塑料薄膜包装性能

项目		BOPP	BOPET	BOPA
密度/(g/cm^3)		0.91	1.40	1.15～1.16
熔点/℃		170	260	215～225
拉伸强度/MPa	（纵）	>120	180	120
	（横）	>200	180～200	200～228
断裂伸长率/%	（纵）	150～190	100	110～180
	（横）	50～70	80	35～65
冲击强度①/(J/cm)		750	1 000	1 000
撕裂强度/(N/mm)		4～5	7～8	7～10
浊度/%		0.5～1.2	2～5	≤3.5
热收缩率②/%		2～3	0.1～1.0	0.5～1.0
透湿度③/[$g/(m^2 \cdot 24\ h)$]		5～8	20～25	120～150
透氧度④/[$cm^3 \cdot 100\ \mu m/(m^2 \cdot 24\ h)$]		350～400	19～20	5
使用温度范围/℃		−20～120	−30～150	−50～130

注：①落球冲击法；②在 120 ℃，15 min 条件下进行热收缩；③条件 38 ℃，90%RH；④条件 23 ℃，0 RH。

3. 热收缩薄膜

未经热处理定型的定向拉伸薄膜称为热收缩薄膜(shrink film)。拉伸薄膜聚合物大分子的定向分布状态是不稳定的，在高于拉伸温度和低于熔点温度的条件下，分子热运动使大分子从定向分布状态又恢复到无规则线团状态，使拉伸薄膜沿拉伸方向收缩还原。这种热收缩性能被应用于包装食品，对被包装食品具有很好的保护性、商品展示性和经济实用性。

目前使用较多的收缩薄膜是 PVC、PE、PP，其次有 PVDC、PET、EVA 和氯化橡胶等。专用于肉制品的热收缩薄膜性能见表 4-19。

表 4-19 肉制品常用的两类热收缩包装复合膜特性

项目			一般收缩性薄膜		高收缩性薄膜	
			PVDC	PA_6 系	PVDC 系	PA_6 系
外观	光泽/%		107	112	107	112
	浊度/%		6.5	4.2	6.5	4.5
收缩性能	收缩率/%	纵	18	25	30	35
		横	17	20	25	25
	收缩应力/(N/cm^2)		220	260	240	270

续表 4-19

项目		一般收缩性薄膜		高收缩性薄膜	
		PVDC	PA_6系	PVDC 系	PA_6系
透氧度	透氧度/[mL/(m²·24 h·0.1 MPa)]	80	70	23	16
强度	拉伸强度/MPa	85～90	85～90	85～100	90～95
	伸长率/%	70～100	100～180	60～70	120～150

4. 弹性(拉伸)薄膜

弹性(拉伸)薄膜(elastic film)是一种具有较大的延伸率而又有足够的强度的薄膜,有良好的拉伸弹性和弹性张力。在拉伸缠绕被包装物后,由于其自黏性能使被包装物紧固而不松散,其抗冲击性和抗撕强度也非常好。主要用于托盘、瓶、管束状物品的弹性包装。食品包装上常用的有 PVC、EVA、LDPE、LLDPE 等,其中 EVA 和 LLDPE 膜弹性好,白粉性也好,是理想品种。常用拉伸薄膜的性能见表 4-20。

表 4-20 常用弹性薄膜的性能

薄膜种类	延伸率/%	拉伸应力/MPa	透明度/%	抗戳穿强度/Pa	黏着力/N
LLDPE	55	42	—	960	1.8
EVA	15	25.9	88	824	1.6
PVC	25	24.5	77	550	1.3
LDPE	15	21.7	48	137	0.6

4.2.3.2 复合软包装材料

将不同的塑料薄膜、铝箔、纸等可挠性材料,通过一定技术组合而成的"结构化"多层材料,称为复合软包装材料。

单一种类的材料尽管其本身有许多优异的性能,可应用于一定范围,但不可能拥有包装材料应有的全部性能,不能满足食品包装的全面要求。因此,根据使用目的将不同的包装材料复合,使其具有多种综合包装性能,复合包装材料便由此而产生,且已成为目前食品包装材料的最主要品种和国际性发展方向。

1. 复合软包装材料的特性和要求

(1)复合软包装材料的特性

①综合性能好。综合了构成复合薄膜的所有单膜的性能,并具有高阻隔、高强度、良好热封性、耐高低温性和包装操作适应性。例如真空包装和充气包装等要求阻气、机械等多种性能都好的包装,必须用复合薄膜。

②卫生安全性好。可将装潢图案印刷于中间层上,使印刷油墨不会污染被包装物,还能保护装潢图案在运输过程及使用时不被磨损。

(2)用于食品包装的复合材料结构要求

①内层要求无毒、无味,耐油、耐化学性好,具有热封性和黏合性。常用的有 PE、CPP、EVA、离子型聚合物等热塑性塑料。

②外层要求光学性能好、印刷性好、耐磨、耐热、具有较高的强度和刚性。常用的有 PA、PET、BOPP、PC、铝箔及纸类等材料。

③如果要求具有高阻隔性，可设置中间层，一般采用铝箔和 PVDC 等高阻隔性耐高温材料。

复合材料的表示方法为：从左至右依次为外层、中间层和内层材料，如纸/PE/Al/PE，外层纸提供印刷性能，中间 PE 层起黏结作用，中间 Al 箔提供阻隔性和刚度，内层 PE 提供热封性能。

2. 复合工艺方法

复合工艺方法主要有涂布法、共挤法、层合法 3 种，可单独应用，也可复合应用。

(1)涂布法(coating) 涂布法即在一种基材表面涂以涂布剂并经干燥冷却后形成的复合材料。所用基材主要是纸、玻璃纸、铝箔和各种塑料薄膜，其中纸和铝箔经涂布、复合后具较高的实用性和经济性而得到广泛应用。所用涂布剂主要为 LDPE、PVDC、EVA、Ionomer 等。涂布 PVDC 即 K 涂膜，用于提高薄膜的高阻隔性；涂布 PE、EVA、Ionomer 主要是提供良好的热封性。

典型的涂布复合薄膜有：PT/PE、OPP/PE(EVA)、Ny/PE(EVA)、PET/PE(EVA)。

(2)共挤法(co-extrusion) 用 2 台或 2 台以上的挤出机，分别将加热熔融的异色或异种塑料从一个膜孔中挤出形成复合薄膜，主要用于材料性能相近或相同的多层组合共挤。常用的基材有 PE、PP，有 2 层、3 层、5 层共挤组合。

典型的共挤复合膜有：LDPE/PP/LDPE，PP/LDPE，LDPE/LDPE 及 LDPE/LDPE/LDPE(异色组合)。

(3)层合法(laminating) 用黏合剂把 2 层或 2 层以上的基材黏合在一起而形成复合材料的一种复合方法，适用于某些无法用挤出复合工艺加工的复合材料，如纸、铝箔等。层合法的特点是应用范围广，只要选择合适的黏合材料和黏结剂，就可使任何薄膜互相黏合；黏合强度高，同时可将印刷色层黏夹于薄膜之间，隔离和保护印刷层。

典型的层合复合膜有：纸/Al/PE、BOPP/PA/CPP、PET/Al/CPP、Al/PE 等。

层合法工艺根据所用黏合剂不同分为 3 种复合方法，如表 4-21 所示。

表 4-21 3 种层合法比较

方法	黏合剂	溶剂	主要优缺点	常用基材	工艺特点与应用
热熔层合	蜡	—	卫生，不耐热	Al 箔、PT	无残留溶剂及迁移问题，但不耐高温
	EVA	—	卫生，不耐热	Al 箔、纸塑薄膜	
湿法层合	聚酯酸乙烯乳液	水	便宜，不耐水和热	纸/纸(Al 箔)	黏合牢度一般，无残留溶剂问题，所用基材受限制(主要是具有多孔性纸基，如纸、玻璃纸、PVA)，用于一般包装
	聚丙烯酸酯乳液	水	可挠，有异味	纸/PET(PVC)	
	EVA 乳液	水	可挠，无味	纸/PVC（PET、PS)	

续表 4-21

方法	黏合剂	溶剂	主要优缺点	常用基材	工艺特点与应用
干法层合	聚酯酸乙烯乳液	醋酸乙烯	耐油，不耐水和热	Al 箔、PT	黏力大，挺括，耐高低温，选材广且灵活，但生产率低，且有溶剂残留问题，黏合剂易固化，常需随时调配，应用于高档包装
	聚氯乙烯乳液	醋酸乙烯甲乙酮	耐油、水，不耐热	Al 箔、PVC	
	聚氨酯溶液	醋酸乙烯二氯甲烷	耐沸水，价高	Al 箔、PE、PP、PET	

4.2.4 塑料包装容器及制品

塑料通过各种加工手段，可制成具有各种性能和形状的包装容器及制品，食品包装上常用的有塑料中空容器、热成型容器、塑料箱、钙塑瓦楞箱、塑料包装袋以及塑料挤压软管、瓶盖、捆扎绳带等。塑料包装容器的成型加工方法很多，主要包括：①一次成型。将粉状或粒状塑料通过模具制成一定形状；②二次成型。将经一次成型制成的塑料片材、薄膜制成容器。其中，塑料容器与制品常用的成型方法有注射成型、中空吹塑成型、片材热成型等，可根据塑料的性能，制品的种类、形状、用途、成本等选择合理的成型方法。

4.2.4.1 塑料瓶

塑料瓶具有许多优异的性能而被广泛应用于液体食品包装上，除酒类的传统玻璃瓶包装外，塑料瓶已成为最主要的液体食品包装容器，大有取代普通玻璃瓶的趋势。塑料瓶的成型工艺有：挤—吹工艺、注—吹工艺、挤—拉—吹工艺、注—拉—吹工艺和多层共挤工艺等，目前包装上应用的塑料瓶品种有 PE、PP、PVC、PET、PS 和 PC 等。各种塑料瓶使用性能比较见表 4-22。

表 4-22 各种塑料瓶使用性能比较

性能	聚乙烯		聚丙烯		PC 瓶	PET 瓶	PS 瓶	PVC 瓶
	LDPE 瓶	HDPE 瓶	拉伸 PP 瓶	普通 PP 瓶				
透明性	半透明	半透明	半透明	半透明	透明	透明	透明	透明
水蒸气透过性	低	极低	极低	极低	高	中	高	中
透氧性	极高	高	高	高	中～高	低	高	低
CO_2透过性	极高	高	中～高	中～高	中～高	低	高	低
耐酸性	○～★	○～★	○～★	○～★	○	○～☆	○～★	☆～★
耐乙醇性	○～★	☆	☆	☆	○	☆	○	☆～★
耐碱性	☆～★	☆～★	★	★	×～○	×～○	☆	☆～★
耐矿物油性	×	○	○	○	☆	☆	○	☆

续表 4-22

性能	聚乙烯		聚丙烯		PC 瓶	PET 瓶	PS 瓶	PVC 瓶
	LDPE 瓶	HDPE 瓶	拉伸PP 瓶	普通PP 瓶				
耐溶剂性	×～○	×～○	×～☆	×～☆	×～☆	☆	×	×～☆
耐热性	○	○～☆	☆	☆	★	×～○	○	×～☆
耐寒性	★	★	×～○	★	☆	☆	×	○
耐光性	○	○	○～☆	○～☆	☆	☆	×～○	×～☆
热变形温度/℃	71～104	71～121	121～127	121～127	127～138	38～71	93～104	60～65
硬度	低	中	中～高	中～高	高	中～高	高～中	高～中
价格	低	低	中	中～高	极高	中	中	中
主要用途	小食品	牛奶、果汁、食用油	果汁、小食品	饮料、果汁	婴儿奶瓶、牛奶、饮料	碳酸饮料、食用油	调料、食用油	食用油、调料

注：★—极好；☆—好；○——般；×—差。

从食品包装的角度而言，塑料瓶的发展方向主要是提高瓶子的阻隔性，采用更高阻隔性树脂和共挤（注）复合，可以使用 PET、EVAL、PVDC 等塑料来生产性能更好的瓶子，也可采用 PET/PVDC、PET/EVAL 等复合瓶。在复合瓶中，涂布 PVDC 即 K 涂 PET 是最常用的方法。欧洲国家已采用 K 涂 PET 瓶灌装啤酒。瓶体的轻量化和高速化生产也是塑料瓶的发展方向。通过提高拉伸倍率，在提高瓶体强度和气密性的同时，降低了瓶体重量，节省原材料和成本。

4.2.4.2　塑料桶

塑料桶主要采用 PE 和 PP 塑料。桶的容量由几升到 200 L 不等，外形多数呈方形和圆形。塑料包装桶代替金属桶、木桶和陶瓷容器，用作工业原料（酸、碱、盐）、油类以及盐渍食品的包装，其优点是耐腐蚀、减轻重量、不易破损。薄壁大容量的塑料桶胆，作为铁桶的衬里，可以达到防腐蚀的效果。

软塑桶是由聚乙烯共聚物（或与 EVA 共混）制成，呈方形。灌装前可压扁折叠，节省空间和运输费用。容量 5～20 kg 不等，有宽口和窄口之分，用于液体饮料和盐渍酱菜的包装。

4.2.4.3　塑料周转箱

塑料周转箱是最具有塑料包装箱特色的一类塑料箱，具有体积小、质量轻、美观耐用、易清洗、耐腐蚀、易成型加工、使用管理方便、安全卫生等特点，被广泛应用于啤酒、汽水、生鲜果蔬、牛奶、禽蛋、水产品等的运输包装。塑料周转箱所用材料大多是 PP 和 HDPE。HDPE 周转箱耐低温性能较好，PP 周转箱的抗压性能较好，更适合于需长期贮存垛放的产品。由于周转箱经日晒雨淋及受外界环境的影响，易老化脆裂，制造时应对原料进行选择并选用适当的添加剂、紫外线吸收剂等进行改善，以提高其使用年限。

目前，EPS发泡塑料周转箱作为生鲜果蔬类的低温保鲜包装，因其具有隔热、防震缓冲等优越性而被广泛应用。

4.2.4.4 钙塑瓦楞箱

钙塑瓦楞箱是利用钙塑材料优异的防潮性能，来取代部分特殊场合的纸箱包装而发展起来的一种包装。

钙塑材料是在PP、PE树脂中加入大量填料如碳酸钙、硫酸钙、滑石粉等，及少量助剂而形成的一种复合材料(一般含树脂50%、碳酸钙等50%)。由于钙塑材料具有塑料包装材料的特性，具有防潮防水、高强度等优点，故可在高湿环境下用于冷冻食品、水产品、畜肉制品的包装，体现出质轻、美观整洁、耐用及尺寸稳定的优点。但钙塑材料表面光洁易打滑，减震缓冲性较差，且堆叠稳定性不佳，成本也相对较高。用于食品包装的钙塑材料助剂应满足食品卫生要求，即无毒或有毒成分应在规定的剂量范围内。钙塑瓦楞箱与牛皮纸板瓦楞箱性能比较见表4-23。

表4-23 钙塑瓦楞箱和牛皮纸箱的性能比较

名称	空箱抗压/N		瓦楞纸板平面抗压强度/MPa	瓦楞纸板剥离强度/N	跌落试验/次		撞击试验/次	空箱质量/kg
	干时	水淋5 min			底着地	横头着地		
钙塑瓦楞箱	5 100	5 100	0.2	50	>50	10	>5	1.1
牛皮纸瓦楞箱	2 500	700	0.069	9	>50	10	>50	0.8

4.2.4.5 塑料罐

塑料罐除了传统采用全塑料结构外，又发展了许多以薄纸板为基材的复合结构。薄纸板与镀铝塑料薄膜复合以及EPS与铝箔复合，广泛用作食品饮料包装，代替金属罐。还有一种纸板与金属组合罐，罐身由薄纸板螺旋卷绕而成，纸板表面经涂塑或复合，盖和底用金属制作，这种组合罐用于包装固体饮料和熟制食品。

4.2.4.6 塑料片材热成型容器

片材热成型容器是将热塑性塑料片材加热到软化点以上、熔融温度以下的某一温度，采用适当模具在气体压力、液体压力或机械压力作用下成型为与模具形状相同的包装容器。热成型容器具有许多优异的包装性能，主要有以下几方面：

(1)包装适用范围广，可用于冷藏、微波加热、生鲜和快餐等各类食品包装，可满足食品贮存和运销对包装的密封、半密封、真空、充气及高阻隔等各种要求，也可实现无菌包装要求，卫生、安全可靠。

(2)容器成型、食品充填灌装和封口可一机或单机连线连续完成，包装生产效率高，且可避免包装容器转运可能带来的微生物污染问题，节约材料、运输和消毒费用。

(3)容器形状、大小可按包装需要设计，不受成型加工限制，特别适合形状不规则物品的包装需要，且可满足商业销售美化商品的要求设计成型，制品造型美观、光亮。

(4)热成型法制造容器方法简单，模具制造方便，生产效率高，包装设备投资少，成本低。

热成型包装用塑料片材按厚度一般分为 3 类：厚度小于 0.25 mm 为薄片，厚度在0.25～0.5 mm 为片材，厚度大于 1.5 mm 为板材。塑料薄片及片材用于连续热成型容器，如泡罩、浅盘、杯等小型食品包装容器。板材主要用于成型较大或较深的包装容器。常见的材料有 PE、PP、PVC、PS 等。

4.2.4.7 塑料包装袋

（1）单层薄膜袋（single-layer film bag） 可由各类 PE、PP 薄膜（通常为筒膜）制成，因其尺寸大小各异、厚薄及形状不同，可用于多种物品包装，有口袋形塑料袋、背心式购物袋等。

（2）复合薄膜袋（multi-layer film bag） 为满足食品包装对高阻隔、高强度、高温灭菌、低温保存保鲜等方面的要求，可采用多层复合塑料膜制成的包装袋。如高温蒸煮袋便是复合薄膜包装袋的重要品种。

（3）挤出网眼袋（squeezed mesh bag） 以 HDPE 为原料，经熔融挤出、旋转机头成型，再经单向拉伸而成的连续网束，只需按所需长度切割，将一端热熔在一起，另一端穿入提绳即成挤出网眼袋，适合于果蔬、罐头、瓶酒的外包装，美观大方。也可以发泡聚苯乙烯 EPS 为原料，经熔融挤出制成挤出网眼袋，主要用于果蔬、瓶罐的缓冲包装。

（4）塑料编织袋（plastic woven bag） 采用经拉伸的 PE 或 PP 扁丝，通过编制机制袋而成。具有质轻、高强度、卫生、清洁、耐腐蚀等优点，有较大的承载能力和耐冲击能力。用于食品包装时，常涂布 PE 或内衬 PE 等用于食糖包装，具有防潮，防水性能。

4.2.5 塑料包装材料的选用

塑料作为食品包装材料已有几十年历史，因其优异的包装性能而得到广泛应用，但因塑料本身所具有的特性和缺陷，用于食品包装时可能会带来卫生安全以及食品阻隔功能等方面的问题。因此，在选用塑料包装材料时，除要满足食品包装的基本要求外，还应注意以下问题：

4.2.5.1 塑料包装材料的卫生安全性

用于食品包装的塑料在卫生安全性能上存在 2 个问题：一是树脂本身的安全性；二是所使用的添加剂有毒或超过规定用的剂量。

1. 塑料树脂的卫生安全性

塑料是一种高分子聚合物，聚合过程中未发生反应的游离单体及可能发生的降解反应所产生的降解产物，有可能在用作食品包装材料后向食品中迁移，对人体健康造成危害，如聚苯乙烯（PS）中残留的苯乙烯、乙苯、异丙苯、甲苯等挥发物质都有一定毒性，单体苯乙烯可抑制大鼠生育，使肝、肾质量减轻。单体氯乙烯有麻醉作用，可引起人体四肢血管收缩而产生疼痛感，同时还具有致癌、致畸作用。这些物质迁移程度取决于材料中该物质的浓度、材料基质中该物质结合或流动的程度、包装材料的厚度、材料接触食物的性质、该物质在食品中的溶解性、持续接触时间以及接触温度。

当塑料树脂中残留有单体分子时，用于食品包装即构成了卫生安全问题。在卫生安全性方面，美国食品与药品管理局(FDA)的标准是国际上公认的。食品包装容器用合成树脂的毒性物质的最大允许量见表 4-24。

表 4-24　食品包装容器用合成树脂的毒性物质的最大允许量

项目			树脂种类				
			其他一般树脂	PVC	PE、PP	PS	PVDC
材料试验	镉、铅		—	100 mg/kg			
	二丁基锡化物		—	100 mg/kg	—	—	—
	磷酸甲酸酯		—	100 mg/kg	—	—	—
	氯乙烯单体		—	1 mg/kg	—	—	—
	偏二氯乙烯单体		—	—	—	—	6 mg/kg
	挥发成分		—	—	—	5 000 mg/kg	—
	钡		—	—	—	—	100 mg/kg
溶出试验	重金属		4%乙酸、60 ℃、30 min、1 mg/kg。如在 100 ℃以上使用的材料则为 95 ℃、30 min、1 mg/kg				
	蒸发残留物	*n*-庚烷	—	25 ℃、60 min、150 mg/kg	25 ℃、60 min、100 mg/kg，如在 100 ℃以上使用的材料则为 30 mg/kg	25 ℃、60 min、240 mg/kg	25 ℃、60 min、30 mg/kg
		20%乙醇	—	—	60 ℃、30 min、30 mg/kg		
		水、4%乙酸	60 ℃、30 min、30 mg/kg	60 ℃、30 min、30 mg/kg		60 ℃、30 min、30 mg/kg。如在 100 ℃以上使用的材料则为 95 ℃、30 min、30 mg/kg	
	高锰酸钾消耗量		水、60 ℃、30 min、10 mg/kg。如在 100 ℃以上使用的材料则为 95 ℃、30 min、10 mg/kg				
	苯酚		水、60 ℃、30 min、未测出	—	—	—	—
	甲醛		水、60 ℃、30 min、未测出	—	—	—	—

2. 塑料添加剂的卫生安全性

塑料添加剂一般都存在着卫生安全方面的问题，选用无毒或低毒的添加剂是塑料能否用作食品包装的关键。

(1)增塑剂的卫生安全性　根据化学组成，可将增塑剂分为五大类：邻苯二甲酸酯类、磷酸酯类、脂肪族二元酸酯类、柠檬酸酯类、环氧类，其中后三类的毒性较低。磷酸酯类增塑剂一般毒性都比较大，但其中的个别品种如二苯一辛酯(DPOP)经各种毒性试验证明是无毒的。

邻苯二甲酸酯类增塑剂中有不少品种长期以来一直被允许用于食品包装，但其中的一些品种引起争议。如用途十分广泛的邻苯二甲酸二辛酯(DOP)，过去一直认为无毒，但现有报道用含有DOP的PVC输血袋给病员输血，血液在PVC袋中保存时间越长，肺源性休克的出现概率就越大。1980年美国癌症研究所(NCI)根据用高剂量DOP对大鼠和小鼠进行毒理试验的研究结果，认为高剂量DOP有致癌作用。这一结论引起很大争议，目前还没有得到明确结论。法国、英国、日本、荷兰和德国允许DOP用于接触食品(脂肪性食品除外)的塑料制品中；美国FDA准许DOP用于食品包装用玻璃纸、涂料、黏合剂和橡胶制品中。

增塑剂按其毒性大小可分为四类：可用于食品工业的，可有限制地用于食品工业的，在满足使用要求上尚有疑问的，不能用于食品工业的。

含增塑剂量高的塑料制品，不适用于液体食品包装，一般也不适用于含液体成分较高的其他食品包装，特别是含酒精和油脂的食品。

(2)稳定剂的卫生安全性　包装塑料中PVC和氯乙烯共聚物在加工时必须加入热稳定剂。PE、PP、PS、PA、PET等根据不同的用途和加工要求，也要加入某些抗氧化剂、紫外光吸收剂等类的稳定剂。食品包装用塑料的稳定剂必须是无毒的，许多常用的稳定剂如铅化物、钡化合物、镉化合物和大部分有机锡化合物，由于毒性大而都不能用于食品包装用塑料。现各国公认允许用于食品包装用塑料的热稳定剂有钙、锌的脂肪酸盐类。

(3)着色剂与油墨的卫生安全性

①着色剂。塑料着色除了赋予其各种色彩外，还有遮光阻隔紫外线的作用，但大部分着色剂都有不同程度的毒性，有的还有强致癌性，因此接触食品的塑料最好不着色，当必须着色时，也一定要选用无毒的着色剂。允许用于食品包装的着色剂如表4-25所示。

表4-25　允许用于食品包装的着色剂

色泽	白色	红色	蓝色	绿色	黑色	黄色
着色剂	Ti_2O(钛白) ZnO(锌白)	Fe_2O_3 (氧化铁红)	群青 (佛青、云青)	Cr_2O_3 (铬绿)	炭黑	柠檬黄 (酒石黄)

注：我国规定柠檬黄的最大使用量为100 mg/kg。

②油墨。用于塑料印刷中的油墨大多是聚酰胺油墨，也有苯胺油墨和醇溶性酚醛油墨。聚酰胺本身无毒，但其溶剂中有较多的甲苯和二甲苯，均为有毒物质。由于塑料印刷用油墨均有一定的毒性，其包装材料的印刷层不宜与食品直接接触。

塑料薄膜在印刷前一般需经表面活性处理，如火焰或电晕处理，从而使油墨的附着力增加，但这也可能使薄膜出现微细毛孔，透过油墨溶剂渗入至包装内而污染食品。因此，凡经过印刷的食品包装材料必须充分干燥，使溶剂挥发干净，以免污染食品。

(4)其他塑料添加剂的卫生安全性

①润滑剂。润滑剂是在塑料成型加工中为减少摩擦，增加流动性而加入的一种添加剂，还具有促进熔融、防粘连、防静电等所用，种类很多，大部分毒性较低。可用作食品包装材料的润滑剂应完全无毒，主要品种有：硬脂酰胺、油酸酰胺、硬脂酸、石蜡(食品级)、白油、低分子聚丙烯。

②发泡剂。发泡剂是泡沫塑料的必需添加剂，能在特定条件下产生大量气泡而使塑料

形成多孔泡沫结构，起到隔热保温、防震缓冲等作用。根据发泡气体的来源，可将发泡剂主要分成物理发泡剂和化学发泡剂两类。物理发泡剂产生气体是通过状态的物理变化（一般是从液态到气态）；而化学发泡剂产生气体则是通过化学反应。后者是热敏性物质，受热发生分解而产生气态和固态两种分解产物。用于食品包装的泡沫塑料发泡剂必须是无毒或低毒产品，常用的有碳酸氢铵和偶氮二甲酰胺。

4.2.5.2 塑料包装材料的阻隔性

阻隔性是食品包装材料最主要的性能，决定着包装能否达到预期的食品保质效果。塑料包装材料的阻隔性除了与透过性物质的分子大小及物性有关外，还与塑料本身的成分、大分子结构及分子聚集状态等内部结构以及塑料与透过性物质之间的亲和性和相容性等有关。塑料树脂的内部结构和物态还会随温度、湿度等环境因素变化而变化，从而导致其阻透性能的相应变化。

1. 分子极性与阻隔性

比较各种聚合物树脂的分子极性，当结晶度一定时，极性大分子或强极性大分子比非极性大分子或弱极性大分子因分子间结合紧密而使气体在其内部的扩散困难。分子极性越大，其树脂透气系数（P_g）越小，阻气性越好。常用塑料树脂中，PET 和 PVA 为强极性树脂，PA、PVC 为极性树脂，PS 等为弱极性树脂，PE、PP 等为非极性树脂。它们的阻气性随分子极性的提高而提高，如表 4-26 所示。

水蒸气是极性分子，所以水蒸气对极性分子塑料的溶入和扩散速度均大于对非极性塑料分子，透湿系数（P_v）也较大。高阻隔性材料 PET 分子极性强，而其 P_v 值大于非极性分子 PE，故 PE 是一种极好的防潮包装材料。

表 4-26　PE、PVC、PET 塑料薄膜的 P_g 与 P_v 的比较

薄膜名称	透湿系数 P_v/[mL·cm/(cm^2·s·0.1 MPa)]（38 ℃，0～100%RH）	透气系数 P_g/[mL·cm/(cm^2·s·0.1 MPa)]（20 ℃）		
	水蒸气	O_2	N_2	CO_2
PE	10.06×10^{-12}	2.1×10^{-10}	0.65×10^{-10}	7.9×10^{-10}
PVC	12.0×10^{-12}	0.61×10^{-10}	0.14×10^{-10}	3.1×10^{-10}
PET	15.48×10^{-12}	0.028×10^{-10}	0.049×10^{-10}	—

2. 分子结晶性与阻隔性

气体和水蒸气透过结晶聚合物的扩散能量比非结晶性聚合物高，扩散系数小，故结晶性聚合物表现出较好的阻气性。在其他条件相同的情况下，树脂分子结晶度越高，就表现出越好的阻隔性能。表 4-27 说明了聚合物树脂的结晶度与阻隔性的关系。

表 4-27 聚合物树脂的结晶度与阻隔性的关系

聚合物	结晶度/%	透水系数/[mL·cm/(cm²·d·10 MPa)]	透氧系数/[mL·cm/(cm²·d·10⁴ MPa)]
PE	43	0.65	18.71
PE	74	0.12	0.38
PET	<10	0.32	0.49
PET	30	0.18	0.24
PET	45	0.12	0.14
PA_6	0	58.32	0.29
PA_6	60	11.02	0.045
PB-1(聚丁烯)	0	13.61	97.2
PB-1	60	3.89	27.2

3. 分子定向与阻隔性

塑料薄膜和容器因成型加工时的拉伸作用而使大分子受到不同程度的定向作用，使大分子呈规则分布而排列紧密，故阻隔性提高。大分子定向程度越高，其阻隔性越好。尤其是塑料薄膜经过双向拉伸处理后，不仅晶粒尺寸可大大降低，而且结晶度也可增高。表 4-28 说明了分子定向拉伸对塑料薄膜阻氧性能的影响。

表 4-28 分子定向拉伸对塑料薄膜阻氧性能的影响

聚合物	定向倍数	透氧系数/[mL·cm/(cm²·d·0.1 MPa)]
PP(α=0.06)	未取向	10.37
PP(α=0.06)	300%	5.9
PET(α=0.70)	未取向	0.24
PET(α=0.70)	200%	0.17
PET(α=0.55)	未取向	0.14
PET(α=0.55)	300%	0.07
PA_6(α=0.40)	未取向	0.045
PA_6(α=0.40)	400%	0.023

4. 温度与阻隔性

温度对聚合物树脂的分子结构有影响，温度升高将使聚合物的结晶度、排列取向度降低，分子间距拉大、密度降低，这使塑料包装材料的阻隔性能下降。因此，温度对塑料包装材料阻隔性的影响非常大。一般塑料薄膜的气体透过系数随温度的变化均服从指数规律。

相比而言，PVDC 的阻气性随温度的变化影响较小，而铝箔受的影响更小些，故一般选择这两种软包装膜用作高温蒸煮袋。最近开发的超高阻隔性涂硅膜，其阻隔性受温度的影响更小，因此更适宜于高温蒸煮食品包装。

5. 相对湿度与阻隔性

塑料薄膜的阻隔性受环境因素的影响很大。一般，亲水性树脂如 PVA、PA 等，由于其强的吸水性而使树脂溶胀，分子间距增大而使阻隔性下降，而且，亲水性树脂的水蒸气扩散系数(D_v)不是常数，它随水蒸气的浓度增大而增大，从而导致 P_v 的改变。非亲水性聚合物的透湿性几乎不受环境湿度的影响。表 4-29 为相对湿度对亲水性和非亲水性塑料透湿系数等的影响。

表 4-29 相对湿度对 PVA 和 PE 塑料薄膜的 D_v 及 P_v 的影响

20 ℃	D_v/(cm/s)		P_v/[mL·cm/(cm²·s·0.1 MPa)]	
	40%RH	60%RH	40%RH	60%RH
PVA	0.003×10^{8}	0.06×10^{8}	2.0×10^{-13}	60×10^{-13}
PE	4.08×10^{8}	4.06×10^{8}	2.9×10^{-13}	2.9×10^{-13}

思考题

1. 简要说明高分子聚合物、塑料的基本概念。
2. 为什么高分子聚合物的聚集状态会影响塑料的包装性能？
3. 按极性将常用塑料树脂进行分类，并说明阻氧、阻湿、阻油性与材料极性的关系。
4. 塑料中有哪些添加剂？各有什么作用？
5. 什么是定向拉伸塑料薄膜？什么是热收缩薄膜？试列举食品包装上常用的拉伸薄膜和热收缩薄膜。
6. 举例说明复合软包装材料的结构要求，列举复合工艺方法及其适用材料。
7. 塑料瓶的成型方法有哪些？列举食品包装上常用塑料瓶品种。
8. 简要说明食品用塑料包装选用需注意的问题。

4.3 金属、玻璃、陶瓷包装材料

学习目标

1. 金属包装材料及容器：掌握常用金属包装材料（镀锡薄钢板、无锡薄钢板、铝质包装材料）的特性、结构、性能指标和主要技术规格；掌握金属罐的分类、结构、规格及其质量检查方法；了解金属桶、金属软管、铝薄容器等其他包装容器；了解金属包装制品的发展方向

2. 玻璃及其包装容器：掌握瓶罐玻璃的化学组成及主要性能；掌握玻璃瓶罐的分类、结构；了解玻璃容器的制造方法；掌握玻璃容器的包装强度及其影响因素；掌握玻璃容器的强化措施；了解玻璃容器的发展方向

3. 陶瓷包装容器：掌握陶瓷材料的一般特性；掌握陶瓷包装容器的原料组成；掌握陶瓷包装容器的特点及使用场合

4.3.1 金属包装材料及容器

人类早在5 000多年前就开始使用金属器皿了，但现代金属包装则只有近200年的历史。现代金属包装技术是以英国人1814年发明马口铁罐为标志，从而开创了现代金属包装的历史。金属材料广泛用于工业产品包装、运输包装和销售包装，是现代食品包装的四大包装材料之一，在我国占包装材料总量的20%左右。它是以金属薄板或箔材为主要原材料，经加工制成各种形式的容器来包装食品。

4.3.1.1 金属包装材料的优良性能

(1)高阻隔性能　可阻隔气、汽、水、油、光等的透过，用于食品包装时表现出极好的保护功能，使包装食品有较长的货架寿命。

(2)优良的机械性能　金属材料具有良好的抗拉、抗压、抗弯强度、韧性及硬度，用作食品包装时表现出耐压、耐温湿度变化和耐虫害，经金属材料包装的食品便于运输和贮存，扩大了商品的销售半径，同时适宜包装的机械化、自动化操作，密封可靠，效率高。

(3)容器成型加工工艺性好　金属具有很好的延展性和强度，可以轧制成各种厚度的板材、箔材；箔材可与纸、塑料等进行复合，金属铝、金、银、铬、钛等还可以在塑料和纸上镀膜。现代金属容器加工技术与设备成熟，适于连续自动化生产，生产效率高，能满足食品大规模、自动化生产的需要，如马口铁三片罐生产线的生产速度可达1 200罐/min，铝质二片罐生产线生产速度达3 600罐/min。

(4)良好的耐高温低温性、导热性及耐热冲击性　这一特性使金属材料用作食品包装时可以适应食品的冷热加工、高温杀菌、杀菌后的快速冷却等加工需要。

(5)表面装饰性好　金属包装材料具有自己独特的金属光泽，便于印刷、装饰，使商品外表华丽美观，提高商品的销售价值。另外，各种金属箔和镀金属薄膜，也是非常理想的商标印刷材料。

(6)包装废弃物较易回收处理　金属包装废弃物的易回收处理减少了包装废弃物对环境的污染；其回收利用可节约资源、节省能源。

金属作为食品包装材料的缺点为：一是化学稳定性差、不耐酸碱腐蚀，特别是用其包装高酸性内容物时易被腐蚀；金属离子易析出从而影响食品风味，这在一定程度上限制了它的使用范围。为弥补这个缺点，一般需在金属包装容器内壁施涂涂料。二是价格较贵，但此缺点会随着生产技术的进步和大规模化生产而得以改善。

金属包装材料作为一种重要的食品包装材料，其卫生标准应符合GB 4806.1—2016《食品接触材料及制品通用安全要求》和GB 4806.9—2016《食品接触用金属材料及制品》中的规定。金属包装材料的理化指标见表4-30。

表 4-30 食品包装用金属包装材料其迁移物指标

项目		单位	指标	检验方法
不锈钢	砷(As)	mg/kg	≤ 0.04	GB 31604.38—2016 第二部分,或 GB 31604.49—2016 第二部分
	镉(Cd)	mg/kg	≤ 0.02	GB 31604.24—2016,或 GB 31604.49—2016 第二部分
	铅(Pd)	mg/kg	≤ 0.05	GB 31604.34—2016 第二部分,或 GB 31604.49—2016 第二部分
	铬(Cr)[a]	mg/kg	≤ 2.0	GB 31604.25—2016,或 GB 31604.49—2016 第二部分
	镍(Ni)	mg/kg	≤ 0.5	GB 31604.33—2016,或 GB 31604.49—2016 第二部分
其他金属材料及制品	砷(As)	mg/kg	≤ 0.04	GB 31604.38—2016 第二部分,或 GB 31604.49—2016 第二部分
	镉(Cd)	mg/kg	≤ 0.02	GB 31604.24—2016,或 GB 31604.49—2016 第二部分
	铅(Pd)	mg/kg	≤ 0.2	GB 31604.34—2016 第二部分,或 GB 31604.49—2016 第二部分

注:a 马氏体型不锈钢材料及制品不检测铬指标。

金属材料及制品中食品接触面使用的金属材料、金属镀层和焊接材料等不应对人体健康造成危害,在感观要求方面要求接触食品的表面应清洁、镀层不应开裂、剥落,焊接部分光洁、无气孔、裂缝和毛刺,迁移试验所得浸泡液不应有异臭。

食品包装常用的金属材料按材质主要分为两类:一类为钢基包装材料,包括镀锡薄钢板(马口铁)、镀铬薄钢板、涂料板、镀锌板、不锈钢板等;另一类为铝质包装材料,包括铝合金薄板、铝箔、铝丝等。常用的金属包装材料有镀锡薄钢板、无锡薄钢板、低碳薄钢板、铝合金薄板、铝箔等。

4.3.1.2 镀锡薄钢板

镀锡薄钢板(tin plate)是在低碳薄钢板表面镀锡而制成的产品,简称镀锡板,俗称马口铁板,厚度为 0.15～0.30 mm。根据镀锡工艺不同,镀锡板可分为热浸镀锡和电镀镀锡,大量用于制造包装食品的各种容器,也可为由其他材料制成的容器配制容器盖或底。

1. 镀锡板的结构

镀锡板是将低碳钢(C<0.13%)轧制成约 2 mm 厚的钢带,然后经酸洗、冷轧、电解清洗、退火、平整、剪边加工,再经清洗、电镀、软熔、钝化处理、涂油后剪切成镀锡板板材成品。镀锡板所用镀锡为高纯锡(Sn>99.8%),锡层可用热浸镀法涂敷。此法所得镀锡板锡层较厚,用锡量大,镀锡后不需进行钝化处理。

镀锡板结构由 5 部分组成,由内向外依次为钢基板、锡铁合金层、锡层、氧化膜和油膜(图 4-20)。

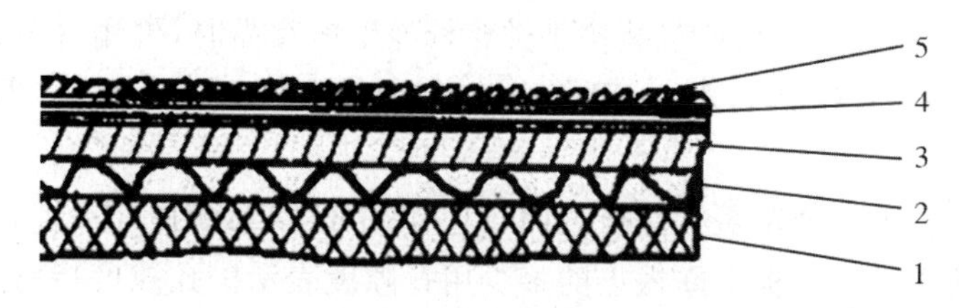

1. 钢基板；2. 锡铁合金层；3. 锡层；4. 氧化膜；5. 油膜

图 4-20 镀锡板的断面图

2. 镀锡板的主要性能指标

镀锡板的主要性能指标包括机械性能、成型性能和耐腐蚀性能等。镀锡板各构成部分的厚度、成分和性能见表 4-31。

表 4-31 镀锡板各层的厚度、成分和性能

结构名称	厚度		结构成分		包装性能特点
	热浸镀锡板	电镀锡板	热浸镀锡板	电镀锡板	
油膜	20 mg/m^2	2～5 mg/m^2	棕榈油	棉籽油或癸二酸二辛酯	润滑和防锈
氧化膜	3～5 mg/m^2（单面）	1～3 mg/m^2（单面）	氧化亚锡	氧化亚锡、氧化锡、氧化铬、金属铬	电镀锡板表面钝化膜是经化学处理生成的，具有防锈、防变色和防硫化斑作用
锡层	22. 4 ～ 44. 8 g/m^2	5. 6 ～ 22. 4 g/m^2	纯锡	纯锡	美观、易焊、耐腐蚀，且无毒害
锡铁合金层	5 g/m^2	<1 g/m^2	锡铁合金结晶	锡铁合金结晶	耐腐蚀，如过厚，加工性和可焊性不佳
钢基板	制罐用 0. 2～0. 3 mm	制罐用 0. 2～0. 3 mm	低碳钢	低碳钢	加工性能良好，制罐后具有必要的强度

(1)镀锡板的机械性能　镀锡板的综合机械性能包括强度、硬度、塑性、韧性等，通常用调质度作为指标来表示。镀锡板调质度是以材料表面的洛氏硬度值 HR30T 来表示。按 HR30T 值的大小，镀锡板分为几个等级，分别以 T50、T52……符号表示，数值越大，则强度和硬度越高，抗拉强度也越大，而塑性韧性越低、伸长率则越小。

影响镀锡板机械性能的因素很多，如钢基板成分，冶炼、轧制方法及质量，制板加工的退火处理及平整加工工艺和质量等。镀锡板的钢基板按成分不同分为 D、L、MR、MC 型等，其中 L、MR 型杂质含量少、强度不高、塑性好，所制成的镀锡板调质度低；MC 型钢基板含磷较高、强度高、塑性低，所制成的镀锡板调质度高。

(2)镀锡板的耐腐蚀性　不同食品对镀锡板包装容器的耐腐蚀性有不同要求。镀锡板的耐腐蚀性与构成镀锡板每一结构层的耐腐蚀性有关。

①钢基板。钢基板的耐腐蚀性能主要取决于钢基板的成分、非金属夹杂物的数量和表面状态。钢基板中若含有磷、硫、铜等，则一般都将对其耐腐蚀性带来有害的影响，但包装有

些食品时又表现出特殊的情况，如包装橘子类含柠檬酸的食品时，可用含铜稍多的钢基板的镀锡板容器，而灌装含 CO_2 的饮料时，可用含硫稍多的钢基板的镀锡板容器，都表现出较好的耐腐蚀性。

②锡层。镀锡要求完全覆盖钢基板表面，但实际上镀锡层存在许多针孔，其中暴露出钢基板的孔隙称露铁点。镀锡板上露铁点的多少用孔隙度表示。孔隙度指每平方分米镀锡板上的孔隙数或孔隙面积。镀锡板上的露铁点在与腐蚀性溶液接触时将发生电化学腐蚀。镀锡板孔隙度的大小与镀锡工艺、镀锡层厚度有关，因此保证钢基板表面净化处理质量，采用良好的镀锡工艺，增加镀锡量都可减少露铁点。镀锡板在加工和使用过程中，机械刮伤所产生的锡层连续破坏也将严重影响镀锡板的耐腐蚀性。

锡层的连续性对镀锡板耐腐性的影响用铁溶出值表示。铁溶出值是指将一定面积的镀锡板在模拟酸性液中保持一定温度和时间后，测其铁的溶出量。铁溶出值越小表示锡层连续性越好，镀锡板耐腐性越好。一般镀锡板要求 20 cm^2 铁溶出值 $\leqslant 20\ \mu g$。另外，镀锡层锡的纯度和锡层晶粒大小也将影响锡层的耐腐蚀性。

③锡铁合金层。处于钢基板和锡层之间的锡铁合金层的主要成分是锡铁金属化合物 $FeSn_2$，锡层不连续的孔隙暴露出的并不都是钢基表面，更多的是锡铁合金层。提高 $FeSn_2$ 合金层的连续性和致密性可以有效地提高镀锡板的耐腐蚀性能。锡铁合金层的质量对镀锡板耐腐蚀性的影响可用合金-锡电偶值 ATC(alloy-tinc ouple)来表示：以 $FeSn_2$ 合金为阴极，锡为阳极放置在经排气的葡萄柚汁中，在 20 ℃条件下反应 2 h 后，测量其电流的强度值。ATC 值越小，表示 $FeSn_2$ 合金层连续性好，镀锡板耐酸性食品的腐蚀性好。一般镀锡板的 ATC 值应 $\leqslant 0.05\ \mu A/cm^2$，最大值不超过 $0.12\ \mu A/cm^2$。

④氧化膜。镀锡板表面的氧化膜有 2 种，一种是锡层本身氧化形成的 SnO_2 和 SnO，另一种是镀锡板钝化处理后形成的含铬化合物钝化膜。SnO_2 是一种稳定的氧化物，而 SnO 则是不稳定的化合物，所以二者数量的多少将影响镀锡板的耐腐蚀性。合理控制镀锡量可增加 SnO_2 层，将提高镀锡板的耐腐蚀性。含铬钝化膜使镀锡板的耐腐蚀性大大提高，且钝化膜的含铬量越多其耐腐蚀性越好，铬可有效地抑制锡氧化变黄，硫化变黑。

⑤油膜。镀锡板表面的油膜将板与腐蚀性环境隔开，防止锡层氧化发黄和水汽使镀锡板生锈；油膜在镀锡板使用和制罐中起润滑剂作用，可有效地防止加工、运输过程中的锡层擦伤破损；油膜也会对制罐加工、表面涂饰加工带来不利影响。

3. 镀锡板的主要技术规格

(1)镀锡板的尺寸和厚度规格　为方便生产和使用，已规范镀锡板的长、宽尺寸。板宽系列为 775 mm、800 mm、850 mm、875 mm、900 mm、950 mm、1 000 mm、1 025 mm、1 050 mm，板长一般与板宽差在 200 mm 内可任意选用。

镀锡板厚度及厚度偏差对制罐加工质量以及容器的使用性能有重要的影响，如板厚偏差大，会造成制罐困难，卷边、接缝质量不易保证而发生罐泄漏；如板较厚，则罐头热杀菌时，罐盖强度大使热膨胀圈不能起作用；如板较薄则其强度差、刚性小，杀菌冷却时罐易凹陷，搬运时也易发生瘪罐甚至破裂。我国规定板厚系列为 0.2 mm、0.23 mm、0.25 mm、0.28 mm 4 种，且板厚偏差一般不超过 0.015 mm，同一张板厚度偏差不超过 0.01 mm。

国际上镀锡板厚度采用质量/基准箱法表示，即规定 112 张 20 inch(1 inch＝25.4 mm，下同)×14 inch 或 56 张 20 inch×28 inch 的镀锡板为一基准箱，根据一基准箱镀锡板的质量大小表示板厚。质量/基准箱质量大的，镀锡板厚度大。

(2)镀锡板的镀锡量　镀锡量是选用镀锡板的重要参数，其大小表示镀锡层的厚度，用 2 种方式表示。一种是以单位面积上所镀锡的质量表示(g/m^2)；另一种是以镀锡量的标号来表示，即是以一基准箱镀锡板上镀锡总量(pound)(1 pound＝0.453591 kg)×100 后所得的数字作为镀锡量的标号，如 1 pound/1 基准箱的镀锡量标为＃100(相当于 11.2 g/m^2)，标号越大表示镀锡层越厚。对两面镀锡量不等的镀锡板，用两组数分别表示两面的镀锡量，如"100/＃25 即 11.2/2.8 g/m^2。

4.涂料镀锡板

镀锡板具有的耐腐蚀性并不能完全满足某些食品包装的需要，如富含蛋白质的鱼、肉制品等，在高温加热时蛋白质分解产生的硫化氢，既对镀锡罐壁产生化学腐蚀作用，又可与露铁点发生作用，形成硫化铁，对食品产生污染；高酸性食品对罐壁腐蚀产生氢胀和穿孔；有色果蔬因罐内壁溶出的二价锡离子作用将发生褪色现象；有的食品还出现金属味等。因此，可采用在镀锡板上涂覆涂料，将食品与镀锡板隔离，以减少它们之间的接触反应。表面涂料具有的优良的耐腐蚀效果，已使其用到其他金属薄板表面，广泛应用于食品包装。

(1)涂料镀锡板主要质量要求　涂料镀锡板是由镀锡板经钝化、表面净化处理、喷涂料、烘烤固化而制成。涂料层的厚度用每平方米板上涂料用量克数表示(g/m^2)，一般涂层厚度宜在 12 g/m^2 以下，太薄易出现孔眼使金属暴露，过厚又会影响涂层与镀锡板之间的结合强度；涂料层表面应连续光滑、色泽均匀一致、无杂质油污和涂料堆积等现象。

影响涂料板耐腐蚀性很重要的因素之一是涂层的连续性。涂层不连续的地方为眼孔，眼孔处出现露铁点时，因涂料覆盖了大面积锡层，只有露铁点处局部少量的锡存在，在腐蚀环境下，它减少了对钢基板的保护作用，发生快速深入的铁腐蚀。所以选用合适涂料，提高涂覆工艺技术，保证涂层的连续性、完整性是镀锡板耐腐蚀性的重要保证。

(2)食品包装对涂料的要求　食品包装用涂料要求无味、无臭、无毒，不影响食品品质和风味；具有良好的机械性能，在涂料随同镀锡板进行成型加工时能承受冲压、弯曲等作用，不破裂、脱落；有足够的耐热性，能承受制罐加工、罐装食品热杀菌加工等的高温作用而不变色、不起泡、不剥离；施涂加工方便，涂层干燥迅速，与镀锡板间有良好亲润性以保证涂层质量。具体标准见 GB 4806.10—2016 食品安全国家标准《食品接触用涂料及涂层》。

(3)常用涂料　食品包装用涂料按其制成的容器是否与食品接触，分为内涂料和外涂料。内涂料根据食品特性及其包装保护要求可分为抗酸涂料、抗硫涂料、抗酸抗硫两用涂料、抗黏涂料、啤酒饮料专用涂料、其他专用涂料等。常用内涂料的品种、涂印条件及用途见表 4-32。按涂料涂覆的顺序不同分为底涂料和面涂料。用于容器接缝或涂层破损处施涂的为补涂料，适合制罐加工要求的有一般涂料和冲拔罐涂料两种。

表 4-32 常用罐头内壁涂料品种的涂印条件及用途

品种	底涂料				面涂料				色泽	用途
	涂料名称	烘烤温度/℃	高温区烘烤时间/min	涂膜厚度/(g/m²)	涂料名称	烘烤温度/℃	高温区烘烤时间/min	涂膜厚度/(g/m²)		
抗酸抗硫两用涂料铁	#214 环氧酚醛树脂涂料	210~215	10~12	6.5~8	—	—	—		金黄	具有一般抗酸、抗硫性能。用于一般水产、肉、禽、水果、果酱和蔬菜罐头
	#214 环氧酚醛树脂涂料	205~210	10~12	4~5	#214 环氧酚醛树脂涂料	210~215	10~12	总厚度 10~12	金黄	抗酸性能较好，用于番茄酱罐头
抗硫涂料铁	#617 环氧酚醛树脂氧化锌涂料	200~205	10~12	4.5~5.5	#2126 酚醛树脂涂料	180~185	10~12	1~2	浅金黄	抗硫性良好，耐冲性较差，用于一般肉、禽及部分水产罐头
防黏涂料铁	#617 环氧酚醛树脂氧化锌涂料	200~205	10~12	1~2	防黏涂料	125~130	10~12	1.5~2.2	白色	兼有抗硫和防黏性能，用于午餐肉和清蒸鱼罐头
冲拔罐抗硫涂料铁	S-73 冲拔罐抗硫涂料铁	210~215	10~12	9~11	防黏涂料	125~130	10~12	1~2	浅金黄	兼有抗硫和耐深冲性能，用于鱼、肉罐头冲拔罐
	环氧脲醛树脂涂料(#51 底涂料)	190~195	10~12	7	多羟酚醛树脂涂料(#51 底涂料)	220~225	10~12	总厚度 11~13	金黄	
接缝补涂涂料	EP-3 快干接缝补涂涂料	系双组分涂料，由#601 和#609 环氧树脂溶液 100 份和#650 聚酰胺树脂 40 份混合，再用 25 份甲苯/乙基溶纤素稀释。该涂料抗硫、抗酸性能好，干燥温度低，时间短，用于罐头接缝处补涂。									

4.3.1.3 无锡薄钢板

镀锡板因锡为贵金属而成本较高。为降低产品包装成本，在满足使用要求的前提下可由无锡薄钢板替代马口铁用于食品包装。主要的无锡薄钢板有镀铬薄钢板、镀锌薄钢板和低碳薄钢板。

1. 镀铬薄钢板

(1)镀铬薄钢板(Chromeplate Sheet)的结构 镀铬薄钢板是由钢基板、金属铬层、水合氧化铬层和油膜构成(图 4-21),各结构层的厚度、成分及特性见表 4-33。

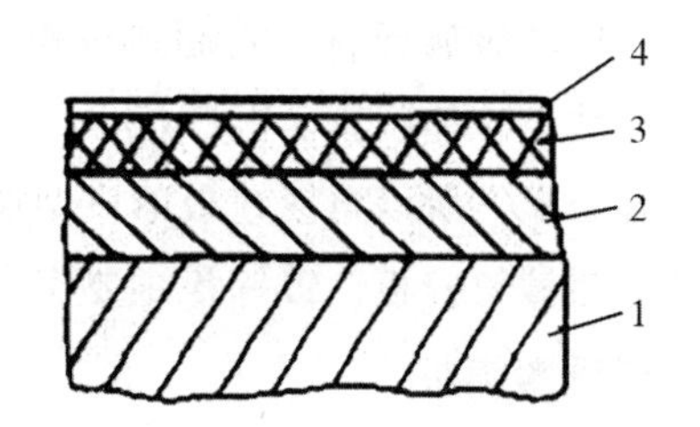

1. 钢基板;2. 金属铬层;3. 水合氧化铬层;4. 油膜

图 4-21 镀铬薄钢板的断面模型图

(2)镀铬薄钢板的性能和使用

①镀铬薄钢板的机械性能。镀铬薄钢板的机械性能与镀锡板相差不大,其综合机械性能也以调质度表示,各等级调质度镀铬薄钢板的相应表面硬度见表 4-34。

表 4-33 镀铬薄钢板各层厚度、成分及性能特点

各层名称	成分	厚度	性能特点
油膜	癸二酸二辛酯	22 mg/m²	防锈、润滑
水合氧化铬层	水合氧化铬	7.5～27 mg/m²	保护金属铬层,便于涂料和印铁,防止产生孔眼
金属铬层	金属铬	32.3～140 mg/m²	有一定耐蚀性,但比纯锡差
钢基板	低碳钢	制罐用 0.2～0.3 mm	提供板材必需的强度,加工性良好

表 4-34 镀铬薄钢板的调质度及相应的表面硬度

调质度	HR30T	调质度	HR30T	调质度	HR30T
T-1	46～52	T-4-CA	58～64	DR-9	73～79
T-2	50～56	T-5-CA	62～68	KR-10	77～83
T-2.5	52～58	T-6-CA	67～73		
T-3	54～60	DR-8	70～76		

②镀铬薄钢板的耐腐蚀性。镀铬薄钢板也有较好的耐腐蚀性,但比镀锡板稍差。铬层和氧化铬层对柠檬酸、乳酸、醋酸等弱酸、弱碱有很好的抗腐蚀作用,但不能抗强酸、强碱的腐蚀,所以镀铬薄钢板通常施加涂料后使用。而涂料镀铬薄钢板比涂料镀锡板有更好的耐腐蚀性。使用镀铬薄钢板时尤要注意剪切断口极易腐蚀,必须加涂料以完全覆盖。

③镀铬薄钢板的加工性能。因镀铬层韧性较差,在冲拔、盖封加工时表面铬层易损伤破裂,故不能适应冲拔、减薄、多级拉深加工;镀铬薄钢板不能锡焊,制罐时接缝需要采用熔接或黏接。镀铬薄钢板表面涂料施涂加工性好,涂料在板面上附着力强,比镀锡薄钢板表面涂料附着力高 3～6 倍,适宜用于制造罐底、盖和二片罐,而且可采用较高温度烘烤。

④价格便宜。镀铬薄钢板加涂料后具有的耐腐蚀性比镀锡板高,而价格比镀锡薄钢板低 10%左右,因此更加经济,致使其使用量逐渐扩大。

2. 镀锌薄钢板

镀锌薄钢板(zinked sheet),又称白铁皮,是在低碳钢基板表面镀上一层厚 0.02 mm 以上的锌构成的金属板材。其制造过程为:低碳钢板→轧制→清洗→退火处理→热浸镀锌→冷却→冲洗→拉伸矫直。镀锌板也可经电镀锌制成,锌层较热浸镀锌板薄,且防护层中不出现锌铁合金层。所以电镀锌板的成型加工性能比热浸镀锌板好,其可焊性较好,但是其耐腐蚀性不如热浸镀锌板。镀锌板主要用作大容量的包装桶。

3. 低碳薄钢板

低碳薄钢板(low carbon sheet)俗称黑铁皮,是指含碳量<0.25%、厚度为0.35~4 mm的普通碳素钢或优质碳素结构钢的钢板。低碳成分决定了低碳薄钢板塑性好,易于成型加工和接缝的焊接加工,制成容器有较好的强度和刚性,而且价格便宜。低碳薄钢板表面涂覆特殊涂料后用于罐装饮料或其他食品,还可以将其制成窄带用来捆扎纸箱、木箱或包装件。

4. 超薄纯铁箔

超薄纯铁箔是一种厚度仅20 μm、宽度可达1.2 m、含铁量为99.9%以上的纯铁薄膜,它具有很多优点:机械强度高,相当于软铝箔的6倍、硬铝箔强度3倍;具有很高的磁导率、良好的磁吸收能力和电磁波屏蔽能力;耐火性能好,其高熔点高达1 500 ℃;有良好的防潮性能;在其上面很容易涂黏合剂和涂料;方便大量生产。

4.3.1.4 铝质包装材料

铝(aluminum)质包装材料的包装性能优良,且资源丰富,已广泛用于食品包装。

1. 铝质材料的一般包装特性

(1)质量轻 铝作为一种轻金属,密度仅为2.7 g/cm^3,约为钢材的1/3,用作食品包装材料可降低贮运费用,方便包装商品的流通和消费。

(2)良好的热性能 耐热、导热性能好,导热系数约为钢的3倍,耐热冲击,可适应包装食品加热杀菌和低温冷藏处理要求,且减少能耗。

(3)优良的阻挡气、汽、水、油的透过性能,良好的光屏蔽性,反光率达80%以上,包装食品将能起很好的保护作用。

(4)具有银白色金属光泽,易接受美化装饰,用于食品包装有很好的商业效果。

(5)良好的耐腐蚀性 铝在空气中易氧化形成组织致密、坚韧的氧化铝(Al_2O_3)薄膜,从而保护内部铝材料,避免被继续氧化。采用钝化处理可获得更厚的氧化铝膜,能起更好的抗氧化腐蚀作用。但铝抗酸、碱、盐的腐蚀能力较差,尤其杂质含量高时耐蚀性更低。当Al中加入如Mn、Mg合金元素时可构成防锈铝合金,其耐蚀性能有很大提高。

(6)较好的机械性能 工业纯铝强度比钢低,为提高强度,可在纯铝中加入少量合金元素如Mn、Mg等形成铝合金,或通过变形硬化提高强度。铝的强度不受低温影响,特别适用于冷冻食品的包装。铝的塑性很好,易于通过压延制成铝薄板、铝箔等包装材料,铝薄板、铝箔容易加工并可进一步制成灌装各类食品的成型容器。

(7)加工性能好 铝的延展性、拉拔性优良,因此铝罐均为一次拉拔的两片罐,铝可以做得很薄,还能以铝箔和镀铝的形式用于包装,并可与纸、塑料膜复合,制成具有良好综合包装性能的复合包装材料。

(8)铝原料资源丰富，然而炼铝耗量巨大，铝材制造工艺复杂，故铝质包装材料价格较高，但铝质包装废弃物可回收再利用，在减少包装废弃物对环境污染的同时可节约资源和能源，因此，提高铝质包装废弃物的回收再用率是一项重要的工作。

2. 铝质包装材料的种类及应用

用于食品包装的铝质材料主要包括工业纯铝和铝合金两大类。工业纯铝指含铝量大于99.0%的纯铝，按铝的纯度不同分为L1～L6、L51几种，其含杂质依次增高。包装用铝合金主要为铝中加入少量锰、镁的合金(称防锈铝)，使用较多的是防锈铝LF2(铝镁合金)和LF21(铝锰合金)。这些铝材可分别加工成铝薄板、铝箔和铝丝用于食品包装。

(1)铝薄板　将工业纯铝或防锈铝合金制成厚度为0.2 mm以上的板材称铝薄板。铝薄板的机械性能和耐腐蚀性能与其成分关系密切。工业纯铝的强度低、塑性高，但随杂质含量的增加其塑性降低，耐腐蚀性也变差。在铝中加入少量锰、镁合金元素后使合金铝的强度比纯铝高，保留很好的塑性，具有良好的耐腐蚀性能，所以称其为防锈铝。

铝薄板与镀锡板一样，也是用调质度来表示它的综合机械性能，其调质度按AA标记法分为“O”和“H”型2类。“O”型调质度的铝薄板是强度低、塑性很好的极软铝材，主要用于制箔。“H”型调质度的铝薄板按调质度不同分为H1X、H2X、H3X，其中X=1～9，X数字越大的板材强度越高。“H”型调质度铝薄板中调质度较低的用来制软管，调质度较高的用作罐盖、易拉盖。深拉变薄罐选用塑性好的材料，深拉不变薄罐选用屈强比值小(即屈服强低、抗拉强度高)的板材。

(2)铝箔　铝箔是一种用工业纯铝薄板经多次冷轧、退火加工制成的金属箔材。食品包装用铝箔厚度一般为0.05～0.07 mm，与其他材料复合时所用铝箔厚度为0.03～0.05 mm，甚至更薄。铝材的杂质含量及轧制加工时产生的氧化物或轧辊上的硬压物等，会使铝箔出现针眼而影响铝箔的阻透性能。铝箔越薄则针眼出现的可能性越大、数量越多。一般认为厚度小于0.015 mm的铝箔不能完全阻挡气、水的透过，认为厚度大于等于0.015 mm铝箔的气体透过系数为0。铝箔很容易受到机械损伤及腐蚀，所以铝箔一般不单独使用，而是常与纸、塑料膜等材料复合使用。

采用不同加工方法可获得压花铝箔、彩箔、树脂涂覆箔及与其他材料贴合箔等多种铝加工箔。压花铝箔、彩箔可直接用来裹包食品，尤其用于礼品包装。铝箔复合膜材料具有优良的耐蚀、阻透、光屏蔽、密封性能，且强度好，所以大量用于食品的真空、充气包装，如制成蒸煮袋，多层复合袋，软管，泡罩包装的盖材，杯、盒、盘的盖材，浅盘盒及商标等。

为了减少铝箔材料的用量，在塑料膜或纸上采用真空镀铝膜的方法制成铝复合膜包装材料，这种复合膜的阻隔性比铝箔差，但耐折性、热封性比铝箔好，而与前述的铝复合膜材料比，真空镀铝复合膜的阻气性、反射紫外光性能稍差，但成本低。

(3)镀铝薄膜　采用特殊工艺在包装塑料薄膜或纸张表面(单面或双面)镀上一层极薄

的金属铝，即成为镀铝薄膜。由于镀铝层较脆弱，容易破损，故一般在其上再复合一层保护用塑料膜，如聚乙烯、聚酯、尼龙等。镀铝层厚度约 30 μm，比铝箔还薄。镀铝薄膜有许多与铝箔复合材料相同的优良性能：阻隔性优良，货架寿命长，适用于食品、药品等的包装；具有金属光泽，光反射率可达 97%，使商品增添华贵高档感，提高销售价值；镀铝层导电性能好，能消除静电，因此封口性好，尤其包装粉末状产品时不会污染封口部位，保证了包装的密封性，大大减少了渗漏；镀铝层厚度可任意选择；易于印刷加工。此外，镀铝薄膜还有优于铝箔复合材料之处：即具有优良的耐折性和良好的韧性，很少出现针状孔的裂口，无柔曲龟裂现象，隔氧性更为优越，这对包装敏感和易失风味食品，以及保持外观美是重要的；部分薄膜可不镀金属，使消费者看到内装物品；镀铝层比铝箔薄得多，因此成本也较低。几种常见的镀铝薄膜在镀铝前后的阻隔性能对比见表 4-35。

表 4-35　几种常见的镀铝薄膜在镀铝前后的阻隔性能

指标	基材		
	聚酯	尼龙	低密度聚乙烯
厚度/mm	0.12	0.127	0.51
透湿度/[g/(m²·24 h)]	0.78(44.49)	3.1(310)	0.45(9.3)
透氧率/[mL/(m²·24 h)]	1.24(124)	0.78(46.5)	34.57(427.65)

因此，镀铝薄膜是一种既成功又经济的新型复合包装材料，已在欧美等国逐渐推广。镀铝薄膜主要用于食品如快餐、点心、肉类、农产品等的真空包装，以及药品、酒类等的包装以及商标材料。镀锡薄膜的阻隔性能与所镀的金属铝量成正比，即镀铝量越多越厚、隔绝性能越好。此外，隔绝性还与基材有关，并要求在复合工艺过程中将铝层的擦损情况减少到最低限度。镀铝量多少可以通过测量铝层的厚度或电阻度，或者镀铝薄膜的光密度来表示。镀铝薄膜可分为薄型和厚型 2 种，光密度小于 2.0 的属于薄型，光密度大于 2.5 的属于厚型。薄型一般用来包装货架寿命少于 30 d 的食品，厚型用于包装吸潮食品、调味品及其他敏感食品。

4.3.1.5　金属包装容器

食品包装用金属容器品种繁多，按形状及容量大小可分为桶、盒、罐、管等多种，其中金属罐(metal can)使用范围最广，使用量最大。

1. 金属罐的分类、结构及规格

(1)金属罐的分类　食品包装用金属罐按所用材料、罐体结构和外形及制罐工艺不同进行分类，见表 4-36。此外，按罐是否有涂层分为素铁罐和涂料罐；按食用时开罐方法分为罐盖切开罐、易开盖罐、罐身卷开罐等。

表 4-36 金属罐的分类

结构	形状	工艺特点	材料	代表性用途
三片罐	圆罐或异形罐	压接罐	马口铁、无锡薄钢板	主要用于密封要求不高的食品罐，如茶叶罐、月饼罐、糖果巧克力罐、饼干罐等
		黏接罐	无锡薄钢板、铝	各种饮料罐
		电阻焊罐	马口铁、无锡薄钢板	各种饮料罐、食品罐、化工罐
二片罐		浅冲罐	马口铁、铝	鱼肉、肉罐头
			无锡薄钢板	水果蔬菜罐头
		深冲罐(DRD)	马口铁、铝	菜肴罐头
			无锡薄钢板	乳制品罐头
		深冲减薄拉深罐(DWI)	马口铁、铝	各种饮料罐头(主要是碳酸饮料)

(2)金属罐的结构　金属罐按结构分为三片罐和二片罐。金属三片罐由罐身、罐底和罐盖 3 部分组成，罐身有接缝，罐身与罐盖、罐底卷封见图4-22。大型罐的罐身有凹凸加强压圈，起增强罐身强度和刚性作用。罐底与罐盖的基本结构相同，其结构有盖钩圆边、肩胛、外凸筋、斜坡、盖心和密封胶几部分。

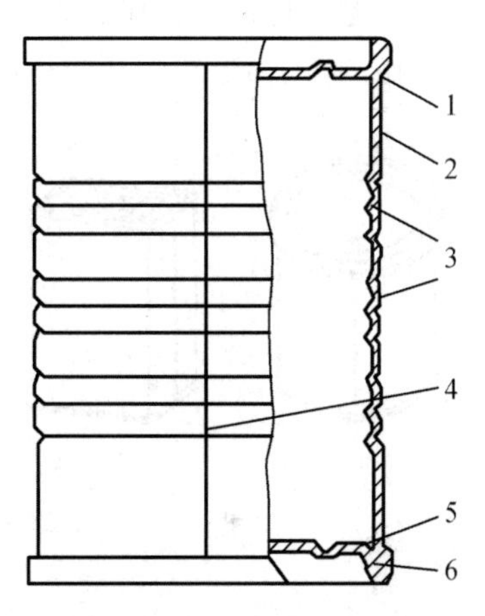

1. 罐盖；2. 罐身；3. 罐身加强压筋；4. 罐身接缝；5. 罐底；6. 卷封边

图 4-22 马口铁罐结构

金属罐的罐盖结构见图 4-23。盖钩用于与罐身翻钩卷合，盖钩内注密封胶；盖上鱼眼状外凸筋和逐级低下的斜坡构成盖的膨胀圈，它可以增强罐盖强度，并适应罐头冷热加工时的热膨胀和冷收缩恢复正常形状的需要，适应罐封的机械加工要求，以及显示罐头食品是否败坏等作用。所以，膨胀圈的形式取决于罐头品种、内装食品性质、罐内顶隙、真空度等因素。一般的罐内食品结成块状、顶隙较小、真空度较低的如午餐肉、带骨肉用罐的罐盖膨胀圈强度应大些；汤汁多、顶隙大、真空度高的食品用罐罐盖膨胀圈应有较好的塑性。三片罐的罐盖有普通盖和易拉盖两种；二片罐是罐身与罐底为一体的金属罐，没有罐身接缝，只有一道罐盖与罐身卷封线，密封保护性比三片罐好。

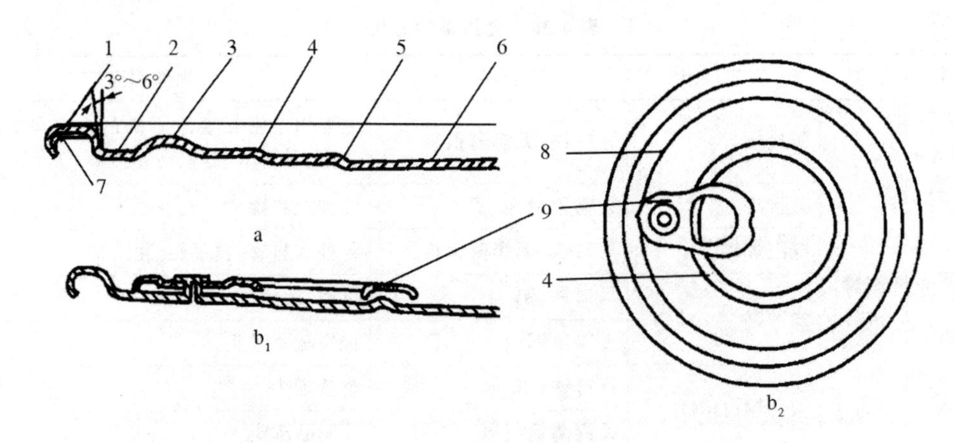

a. 普通盖；b1、b2. 易拉盖

1. 钩圆边；2. 肩胛；3. 外凸筋；4. 一级斜坡；5. 二级斜坡；6. 盖心；7. 注胶；8. 刻线；9. 拉环

图 4-23　罐盖结构

(3)罐型与规格　金属罐按外形不同分为 8 类：圆罐、冲底圆罐、方罐、冲底方罐、椭圆罐、冲底椭圆罐、梯形罐和马蹄形罐，各种罐的外形形状见图 4-24。

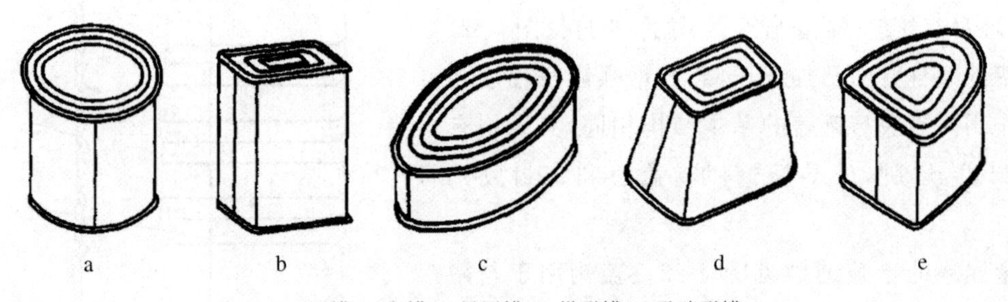

a. 圆罐；b. 方罐；c. 椭圆罐；d. 梯形罐；e. 马蹄形罐

图 4-24　金属罐的罐型

金属罐的规格按尺寸大小系列化并用统一的编号表示。我国作为国际标准化组织成员国，圆罐规格采用国际通用标准，即用罐内径、外高表示其系列规格，如罐 5104，第 1 位数 5 表示其内径为 52.3 mm，后 3 位表示外高尺寸为 104 mm。圆罐成品规格系列见 GB/T 10785—1989。

内径规格为罐号开头 1～2 位确定，分别用 5(52.3 mm)、6(65.3 mm)、7(72.9 mm)、8(83.3 mm)、9(98.9 mm)、10(105.1 mm)、15(153.4 mm)表示。

罐号为 3 位数时，后 2 位表示外高，如 539 罐：内径为 52.3 mm，外高为 39.0 mm；为 4 位数时，后 3 位表示外高，如 9 121 罐：内径为 99.0 mm，外高为 121.0 mm；为 5 位数时，后 3 位表示外高，如 15 267 罐：内径为 153.0 mm，外高为 267.0 mm。

其余罐型的罐号分别用 3 位数字表示，第 1 位数为罐型编号，后 2 位数表示该罐型不同尺寸规格的罐。

2. 金属罐的质量检查

金属罐制造过程中，因制罐设备的磨损、调整及使用操作等多方面因素，将影响空罐的质量，而空罐质量又将影响灌装和灌封质量，影响罐装食品的杀菌加工及贮存期。因此，空罐质量检测十分重要，检测的主要内容包括机械强度测试（跌落强度、耐压缩强度、耐内应强度、耐破强度、抗冲击强度等）、化学性能测试（耐锈蚀能力、耐侵蚀能力等）、密封性能测试（气密性试验、泄漏试验、封口密封性检测等）、表面质量检测（漆膜附着力、涂层耐冲击性、弯曲强度、外观等）。

（1）空罐的一般性检测　主要有空罐尺寸、罐内壁涂料层、罐身接缝等项目，具体要求有以下几方面。

①罐高及容量应符合规定。罐高过大过小都会影响罐与盖的卷封质量，影响灌装量和灌装后罐内顶隙留量的控制。

②罐内涂料层刮伤的程度及补涂质量的检查。罐内涂料层刮伤将影响罐内耐腐蚀性，必须进行补涂且要求补涂料选用合适、补涂到位、厚薄均匀。

③三片罐罐身接缝应有足够的强度。采用罐身接缝的撕裂试验、翻边试验检查接缝，不允许接缝有断裂、剥离现象。

（2）二重卷边封口质量检查　此项也适用于空罐二重卷边封口质量检查。

①卷边的厚度、宽度应均匀且符合规定要求。

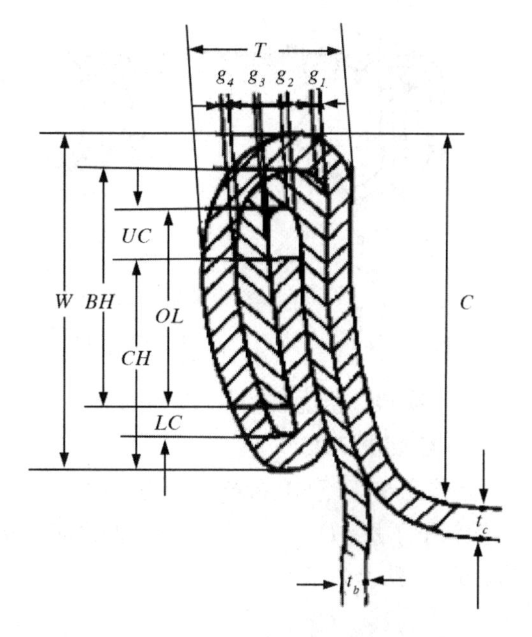

T. 卷边厚度；t_c. 罐盖厚度；t_b. 罐身厚度；W. 卷边宽度
BH. 身钩长度；CH. 盖钩长度；C. 埋头度；LC. 身钩空隙
UC. 盖钩空隙；$g_1 \sim g_4$. 罐身、罐盖板间隙；OL. 叠接长度

图 4-25　二重卷边结构

卷边结构如图 4-25，其主要尺寸为：卷边厚 $T = 3t_c + 2t_b + \sum g$，$\sum g \leqslant 0.25$ mm；卷边宽 $W = BH + LC + 2.6t_c = 2.8 \sim 3.1$ mm；埋头度 $C = W + 0.15 \sim 0.3$ mm $= 2.8 \sim 3.1$ mm。

②卷边外观检查。应平整、光滑，不允许出现波纹、折叠、快口、切罐、突唇、牙齿、假卷、断封、密封胶挤出等现象（图 4-26），以免影响罐的密封性及外观。

③二重卷边密封性检测。外观检查卷边质量只能剔除有明显卷封缺陷的罐，卷边内部是否合格则对罐的密封性有重要影响，所以需要对金属罐二重卷边进行解剖检测，并测定卷边的叠接率、紧密度和接缝盖钩的完整率，以确定卷边的密封性。

叠接率（OR）：为卷边盖钩和身钩相互重叠的程度。叠接率一般要求$>50\%$，叠接率越高则卷边密封性越好。

紧密度（TR）：为卷边的盖钩部分因出现皱纹而影响盖钩、身钩紧密接合的程度。盖钩出现皱纹的程度用皱纹度 $WR = WH/(CH)(\%)$ 表示，WH 为皱纹平均长度（图 4-27）。皱纹度分为 4 级：0 级为基本无皱纹，卷边密封性高；1 级为 $WR < 25\%$，密封一般；2 级为 WR

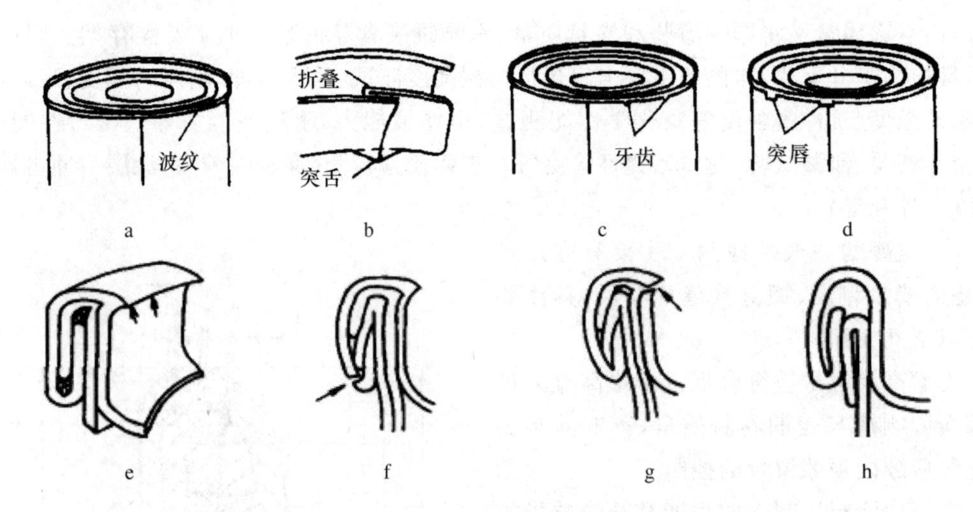

a. 波纹；b. 折叠；c. 牙齿；d. 突唇；e. 切罐；f. 断封；g. 断封；h. 假卷

图 4-26　卷边封口常见的几种外观缺陷

＝25％～50％，卷边较松；3 级为 $WR>50\%$，卷边松，易渗漏。卷边紧密度 $TR=1-WR(\%)$，一般要求 $TR>50\%$。

盖钩完整率（JR）：外观突唇缺陷处盖钩下垂程度对卷边密封性的影响。如图 4-28 所示，盖钩下垂度 $ID=b_h/CH(\%)$。盖钩完整率 $JR=1-ID(\%)$，JR 值越大，表示卷边密封性越好，一般 $JR>50\%$。

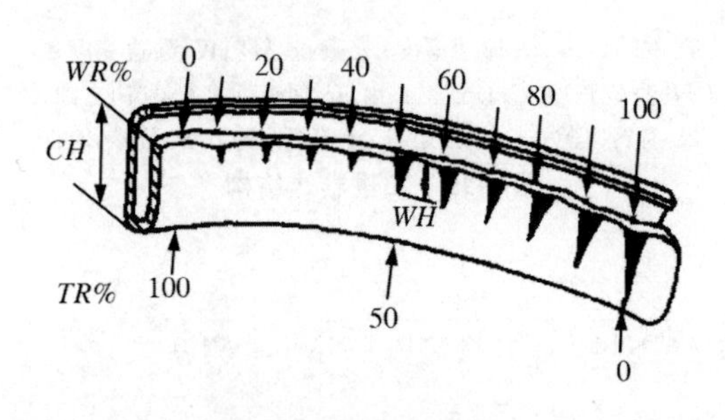

图 4-27　盖钩皱纹度等级

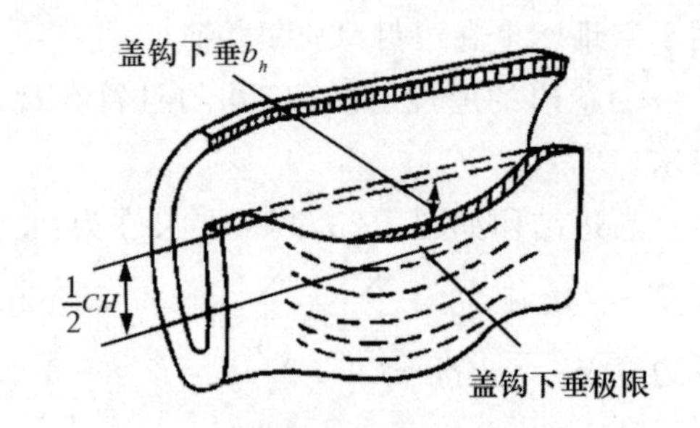

图 4-28　突唇盖钩下垂度

（3）其他项目检查

①空罐耐压性检查。空罐要求在一定的气、水内压作用下和一定的真空度外压作用下不变形、不泄漏。铝质二片罐应能承受足够的轴向压力。

②空罐的检漏。在真空检漏试验机上，在真空度为 59 985 Pa（450 mmHg）条件下，持续 10 min 检查空罐是否有泄漏现象。

③易开盖质量检查。对易开盖进行耐压强度、盖启破力、盖全开力、开启可靠性等检查。应保证易开盖有足够的强度，同时又易于将盖开启，方便使用。

3. 金属罐适装食品品种

各种型号金属罐适装食品品种见表 4-37。

表 4-37 各种型号金属罐适装食品品种

罐号	适装品种
302	342 g 春卷;397 g 葱烤鲫鱼
303	184 g 凤尾鱼
304	340 g 午餐肉、火腿午餐肉、火腿猪肉、午餐羊肉
305	320 g 云腿
306	198 g 午餐肉、火腿午餐肉、火腿猪肉
401	184 g 凤尾鱼
501	256 g 龙须鱼、五香花鱼、五香白鸽鱼;227 g 鲜炸鲮鱼、豆豉鲮鱼(条装)
502	227 g 鲜炸鱼片
539	70 g 番茄酱(28%～30%)
599	170 g 各种果汁
601	397 g 油浸小白鱼、鲅鱼;397 g 茄汁小白鱼、鲭鱼、鲅鱼
602	312 g 酥炸鲫鱼
603	256 g 鲜炸鲚鱼
604	198 g 油浸小白鱼、鲅鱼;198 g 茄汁小白鱼,鲭鱼、鲅鱼
668	198 g 番茄酱(22%～24%、28%～30%);184 g 蘑菇;114 g 花生米
672	198 g 豉油海螺
701	340 g 咸牛肉、咸羊肉
748	142 g 猪肉酱、去骨鸡;130 g 酱爆肉丁
751	185 g 香菇肉酱;142 g 五香肉丁、五香牛肉丁
755	198 g 火腿午餐肉、香菜心、什色酱菜;185 g 红烧蚝、清汤蚝、红烧蛏、清汤蛏、红烧花蛤;184 g 雪菜
763	198 g 蘑菇;200 g 雪菜
778	340 g 菠萝酱、龙眼酱、柑橘酱、西瓜酱、草莓酱、杏酱、什锦果酱
783	383 g 精浆金橘、柑橘酱、菠萝酱、蜜饯什锦;312 g 红烧猪肉、红烧牛肉、冬菇鸡、咖喱鸡、豉油海螺,糖水荔枝、糖水龙眼、糖水阳桃、糖水橘子、糖水金橘;300 g 糖水梨、糖水桃、糖水苹果
789	397 g 椰子酱
801	1 814 g 火腿
802	907 g 火腿
803	680 g 火腿
804	454 g 火腿
805	340 g 火腿
846	185 g 油浸金枪鱼

续表 4-37

罐号	适装品种
854	312 g 龙眼酱、糖浆金橘;240 g 火腿蛋、什锦炒饭;235 g 红烧猪肉;227 g 浓汁猪肉、红烧扣肉、猪舌、卤猪杂、浓汁牛肉、浓汁羊肉、羊舌、红烧鸡,五香鸡肫、红烧鸭、五香鸭肫,清蒸蚬肉、油炸蚝、鲜草菇、雪菜;215 g 豆豉鲮鱼、红烧金枪鱼;198 g 回锅肉、茄汁墨鱼、酱油墨鱼;170 g 油炸禾花雀;142 g 猪肉腊肠
860	312 g 草莓酱、桃酱,杏酱,海棠酱、山楂酱、苹果酱、李子酱、樱桃酱、梨酱、糖水草莓;280 g 午餐肉;256 g 红烧猪肉、茄汁猪肉、红烧排骨、豉汁排骨、咖喱排骨,卤猪杂,红烧牛肉;256 g 油浸鲭鱼、鲅鱼、鲹鱼;256 g 茄汁鲭鱼、鲅鱼、鲤鱼、狗鱼、鲹鱼、墨鱼;256 g 红烧鲤鱼、鲛纳鱼、鲸鱼;256 g 清蒸墨鱼,酱油墨鱼;227 g 纸包鸡、纸包鸭;170 g 蒜油榄
889	227 g 花生米
946	270 g 片装火腿;256 g 油浸鲳龟、鳗鱼、青鱼;256 g 茄汁鲳鱼,鳗鱼、青鱼;250 g 红烧猪肉、油浸烟熏鳗鱼
953	340 g 咸牛肉、咸羊肉、午餐羊肉;283 g 鲜炸鱼片;198 g 熏鱼,184 g 油炸禾花雀;227 g 豆豉鲮鱼(段装)
962	500 g 山楂酱;400 g 菜馅菜叶卷;397 g 原汁猪肉、红烧猪肉、红烧扣肉、浓汁猪肉、水晶肴肉、红烧猪腿、红烧圆蹄、红烧排骨,咖喱排骨、五香皱肉、午餐肉、火腿午餐肉、浓汁牛肉、红烧牛肉、五香牛杂、浓汁羊肉、白烧鸡、白烧鸭、红烧鸡,红烧鸭,五香鸭、五香鹅、茄汁狗鱼、葱烤鲫鱼;383 g 荔浦芋扣肉、去骨鸡、五香鸡翅、去骨鸭;340 g 五香猪排、陈皮鸭;312 g 酥炸鲫鱼;300 g 清蒸对虾;227 g 炸仔鸡,辣味炸仔鸡;170 g 五香银鱼
968	454 g 糖水菠萝;397 g 烤鹅
1068	500 g 红烧猪肉、红烧猪蹄、牛舌、白烧鸡、白烧鸭
5104	200 g 各种果汁;198 g 番茄酱(22%～24%)
5133	250 g 各种果汁、芦笋(整装)
6101	284 g 青豆、蘑菇;227 g 清蒸蚬肉
7106	340 g 猪肉香肠
7113	500 g 浓缩柑橘汁、浓缩菠萝汁、浓缩柠檬汁;470 g 浓缩柚子汁;397 g 红烧猪肉、红烧猪腿、茄汁黄豆猪肉、香菇猪脚腿、红烧鸡、冬菇鸡,红烧鸭、五香鸭、五香鹅、青豆、油焖笋;354 g 四鲜烤麸;312 g 鲜炸鲚鱼
7116	425 g 糖水菠萝(沙种)、糖水梨、糖水桃、糖水杏、糖水苹果,糖水葡萄、糖水海棠、什锦水果、茄汁黄豆;415 g 蘑菇;256 g 猪肉腊肠
7127	550 g 糖浆李子、糖浆无花果、糖浆梨、糖浆桃、糖浆杏、糖浆苹果;540 g 蜜饯什锦;425 g 猪肉香肠;425 g 茄汁鲭鱼、鲅鱼、鲹鱼;425 g 油浸鲭鱼、鲅鱼、鲹鱼;425 g 糖水梨(生装)、糖水菠萝;425 g 青豆、青刀豆、蘑菇、原汁整番茄、盐水胡萝卜、芦笋
8101	600 g 荔枝汁、500 g 番茄酱(28%～30%)
8113	700 g 糖浆类罐头、草莓酱等果酱类罐头;567 g 糖水枇杷,糖水李子、糖水杧果、糖水香蕉、糖水荔枝,糖水龙眼、糖水菠萝、糖水阳桃,糖水金橘、糖水橘子、糖水梨、糖水桃子、糖水杏,糖水海棠、糖水山楂、糖水樱桃、糖水苹果、糖水杨梅、清水马蹄;555 g 鲜柑橘汁、鲜菠萝汁、鲜柚子汁,盐水胡萝卜;550 g 清蒸牛肉、清蒸羊肉;540 g 清水笋、清水莲藕;500 g 凉拌菜、整番茄

续表 4-37

罐号	适装品种
8117	567 g 青刀豆;552 g 原汁鲜笋、冬笋;550 g 清蒸猪肉;500 g 红烧猪肉
8160	800 g 整装芦笋
9116	1 000 g 苹果酱、杏酱、草莓酱、海堂酱;822 g 糖水梨、糖水桃子、糖水杏、糖水苹果、青豆;800 g 糖水梨(碎块),清水笋、冬笋;780 g 油焖大头菜;750 g 酸黄瓜、盐水胡萝卜
9121	850 g 糖水橘子、糖水菠萝、糖水苹果、糖水梨、糖水挑子、什锦水果;822 g 青豆;800 g 原汁整番茄、原汁鲜笋
9124	850 g 青刀豆、原汁整番茄、蘑菇
10124	1 000 g 清蒸猪肉、红烧猪肉、云腿、酸黄瓜
10189	2 000 g 苹果酱、海棠酱;1 588 g 午餐肉、火腿午餐肉
15173	3 632 g 龙眼酱;3 664 g 糖水菠萝;3 005 g 片装清水马蹄;3 000 g 糖水橘子、番茄酱(28%~30%)、青豆;2 950 g 清水笋、冬笋、青豆、盐水胡萝卜;2 850 g 糖水苹果;2 840 g 片装蘑菇、碎蘑菇;2 724 g 干装苹果
15178	3 000 g 片装蘑菇;2 977g 碎蘑菇;2 950 g 清水笋、冬笋;2 750 g 干装苹果
15234	5 000 g 浓缩柑橘汁、菠萝汁、柚子汁,柠檬汁、蜜饯什锦
15267	5 000 g 番茄酱(28%~30%)

4. 其他金属容器

(1)金属桶　金属桶一般指用较厚的金属板(大于 0.5 mm)制成的容量较大(大于 20 L)的容器,容积一般为 30~200 L。按照桶材料的不同,可分为钢桶、铝桶、不锈钢桶等,主要用于食品原料及中间产品的贮存。金属桶有良好的力学性能,能耐压、耐冲击、耐碰撞;有良好的密封性,不易泄漏;对环境有良好的适应性,耐热、耐寒;装取内装物、贮运方便;根据内装物的不同,某些金属桶有较好的耐蚀性;有的金属桶可多次重复使用等。桶内壁涂有环氧类、乙烯类等树脂涂料。金属桶的形状主要有圆柱形、方形、椭圆形等,其中圆柱形的比较常见。金属包装桶的制法类似三片罐,桶身有纵缝,制得桶身后翻边再与桶底和桶盖双重卷边连接。卷边处要注入密封胶,多采用聚乙烯醇缩醛或橡胶类合成高分子材料封缝胶。

根据装料口的大小不同,金属桶分为小口、中口、大口桶几种。小口桶适宜装食油等液体类食品,密封可靠,不易泄漏,方便运输。大口桶的桶盖全开,靠桶箍将桶盖与桶身凸起紧固密封。大口桶主要适宜装块状、粉状或浆状食品,具有装、取料方便和便于桶内清理的特点。

(2)金属软管　金属软管主要由铝质材料制成,主要由管身、管肩、管嘴、管底封摺和管盖组成(图 4-29)。使用时将食品由管尾灌入,然后将管尾卷封压平即完成良好密封。金属软管可进行高温杀菌,开启方便,再封性好,可分批取用内装食品,未被挤出的

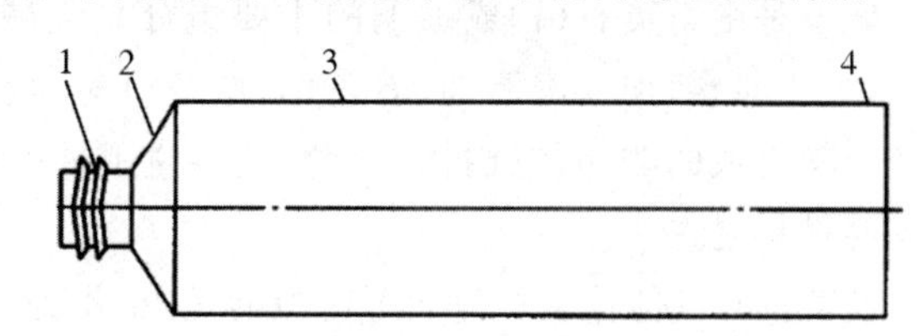

1. 管嘴;2. 管肩;3. 管身;4. 管尾

图 4-29　金属软管

食品受污染机会比其他包装方式少得多。软管可高速成型、高速印刷、高速灌装，金属软管的阻隔性比塑料软管好，但取出部分内容物后金属软管变瘪，外观不如后者。适用于果酱、果冻、调味品、蛋糕糖霜等半流体黏稠食品的包装。

(3)铝箔容器　铝箔容器是指以铝箔为主体材料制成的刚性、半刚性或软性容器。

铝箔材料的优越包装性能使得用铝箔制成的容器具有质轻美观、阻隔、传热性好等包装特性，既可高温杀菌，又可低温冷冻、冷藏，加工性能好，可制成各种形状容器且易进行彩印。此外，铝箔容器包装还具有开启使用方便、用后易处理等优点。所以它广泛用于食品包装，如用于包装焙烤类食品、餐后甜食、冷冻食品、方便食品、军需食品、应急食品及加热后食用的盒装食品、蒸煮袋装食品(软罐头)、旅行食品等。随着生活水平提高和旅游业的发展，这种随时随地可加热享用、便捷高效、卫生、安全、对环境污染小的食品包装形式，应用将越来越广泛。目前铝箔容器主要有皱壁铝箔容器、光壁铝箔容器、铝箔复合膜蒸煮袋 3 种。

5. 金属包装制品的发展方向

(1)原材料的改进　镀锡薄钢板生产从刚开始的热镀锡发展到电镀锡，从等厚镀锡到差厚镀锡(板两面的镀锡量不相等)，近年来又开发了无锡钢板(TFS)，其目的都是为了节约贵重金属锡而降低成本。另外，随着冶炼技术和轧钢技术的进步，所产钢板越来越薄，制成的容器也越来越轻，制造二片罐的铝合金板也是如此。这种发展趋势，今后仍将继续下去。

(2)制罐技术的进步　传统马口铁三片罐的加工使用锡焊法，由于所用焊料中含有害重金属而被淘汰，目前三片罐一般采用电阻焊。然而对于某些新的、价格低廉的材料，如 TFS 板，电阻焊效果不佳，正研究采用激光焊，可达到较高的生产速度和较好的生产质量，同时，因减少了罐身的搭接宽度而更加节省材料。国际上二片罐的制作技术发展更快，除广泛采用 CAD/CAM 技术外，目前瑞士、意大利等国的一些国际大公司已采用预印刷一次冲压成型技术，大大地简化了制罐工艺和提高了生产效率，使二片罐更具市场竞争力。

(3)改进老产品，开发新品种　饮料罐一般都是圆柱形，为适用较小的易开盖容器，降低整个容器的成本，现大部分饮料罐已改为缩颈罐，如 209 的罐身，颈部缩到 206、204，甚至 200。此外，为了更加方便消费者使用，还不断推出各种新型结构的瓶盖和罐盖。

4.3.2　玻璃包装材料及容器

玻璃是一种古老的包装材料，3 000 多年前埃及人首先制造出玻璃容器，由此玻璃成为食品及其他物品的包装材料。

玻璃是由石英石(构成玻璃的主要组分)、纯碱(碳酸钠、助熔剂)、石灰石(碳酸钙、稳定剂)为主要原料，加入澄清剂、着色剂、脱色剂等，经 1 400～1 600 ℃高温熔炼成黏稠玻璃液再经冷凝而成的非晶体材料。目前，玻璃使用量占包装材料总量的 10%左右，是食品包装中的重要材料之一。

玻璃具有其他包装材料无可比拟的优点，作为包装材料最显著的特点为：高阻隔、光亮透明、化学稳定性好、易成型，可多次周转使用，价格低廉，但玻璃容器质量大且容易破碎，这一性能缺点影响了它在食品包装上的使用发展，尤其是受到塑料和复合包装材料的冲击。随着玻璃工业生产技术的发展，现在已研制出高强度、轻量化的玻璃材料及其制品。玻璃作为食品包装材料应满足 GB 4806.1—2016《食品接触材料及制品通用安全要求》和 GB 4806.5—2016《玻璃制品》规定要求。

4.3.2.1 瓶罐玻璃的化学组成及包装特性

1. 瓶罐玻璃的化学组成

玻璃的种类很多，用于食品包装的是氧化物玻璃中的钠-钙-硅系玻璃，其主要成分为 SiO_2(60%～75%)、Na_2O(8%～45%)、CaO(7%～16%)，此外含有少量的 Al_2O_3(2%～8%)、MgO(1%～4%)等。为适应被包装食品的特性及包装要求，各种食品包装用玻璃的化学组成略有不同，见表 4-38。玻璃的内部是由硅、氧离子按多面体结构，并且按近程有序而远程无序构成空间网络结构，钠、钙离子分布在网络断裂处的间隙中。

表 4-38 几种食品包装瓶罐的化学组成

组分质量/%	SiO_2	Na	K_2O	CaO	Al_2O_3	Fe_2O_3	MgO	BaO
棕色啤酒瓶(硫碳着色)	72.50	13.23	0.07	10.40	1.85	0.23	1.60	
绿色啤酒瓶	69.98	13.65	13.65	9.02	3.00	0.15	2.27	
香槟酒瓶	61.38	8.51	2.44	15.76	8.26	1.30	0.82	
汽水瓶(淡青)	69.00	14.50	14.50	9.60	3.80	0.50	2.20	0.20
罐头瓶(淡青)	70.50	14.90	14.90	7.50	3.00	0.40	3.60	0.30

2. 玻璃的包装特性

玻璃的化学组成及其内部结构特点决定了其具有以下包装特性。

(1)化学稳定性　具有极好的化学稳定性是玻璃作为食品包装材料的一个突出优点。一般说来，玻璃内部离子结合紧密，高温熔炼后大部分形成不溶性盐类物质而具有极好的化学惰性，可抗水、酸、碱、盐、气体等的侵蚀，不与被包装的食品发生作用，具有良好的包装安全性，最适宜婴幼儿食品、药品的包装。但是玻璃成分中的 Na_2O 及其他金属离子能溶于水，从而导致玻璃的侵蚀及与其接触溶液的 pH 发生变化。熔炼不好的玻璃制品可能发生来自玻璃原料的有毒物溶出问题。所以对玻璃制品应做水浸泡处理或加稀酸加热处理，对包装有严格包装要求的食品药品可改用钠钙玻璃为硼硅玻璃。同时应注意玻璃熔炼和成型加工质量，以确保被包装食品的安全性。

(2)物理性能

①密度较大。包装常用的玻璃密度为 2.5 g/cm^3 左右，密度远大于除金属以外的其他包装材料。玻璃制品的壁厚尺寸较大，其质量大于同容量的金属包装制品，这些性能影响玻璃制品及食品生产的运输费用，不利包装食品仓储、搬运及消费者的携带。

②透光性好。玻璃具有良好的透光性，可充分显示内装食品的形色。对要求避光的食品，可采用有色玻璃。有色玻璃对各种波长光的透光性能见图 4-30。由图可知，黑色、褐色及绿色等浓颜色对紫外线的遮隔性较好，而无色透明的、蓝色及浅绿色的玻璃无论是可见光，还是紫外线均很容易透过。

③玻璃的导热性能差。在高温时主要是辐射传热，低温时则以热传导为主。玻璃的热

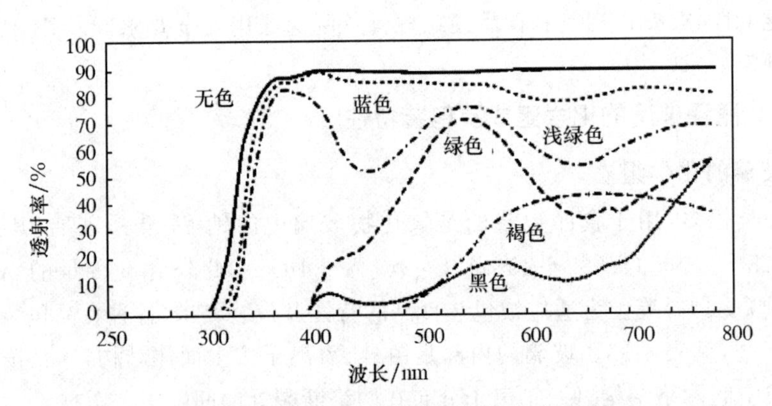

图 4-30 不同颜色玻璃的光线透射率曲线图(玻璃厚度 3.5 mm)

膨胀系数较低(约 1×10^{-6}/K),因此玻璃可耐高温,用作食品包装能经受加工过程的杀菌、消毒、清洗等高温处理,能适应食品微波加工及其他热加工,但是,常用的玻璃材料对温度骤变而产生的热冲击适应能力差,尤其玻璃较厚、表面质量差时,它所能承受的急变温差更小。

④玻璃的高阻隔性。玻璃具有对气、汽、水、油等各种物质的高阻隔性,其透过率为 0,这是它作为食品包装材料的又一突出优点。

(3)机械性能　玻璃硬度高,抗压强度较高(200～600 MPa),但抗张强度低(50～200 MPa),脆性高,抗冲击强度低。玻璃的理论强度高达 10 000 MPa,但实际强度只为理论强度的 1%以下,这主要受玻璃内部及表面缺陷影响,如气泡、成分分布不均匀、表面质量差、微小缺口、厚薄不均等。此外,玻璃成型时冷却速度过快会使玻璃内部产生较大的内应力,也致使其机械强度降低,所以玻璃制品需要进行合理的退火处理,以消除内应力提高其强度。

玻璃强度还受负荷作用的速度及时间的影响,较长时间荷重的玻璃强度较低,这是玻璃的静态疲劳以及使用时承受的周期变化负荷作用都将导致其强度降低,所以玻璃包装制品重复多次使用的次数应受限制,以保证包装安全可靠。

(4)良好的成型加工工艺性　玻璃可加工制成各种形状结构的容器,而且易于上色,外观光亮,用于食品包装美化效果好,但印刷等二次加工性差。

(5)原料来源丰富　玻璃制品的价格较便宜,还具有可回收再利用的特点,废弃玻璃制品可回炉焙炼,再加工成制品,这可节约原材料、降低能耗。形状质量合格的回收玻璃制品经清洗消毒可再使用。

4.3.2.2 玻璃包装容器

近年来,玻璃包装容器在高强化和轻量化方面有很大进展,再加上玻璃所具有的其他包装容器所无法取代的包装特性,使得玻璃包装容器的用量仍在逐年增长,成为重要的包装容器之一,其消耗量占包装容器总量的 10%左右。食品包装容器中,玻璃制品的主要形式是各种形状结构的瓶罐容器。

1. 玻璃瓶的分类

玻璃瓶的分类方法很多。按容器制造方法分为根据模具成型的模制瓶和通过拉制成型再二次加工成型的管制瓶；按色泽分为无色透明瓶、有色瓶和不透明的混浊玻璃瓶；按造型分为圆形瓶和异形瓶；按瓶口形式分为磨口瓶、普通塞瓶、螺旋盖瓶、凸耳瓶、冠形盖瓶和滚压盖瓶；按用途分有食品包装瓶、饮料瓶、酒瓶、输液瓶、试剂瓶和化妆品瓶等；按容积分有小型瓶和大型瓶；按使用次数可分为一次用瓶和复用瓶；按瓶壁厚度可分为厚壁瓶和轻量瓶；按所盛装的内装物分为罐头瓶、酒瓶、饮料瓶和化妆品瓶等；按瓶口尺寸分为大口瓶（瓶口内径大于 30 mm）和小口瓶（瓶口内径小于 30 mm）；按瓶口瓶盖形式分为普通塞瓶、冠塞瓶、螺纹瓶、滚压塞瓶、凸耳塞瓶和防盗塞瓶等；按瓶罐的结构特征分为普通瓶、长颈瓶、短颈瓶、凸颈瓶、溜肩瓶、端肩瓶和异形瓶等。

2. 玻璃容器的结构

玻璃容器的结构主要包括瓶口、瓶身、瓶底 3 部分，见图 4-31。

（1）瓶口　瓶口是容器之口，是食品向瓶内灌装的通道和与瓶盖的盖封口。瓶口包括密封面封口突起、瓶口环、瓶口合缝线和瓶口与瓶身接缝线几部分。瓶口的形式有多种，如卡口、螺纹口、王冠盖口、撬开口等。

（2）瓶身　瓶身是容器的主要部分，包括瓶颈、瓶肩、侧壁、瓶跟部、瓶身合缝等几部分。它的尺寸决定了容器的容量，其结构形状影响容器的外观，同时对食品灌装操作和使用也有影响。

（3）瓶底　瓶底包括瓶底座和瓶底瓶身合缝。瓶底座端面为环形平面，使瓶立放平稳。瓶底向内凹成曲面，使瓶可更好地承受内压。瓶底端面或内凹面可设有点、条状花纹以增加瓶立放的稳定性，减少磨损，提高瓶的内压强度和水锤强度，降低瓶罐所受的热冲击。瓶底还可能标示有容器的制造日期、模具编号、商标等。

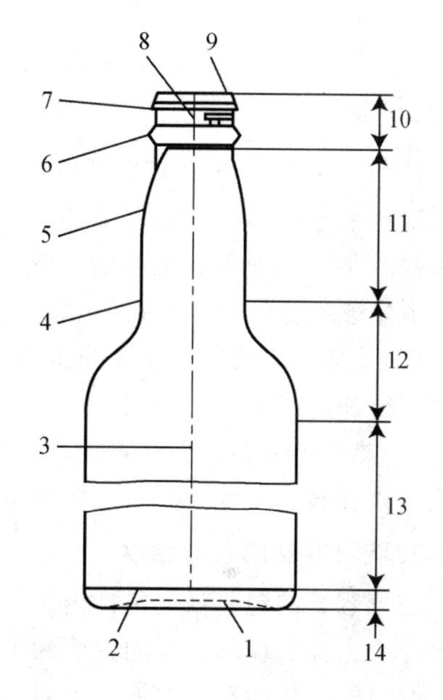

1. 瓶底凹曲面；2. 瓶底瓶身接缝线；3. 瓶身合缝；4. 瓶颈基点；5. 瓶口与瓶身接缝线；6. 加强环；7. 螺纹；8. 瓶口合缝线；9. 封合面；10. 瓶口；11. 瓶颈；12. 瓶肩；13. 瓶身；14. 瓶底

图 4-31　玻璃瓶的结构

3. 玻璃容器的制造

玻璃的熔制和容器的成型是一个连续的工艺过程，其主要工艺过程为：配料（新原料 碎玻璃）→熔炼（500～1 600 ℃）→容器成型（吹制法/吹压法）→退火（600～500 ℃）→二次加工（烧口、研磨、抛光、印花钢化或其他表面强化）→检验→成品。

成型后的玻璃容器可能会存在许多缺陷，如瓶内径不足、瓶口变形或尺寸误差，瓶壁内有气泡、凸起、伤痕、不熔物、壁厚不均等。这些缺陷的存在会影响食品的灌装量、灌装操作、灌封密封性等包装质量和包装生产效率，同时缺陷也会严重影响玻璃容器的强度，尤其是用于充气加压食品包装的玻璃容器，其内存在的缺陷导致突发的爆裂破损将危及消费者和生产者。所以，必须对成型容器进行规范的质量检验。

4.3.2.3 玻璃容器的强度及其影响因素

1. 玻璃容器的破裂分析

玻璃容器极易破碎，其破碎的形式及原因主要有 3 种，见图 4-32。

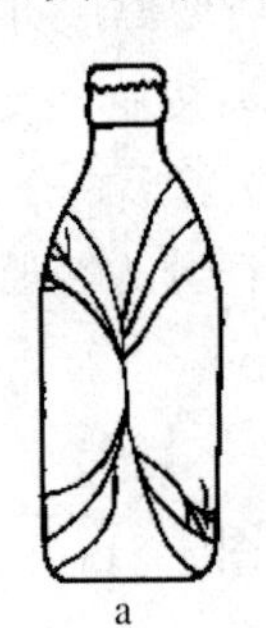

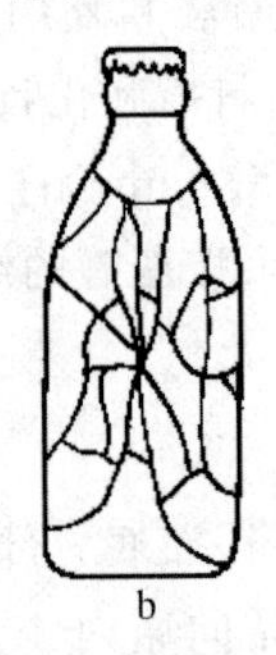

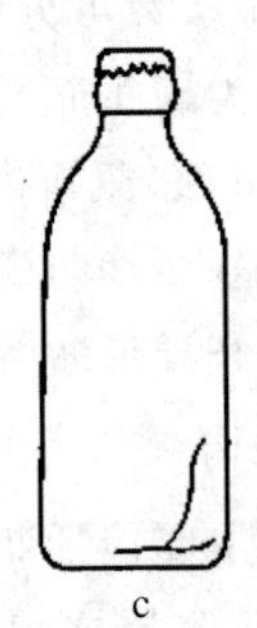

a. 内压破裂；b. 外部冲击破裂；c. 热冲击破裂

图 4-32 玻璃容器破裂的原因

(1)内压破裂　内压破裂指玻璃容器局部承受不了内压作用而发生的破裂，其破裂形态是以裂纹起点为中心，裂纹曲线向外呈放射状延伸，裂纹线端部为分叉形。如果此种破裂起点靠近瓶颈部，则是因为设计上的不合理。如瓶颈直径变化太快，圆角半径小，瓶受压时，使该处应力集中分布超过其强度极限而破裂。若靠近瓶底部，则多为瓶受过大振动，内压冲击致破。

(2)外部冲击破裂　外部冲击力作用使瓶破裂，其裂纹稍粗，破裂块小。长颈或细长玻璃容器抗冲击能力很低，一般易发生这类破裂。

(3)热冲击破裂　热冷剧变产生的巨大热应力作用在玻璃容器上使容器破裂称热冲击破裂。该种破裂多发生在瓶底部或瓶壁厚薄差异较大的地方，裂纹线粗、量少。

2. 玻璃容器的包装强度

玻璃容器的包装强度包括内压强度、热冲击强度、机械冲击强度、垂直荷重强度和水锤强度 5 个方面。玻璃容器的强度除了与玻璃的质量有关外，容器的表面形状及质量、结构设计、灌装质量、运输等多方面因素对其都有影响。

(1)内压强度　内压强度是指容器不破裂所能承受的最大内部压应力，在一定程度上可体现玻璃容器的综合强度，主要取决于玻璃的强度和容器的壁厚、直径。

$$\text{最大内压强度 } P_{max} \text{ 表示为 } P_{max}=\frac{2t}{D}[\sigma]$$

式中，t—容器壁厚；D—容器直径；$[\sigma]$—玻璃强度。

由公式可见，壁厚小、直径大、内压强度小、材料强度高的玻璃容器有高的内压强度。

玻璃容器内压强度还与容器的形状结构有关，表 4-39 为容器截面形状与内压强度的关系，可见圆形截面玻璃容器能承受的内压强度最高。

表 4-39 容器截面形状与内压强度比

截面形状	内压强度比/%	截面形状	内压强度比/%
圆形	10	圆方形(圆角较大)	2.5
椭圆形(长短轴比 2:1)	5	正方形(圆角较锐)	1

(2)机械冲击强度　机械冲击强度指玻璃容器承受外部冲击不破碎的能力。图 4-33 所示表明容器的冲击强度与容器的形状密切相关,由容器口至底部冲击强度大小不一,在瓶口、瓶底处强度最低,最易发生破碎。冲击强度还与容器壁厚有关,如图 4-34 所示,壁厚增加冲击强度升高,也即不易破裂。

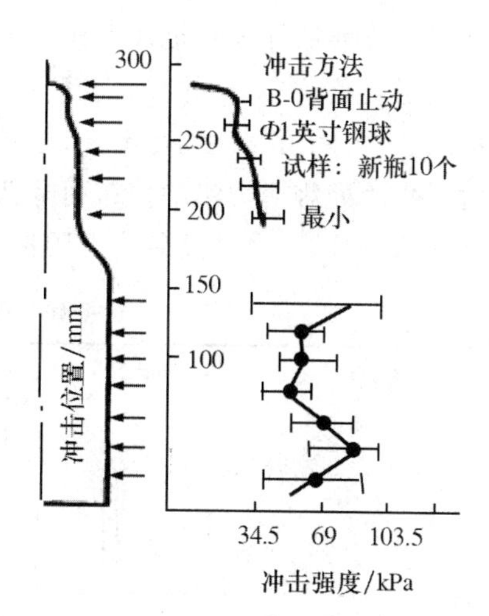

图 4-33　冲压强度与形状间的关系
(1 英寸=25.4 mm)

(3)垂直荷重强度　垂直荷重强度指玻璃容器承受垂直负荷的能力。玻璃容器在灌装、压盖、开盖、堆垛时都受到垂直负荷的作用,其承受垂直负荷的能力与瓶形有关,尤其是瓶肩部的曲率,如图 4-35 所示,肩部曲率半径越大,其荷重强度越高。

(4)水锤强度　水锤强度指玻璃容器底部承受短时内部水冲击的能力,也称水冲击强度。玻璃容器包装食品在运输过程中受到振动、冲击时,容器内可能出现上端空隙部分空气受压,底部局部地区形成真空现象,由此导致瞬间产生巨大冲击力冲击容器底部,且时间越短,产生冲击力越大,有时在万分之一秒内可产生高达 350～3 500 MPa 的冲击应力,容器底部水锤强度不足将发生破损。

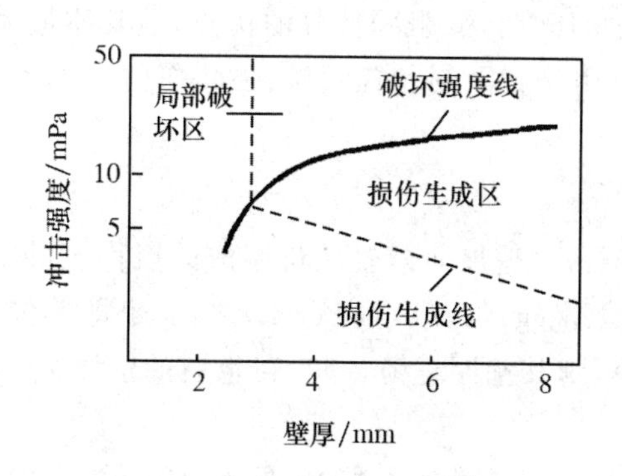

图 4-34　冲击强度与壁厚的关系

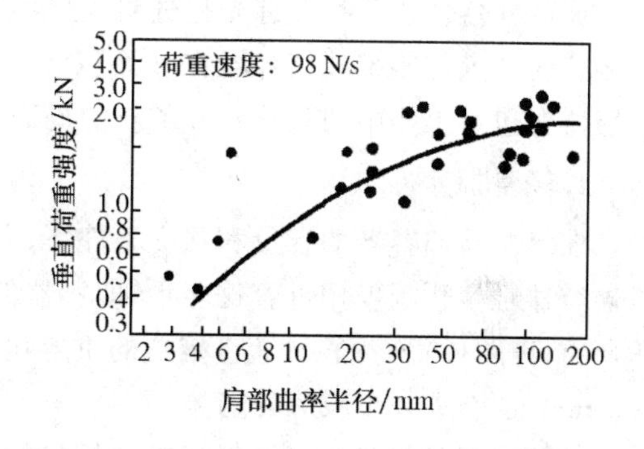

图 4-35　垂直荷重强度与瓶肩曲率半径的关系

(5)热冲击强度　热冲击强度指玻璃容器耐受冷热温度剧变不破碎的能力,取决于冷热变化导致容器内产生的热应力(S)的大小。热应力的大小受温差值和容器壁厚的影响,可表示为:

$$S=3.5\Delta T\sqrt{t}$$

式中,t—容器壁厚;ΔT—温差值,新瓶 $\Delta T<50$ ℃,旧瓶 $\Delta T<30$ ℃。

壁厚尺寸小的容器在冷热剧变时其热冲击内应力相对较小,容器热冲击强度高。

3. 影响玻璃容器包装强度的因素

玻璃容器包装强度与容器形状密切相关,尤其受强度较低的颈部与底部的形状结构影响较大,见表 4-40。提高容器形状结构设计合理性对提高玻璃容器的强度至关重要,如采用能提高玻璃瓶强度和抗冲击作用的表面形状，如球面形、圆柱形，在容器强度薄弱处设计突起的点或条纹等，这种改进设计可使瓶强度增加约 50%；改善瓶外形以提高自动灌装时对瓶抓取、固定的可靠性和稳定性，避免倒瓶、碰撞破瓶；避免玻璃瓶外形尖角形状，以免瓶受力时在尖角处因应力集中分布而降低此处的承载能力；在保证瓶的使用及强度条件下，尽量减轻瓶重，以减小自动灌装线上因振动产生的冲击力作用等。

表 4-40　玻璃容器肩部、底部形状与强度的关系

	肩部			底部		
玻璃容器形状						
垂直荷重强度	劣	尚可	良	劣	良	良
机械冲击强度	劣	尚可	良	良	尚可	尚可
水锤冲击强度	劣	尚可	良	劣	尚可	劣
热冲击强度	—	—	—	劣	良	良

4.3.2.4　玻璃容器的发展

玻璃容器包装食品具有光亮透明、卫生安全、耐压、耐热、阻隔性好的优点，但其质量大、易破碎的缺点使传统玻璃容器在食品包装上的应用受到限制。轻量瓶、强化瓶的出现为玻璃容器在包装工业中的竞争打开了新的局面。

1. 轻量瓶

在保持玻璃容器的容量和强度条件下，通过减薄其壁厚而减轻质量制成的瓶称轻量瓶。玻璃容器轻量化程度用重容比表示，即容器的质量 W(g)与其容量 c(mL)之比，也即单位容积瓶重，$W/c<0.6$ 为轻量瓶。容器的重容比越小，则其壁厚越薄，一般轻量瓶的壁厚为 2～2.5 mm，还有进一步减薄的趋势。

玻璃容器的轻量化可降低运输费用、减少食品加工杀菌时的能耗、提高生产效率、增加包装品的美感。为保证轻量瓶的强度及其生产质量，对其制造过程和各生产环节要求更加严格，要求原辅料的质量必须特别稳定，同时对轻量瓶的造型设计、结构设计要求也更高。此外，还必须采取一系列的强化措施以满足轻量瓶的强度和综合性能要求。

2. 强化瓶和强化措施

为提高玻璃容器的抗张强度和冲击强度，采取一些强化措施使玻璃容器的强度得以明显提高，强化处理后的玻璃瓶称作强化瓶。若强化措施用于轻量瓶，则可获得高强度轻量瓶。

(1)物理强化，即玻璃容器的钢化淬火处理　将成型玻璃容器放入钢化炉内加热到玻璃软化温度以下某温度后，再在钢化室内用风吹或在油浴中急速冷却，使容器壁厚方向因冷却速度不同而在表层产生一定的均匀压应力，当容器承受外加拉应力时，首先要抵消此压应力，从而提高了容器的实际承载能力。经钢化处理的容器比普通容器抗弯强度提高 5～7

倍，冲击强度也明显提高，且在受到过大的力作用破碎时，玻璃破碎成没有尖锐棱角的碎粒，可减少对使用者的损伤。

钢化处理后玻璃内产生的内应力是平衡存在的，应力平衡破坏时，玻璃就将崩溃破碎。故只能对玻璃成型制品进行钢化处理，且钢化处理后不能再加工，使用时也应注意避免容器表面被硬物划伤或碰伤。钢化处理适用于有一定厚度的玻璃容器。

(2)化学强化，即化学钢化处理　将玻璃容器浸在熔融的钾盐中，或将钾盐喷在玻璃容器表面，使半径较大的钾离子置换玻璃表层内半径较小的钠离子，从而使玻璃表层形成压应力层，由此提高玻璃容器的抗张强度和冲击强度。这种钢化处理可适应薄壁容器的强化处理要求。

(3)表面涂层强化　玻璃表面的微小裂纹对玻璃强度有很大影响，采用表面涂层处理可防止瓶罐表面的划伤和增大表面的润滑性，减少摩擦，提高强度，此方法常用作轻量瓶的增强处理，有两种涂层处理方法。

①热端涂层。在瓶罐成型后送入退火炉之前，用液态 $SnCl_4$ 或 $TiCl_4$ 喷射到热的瓶罐上，经分解氧化使其在瓶罐表面形成氧化锡或氧化钛层，这种方法又叫热涂，可以提高瓶罐润滑性和强度。

②冷端涂层。瓶罐退火后，将单硬脂酸、聚乙烯、油酸、硅烷、硅酮等用喷枪喷成雾状覆盖在瓶罐上，形成抗磨损及具有润滑性的保护层，喷涂时瓶罐温度取决于喷涂物料的性质，一般为 21～80 ℃。

也可以同时采用冷端和热端处理，即双重涂覆，使瓶罐性能更佳。

(4)高分子树脂表面强化

①静电喷涂。将聚氨酯类树脂等塑料粉末用喷枪喷射，喷出的带有静电的粉末被玻璃瓶表面吸附，然后加热玻璃瓶，使表面吸附的树脂粉末熔化，形成薄膜包覆在玻璃瓶表面，使玻璃的润滑性增加，强度增加，并可减少破损时玻璃碎片向外飞散。

②悬浮流化法。将预先加热的玻璃瓶送入微细塑料粉末悬浮流化体系中，塑料粉末熔结在玻璃瓶表面，再将玻璃瓶移出流化系统并加热，使表面的树脂熔化，冷却后成膜包覆在玻璃瓶表面。

③热收缩塑料薄膜套箍。将具有热收缩性的塑料薄膜制成圆形套筒，套在玻璃瓶身或瓶口，然后加热，使塑料套筒尺寸收缩，紧贴在瓶体或瓶口周围形成一个保护套，不仅可增加玻璃瓶之间的润滑性，且能提高瓶的强度，减少破损，即使破损也会减少玻璃碎片飞溅。热收缩套箍可以是单独为保护玻璃瓶而加的，还可以同时贴覆瓶体和瓶肩部，也可以设计成筒形标签形式，进行彩色印刷，这种标签有 360°的展示面，并兼有对玻璃瓶的保护作用。另外在瓶口、瓶颈部分也可以使用热收缩套箍，不仅能保护瓶口，还能提高瓶盖的密封性。当扭转或开启瓶盖时，套箍扯坏，显示出已被开封，即具有显示作用。这种瓶颈套箍也可以印上适当文字作为封签。

4.3.3 陶瓷包装材料及容器

陶瓷(ceramics)的传统概念是指以黏土为主要原料与其他天然矿物经过粉碎混炼、成形、煅烧等过程制成的各种制品。按陶器制品坯体的结构质地不同，陶瓷制品分为陶器和瓷器两大类。

我国是使用陶瓷制品历史最悠久的国家，陶瓷制品作为食品包装容器主要有瓶、罐、缸、坛等，主要用于酒类、咸菜以及传统风味食品的包装。

陶瓷的化学稳定性与热稳定性均好，能耐各种化学药品的侵蚀，热稳定性比玻璃好，在250～300 ℃ 时也不开裂，耐温性能优良。不同商品包装对陶瓷的性能要求也不同，如高级饮用酒瓶（如茅台酒），要求陶瓷不仅机械强度高，密封性好，而且要求白度好，具有光泽。

陶瓷包装材料应满足 GB 4806.1—2016《食品接触材料及制品通用安全要求》和 GB 4806.4—2016《陶瓷制品》中的规定。

4.3.3.1 陶瓷材料的一般性能

陶瓷的性能受许多因素的影响，波动范围很大，但还是存在一些共同的特性。

1. 陶瓷材料的机械性能

（1）刚度　刚度由弹性模量衡量，弹性模量反映结合键的强度，所以具有强大的化学键的陶瓷都有很高的弹性模量，是各类材料中最高的，比金属高若干倍，比高聚物高 2～4 个数量级。几种典型陶瓷的弹性模量见表 4-41。

表 4-41　几种典型陶瓷的弹性模量和硬度

陶瓷种类	弹性模量/Mpa	硬度/HV
滑石瓷	69.0×10^3	138
莫来石瓷	69.0×10^3	69
氧化硅玻璃	72.4×10^3	107
氧化铝瓷（90%～95% Al_2O_3）	365.5×10^3	345
烧结氧化铝（～5%气孔率）	365.5×10^3	207～345
烧结尖晶石（～5%气孔率）	273.9×10^3	90
烧结硅化钼（～5%气孔率）	406.9×10^3	690
热压碳化硼（～5%气孔率）	289.7×10^3	345

弹性模量对晶粒大小和晶体形态不敏感，但受气孔率的影响很大。气孔率降低材料的弹性模量，温度的升高也使其降低。

（2）硬度　和刚度一样，硬度也决定于键的强度，所以陶瓷也是各类材料中硬度最高的。这是它最大的特点。例如，各种陶瓷的硬度多为 1 000 HVM 至 5 000 HV，而淬火钢为 500～800 HV，高聚物最硬不超过 20 HV。陶瓷的硬度随温度的升高而降低，但在高温下仍有较高的数值。

（3）强度　按照理论计算，陶瓷的强度应该很高，为 E/10～E/5，但实际上一般只为 E/1 000～E/100，甚至更低。如窗玻璃的强度约为 70 MPa，高铝瓷的强度约为 350 MPa，均约为其弹性模量的千分之一的数量级。

陶瓷的实际强度受致密度、杂质和各种缺陷的影响很大。热压氯化硅陶瓷，在致密度增大，气孔率近于零时，强度可接近理论值；刚玉陶瓷纤维，因为减少了缺陷，强度提高了1～2个数量级；而微晶刚玉由于组织细化，强度比一般刚玉高许多倍。

陶瓷对应力状态特别敏感，同时强度具有统计性质，与受力的体积或表面有关，所以它的抗拉强度很低，抗弯强度较高，而抗压强度非常高，一般比抗拉强度高一个数量级。

(4)塑性、韧性或脆性　陶瓷在室温下几乎没有塑性。陶瓷塑性开始的温度约为0.5 T*m*(T*m*为熔点的绝对温度，K)，例如Al_2O_3为1 237 ℃，SiO_2为1 038 ℃。由于开始塑性变形的温度很高，所以陶瓷都具有较高的高温强度。

陶瓷受载时都不发生塑性变形，常在较低的应力下断裂，因此其韧性极低或脆性极高。脆性是陶瓷的最大特点，既是阻碍其广泛应用的主要麻烦，也是当前被研究的重要课题。为了改善陶瓷韧性，可以从以下3个方面改进：①预防在陶瓷中特别是表面上产生缺陷；②在陶瓷表面造成压应力；③消除陶瓷表面的微裂纹。目前，在这些方面已取得了一定的成果。例如，在表面加预压应力，能降低工作中承受的拉应力，即可做成"不碎"的陶瓷。

2. 陶瓷的物理和化学性能

(1)热膨胀　热膨胀是温度升高时物质的原子振动振幅增大，原于间距增大所导致的体积肥大现象。热膨胀系数的大小与晶体结构和结合健强度密切相关。键强度高的材料热膨胀系数低；结构较紧密的材料热膨胀系数大，所以陶瓷的线性膨胀系数[$\alpha=(7\sim300)\times10^{-7}/℃$]比高聚物[$\alpha=(5\sim15)\times10^{-5}/℃$]低，比金属[$\alpha=(15\sim150)\times10^{-7}/℃$]低得多。

(2)导热性　导热性指在一定温度梯度作用下热量在固体中的传导速度。陶瓷的热传导由于原子中没有自由电子的传热作用，其导热性比金属小，受其组成和结构的影响，一般系数$\lambda=10^{-2}$[W/(m·K)]～10^{-5}[W/(m·K)]。陶瓷中的气孔对传热不利，所以陶瓷多为较好的绝热材料。

(3)热稳定性　热稳定性就是指抗热振性，为陶瓷在不同温度范围波动时的寿命，一般用急冷到水中不破裂所能承受的最高温度来表达。例如，日用陶瓷的热稳定性为220 ℃。它与材料的线膨胀系数和导热性等有关。线膨胀系数大和导热性低的材料的热稳定性不高，所以陶瓷的热稳定性很低，比金属低得多。这是陶瓷的另一个主要缺点。

(4)化学稳定性　由于陶瓷的结构非常稳定，因此陶瓷对酸、碱、盐等腐蚀性很强的介质均有较强的抗蚀能力。

因此，陶瓷性能的特点是具有高耐热性、高化学稳定性、不老化性、较高的硬度和良好的抗压能力，但脆性很高，温度急变抗力很低，抗拉、抗弯性能差。

4.3.3.2　陶瓷包装容器的原料组成

制造陶瓷(ceramics)的原料可分为黏性原料、减黏性原料、助熔原料、细料。

制造陶瓷的主要原料有高岭土(瓷器制造用)或黏土、陶土(陶器制造用)、硅砂、助熔性原料(如长石、白云石、菱镁矿石)等。高岭土的主要成分是$Al_2O_3\cdot2SiO_2\cdot2H_2O$，黏土的成分更复杂一些。

4.3.3.3　陶瓷包装容器的特点及使用

陶瓷是无机非金属材料，内部由离子晶体及共价晶体构成，同时还有一部分玻璃相和气孔，是一种复杂的多相体系及多晶材料。

1. 陶瓷包装容器的特点

①陶瓷制品的原料丰富，成型工艺简单，便宜。

②耐火、耐热、耐药性好，可反复使用，废弃物对环境污染小。

③具有高的硬度和抗压强度。

④上彩釉陶瓷制品造型色彩美观，装饰效果好，又增加容器的气密性和对内装食品的保护作用。同时，其本身可作为精美的工艺品有很好装饰观赏作用。

陶瓷容器的缺点是抗张强度低、脆性高、抗热振性能差、质量大。

2. 陶瓷包装容器的应用及卫生安全性

陶瓷容器主要用于包装酒、腌渍品及一些传统食品。陶瓷材料用于食品包装时应注意彩釉烧制的质量，其理化指标应满足表 4-42 中规定要求。彩釉是硅酸盐和金属盐类物质，着色颜料也多使用金属盐类物质。这些物质中多含有铅、砷、镉等有毒成分，当烧制质量不好时，彩釉未能形成不溶性硅酸盐，从而使用陶瓷容器时会发生有毒、有害物质的溶出而污染内装食品。所以应选用烧制质量合格的陶瓷容器包装食品，以确保包装食品的卫生安全。

表 4-42 陶瓷容器理化指标

项目	指标						检验方法
	扁平制品/(mg/dm^2)	贮藏罐/(mg/L)	大空心制品/(mg/L)	小空心制品(杯类除外)/(mg/L)	杯类/(mg/L)	烹饪器皿/(mg/L)	
铅(Pb)≤	0.80	0.50	1.00	2.00	0.50	3.00	GB 31604.34—2016
镉(Cd)≤	0.07	0.25	0.25	0.30	0.25	0.30	GB 31604.34—2016

思考题

1. 简要说明金属包装材料的性能特点及主要种类。
2. 食品包装常用的金属材料按材质分为几类？各有哪些品种？
3. 镀锡板的结构由哪 5 部分组成？
4. 影响镀锡板耐腐蚀性能的因素有哪些？如何提高镀锡板的耐腐蚀性能？
5. 为什么食品包装用金属罐一般采用涂料镀锡板制造？试列举金属罐常用涂料。
6. 简要说明铝质包装材料的包装特性、种类及应用。
7. 说明铝箔和镀铝膜的包装特性及其在食品包装上的应用。
8. 概要说明二片罐和三片罐的结构和制作工艺特点。
9. 简述金属包装容器的类型和特点。
10. 试列举金属罐的质量检查项目。
11. 试论述金属包装制品目前存在的问题和发展方向。
12. 简要说明玻璃包装材料及容器的性能特点和发展方向。
13. 为什么称瓶罐玻璃为钠-钙-硅系玻璃？为什么它的理论强度很高而实际强度很低？

14. 试说明玻璃容器的包装强度及其影响因素。
15. 列举提高玻璃容器包装强度的技术方法。
16. 试述玻璃包装容器的发展方向。
17. 试述陶瓷包装材料的性能特点。
18. 试述陶瓷包装容器的特点。
19. 陶瓷用作食品包装容器的最大特点是什么？为什么还要注意其卫生安全性？

4.4 功能性包装材料

学习目标

1. 熟悉食品包装常用的功能包装材料及其特点
2. 了解可食性包装材料、保鲜包装材料的种类及发展方向
3. 掌握可降解塑料的含义与种类

4.4.1 可食性包装材料

可食性包装材料(edible packaging materials)按其名称可解释为可以食用的包装材料，也就是当包装的功能实现后，即将变为“废弃物”时，它转变为一种食用原料，这种可实现包装材料功能转型的特殊包装材料，便称为可食性包装材料。

4.4.1.1 可食性包装材料的特性

(1)可食性包装材料都是食品级原料，可以与被包装的食品一起食用，且具有良好的降解性能，无任何环境污染。

(2)可食性包装材料的许多原料具有一定的营养价值和生理作用，如蛋白质可以提高食品的营养价值，壳聚糖具有保健功能等。

(3)可食性包装材料可以作为多种食品添加剂如色素、甜味剂、营养强化剂、防腐剂、抗氧化剂等的载体。

(4)可食性包装材料具有优良的阻隔性能，可有效调控食品在储存期间与外界环境以及内部组成之间的传递，提高食品质量，延长货架寿命等。

(5)可食性包装材料可提高食品表面机械强度，使其易于加工处理。

(6)可食性包装材料也存在一定的不足，其包装性能与纸、塑料等材料的包装性能相比还存在一定的差距，比如其抑菌性不好，机械性能还有待提高和改善等。

4.4.1.2 可食性包装材料的类别

1. 可食性薄膜材料

可食性薄膜简称EPF，是一种以可食性生物大分子物质为主要基质、辅以可食性增塑剂，通过包裹、浸渍、涂布、喷洒而覆盖在食品表面或多组分食品内部界面上的一层具有一定

力学性能和选择透过性的结构致密的薄膜。

(1)蛋白类可食性包装膜　蛋白质类可食性包装材料是以蛋白质为基料,利用蛋白质的胶体性质,同时加入其他添加剂改变其胶体的亲水性而制得的包装材料。常用的材料主要有大豆分离蛋白、玉米醇溶蛋白、小麦面筋蛋白、乳清蛋白和可食性明胶等。蛋白质可食性膜的透水蒸气率较高,是普通的包装材料(如 PE、PP、PVC)的 2～4 个数量级,其阻氧性较好,它本身就是人体所需的营养成分,安全性好。大豆蛋白可食性包装膜已应用于包装肉制品、熏鸡肉、油炸肉等,制袋包装干豌豆、含脂类食品,涂膜保鲜果蔬,亦可作胶布包装药粉或食品配料。玉米醇溶蛋白膜已应用于大米、爆米花等干燥食品的包装,涂膜鸡蛋、番茄,还可以与纸等复合制杯盘盒,亦可与PE 等复合用于含脂食品的包装。小麦面筋蛋白由于麦胶蛋白而具有很好的延伸性、弹性和韧性,已用于制作肠衣,涂膜保香保脆坚果等,也可与纸复合后包装糕点等。乳清蛋白膜具有较高的强度和较低的透水率和透氧率,已用于制袋包装炒花生,也可用于包装冻鱼、冻干鸡丁等。可食性明胶膜由动物胶原蛋白经部分水解液成型而得,具有阻氧、阻水、阻油性能,也可作为抗氧化剂、抑菌剂的载体,被广泛用于包装香肠、熏肉制品,也可作为药物胶囊和片剂被覆的主要成分。

(2)多糖类可食性包装膜　多糖类可食性包装膜是由植物多糖或动物多糖为主要原料制成的。常用的材料主要是淀粉、纤维素及其衍生物、动植物胶、海藻酸钠、壳聚糖等。由于多糖具有特殊的长链螺旋分子结构,以及分子间氢键和分子内氢键的作用,其化学性质非常稳定,因此多糖类可食性膜具有较高的拉伸强度,较小的透湿、透气性特点,可以用于长时间储存,并且能够适应各种储存环境。几种多糖类可食性包装材料的性质及应用见表 4-43。

表 4-43　几种多糖类可食性包装材料的性质及应用

类型	性质	应用
淀粉可食性包装膜	机械性能好、透明、不溶于水、阻气阻油性好	包装油炸食品,涂膜保藏葡萄
改性纤维素可食性包装膜	阻气、阻氧、阻油性能好,保水、保香,热成型性好,机械性能好	包装油炸土豆片、洋葱卷、小食品、涂膜果蔬,制袋包装干果、干性食品
动植物胶可食性包装膜	透明、强度高,阻气性好、耐水耐湿,印刷性、热封性好	包装调味料、汤料、油脂等食品
壳聚糖可食性包装膜	透明,阻氧、阻二氧化碳性好,抗菌、耐油、防水防潮,机械性能好、柔韧性好	包装快餐米面、调料、冰激凌,涂膜保藏果蔬、鱼肉类和豆制品
海藻酸盐可食性包装膜	阻油、阻水、阻氧性好,保香、护色、抗菌	包装面包类食品、鱼、冻虾、肉类、果蔬、冰激凌等

(3)脂类可食性包装膜　用作保护涂层的脂质化合物很多,美国 FDA 允许在食用膜中使用的常见脂质化合物有脂肪酸,脂肪酸甲酯、乙酯,脂肪酸吗啉盐,蔗糖脂肪酸酯,液体石蜡,固体石蜡,石油石蜡,米糠蜡,失水山梨糖醇三硬脂酸酯(司盘 60),聚乙二醇等。脂质的极性较低,易于形成致密网状结构,它们的主要功能通常是阻止食品失水,因此脂类可食性包装膜特别适用于果蔬的涂层保鲜,可以防止新鲜果蔬脱水,调节新鲜果蔬的呼吸作用,降

低果蔬的腐败程度。但由于类脂膜的强度较低，很少单独使用，通常与蛋白质、多糖类组合形成复合薄膜使用。

(4)复合型可食性包装膜 为了提高可食性薄膜的综合性能，通常将多糖类、蛋白质类和脂类等制膜物质混合制成复合型可食性薄膜。这类膜通常以脂质作为阻水组分，蛋白质或多糖作为脂质的支持介质。由于复合膜中的多糖、蛋白质和类脂的种类、含量不同，膜的透明度、机械强度、阻气性、耐水性也表现不同，所以可以通过调节复合型膜的各组分含量，使可食性膜具有更广泛的功能性，以满足不同食品包装的需要。在复合膜中，脂肪酸分子越大，保水性越佳。可用于果脯、糕点、方便面汤料和其他多种方便食品的内包装。

2. 可食性包装纸

可食性包装纸是一种用可以食用的原料加工制成的像纸一样的包装材料。目前市场上出现的可食性纸可以分为两大类：一类是将常用的食品原料，如淀粉、糖等进行糊化，加入一些调味的物质，再进行定型化处理，从而得到一种像纸那样薄的包装材料；另一类是把可以食用的无毒纤维进行改性，然后加入一些食品添加剂，制成一种可食用的“纸片”，用来做食品包装。

4.4.2 可溶性包装材料

可溶性包装材料是指在常温自然溶解的包装材料。

4.4.2.1 水溶性包装材料

水溶性包装材料主要是指水溶性薄膜，当前国内外均以聚乙烯醇为主要原料，对水溶性薄膜开发研究。其最大的优点是阻隔性和水溶性。水溶性薄膜在食品包装上的应用主要是大包装内的小包装，如，豆奶、麦片、绿茶、咖啡等食品小袋包装，以及小袋勺料的顿包装；可作为食品内包装的覆膜层(与纸复合)；未来水溶性薄膜的另一个应用领域将是食品包装的防伪和质量鉴别。

4.4.2.2 生物溶性包装材料

生物溶性包装材料多指生物降解膜，其主要特性包括柔软性、耐破度、伸展性、透明度、降解性、脆性、稳定性等。其主要用于快餐食品包装、家庭垃圾以及各种用后丢弃的包装袋。利用微生物作用，将其变为肥料而不是污染，作为天然肥料加以利用。因此，未来的生物降解包装材料应用会越来越广。

4.4.2.3 光降解包装材料

光降解包装材料主要是指光降解薄膜，其最大特点是靠阳光照射使其表面产生化学反应，使薄膜降解，是一种环保材料。

4.4.3 保鲜包装材料

4.4.3.1 乙烯吸附薄膜

新鲜果蔬在包装贮藏过程中由于代谢作用会不断产生乙烯，当释放的乙烯达到一定浓度时，会加快其腐烂变质的速度。在保鲜包装材料中添加沸石、石英石、硅石、黏土矿物、石粉等粉末来吸附乙烯或隔断远红外线辐射，延长果蔬的货架期。吸附的机理在于多孔性无机物表面的毛细孔能捕捉乙烯，即使在高湿度条件下，在孔内的水分子能与乙烯置换。由于乙烯吸附剂的添加量较少(一般为3%～5%)，所以无法吸收、除去大量的乙烯。

还可以在塑料薄膜中添加促进乙烯氧化分解的物质，如纳米银离子、ZnO等，可促进乙烯氧化分解成CO_2和H_2O，延缓腐烂速度。

4.4.3.2 防结露膜

果蔬的呼吸作用会使薄膜上凝结小水珠，这是果蔬腐烂的原因之一。利用表面活性剂如蔗糖酯、聚乙二醇、单甘酯等对薄膜内侧表面进行处理，使膜表面均匀湿润形成水膜，防止凝结水珠，这样不仅外观漂亮，也延长了保鲜期。这种防凝薄膜主要由PP、PE、PS等制成薄膜中不仅加有水分调节剂以吸收过多水分维持适当湿度，而且还可加入杀菌剂。目前这种防结露膜主要用于果蔬的单体包装，拓展了水果蔬菜的消费市场。

4.4.3.3 抗菌薄膜

利用银离子的抗菌作用达到保鲜目的，即将银沸石涂在无纺布上或混入薄膜材料中来调节水分和抑制微生物的繁殖，含量为10～50 mg/kg时就有良好效果。抗菌的中草药微粉混入氧化淀粉中，再涂于纸袋内侧，或以壳聚糖、扁柏醇等加入膜的内侧均有杀菌防腐效果。

4.4.3.4 微孔塑料薄膜

用激光、针刺等方法在塑料薄膜上开直径为10～50 μm的微孔，调节透气性。这种薄膜适宜包装切片蔬菜、葱、菠菜、花椰菜等。这种微孔塑料薄膜多为透明度好的PP制成，以达到最佳包装效果。当温度升高时，果蔬呼吸产生的水滴会堵塞微孔，故有待与调控湿度的材料同时使用。

4.4.3.5 温度补偿膜

这种温度补偿膜可允许果蔬在一定温度波动范围下贮藏。美国Landec Cor-poration开发的lntelimer温度补偿膜上有一种温度开关，在预定温度时可使薄膜透气率发生显著变化，使之匹配或超过果蔬的呼吸强度。薄膜上的温度开关为Landec's专利的长链脂肪乙醇基聚合物支链，当贮藏温度低于预定温度时，此支链为对阻气性较大的晶态，当贮藏温度高于预定温度时，支链逆向转变为非晶态，透气率增加1 000倍以上。支链的晶态或非晶态的转变可随着温度变化发生可逆变化，适于呼吸速率受温度影响较大的果蔬保鲜。

4.4.3.6 保鲜包装纸及纸板

在瓦楞纸箱的衬纸上加上一层聚乙烯膜，再涂上一层含微量水果消毒剂的防水蜡涂层，制成了生物保鲜衬纸。用这种衬纸做包装的瓦楞纸箱，能防止水果水分蒸发，并控制水果呼吸以达到保鲜的目的，所包装的水果可在1个月内保持鲜度不变。也有在纸板中加入EPS等隔热材料的瓦楞纸箱，也具有调湿、抑菌、保温的作用。

4.4.3.7 信息化保鲜包装材料

可将抗体或其他指示剂涂布在塑料包装材料的内侧，能够在食品含有致病细菌、农药残留或品质劣变时改变颜色；也可采用纳米技术制成防伪油墨或包装内湿度温度或贮存时间的指示器，及时提醒消费者注意食品安全，同时可起到防伪、防盗的作用。

4.4.4 环境可降解塑料

环境可降解塑料（environment degradable plastic）至今没有统一的国际标准化定义，美国材料试验协会（ASTM）通过的有关塑料术语的标准 ASTM D883-1992 对降解塑料所下的定义是：在特定环境条件下，其化学结构发生明显变化，并用标准的测试方法能测定其物质性能变化的塑料。这个定义基本上和国际标准 ISO472（塑料术语及定义）对降解和劣化所下的定义相一致。

国际上关于环境可降解塑料的含义可归纳为 3 个方面。

①化学上（分子水平），其废弃物的化学结构发生显著变化，最终完全降解成二氧化碳和水。

②物性上（材料水平），其废弃物在较短时间，机械力学性能下降，应用功能大部分或完全丧失。

③形态上，其废弃物在较短时间内破裂、崩碎、粉化成为对环境无害或已被环境消化。

如今开发应用可降解塑料包装已成为解决包装废弃物所造成环境污染的一个重点。目前国内和国际上生产的可降解材料的主要种类及特性见表 4-44。

表 4-44 各种可降解材料

分解类型	种类		商品名（生产商）[开发者]	特点
完全生物降解型	微生物合成高分子	3-羟基丁酸酯/3-羟基戊酸酯的共聚聚酯	BIOPOL（ICI）	高的生物分解性与生命体的适应性，成本高，机械强度有限
		3-羟基丁酸酯/4-羟基戊酸酯的共聚聚酯	[东京工业大学资源化学研究所]	
	天然高分子及其衍生物	纤维素-脱乙酰壳多糖混合物		高的生物分解性，通气性良好，非热可塑性
		纤维素或糖淀粉、木粉的酯化产物		
	合成高分子	聚己内酯（PCL）	UCC	熔点低（60 ℃），故不能单独使用
		脂肪族酯-尼龙共聚物	[工业技术学院工业技术研究所]	通过共聚达到物性要求，成本较低
生物崩坏型	淀粉共混物	淀粉与 PE 的共混物	POLYGR (Ampacet) ECOSTAR（圣劳伦斯淀粉厂）[USDA/农技工业]	低成本，机械强度低，不透明
	脂肪族聚酯共混物	PCL 与 PE 的共混物	UCC	低成本，分解速度慢

续表 4-44

<table>
<tr><th>分解类型</th><th colspan="2">种类</th><th>商品名(生产商)[开发者]</th><th>特点</th></tr>
<tr><td rowspan="5">光降解型</td><td colspan="2">乙烯-一氧化碳共聚物(ECO)</td><td>(道化学、杜邦、UCC、日本尤尼卡)</td><td>分解生成低分子 PE,制品贮存困难</td></tr>
<tr><td colspan="2">乙烯基甲酮与乙烯、苯乙烯共聚物</td><td>ECOLYTE(ECO 塑料)</td><td rowspan="4">须确定分解生成物的安全性</td></tr>
<tr><td rowspan="3">添加感光成分的塑料</td><td>过渡金属盐配合母料</td><td>POLYGRADE(Ampacet)</td></tr>
<tr><td>硬脂酸铁配合母料</td><td>BONACOL(Banacol)</td></tr>
<tr><td>过渡金属的硫代氨基甲酸盐和紫外线吸收剂配合母料</td><td>PLASTIGON(Ideamastes)</td></tr>
</table>

4.4.4.1 完全生物降解型塑料

完全生物降解型塑料(biodegradable plastics)指能在较短时间内发生降解而丧失其原有形态,之后又能在较短时间内进一步降解成二氧化碳和水的塑料。目前,研究开发的主要有以下 3 种。

(1)生物合成聚酯塑料　一种名为 Biopol 的降解塑料,由聚 3-羟基丁酸酯(PHB)或其共聚物组成,以小麦制葡萄糖为碳源,在常规发酵罐中由细菌碱杆菌属富营养细菌(*Al－caligenes entrophus*)发酵合成,熔点为 180 ℃,玻璃温度为 150 ℃。此聚酯塑料由生物合成,亦能为微生物所分解,1 mm 厚 Biopol 薄膜埋于潮湿土壤中,在 22 ℃下 2 年即可完全降解。

(2)聚交酯　以乳酸为原料制得的生物降解塑料,能与活细胞相容,可被微生物分解成 H_2O 和 CO_2,其降解速度可通过共聚的方法来调节和控制。乳酸主要通过微生物发酵法生产而得,通过交酯聚合而得聚交酯。目前市场开发的主要方向是食品和饮料包装材料、一次性生活用品和垃圾袋,常见的有聚乳酸和聚己内酯(PCL)。

(3)天然高分子材料　淀粉、纤维素、蛋白质、多糖等能被生物降解,适当改性后可制成包装制品。以淀粉为主要原料的可完全生物降解的材料,淀粉含量高达 60%～80%,具有无毒、相溶性及分散性好、成本低、应用范围广等特点。使用聚酯型淀粉胶可直接生产一次性餐具,废弃后可进一步用作畜牧饲料。

4.4.4.2 生物崩坏型塑料

生物崩坏型塑料(biodestructible plastics)是指在较短时间内产生降解而丧失其原有形态,之后经很长时期才能降解成 CO_2 和 H_2O 的塑料,主要有以下 2 种。

(1)合成生物可降解塑料　高分子材料易受微生物侵蚀且其降解的敏感性依赖于其自身的结构,含 C—N、C—O 等杂键的高分子比含单纯 C—C 的敏感,带支链的比直链敏感;从相对分子质量看,PE 的相对分子质量低于 500 时,与低分子石蜡一样能为微生物所降解。在热塑性塑料中,已知能被微生物降解的只有脂肪族聚酯及其衍生物。

(2)共混型生物可破坏塑料　如将淀粉和 PE 或 PVA 等进行共混。这种塑料虽能被微生物破坏,即渗混的淀粉等被微生物分解而使塑料失去强度而粉碎,但其中不能被微生物分解的塑料仍然没有降解,只是被粉碎或变成碎片分散在土壤和环境中。这类可降解塑料开发应用的关键是共混淀粉的含量、制品的性能和价格。

4.4.4.3　光降解型塑料

光降解型塑料(plotolysis plastics)指光照作用下能降解的塑料，制造途径有合成光降解树脂和使用添加剂。一类是乙烯和 CO 共聚物的物理性能和热稳定性与 PE 相似，但能被光降解，其降解速度与 CO 的含量有关。另一类是由乙烯酮类单体与乙烯、苯乙烯、甲基丙烯甲酯、氯乙烯等单体共聚而得。

使用添加光敏剂促进光降解塑料已有不少专利，较多的是采用芳香酮，如二苯甲酮等作光敏剂。金属配合物是高分子光降解的敏化剂，如铁配合物按一定比例加到 PE 中，制得的薄膜便有相应的光降解性，改变比例则可调节降解速度。

光降解塑料目前主要用在农用薄膜和饮料包装袋上，其存在的问题是如何确定使用安全期及所分解的生成物是否造成环境危害。

思考题

1. 试述环境可降解型塑料的概念及分类。
2. 试述目前国内外可食性包装材料的研究现状和发展方向。

第5章 食品包装保质期预测理论与方法

【学习目的和要求】

1. 掌握食品保质期的确定的基本程序与方法及食品品质表征的内容

2. 掌握防潮包装食品的保质期预测理论，学会食品防潮包装的设计

3. 掌握食品抗微生物腐败包装保质期预测理论

4. 掌握食品抗油脂氧化包装的保质期预测理论

【学习重点】

1. 食品防潮包装保质期预测理论

2. 食品抗微生物腐败保质期预测

3. 食品抗油脂氧化包装的保质期预测

【学习难点】

1. 食品防潮包装保质期计算

2. 食品抗微生物腐败保质期计算

3. 食品抗油脂氧化包装的保质期计算

知识树

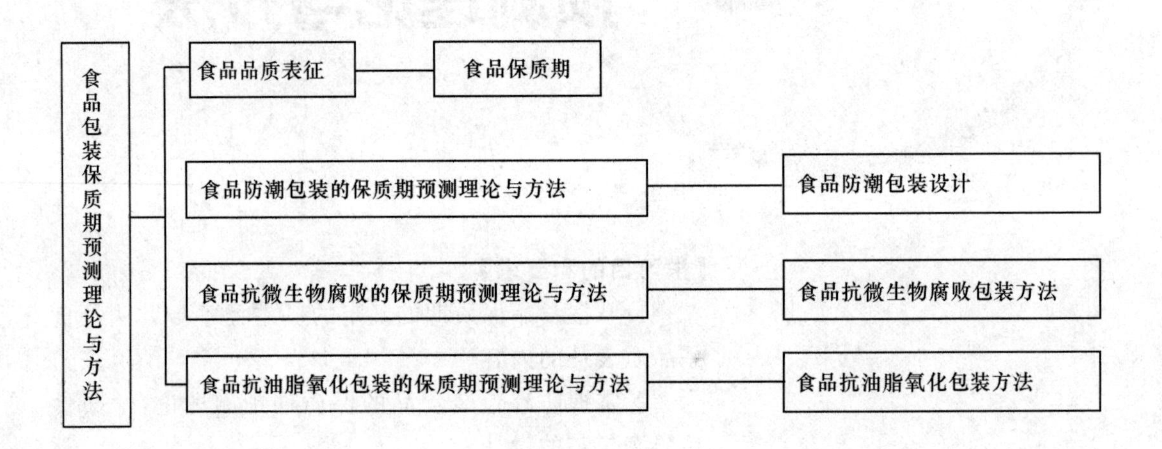

食品包装保质期预测理论与方法
食品品质表征
食品保质期
食品防潮包装的保质期预测理论与方法
食品防潮包装设计
食品抗微生物腐败的保质期预测理论与方法
食品抗微生物腐败包装方法
食品抗油脂氧化包装的保质期预测理论与方法
食品抗油脂氧化包装方法

在食品的流通销售使用中，包装食品的保质期，也称为包装食品的货架寿命，是消费食品的重要技术指标，包装食品保质期预测是食品包装学的重要组成部分。研究包装食品保质期预测理论与方法是食品包装学的重要内容，对食品安全及社会经济发展具有重要意义。

5.1　食品品质表征与保质期含义

学习目标

1. 掌握食品保质期的定义及其确定标准
2. 掌握保质期确定的基本程序及方法
3. 掌握食品表征的内容
4. 掌握影响食品保质期和货架期的因素及确定方法

5.1.1　食品保质期及确定

根据《中华人民共和国食品安全法》第一百五十条规定，食品保质期，是指食品在标明的贮存条件下保持品质的期限。《食品安全国家标准——预包装食品标签通则》（以下简称通则）第2.5项将保质期定义为预包装食品在标签指明的贮存条件下，保持品质的期限。在此期限内，产品完全适于销售，并保持标签中不必说明或已经说明的特有品质。《中国食品工业协会团体标准食品保质期通用指南》（T/CNFIA 001—2017）规定保质期为“食品在既定的温度、湿度、光照等贮存环境参数下保持品质的期限”，也就是说食品的保质期取决于食品的生产环境、包装环境及贮存环境，是一个十分复杂的问题。在通常情况下，保质期由食品生产企业确定，食品经营企业应遵循食品生产企业确定的保质期进行食品经营活动。保质期内，食品应符合相应的食品安全标准要求。

对于食品保质期的确定具有以下2个原则：一是食品保质期应当限定特定贮存条件，在既定的温度、湿度、光照等贮存环境下才有参照意义；二是食品在保质期内需保持食品品质，若在既定贮存条件下，食品不能保持食品特有的风味、色泽、气味等品质，则不能认定尚在保质期内。

一般情况下保质期确定的基本程序包括确定方案、设计试验方法、方案实施、结果分析、确定保质期和保质期验证6个步骤，详见《中国食品工业协会团体标准食品保质期通用指南》（T/CNFIA 001—2017）。在确定保质期时，应充分考虑可能的食品安全风险因素对保质期的影响，如不同贮存温度下的微生物风险等。保质期可通过试验法、文献法、参照法确定。

5.1.1.1　试验法

可通过基于稳定性的保质期试验确定食品的保质期。其中，基于温度条件的加速破坏试验可通过计算得到保质期时间或保质期时间范围；长期稳定试验可通过试验数据观察到食品发生不可接受的品质改变的时间点；基于湿度和光照条件的加速破坏性试验可用于确定某些食品的保质期,也可以辅助观察某些食品或食品中的某些成分在保质期内的变化。

5.1.1.2 文献法

在现有研究成果和文献的基础上,结合食品在生产、流通过程中可能遇到的情况确定保质期。

5.1.1.3 参照法

参照或采用已有的相同或类似食品的保质期,规定某食品的保质期和贮存环境参数。

尽管国家对现有的各大类食品的保质期已有具体的规定,但对于新产品的出现以及新工艺、新技术的应用,生产商需对新产品的保质期进行准确的测定,以保证新产品在流通、销售环节中质量的稳定,满足消费者对新产品的安全、营养等方面的需求。新产品上市前,可采用试验法、文献法或参照法确定保质期。食品上市后,宜通过实际的或模拟实际的贮存、运输、销售等条件下的长期稳定性试验对已经确定的保质期进行验证;必要时应对保质期进行调整。

5.1.2 食品品质表征

食品是多种成分组成的复杂体系,具有多种特征,这些特征共同构成了食品的品质。表现为色、香、味、形和质地等。依据科学系统的方法,对食品外在和内在的特征进行检验分析,并与特定的标准进行比较,做出评价的过程称为食品品质评价。

食品品质评价内容主要分为 3 个方面:卫生、营养和质构。基于外源、内源污染物的有无和多少对产品的安全性进行评价是属于卫生评价;基于基本营养素的种类、多少及配比模式对产品利用的有效性进行评价属于营养评价;基于产品的流变学特征,利用人体的感觉器官或仪器进行测定、综合分析、评价是属于质构评价。

食品品质评价包括主观评价和客观评价。主观评价又称为感官评价,是指用人的感觉器官检查、分析产品感官特性的一种分析检验方法。我国的感官评价起步比国外晚,从 1975 年起开始有学者研究香气和组织的评价,到 20 世纪 90 年代后,感官评价才被大量地应用在食品科学的研究中。到目前为止,我国已经建立了较为完善的感官评价系统,在肉品、乳制品、水产品、水果、蛋类、烟酒等都已具备了较为成熟的评价方法。食品感官检验的方法分为分析型感官检验和嗜好型感官检验两种,常用的试验方法有差别检验法、标度和类别检验、描述性检验。通过感官指标来鉴定食品的优劣和真伪,不仅简单易行,而且灵敏度高,直观准确,但它同样存在着不足。因感官评价得到的是一个综合性状,其评价也多属于偏爱型感官分析,评价员易受到环境的某些干扰以及个人嗜好、品位等不稳定因素的影响,从而导致评价过程中产生偏差或误差。为了克服主观评价的缺陷,一些快速科学客观的感官分析仪器和分析技术得到了迅速发展,弥补了感官评价主观性强,可比性差等不足之处。1861 年,德国人设计出世界上第一台食品品质特性测定仪,用于测定胶状物的稳固程度。1955 年,Procter 等提出食品的标准咀嚼条件,用接近口中感触的形式研究食品的物理性质。1963 年,Szczeniak 等确立了综合描述食品物性的“质构曲线解析法(TPA)”。物性测试仪在美、英等国家和我国台湾地区应用较广,近年来才在我国大陆地区推广,目前应用领域非常广泛，其实验方法已通过了许多国际和国家标准，如 ISO、AACC、ASTM、BS 等。目前测试仪的种类主要有 TA-XT 食品物性测试仪、FTC 食品物性分析系统（质构仪）、QTS-25 质构仪、TXT 型质构仪。质构仪具有客观性强、操作性强的特点，在粮油食品、面制品、米制品、谷物、糖果、肉制品、凝胶、休闲食品、宠物食品、果蔬等产品都已得到了应用，可用于分析食品的嫩度、硬度、脆性、黏性、弹性、咀嚼性、拉伸强度、抗压强度、穿透强度、内聚性、黏附性、松弛性、果蔬新鲜度、食物加工法、恢复度、破坏强度、张力、断裂强度、破裂点、剥离强度、铺展性等等。除了质构仪，用于食品风味检测的气味指纹技术在食品风味品质鉴别中有很好的应用前景，电子鼻气味指纹分析是一种客观、快速、准确的气味定性、定量分析手段。电子鼻又称人工嗅觉分析系统（artificial olfactory），是由传感和自动化模式识别系统组成的针对各种气味进行精确识别的智能系统，用于鉴别食品气味的差异。气味是食品最重要的品质特征，食品的等级、新鲜度及货架寿命的判断，以及食品的真伪均可根据食品的气味进行判定。气味指纹分析主要用于对比实验，可以先记录一个标准的数字模型，随后的检测过程则将样品与标准模型进行对比，以确定是否为同一物质或确定差异大小。其在烟酒鉴别、肉类新鲜度鉴别和果蔬成熟度鉴评上都得到了应用，从而得知客观评价是基于食品的流变学特性，采用仪器进行科学测定，根据测定结果进行产品品质分析评价的方法。

5.1.3　包装食品货架寿命及影响因素

食品的货架寿命是指食品的最佳食用期，也就是在食品标签上规定的贮运条件下，保持食品质量的期限。在此期限内，食品的所有质量指标（感官要求、理化指标、卫生指标）都符合标签上或产品标准的规定。通过食品货架期，消费者可以了解所购产品的质量状况，生产商可以指定正确的流通途径和销售模式。从本质上讲，包装食品货架寿命主要取决于四个因素。即食品的化学组成、加工环境、包装和贮藏条件。这些因素已被纳入一种最新的食品安全和质量控制体系 HACCP（危害分析关键控制点）。

食品在贮存、运输、销售等流通过程中常会受到各种不利条件及环境因素的破坏和影响，采用合理的包装可使食品免受或减少这些破坏和影响，从而达到保护食品的目的。不同食品、不同的流通环境对包装的功能要求是不一样的。例如，饼干易碎、易吸潮，其包装应耐压、防潮；油炸食品极易氧化变质，要求其包装能阻氧和遮光照；生鲜食品的包装应具有一定的氧气、二氧化碳和水蒸气的透过率。因此，要求食品包装工作者根据包装食品的定位，分析食品的特性及其流通过程中可能发生的质变及其影响因素，选择适当的包装材料、容器及技术方法对食品进行适当的包装，保护其在一定货架期内的质量。

5.1.4　包装食品货架寿命的确定方法

5.1.4.1　贮存试验法

贮存试验法是在静止条件下保存产品并评估其质量随时间而变化的情况的一项试验。贮存条件分为可控制型和非可控制型。所谓可控制型，如温度、湿度可以调节的仓库——可人为控制试验的速度，或应用《加速试验方法》，即加快包装材料渗透速率试验，即在不改变产品经受的环境中，有目的地引进已知量的关键介质，促使产品变质过程加快。如果产品的变化比渗透慢，加速试验所测得的包装有效期就比根据合理阻隔材料推算出的包装有效期要长，因为所得到的渗透速率临界值要比产品开始变质的速率要快。

5.1.4.2 运输试验法

通过运输试验法可以检验包装食品能否经受住实际运输过程中冲击振动以及其他环境因素的考验。运输过程只是流通全过程中的一个环节，故此方法作为确定包装有效期的各项合格指标试验中的一项辅助性试验。

5.1.4.3 计算机模拟试验法

目前在食品包装行业，用计算机模拟测定货架寿命的研究是一种趋势。

1. 计算机模拟试验法的原理

首先根据常见食品的变质现象，如吸潮，变干，O_2，CO_2 含量减少，香味消失，失去营养物质，化学性变质等的变质原因，建立食品的变质模型；其次对食品变质模型中影响包装有效期的因素的变化情况及包装材料对上述影响因素的阻隔性能进行平衡分析；最后，利用计算机模拟实际流通关键因素的变化，或模拟改变贮藏条件，就包装材料对敏感产品所起的保护作用及其效果进行综合评价。

对产品进行评估的指标项目主要有含水量、吸氧性、温变形、失 CO_2 性等。

对包装进行评估的指标项目主要是阻隔性(Barrier Property)-水汽透过率(WVTR)、氧气透过率(OTR)、其他渗透率等。

2. 建立变质模型的基本原理

包装物内部的环境条件随着透过包装材料或容器的渗透物量而变化。渗透率表达式为

$$Q=(A\times\delta\times\Delta P)/(S\times T) \qquad (5\text{-}1)$$

式中，Q—渗透率；A—渗透量；δ—材料厚度；ΔP—渗透物质在包装层内外的分压差；S—包装表面积；T—试验时间。

也有一些学者还提出了物质渗透过程的计算模型。即通过描述透过阻隔层的物质传递的典型微分方程，建立了适合对氧敏感食品、饮料产品、特殊产品等的各种计算模型。

微分方程可表述为：

$$dW/dT=(K/\delta)\times S\times(P_{out}-P_{in}) \qquad (5\text{-}2)$$

式中，W—关键成分质量；T—时间；K—包装材料渗透系数；δ—包装材料厚度；S—包装表面积；P_{out}—包装层外部渗透分压；P_{in}—包装层内部渗透分压。

用此法还可判定费用最为低廉的包装设计方案。

思考题

1. 食品保质期与货架期有什么不同吗？
2. 食品包装保质期如何进行确定？

5.2 食品防潮包装保质期预测理论与方法

学习目标

1. 了解食品防潮包装的定义，熟识食品的水分吸附特性、包装材料透湿性以及食品储存和销售的环境温湿度条件等

2. 掌握食品防潮包装保质期预测理论与方法，能够进行食品防潮包装设计

5.2.1 食品防潮包装的定义

食品防潮包装就是采用具有一定隔绝水蒸气能力的防湿包装材料对食品进行包封，隔绝外界湿度变化对包装食品的影响，同时使包装内的相对湿度满足食品品质的要求，保护食品的质量。常用的防潮包装材料有纸材、塑料、金属、玻璃、陶瓷等，在防潮包装中使用吸湿剂或干燥剂来吸收包装中的水分是控制食品品质和延长食品货架寿命的一种有效手段。

防潮包装货架寿命问题是一个复杂的包装系统问题，它是包装与物流的综合反映，是产品、包装及环境（运输、贮存和销售等）与市场共同作用的结果。设计合格的防潮包装需要充分了解和认识食品的水分吸附特性、包装材料透湿性以及食品储存和销售的环境温湿度条件等。

5.2.1.1 食品水分吸附特性

食品吸湿特性主要是通过等温吸湿曲线和吸湿速率来表征。等温吸湿曲线（MSI）能够反映处于特定相对湿度条件下的食品与水分的结合程度，能在一定程度上反映食品的物理品质与含水率的关系。水分吸附等温线可以预测食品的化学和物理稳定性，可以分析不同食品中非水分组分与水结合能力的强弱，为食品包装、预测产品质量和货架期、选择合理包装及计算食品储存中的水分变化等提供参考。

食品吸湿模型主要考虑的是食品含水量百分比（m）与食品水分活性（A_W）之间的关系。它们之间的关系常用食品吸湿等温曲线表示。食品吸湿等温线曲线与食品化学成分、组织结构和温度等有关。食品吸湿等温曲线形状大多是反“S”形，如图 5-1 所示。

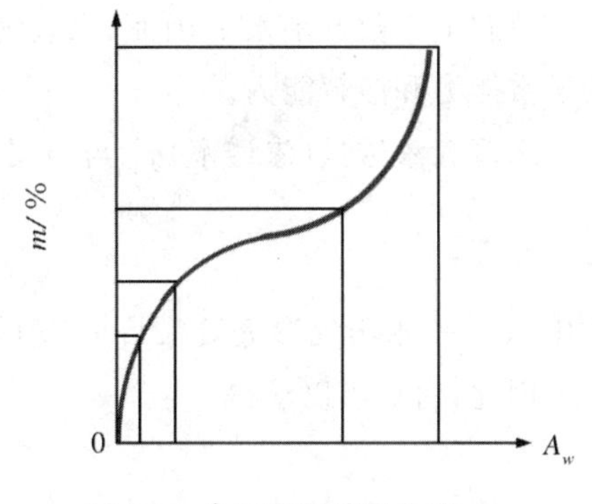

图 5-1 食品吸湿等温曲线

5.2.1.2 包装材料透湿性

防潮包装材料包括隔湿性材料和吸湿性材料两大类，无论哪种类型的产品的防潮包装都必须采用隔潮性材料制成严格密封的容器。在实际应用中，通常以透湿率来衡量包装材料对水蒸气阻隔性能的优劣，也是选用包装箱材料的一个重要参数。

防潮阻隔层材料的透湿率　判断包装材料的阻隔性能，一般是通过测定其透湿率，单位 g/m^2 · h。透湿率是防潮包装材料的一个重要参数，是选用包装材料、确定防潮期限、设计防潮包装的主要依据。

气体对包装材料的渗透过程见图。设包装材料厚度为 χ，气体在高压侧的压强为 p_1，在低压侧的压强为 p_2，气体浓度为 c，高浓度为 c_1，低浓度为 c_2。根据费克第一扩散定律，单位时间、单位面积的气体渗透量 m 与浓度梯度成正比，可用下式表示：

$$m = -D\frac{d_c}{d_X} \tag{5-3}$$

式中，$\frac{d_c}{d_X}$—浓度梯度，负号是因为从高浓度向低浓度扩散；D—水蒸气或气体在包装材料中的扩散系数(cm^2/s)。即：$m\,d_X = -Ddc$

两端积分可得：

$$m = \frac{D(c_1 - c_2)}{x} \tag{5-4}$$

根据亨利定理，在一定温度下，水蒸气或气体溶解在包装材料中的浓度 c 与该气体的分压力 p 成正比，即 $c = Sp$，式中 S 为溶解度系数，用单位体积中所溶解水蒸气质量或气体体积来表示。因此得：

$$m = \frac{D(Sp_1 - Sp_2)}{x} = DS\frac{p_1 - p_2}{x} \tag{5-5}$$

式中，取 $P = DS$，并命名 P 为水蒸气或气体在包装材料中的渗透系数，水蒸气为 g · cm /(cm^3 · kPa)，气体为 cm^3 · cm /(cm^3 · s · 101.325 kPa)。

则：

$$m = P\frac{(p_1 - p_2)}{x} \text{ 或 } P = \frac{mx}{(p_1 - p_2)} \tag{5-6}$$

由式可见，水蒸气透过包装材料的渗透系数 P 与水蒸气在这种包装材料中的扩散系数 D 和溶解度系数 S 有关。因而，水蒸气对包装材料的渗透性就取决于水蒸气在包装材料中的扩散能力和溶解能力。

水蒸气渗透量(渗透率)q_{wv} 与 m 之间的关系为：

$$m = q_{wv}/At \tag{5-7}$$

式中，q_{wv}—水蒸气渗透量(g)；A—塑料薄膜包装总面积(cm^2)；t—时间(s)。

因此，由式可以求得：

$$P_{wv} = \frac{q_{wv} \cdot x}{(p_1 - p_2)A \cdot t} \tag{5-8}$$

或

$$\frac{q_{wv}}{A \cdot t} = \frac{P_{wv}(p_1 - p_2)}{x} \tag{5-9}$$

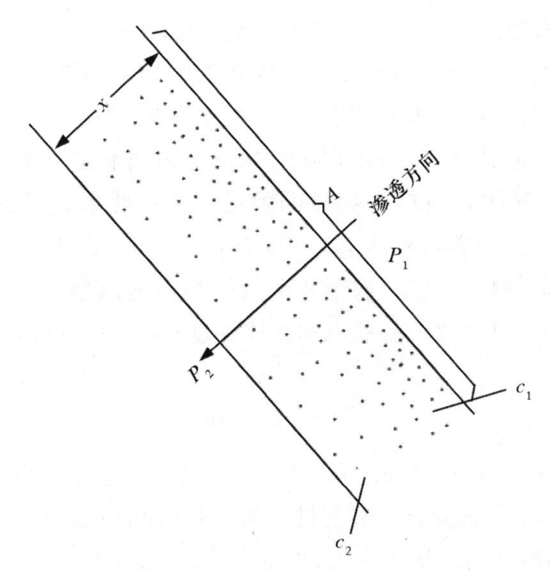

图 5-2　水蒸气渗透机理示意图

包装食品对包装材料的阻隔性要求因包装食品种类、包装目的的不同而不同，因此包装材料透气性或透湿性是包装性能好坏的决定性因素。大多数国家都对透湿度测定做了明确的规定：我国的标准是 GB/T 1037—1988 和 GB/T 1038—2000；日本的标准是 JIS Z0208—1976 和 JIS Z0301—1989；美国的标准是 ASTM E 96。常用的测试方法有杯式法、压差法、重量法、红外线测量法等。

杯式法的原理是在规定的温度、相对湿度下，试样两侧保持一定的水蒸气压差，测量通过试样的水蒸气量，计算水蒸气量和水蒸气通过系数。

压差法的原理是将样品膜在测试腔分为 2 个部分，两侧同时抽真空，然后在样品一侧输入氧气达到一个大气压，从而在样品的两侧形成一个大气压的压力差。随着氧气的逐渐透过，检测出低压室的压力增量速度，就可以计算出样品的透氧速率。压差法需要对测试腔抽真空，在一个大气压的环境下，有些样品膜有可能发生变化，不能测试出真实情况下的氧气透过率，由于需要抽真空的限制，要求设备密封性能非常完美，如果测试高阻隔材料，测试腔有很高的真空度要求，需要较长时间的抽真空，此法不适合亲水材料在不同湿度下的氧气透过率。

重量法的基本原理："重量法的基本原理是保持一定面积的测试材料膜两边的水蒸气压，在水蒸气压低的一边放上干燥剂吸收透过的水蒸气，经过一定时间后，测试干燥剂增加的重量为透过的水蒸气重量，算出在一定大气压下单位面积、单位时间内透过的水蒸气的重量。"这种方法适合于水蒸气透过量比较大的材料，此法精度不高。

红外线测量法的基本原理是利用试样将测试腔分为干腔和湿腔 2 部分，干腔内保持一个稳定(指定)的较低湿度，湿腔中的湿度可调(通常为 100%RH)，干腔和湿腔之间形成稳定的湿度差，将使湿腔中的水蒸气由湿腔渗透通过试样进入干腔，与干腔中的干燥气流中的水蒸气含量，因为水蒸气对红外线有特定吸收光谱，传感器测算出红外线通过水蒸气区域时被吸收的能量，转化为电信号。当渗透过程达到稳定状态，电信号稳定后，即可根据传感器输出的电信号计算试样的水蒸气透过量及其他透湿性指标。

除了标准的测试方法以外，人们以国家标准为指导，又发展了一些其他的测试手法。目前重量法是简单易行的一种方法，但它受外界因素影响较大，精确度差且测试时间长，而红外线测量法测量结果受外界因素影响较小，精确度高且测试时间短。

材料的阻隔性（也称阻透性）是指阻碍某种物质通过材料移动的能力。广义地讲，材料的阻隔性包括对光、热、气体和液体等物质的阻透性。在此主要讨论塑料材料对气体（如 O_2、CO_2、N_2、水蒸气和有机溶剂的蒸汽等）的阻隔性及其相关性质。

通常用气体透过率（简称透气率，对于水蒸气则称为透湿率）来表征塑料包装材料对气体阻隔性的强弱或大小。可用渗透系数表示气体透过率，如式(5-10)

$$\bar{P} = \frac{QL}{At \cdot \Delta p} \tag{5-10}$$

式中，$\bar{P}$—渗透系数，单位为 $cm^3 \cdot \mu m/cm^2 \cdot s \cdot Pa$；$Q$—透过气体的量，单位为 cm^3 或 mL；L—材料厚度，单位为 μm 或 mm；A—透过材料的表面积，单位为 cm^2 或 m^2；t—时间，单位为 s 或 d(24 h)；Δp—材料两面的分压压力差，单位为 Pa 或 kPa。

式(5-3)是测定气体透过率的理论依据。对于凝聚性气体如水蒸气，渗透系数的单位为 $g \cdot \mu m/cm^2 \cdot s \cdot Pa$，即“在一定压力、温度和相对湿度条件下，一定厚度(μm 或 mm)”。渗透系数越小，表明塑料的阻隔性越强、渗透性越弱。在通常的研究和应用中，人们比较关注包装材料对 O_2 和水蒸气的阻隔性，尤其是关注对 O_2 的阻隔能力。在食品和医药包装中，高阻隔塑料（如 PVDC、EVOH 等）对 O_2 的透过率均小于 10 $cm^3/m^2 \cdot d \cdot 101$ kPa(25 μm，23 ℃，相对湿度 0)；食品包装常用的阻隔性塑料（如 PA、结晶 PET 等）的 O_2 透过率在 20～100 $cm^3/m^2 \cdot d \cdot 101$ kPa(25 μm，23 ℃，相对湿度 0)的范围内。对于有防潮要求的包装材料来说，透湿率则是其选择的主要依据。

5.2.2 防潮包装食品保质期预测研究

为预测包装食品保质期进行的试验，关系着包装制品的开发、改良、容器包装的设计。所以通常多在模拟流通过程的苛刻的保持条件下进行试验，根据产品质量变化的数据，预测食品的保持寿命。

以防潮食品包装为对象的保持寿命试验，就是测定制品的内部水分保持在维持商品价值所允许的吸潮或干燥时间，把它作为食品特性值，用于对包装的实际防潮性能和食品的保质期进行预测和评价。

单组分食品防潮包装货架期主要受到外部环境水分不断渗透进入包装的影响。包装食品储存的环境温湿度，包装材料的阻隔性能以及食品本身的水分吸附特性决定了食品的货架期。

研究防潮包装货架期首先需要确定评判食品变质的指标，针对低水分干性食品，从感官评价指标来说，脆性是此类食品最明显的特征。水分渗透进入包装被内部食品吸收，从而造成食品质地和脆性发生变化。一些脆性食品乳饼干的防潮包装货架期预测，通常是先通过感官评价法确定不同含水率的饼干的脆性分值，通过费米方程拟合不同含水率的脆性指标，可以得到不同饼干的临界含水率，以此作为评价食品货架期的指标。然后，通过包装材料在不同温度下的透湿系数，用阿伦尼乌斯方程表示温度对薄膜透视系数的影响，为预测不同温湿度条件下食品包装的货架期奠定基础。

5.2.3 食品防潮包装设计方法

5.2.3.1 食品防潮包装设计

食品防潮包装设计，一般是根据食品流通环境的湿度条件和物品特性，采用合适的防潮包装材料，设计合理的防潮结构或采用附加物(例如干燥剂、涂料、衬垫等)，防止水蒸气通过或者减少水蒸气通过，达到食品防潮的目的。

依据被包装商品的性质、储运期限与储运过程的温湿条件，防潮包装可分 3 个等级，如表 5-1 所示。

表 5-1 防潮包装等级

等级	条件		
	防潮期限	温湿度	产品性质
1 级包装	2 年	温度大于 30 ℃，相对湿度大于 90%	对湿度敏感，易生锈易长霉或变质的产品，以及贵重、精密的产品，变质
2 级包装	1 年	温度在 20～30 ℃，相对湿度在 70%～90%	对湿度轻度敏感的产品，较贵重，较精密的产品
3 级包装	0.5 年	温度小于 20 ℃，相对湿度小于 70%	对湿度不敏感的产品
当防潮包装等级的确定因素不能同时满足表的要求是，应按照三个条件的最严酷条件确定防潮包装等级，亦可按照产品性质、防潮期限、温湿度条件的顺序综合考虑，确定防潮包装等级。 对于特殊要求的防潮包装，主要是防潮要求更高的包装，宜采用更加严格的防潮措施。			

食品防潮包装方法通常可分为两大类，第一类为保护食品质量，防止被包装食品增加水分而采用的包装方法，即在包装容器内装一定数量的干燥剂，吸收包装内的水分和吸收从包装外渗进来的水分；第二类是为了防止被包装食品吸收或排出水分，采用的防潮包装方法，即用低透湿率的防潮包装材料进行包装。

在防潮包装的有效期限内，防湿包装内空气的相对湿度是在 25°时不超过 60%。食品以及进行防潮包装的操作环境应干燥、清洁。防潮包装操作应尽量连续进行，一次完成包装操作。若需中间停顿作业。应采取临时防潮措施。

防潮包装应采用密封包装。下面介绍 9 种包装方式，可以根据食品性质与实际流通条件，恰当地选择采用何种包装方式，①绝对密封包装；②真空包装；③充气包装；④泡罩包装，采用全塑的泡罩包装结构并热封，可避免食品与外部空气直接接触。并减缓外部空气向包装内部的渗透；⑤贴体包装；⑥热收缩包装，用热收缩塑料薄膜包装食品后，经加热，薄膜可紧裹食品，并使包装内部空气压力稍高于外部空气，从而减缓外部空气向包装内部的渗透；⑦泡塑包装，将商品先用纸而启用塑料薄膜包裹，再放入泡沫塑料盒内或就地发泡，这样可不同程度地阻止空气渗透；⑧多层包装，采用不同透湿度的材料进行两次或多次包装，从而在层与层之间形成拦截空间，不仅可减缓水蒸气的渗透，且可使内部气体与外界空气掺混而降低适度，多层包装阻湿效果较好，但操作麻烦，然而，在一般情况下，比采用复合材料的成本低；⑨使用干燥剂的包装。

5.2.3.2 食品防潮包装设计方法

1. 防潮包装设计的基本参数

①被包装食品的净重 W(g)；

②被包装食品的含水量 X_1(%)；

③被包装食品允许最大含水量 X_2(%)；

④包装材料的表面积 A(m^2)；

⑤防潮包装保证储存期限 t(天)；

⑥包装储存环境的平均气温 Q(℃)；

⑦包装储存环境的平均湿度 h_1(%)；

⑧包装内的湿度 h_2(%)。

设包装条件如上所列，为了使包装内的相对湿度限制在包装食品所允许的数值内，允许渗透到包装内的水蒸气量应有一个限度，其透湿度可按公式(5-11)来计算

$$Q_v = W(X_2 - X_1) \times 10^2 \tag{5-11}$$

式中，Q_v—允许渗透到包装内的水蒸气量。

从包装储存期 t 和总透湿面积 A，可求得包装材料的透湿率 Q_θ

$$Q_0 = \frac{Q_{wv}}{A \cdot t} = \frac{W(C_2 - C_1) \times 10^{-2}}{A \cdot t} \tag{5-12}$$

2. 防潮包装设计步骤

①确定允许透过包装的透湿度 q；

②包装材料允许的透湿度 Q_v；

③确定包装材料在某食品贮存温湿度条件下的实际透湿度(指在一定的相对湿度差、一定厚度、1 m^2 的面积薄膜在 24 h 内透过的水蒸气质量值)；

④根据被包装食品的防潮要求，包装尺寸及贮藏条件，选择包装材料；

⑤核算实际的防潮有效期。

3. 封入吸潮剂的防潮包装设计

①选定材料透湿度；

②由食品临界水分值确定包装内 RH；

③计算干燥剂的最大含水量；

④设计包装容器，算出温度系数 K_θ；

⑤求得吸湿剂的用量。

4. 吸湿剂使用方法及注意事项

①包装材料要有高阻湿性；

②尽量缩小包装预留空间；

③吸湿剂不可与食品直接接触；

④装入包装前吸湿剂是干燥的；

⑤吸湿剂包装小袋应标明不可食用，且无毒、无味的。

当防潮包装的防潮要求较高时，设计防潮包装必须采用透湿度小的防潮包装材料，并在包装内封入吸潮剂。

在设计使用吸潮剂的防潮包装时，假定透入包装内的水分完全由吸潮剂吸收，则可根据包装的目的和包装条件来计算吸潮剂的封入量。

5.2.3.3 防潮包装试验

无论采用何种防潮包装方式，要达到理想的防潮包装效果，必须进行防潮包装试验，只有在试验的基础上才能进行良好的防潮包装设计。这些试验包括包装材料的透湿性试验、软包装密封试验、封口试验、包装容器透湿度试验、干燥剂性能试验等。

思考题

1. 食品防潮包装设计的依据是什么？
2. 食品防潮包装涉及哪些理论？
3. 食品防潮包装保质期预测的理论与方法是什么？

5.3 食品抗微生物腐败的保质期预测理论与方法

学习目标

1. 了解不同种类的食品腐败变质的影响因素及原理
2. 充分认识微生物对食品保质期的影响
3. 学会食品抗微生物腐败的保质期预测理论与方法
4. 掌握食品抗微生物腐败的包装方法

5.3.1 食品的腐败变质

民以食为天，食品提供给人类所需要的各类营养和能量，是人类赖以生存的物质基础。食品从原料加工到最终到达消费者手中的产品，随时都有被微生物污染的可能。这些会污染食品的微生物在适宜的条件下即可生长繁殖，分解食品中的营养成分，使食品失去原有的营养价值，成为不符合卫生要求的食品。这种食品受到以微生物为主的各种因素的作用，降低或失去其食用价值的一切变化，就是食品的腐败变质。

5.3.1.1 罐藏食品的变质

罐藏食品指的是食品原料经过预处理、装罐、密封、杀菌之后而制成的食品，通常称之为罐头。罐头的密封可防止内容物溢出和外界微生物的侵入，而加热杀菌的过程可以杀死存在于罐头内的全部微生物。罐头经过杀菌可在室温下保存很长时间，但由于某些原因，罐头有时也会出现腐败变质现象。罐藏食品腐败变质通常是由微生物引起的，这些微生物主要有2种来源，一种是在罐头杀菌过程中，杀菌操作不当或罐内留有空气等情况，有些耐热的芽孢杆菌没有被彻底杀灭，在保存期内遇到合适条件生长繁殖而导致的腐败变质；另一种是由于罐头密封不好，杀菌后发生漏罐而被外界的微生物污染而引起的腐败变质。

5.3.1.2 乳及乳制品的腐败变质

各种不同的乳及乳制品，如牛乳、羊乳、马乳等及其制品，其成分虽各有差异，但都含有丰富的营养成分，易消化吸收，是微生物生长繁殖的良好培养基。乳及乳制品一旦被微生物污染，在适宜条件下，就会迅速繁殖，引起腐败变质而失去食用价值，甚至可能引起食物中毒或其他传染病的传播。

如刚生产的鲜乳，在挤乳、运输和贮运的过程中很容易受外界微生物的影响，使乳中的微生物数量增多，虽然鲜乳本身含有多种抑菌物质，它们能维持鲜乳在一段时间内不变质。但若鲜乳不经消毒或冷藏处理，污染的微生物将很快生长繁殖造成腐败变质。

5.3.1.3 肉及肉制品的腐败变质

肉及肉制品包括畜禽的肌肉及其制品、内脏等，由于其含有丰富的蛋白质、脂肪、水、无机盐和维生素，是微生物良好的天然培养基。家畜家禽的某些传染病和寄生虫病也可通过肉类食品传播给人，因此保证肉类食品的卫生质量是食品卫生工作的重点。

参与肉类腐败过程的微生物是多种多样的，一般常见的有：腐生微生物和病原微生物。腐生微生物包括有细菌、酵母菌和霉菌，它们污染肉制品，使肉制品发生腐败变质。细菌主要是需氧的革兰氏阳性菌如蜡样芽孢杆菌、枯草芽孢杆菌和巨大芽孢杆菌等和需氧的革兰氏阴性菌有假单胞杆菌属、无色杆菌属、黄色杆菌属、产碱杆菌属等；酵母菌和霉菌主要包括有假丝酵母菌、丝孢酵母菌、交链孢霉属、曲霉属等；病畜、禽肉类可能携带各种病原菌，如沙门菌、金黄色葡萄球菌、结核分枝杆菌、炭疽杆菌和布氏杆菌等。它们对肉的主要影响并不在于使肉腐败变质，严重的是可引起人或动物的疾病，造成食物中毒。

肉类腐败变质时，往往在其表面产生明显的感官变化，常见的有发黏、变色、霉斑、气味等。

5.3.1.4 禽蛋的腐败变质

禽蛋具有很高的营养价值，含有较多的蛋白质、脂肪、B族维生素及无机盐类，如果保藏不当，易受微生物污染而引起腐败。通常情况下，禽蛋被微生物污染后，在适宜的条件下，微生物会先分解蛋白，使蛋黄不能固定而发生位移。随后，蛋黄膜被分解而使蛋黄散乱，并逐渐与蛋白相混在一起，形成散黄蛋。散黄蛋进一步被微生物分解，产生硫化氢、氨、粪臭素等蛋白分解物，蛋液变成灰绿色的稀薄液，并伴有大量恶臭气味，即形成泻黄蛋。有时蛋液变质不产生硫化氢而产生酸臭，蛋液呈红色，变稠呈浆状或有凝块出现，称为酸败蛋。外界的霉菌可在蛋壳表面或进入内侧生长，形成深色霉斑，造成蛋液黏着，称为黏壳蛋。

5.3.1.5 糕点的腐败变质

糕点类食品由于含水量较高，糖、油脂含量较多，在阳光、空气和较高温度等因素的作用下，易引起霉变和酸败。糕点变质主要是由于生产原料不符合质量标准、制作过程中灭菌不彻底和糕点包装贮藏不当而造成的。引起糕点变质的微生物类群主要是细菌和霉菌，如沙门菌、金黄色葡萄球菌、粪肠球菌、大肠埃希菌、变形杆菌、黄曲霉、毛霉、青霉、镰刀霉等。

5.3.1.6 果蔬及其制品的腐败变质

水果与蔬菜中一般都含有大量的水分、碳水化合物、较丰富的维生素和一定量的蛋白质。新鲜的果蔬表皮外覆盖的蜡质层可防止微生物侵入，使果蔬在相当长的一段时间内免遭微生物的侵染。当这层防护屏障收到机械损伤或昆虫的刺伤时，微生物便会从伤口侵入其内生长繁殖，使果蔬腐败变质。这些微生物主要是霉菌、酵母菌和少数的细菌。

5.3.2 微生物引起食品腐败变质的原理及环境条件

食品腐败变质的过程实质上是食品中碳水化合物、蛋白质、脂肪在所污染的微生物的作用下分解，产生有害物质的过程。而微生物污染食品后能否生长繁殖，引起食品腐败变质，还取决于食品基质条件和外界环境条件。

5.3.2.1 食品的基质特性

各种食品的基质条件不同，因此能够引起食品腐败变质的微生物种类也不完全一样。

1. 食品的营养成分与微生物生长的关系

食品含有蛋白质、糖类、脂肪、无机盐、维生素和水分等丰富的营养成分，是微生物良好的培养基。因而微生物污染食品后很容易迅速生长繁殖造成食品变质。但由于不同的食品，上述各种成分的比例差异很大，而各种微生物分解各类营养物质的能力不同，这也就导致了引起不同食品腐败的微生物类群也不同。如肉、鱼等富含蛋白质的食品，容易受到对蛋白质分解能力强的变形杆菌、青霉等微生物的污染而发生腐败；米饭等含糖类较高的食品，易受到曲霉菌、根霉菌、乳酸菌、啤酒酵母等对碳水化合物分解能力强的微生物的污染而变质；脂肪含量较高的食品，易受到黄曲霉和假单胞杆菌等分解脂肪能力很强的微生物的污染而发生酸败变质。

2. 食品的 pH 与微生物生长的关系

食品 pH 高低是制约微生物生长、影响食品腐败变质的重要因素之一。食品原料的 pH 几乎都在 7.0 以下。根据食品 pH 范围，可将食品划分为两大类：酸性食品和非酸性食品。pH 在 4.5 以上者，属于非酸性食品，几乎所有的蔬菜和鱼、肉、乳等动物性食品均属此类；pH 在 4.5 以下者为酸性食品，绝大多数水果类食品均属于此类。

大多数细菌生长的最适 pH 在 7.0 左右，下限一般在 4.5 左右。pH 在 4.0 以下只有个别耐酸细菌乳杆菌属能生长，而酵母菌和霉菌生长的 pH 范围较广。故非酸性食品适合大多数细菌及酵母菌、霉菌的生长，酸性食品适合酵母菌和霉菌的生长。在食品变质的同时，

pH 发生一定的规律性变化。以蛋白质为主要营养成分的食品，变质过程中伴随 pH 的升高；以碳水化合物、脂肪为主要营养的食品，变质过程中伴随 pH 的降低；含蛋白质、碳水化合物等营养均衡的食品，多表现为初期 pH 降低，后期 pH 升高。

3. 食品的水分活性与微生物生长的关系

微生物在食品中的生长繁殖离不开水。食品中的水分主要以游离水和结合水 2 种形式存在。影响微生物生长繁殖的主要是游离态水。而水分活性(A_w)可以确切反映食品中游离水含量，所以我们可以通过食品中含游离水量的指标来分析微生物能否在食品上生长繁殖，以此来判断微生物引起食品变质的关系。不同类群的微生物生长对水分活度值的要求不同。大多数细菌生长所需要的 A_w 在 0.9 以上；酵母菌需要的 A_w 比细菌要低一些，且多数酵母菌比霉菌高一些，只有耐渗酵母比霉菌低，霉菌与酵母菌相比，其 A_w 要求较低。表 5-2、表 5-3 对照列出了常见食品的 A_w 和主要致腐菌类群引起食品变质时要求的最低 A_w。

表 5-2　一些食品的 A_w

食品	A_w	食品	A_w
鲜果蔬	0.97～0.99	蜂蜜	0.54～0.75
果子酱	0.75～0.85	奶粉	0.20
鲜肉	0.95～0.99	干面条	0.50
面粉	0.67～0.87	蛋	0.97

表 5-3　食品中主要微生物类群的最低生长 A_w

微生物类群	最低生长 A_w	微生物类群	最低生长 A_w
多数细菌	0.94～0.99	嗜盐性细菌	0.75
多数酵母	0.88～0.94	耐渗酵母	0.60
多数霉菌	0.73～0.94	干性霉菌	0.65

4. 食品的渗透压与微生物的关系

食品渗透压与微生物的生命活动有一定的关系。如将微生物置于低渗溶液中，菌体吸收水分发生膨胀，甚至破裂；若置于高渗溶液中，菌体则发生脱水，甚至死亡。一般来讲，微生物在低渗透压的食品中有一定的抵抗力，较易生长，而在高渗食品中，微生物常因脱水而死亡。当然不同种类的微生物对渗透压的耐受能力大不相同。

绝大多数细菌不能在较高渗透压的食品中生长，只有少数中能在高渗环境中生长，如盐杆菌属中的一种，在 20%～30%的食盐浓度的食品中能够生活；肠膜明串珠菌能耐高浓度糖。而酵母菌和霉菌一般能耐受较高的渗透压，如异常汉逊氏酵母、鲁氏酵母、膜毕赤氏酵母等耐受高糖，常引起糖浆、果酱、果汁等高糖食品的变质。霉菌中比较突出的代表是灰绿曲霉、青霉素、芽枝霉属等。食盐和糖是形成不同渗透压的主要物质。在食品中加入不同量的糖或盐，可以形成不同的渗透压。所加的糖或盐越多，则浓度越高，渗透压越大，食品的

A_w就越小。通常为了防止食品腐败变质，常用盐腌和糖渍方法来较长时间地保持食品。

5.3.2.2 食品的环境条件

食品中污染的微生物能否生长，与食品的存放环境有很大的关系，例如，天热时饭菜容易变坏，潮湿环境时粮食容易发霉等。下面简单介绍一下环境条件对食品品质的影响。

1. 温度

微生物的生长繁殖需要一定的温度，根据微生物对温度的适应性可将其分为低温菌（最适生长温度 10～20 ℃）、中温菌（最适生长温度 30～40 ℃）、高温菌（最适生长温度 55～65 ℃）。在 10 ℃以下中温型微生物和高温型微生物都不能生长繁殖，只有部分低温型微生物能够生长繁殖，但这些微生物的生长繁殖速度很慢，所以低温能在一定程度上延长食品的保藏期。能在 45 ℃以上的温度环境中生长繁殖的微生物主要是嗜热细菌。在高温环境中嗜热细菌生长繁殖造成食品腐败变质的过程，比嗜温菌所造成的食品腐败变质的过程要短，但在自然界中高温型微生物的分布比例较小，在 45 ℃以上，温度越高，适应的菌种越少，直至没有微生物能够生长。在 20～30 ℃，食品中的中温型微生物和高温型微生物都能生长，故中温型微生物在自然界中的分布比例最大，食品在这个温度范围内最难保存。

2. 湿度

空气中的湿度对于微生物生长和食品变质来讲，尤其是未经包装的食品。例如把含水量少的脱水食品放在湿度大的地方，食品则易吸潮，表面水分迅速增加。长江流域梅雨季节，粮食、物品容易发霉，就是因为空气湿度太大（相对湿度 70%以上）的缘故。A_w反映了溶液和作用物的水分状态，而相对湿度则表示溶液和作用物周围的空气状态。当两者处于平衡状态时，A_w为 100 时为大气与作用物平衡后的相对湿度。每种微生物只能在一定的A_w范围内生长，但这一范围的A_w要受到空气湿度的影响。

3. 氧气状况

不同微生物的生长对氧气的依赖程度不同。在无氧的环境中，能够生长繁殖的有酵母菌、厌氧和兼性厌氧细菌，在有氧环境中，霉菌、放线菌和绝大部分细菌都能生长繁殖。所以，食品在有氧的环境中，因微生物的生长而引起腐败变化的速度较快，在缺氧环境中由兼性厌氧或厌氧微生物引起腐败变质的速度较慢。

新鲜食品原料中含有还原性物质，如植物组织常含有维生素 C 和还原糖，动物组织含有硫氢基，所以其具有抗氧能力，使动植物组织内部保持一段时间的少氧状态。因此，新鲜食品原料内部能生长的微生物主要是厌氧或兼性厌氧微生物。但食品原料经过加工处理，如加热，可使食品中含有的还原性物质破坏，同时也可因加热使食品的组织状态发生改变，这样氧就可以进入到组织内部。

5.3.3 食品抗微生物腐败包装保质期预测理论

对于容易受微生物污染的包装食品来说，其保质期预测的主要依据之一是微生物活菌含量。在包装食品保质期的预测过程中，当该食品中微生物活菌含量达到或超过该类食品标准规定的上限或下限时，则表明此时该食品已经不符合该类包装食品的标准。

包装食品所允许的微生物活菌数量的最高上限或最低下限，通常是由该类包装食品的国家标准或相关文献等确定。而从生物学的角度来看，对于熟食类食品及新鲜食品等物品在保存期内，微生物的繁殖遵循一级动力学反应历程，其保质期内微生物的增殖速率计算公式为：

$$\frac{DN}{\mathrm{d}t} = K_G N \tag{5-13}$$

当 $t=0$ 时，$N=N_0$；当 $t=t$ 时，$N=N_t$，对上式积分得：

$$\int_0^t \mathrm{d}t = \frac{1}{K_G}\int_{N_0}^{N_t} \frac{\mathrm{d}N}{N} \tag{5-14}$$

式中，K_G—微生物增殖速率常数，与温度、水分活度、pH 等有关；N_0—单位重量包装食品最初的微生物活菌含量；N_t—单位重量包装食品存放时间为 t 时其中的微生物活菌含量。

若式中 N_t 为单位重量包装食品规定的微生物含量最高上限，则时间 t 即为包装食品的保质期，整理得：

$$t = \frac{1}{K_G}\int_{N_0}^{N_t} \frac{\mathrm{d}N}{N} \tag{5-15}$$

而根据 Labuza 理论可知，益生菌类食品在保质期内微生物的繁殖速率遵循的是二级动力学历程，故对于益生菌类的包装食品的保质期预测应采用二级动力学公式如下：

$$\frac{\mathrm{d}N}{N} = K_D N^2 \tag{5-16}$$

当 $t=0$ 时，$N=N_0$；当 $t=t$ 时，$N=N_t$ 时积分得：

$$\int_0^t \mathrm{d}t = \frac{1}{K_D}\int_{N_0}^{N_t} \frac{\mathrm{d}N}{N^2} \tag{5-17}$$

若式中 N_t 为单位重量包装益生菌类食品规定的微生物含量最高下限，则时间 t 即为包装益生菌类食品的保质期，整理得：

$$t = \frac{1}{K_D}\int_{N_0}^{N_t} \frac{\mathrm{d}N}{N^2} \tag{5-18}$$

式中，K_D—速率常数，与温度、水活度、pH 等有关，单位是 1/d。该式进行包装保质期预测的结果比较接近实际，误差较小，但是当实际应用中，若贮存环境的温度和酸度等因素不变时也可对上式整理后去对数，应用如下统计经验公式：

$$\mathrm{Ig}t = 2.963\,3 - 1.510\,2\mathrm{Ig}x - \frac{1}{1.824\,7}\mathrm{Ig}(A_L + 12.93) \tag{5-19}$$

式中，x—包装益生菌类食品的水分含量，%；A_L—益生菌活菌残留率，%。

式(5-19)是统计经验公式，当贮存环境的温度和酸度等因素变化时，用式(5-19)预测出的包装保存期与实际贮存期限误差较大。而应用式(5-18)进行包装保存期预测，考虑因素包括温度、水活度、pH 及氧等多种因素，预测结果比较接近实际，误差较小。在实际应用中，可根据需要进行选择。

5.3.4　食品抗微生物腐败的包装方法

栅栏因子保鲜理论是德国学者 Leistner 博士提出的一套用于食品保藏的科学理论，该理论的要点是食品中存在着抑制其所含腐败菌和病原菌或其他物理性、化学性败坏的栅栏因子，使得食品有一定的保质期。这些因子通过临时或永久性地打破微生物的内平衡，或使其代谢衰竭，或使其产生应激反应而抑制微生物的腐败和产毒，以保证食品的安全性和营养性，这就是重要的基础多靶保藏原理。食品中的栅栏因子多达几十种，Leistner 和 Gomis (1995)将这些因素归结为物理性栅栏、物理化学性栅栏、微生物栅栏和其他栅栏 4 类。物理性栅栏主要有温度、照射、电磁能、压力、超声波、色调包装、包装材质等。物理化学性栅栏主要有水分活度、pH、氧化还原电位、烟熏、气体、保藏剂等。微生物栅栏包括有益的优势菌、保护性培养基、抗生素及抗生素等。这些栅栏因子存在于食品之中，互相协同，使食品形成不利于微生物生长的微环境。延长食品的保质期就是科学、合理地调控栅栏因子及其相互作用，以达到防腐保鲜的目的。

食品抗微生物包装中运用最多的就是抗菌包装，而抗菌包装是指能够杀死或抑制污染食品的腐败菌和致病菌的包装，可以通过在系统里增加抗菌剂或运用满足传统包装要求的抗菌聚合物，使它具有新的抗菌功能，这种包装系统获得抗菌活性后，系统(或材料)通过延长微生物停滞期和降低生长速度或减少微生物成活数量来限制或阻止微生物生产。

传统食品包装以不同方法来达到延长货架期，保证质量和保证安全的目的；而抗菌包装则是控制那些通常会对以上 3 种目标产生不利影响的微生物而专门设计的，因此，一些对微生物引起的腐败不敏感的产品可能并不需要抗菌包装系统。

抗菌包装的目的是延长货架期和预防食源性疾病，为了延长货架期，只是需要降低微生物生长速率或者延长其迟滞期，也就是延缓微生物的生长。总体而言，并非必须要将食品中微生物灭活。当微生物生长不是货架期的限制因素时，就可以通过除去催化剂或反应物来限制反应(例如氧化反应)，起到延长货架期的作用。

思考题

1. 微生物是如何引起食品的腐败变质的？
2. 如何进行食品抗微生物腐败变质的保质期预测？
3. 食品抗微生物腐败包装的依据是什么？

5.4 食品抗油脂氧化包装的保质期预测理论与方法

学习目标

1. 掌握油脂的氧化机理
2. 掌握油脂食品抗氧化包装的货架寿命理论

油脂是食品加工中的重要原料，广泛用于各种食品加工，用于改善产品性质，赋予食品良好的风味和质地。作为人类三大营养素之一，油脂具有极高的热能营养素，在人体内具有重要生理功能。但是含油脂食品在贮运加工过程中极易发生氧化，油脂氧化所产生的产物会对含油脂食品的风味、色泽以及组织产生不良的影响，以至于缩短货架期，降低这类食品的营养品质。同时，油脂的过氧化还会对膜、酶、蛋白质等造成破坏，甚至可以导致老年化的很多疾病或致癌，严重危害人体健康。

5.4.1 油脂的氧化机理

油脂的主要成分是各种脂肪酸和甘油酸，其中含有一些具有双键的不饱和脂肪酸性物质，在常温条件下贮藏易与氧气发生氧化。以下是油脂氧化的 3 种类型，其中自动氧化是油脂变质的主要途径。

5.4.1.1 油脂的自动氧化

油脂的自动氧化指的是不饱和油脂与空气中的氧，在室温条件下，未经任何直接光照或催化剂等条件下的完全自发的氧化反应。油脂的自动氧化是一个自由基的连锁反应，通常分为 4 个阶段，即诱导期、发展期、终止期和二次产物的形成。在诱导期，通常是因一些诱发剂(如脂氧酶、过渡金属及光氧化所形成的自由基和过氧化物来启动或诱发自动氧化反应，其中变价金属起重要作用；发展期则是指在诱导期已生成的游离基夺取别的脂类分子上的氢原子形成氢过氧化物和新的自由基的往复过程；终止期指的是当自由基不断聚集到一定浓度，两个游离基有效碰撞生成一个双聚物的过程；二次产物的形成指的进一步的聚合反应和分解反应形成低分子产物如醛、酮、酸、醇和高分子化合物的过程。这四个阶段并不绝对化，只是在某一阶段，以某个反应为主，在其量上该反应占优势。在实际工作中，最有意义的是油脂氧化过程中诱导期的确定。油脂的诱导期是油脂质量最重要的指标之一，即油脂工业中的油脂氧化稳定性。添加抗氧化剂只能延缓反应的诱导期和降低反应速率。

5.4.1.2 油脂的光氧化

光氧化作用也是油脂氧化的一个主要类型。氧分子存在 2 种能量状态：一种是单线态，即激发态氧分子($^1O_2$)；另一种是三线基态氧分子($^3O_2$)。油脂中的色素通过强烈吸收邻近的可见光或紫外光发生光氧化作用。这也包括有光敏剂存在时与氧所引起的氧化反应，而光敏性物质就是一类能吸收光、发生化学反应的物质，在缺少这类物质时光氧化反应不能进行，即光敏物质是一类催化剂，能够激活反应、传递能量和电子。在光和光敏物的作用下，三线基态氧被激发为单线氧，单线激发态氧可将脂类化合物氧化成氢过氧化物，称为油脂氧化的根本来源。不饱和脂肪酸的光氧化作用主要有2种途径：一是由核黄素光敏化形成二烯类基团，然后产生与自动氧化类似的氢过氧化物；二是由赤藓红光敏化，然后起核素作用的分子氧与这种吸光的光敏化作用，产生与自动氧化作用完全不同结构的氢过氧化物。

5.4.1.3　油脂的酶氧化

酶氧化则是由脂氧酶参加的氧化反应。脂氧酶催化的过氧化反应主要发生在生物体内以及未经加工的植物种子和果子中。脂氧酶有2种不同的催化特性。一种是脂氧酶催化甘三酯的氧化，而另一种只能催化脂肪酸的氧化。在脂氧酶中的活性中心含有一个铁原子，而必须脂肪酸又是他们主要的氧化底物。因此这些酶能够有选择性地催化多不饱和脂肪酸的氧化反应。

5.4.2　油脂食品抗氧化包装的货架寿命理论

5.4.1.1　塑料包装材料的渗透理论

这里以塑料包装材料为例，介绍油脂食品包装的货架寿命。

塑料薄膜具有一定的透气性，当某种气体的分压在薄膜两侧不同时，该气体就会从分压高的一侧向分压低的一侧移动。含气体包装的油脂食品，最初袋内外氧的分压相等，但是，当油脂开始吸收氧，袋内的氮分压就会降低，反之，氧分压却上升。由于该分压差的存在，氧就透进袋内，而氮却逸向袋外。从袋外透进来的氧继续被油脂吸收，结果袋内体积减小。若在某分压下吸氧速度一定时，则在相同的氧分压下，吸氧速度和透氧速度能够达到平衡。

氧和氮的透过速度表示为：

$$\frac{d\chi}{dt}+\frac{dQ}{dt}=-P_{\chi}(P_0-P_t)a \tag{5-20}$$

$$\frac{dy}{d\chi}=-A_y(P_N-P_2)a \tag{5-21}$$

式中，Q—油脂的吸氧量，mL；t—存贮天数，d；χ—袋内氧的体积，mL；y—袋内氮的体积，mL；P_{χ}—氧的透过度，$m^1/m^2 \cdot 24\ hr \cdot atm$；$A_y$—氮的透过度，$m^1/m^2 \cdot 24\ hr \cdot atm$；$P_n$—袋内氮分压，atm；$P_0$—袋内氧分压，atm；$C_1$—空气中的氧分压，0.209 5 atm；$C_2$—空气中的氮分压，0.780 9 atm；$a$—袋的表面积，$m^2$。

5.4.1.2　食品油脂抗氧化包装预测理论

对于油炸类、油脂类、乳酸类、蛋白质类等易被氧化的食品，其质量变化主要与包装内的含氧量有关，氧可使上述食品氧化变质。所以这类食品的包装保质期主要依据食品最大允许的耗氧量进行预测，当包装材料透氧量超过食品最大允许耗氧量时，此类食品很容易因氧化作用而导致变质。所以我们用包装材料的透氧速率公式导出包装保质期预测公式。

根据费克—亨利定律得出包装材料的渗透率公式：

$$\frac{dQ}{dt}=A\rho\frac{P_c-P_I}{l} \tag{5-22}$$

式中，Q—t 时间内透过的氧气量，g；$\frac{dQ}{dt}$—透氧速率，g/d；ρ—包装材料在 θ 温度下的透氧系数，g·mm/m^2·day·Pa；P_c—包装外部氧分压，Pa；P_I—包装内部氧分压，Pa。

一般包装材料的脱氧速率很慢，所透过的氧，很易通过溶解或吸附的方式与物品接触。假如时间，dt 单位净重物品所能接触到的氧的增量为 dm 时，则包装材料透氧速率可表示为：

$$\frac{dQ}{dt}=\frac{W dm}{dt} \tag{5-23}$$

式中，W—食品净重。

由式(5-23)可见 $Q=W_m$。另外，又因式(5-22)中P_I不仅与物品内的自由氧，以及氧消耗速度有关，还与透进的氧量有关，则P_1可表示为：

$$P_1 = k_g(W_m - W V_0 + f_0) \tag{5-24}$$

式中，W_m—单位净重食品所接触到的总氧量，g/g；V_0—单位净重食品消耗氧的总量，g/g；f_0—包装内自由氧含量，g；k_g—修正系数，Pa/g；P_1—包装内部氧分压，Pa。

当 $t=0,m=0$；当 $t=t,m=mt$ 由式(5-22)～(5-23)可得到：

$$\int_0^t dt = \frac{Wl}{A\rho}\int_0^{m_t}\frac{dm}{P_c - P_I} \tag{5-25}$$

对易氧化食品包装保质期的预测，主要依据是食品的最大允许耗氧量。由于食品的耗氧量与包装材料的透氧量作用机理和影响因素不同，不能建立线性关系，故不能直接进行预测，为了计算方便，须用包装食品的单位净重最大允许透氧量m_t代替食品单位净重最大允许耗氧量。m_t的值可参照文献中的最大允许耗氧量，对上述公式简化即得包装食品保质期的预测公式为：

$$t = \frac{Wl}{AK\rho}\int_0^{m_t}\frac{dm}{P_c - P_I} \tag{5-26}$$

式中，ρ—包装材料标准状态(25 ℃，RH60%)下的透氧系数，g·mm/m^2·d·Pa；K—修正系数，与温度有关；m_t—单位净重食品的最大允许透氧量，g/g。由于溶解氧和吸附氧对P_I影响不大，该式中的忽略了食品中的溶解氧和吸附氧，为了计算方便，可根据实际情况进行取舍。该式适用于各类食品的防氧化包装保质期的预测计算。

5.4.3 含油脂食品抗氧化包装方法

由于含油脂食类食品的主要氧化类型为自动氧化和光氧化，所以在油脂食品包装销售的过程中必须考虑如何阻止氧化，保证食品品质。在食品加工中最普遍使用的是添加各种抗氧化剂的方法，蛋大多数抗氧化剂耐热性较差，因此，并不能只靠抗氧剂的添加来保证食品的品质。为此，国内外学者、食品及包装业内人士基于油脂氧化的基本机理，通常采用阻氧、避光的包装形式，以隔绝外界的氧气和光对油脂氧化稳定性的影响。

5.4.3.1 阻氧包装

主要指选用对氧气具有阻隔性能的包装材料。早期的食用油通常用玻璃包装，由于玻璃密度大、易碎、携带不方便等缺点，近几年逐渐被聚氯乙烯、聚苯乙烯等各种塑料容器所取代。瓶盖多采用螺旋盖，盖内家垫片，以增强其密封性。在其他含油脂食品的包装中多采用多层复合材料，如 BOPP、VMCPP、各种 K 涂料的复合、铝塑复合材料等。

5.4.3.2 阻光包装

研究表明，在环境湿度、温度和包装袋内氧气浓度相同的情况下，包装用材的透光性对这类食品的货架期有很大影响的。Grith Mortensen 等通过实验证明，在透明材料包装中，相对于氧气参与的自动氧化，干酪中油脂更容易受到光的影响发生氧化。

针对紫外线对油脂氧化的影响，国内外学者把越来越多的注意力放在阻紫外光包装的研究上。传统的紫外线的阻光包装有 2 种：一是采用不透光的包装材料，如铝箔、纸以及它们的复合材料，二是让塑料薄膜着色或印刷。前者完全避光，已经不具有透明材料特性；后者则透明性下降，使商品价值下降。为了达到既截止紫外线又透明的目的，可采用紫外线吸收剂加以解决。方法为将紫外线吸收剂混合在树脂中，制成透明包装材料，或者将掺有紫外线的黏合剂或涂料涂覆在塑料薄膜上，由此得到既有透明性又能防止紫外线照射的薄膜。

紫外线吸收剂有两大类：有机物紫外线吸收剂和无机超微粒子紫外线吸收剂。前者使用较早且用途广泛，后者微纳米技术发展的产物，历史较短但具有优势和发展前途。目前具有吸收紫外线的包装材料主要有以下 2 种。

(1)ZDP-1 功能复合膜。这种复合膜基材的适应范围较广，组合后用于生成复合膜。复合后的薄膜黏合强度、热封强度几乎不变，不损伤透明性，可阻止 95%的紫外线，且防紫外线功能稳定性好。目前这一薄膜在糕点等快餐食品领域已经使用化，并在茶叶、面条、海菜和熟肉制品业逐渐推广使用。但其缺点在于无法防止可见光的透过。

(2)加入氧化铁超微粒子紫外吸收剂制得的极其透明包装材料。经测试证明，该类材料厚度约 1 mm 的片材基本上就能截止波长 400 nm 以下的光，但波长在 600 nm 以上的可见光还是可以透过包装材料。

除此之外，在食用油的 PET 瓶内添加紫外线组隔层，可有效阻止 90%的紫外光，有效阻止食用油的光氧化过程。

5.4.3.3 真空、充气包装

对于油炸、油炸膨化含油脂类的食品，油炸工序多使用富含不饱和脂肪酸的棕榈油，且油炸过程通常在有催化作用的金属容器内，暴露在空气中进行的，油中过氧化值很高，油炸后由相当多的油留在成品表层。使用传统包装形式包装后袋内空气多，袋的阻隔氧化性能并不理想，在贮运过程中必将继续氧化，导致过氧化值的上升幅度加大。并且这类食品极脆，在运输过程中容易破碎，因此这类食品多采用真空、充气包装以有效地减低过氧化值对人体的危害性。

5.4.3.4 脱氧活性包装

采用充氮或真空包装的优点是安全、无毒，对人体无害，但设备费用较高，且无法完全去

除包装中的全部氧气。包装中氧气残存量为2%～5%，并不能完全抑制油脂氧化的发生，因此目前的含油脂食品包装应用脱氧包装形式。脱氧包装属于活性包装的一种，最早在日本被开发，目前在日本、澳大利亚和美国等国家已经在市场上使用10年以上。这种包装在很短的时间内吸收包装内的氧，使包装内氧气的浓度达到0.1%以下，甚至近于无氧状态，使食品免受氧的影响，食品质量得以保证。过去的脱氧包装是用含有吸氧剂等活性作用物质的小袋子、片剂或纸条等加入包装中，近年发展成直接将吸氧物质一起加在包装材料里，达到除氧功能。

值得注意的是，无论含油脂类食品采用脱氧包装或真空包装或充气包装，都对包装材料和封口的密封性提出了相应的要求，必须要求包装材料的透气率最低。最理想的包装材料应兼具遮光性与防潮性能，以排除湿度和紫外光对油脂氧化的促进作用。

思考题

1. 油脂食品抗氧化包装的类型有哪几种？依据是什么？
2. 如何进行油脂食品抗氧化包装设计？
3. 油脂食品氧化机理是什么？

第 6 章 食品包装技术

【学习目的和要求】

1. 掌握食品的无菌包装技术、收缩包装技术、气调包装技术

2. 熟悉绿色包装、防伪包装、微波食品包装技术

3. 掌握绿色包装和防伪包装的材料与类别，并能进行简单的绿色包装和防伪包装设计

【学习重点】

1. 食品的无菌包装技术

2. 收缩包装技术

3. 气调包装技术

【学习难点】

1. 熟悉绿色包装

2. 防伪包装

3. 微波食品包装技术

知识树

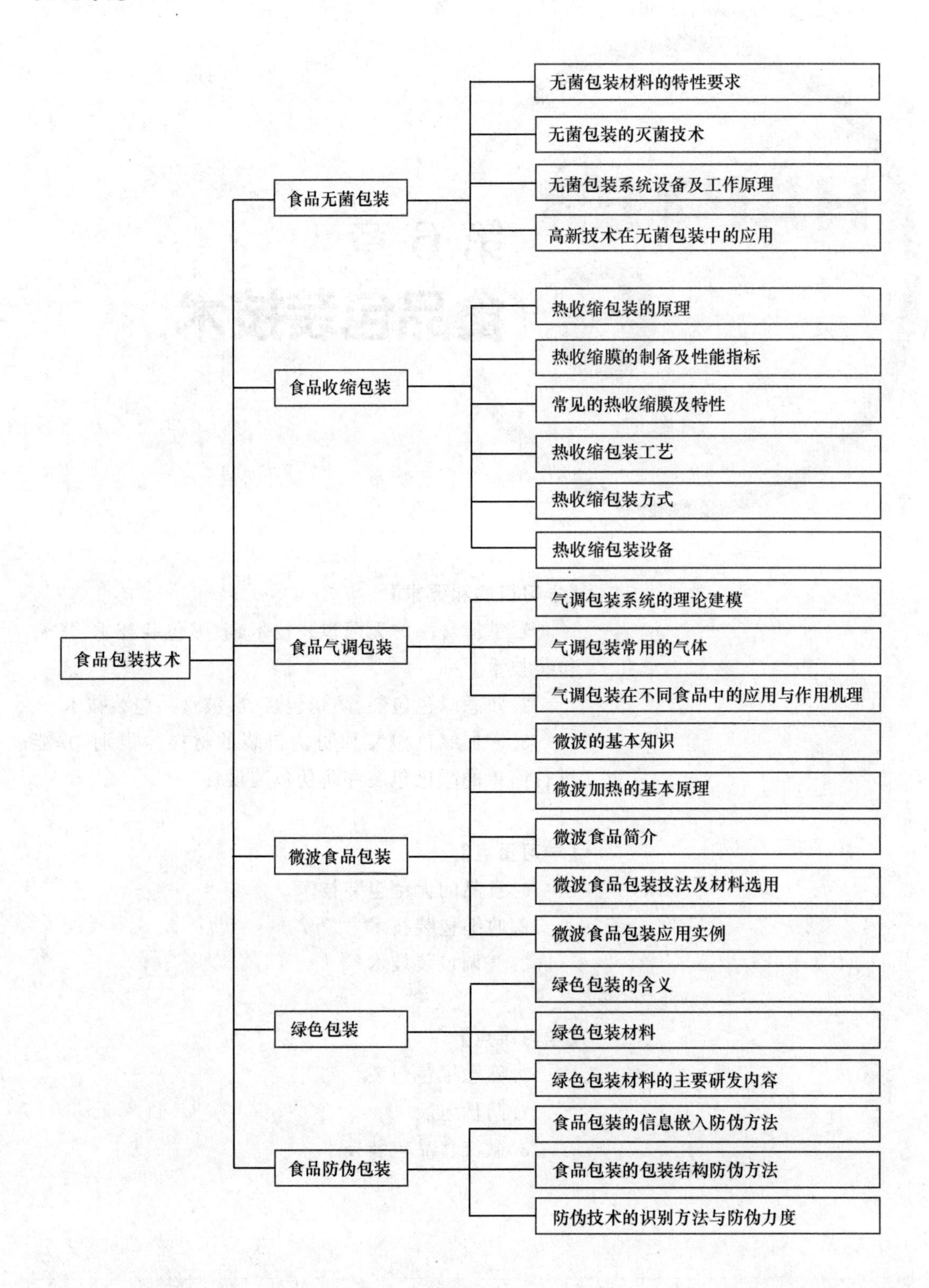

食品包装技术
食品无菌包装
无菌包装材料的特性要求
无菌包装的灭菌技术
无菌包装系统设备及工作原理
高新技术在无菌包装中的应用
食品收缩包装
热收缩包装的原理
热收缩膜的制备及性能指标
常见的热收缩膜及特性
热收缩包装工艺
热收缩包装方式
热收缩包装设备
食品气调包装
气调包装系统的理论建模
气调包装常用的气体
气调包装在不同食品中的应用与作用机理
微波食品包装
微波的基本知识
微波加热的基本原理
微波食品简介
微波食品包装技法及材料选用
微波食品包装应用实例
绿色包装
绿色包装的含义
绿色包装材料
绿色包装材料的主要研发内容
食品防伪包装
食品包装的信息嵌入防伪方法
食品包装的包装结构防伪方法
防伪技术的识别方法与防伪力度

6.1 食品无菌包装

学习目标

1. 理解食品无菌包装技术的概念和特点
2. 熟悉无菌包装材料的常见类型与特性
3. 掌握食品无菌包装的三大要素及常见的灭菌方法
4. 熟悉无菌包装系统设备及其工作原理

食品无菌包装是指对被包装食品和包装容器分别灭菌，并在无菌环境条件下完成填充、密封的一种包装技术。包装的食品一般为液态或半液态流动性食品。无菌包装无须添加防腐剂即可降低食品营养成分损耗，保证食品风味口感，无须冷藏便可长期储运销售，延长食品货架寿命。这符合商家和广大消费者的需求，市场前景极为广阔。

无菌包装技术自20世纪70年代在欧美兴起以来，在国际上发展迅速，无菌包装材料和灭菌技术得到了巨大进步，包装市场不断扩大，被广泛应用于饮料、乳制品、蛋奶制品、调味品等多种食品加工企业。目前，发达国家的无菌包装在液体食品包装中所占的比例已有65%以上，而我国无菌包装在食品包装中所占的比例还比较低，有巨大的发展空间。

6.1.1 无菌包装材料的特性要求

常用的无菌包装材料有金属、玻璃、塑料、纸及其复合材料等，种类繁多，性质差异较大。在无菌包装过程中，应根据无菌包装技术的特点，充分考虑无菌包装材料的特性。一般而言，无菌包装材料应具备以下特性。

6.1.1.1 良好的阻隔性

阻隔性能是食品无菌包装材料的重要特性之一。为了延长食品的储存期，无菌包装材料应具备良好的阻气、阻湿性能，能阻隔微生物及能够让细菌生长的空气和水分进入。

6.1.1.2 足够的耐灭菌能力

在无菌包装过程中，要对包装材料进行物理的或化学的杀菌处理。为此，要求无菌包装材料要具有足够的耐灭菌能力，在灭菌过程中能够经受住物理或化学处理，不被损坏。

6.1.1.3 优良的透热或射线透过性能

微生物是导致食品腐败变质的最主要原因之一，因此，无菌包装材料应具备优良的透热或透射线性能，保证热或射线在灭菌过程中充分透过，使细菌被均匀彻底灭杀。

6.1.1.4 足够的强度

食品在运售、堆放过程中会受到压力、振动力、冲击力等各种力的作用，若包装材料的强度不够，将出现包装破损，影响食品外观，引起食品受微生物污染，导致食品腐败变质。因此，无菌包装材料需要有足够的强度，保证食品包装在运输和销售过程中的完整性。

6.1.1.5 优良的耐热、耐寒性

对冷冻的食品而言，其无菌包装材料要具备优良的耐寒性。若耐寒性能不达标，在深冷条件下，包装材料就会发脆而强度下降，包装袋非常易于被破损，难以起到保护食品包装物的作用。

除此之外，包装材料上的印刷图案在灭菌后应仍保持清晰，色彩艳丽，尤其是用过氧化氢消毒时，印刷图案要不变色、不脱落，不影响食品销售。

6.1.2 无菌包装的灭菌技术

食品无菌包装由三大要素构成：食品物料灭菌、包装容器（或材料）灭菌和充填密封环境无菌。无菌包装技术的关键是要保证无菌，故其基本原理是采用一定的手段杀死微生物，并防止微生物再次污染。

6.1.2.1 食品物料灭菌

食品灭菌的方法较多，主要有：加热灭菌、辐射灭菌和综合灭菌等。根据灭菌温度和灭菌时间，加热灭菌可分为低温灭菌、高温短时灭菌和超高温瞬时灭菌，主要用过热蒸汽、饱和蒸汽、干热蒸汽或湿热空气进行灭菌。辐射灭菌采用紫外线、红外线、微波等电磁辐射进行灭菌。各种灭菌方法各有优缺点，可单独使用，亦可搭配在一起综合使用，以达到提高灭菌效果，缩短灭菌时间的目的。同样的灭菌方法对不同性质的食品，其灭菌效果差异较大，为此，需依据食品的性状、耐高温与否、色泽是否有要求等情况，合理选择不同的灭菌方法。目前，加热灭菌是国际上常用的食品物料灭菌方法。

1. 加热灭菌的原理

食品品质和营养成分不受破坏的温度与微生物受热死亡的温度之间有很大差异，加热灭菌正是利用这一规律而建立起来的灭菌技术。一般而言，温度高低是微生物灭杀快慢的决定因素，温度越高，杀灭微生物所需的时间就越短；而影响食品品质、营养成分和色泽风味的主要因素是加热时间，不是高温，加热时间越长，食品的营养成分流失就越严重。因此，可采取提高灭菌温度、缩短灭菌时间的方式进行食品物料的灭菌，达到既灭杀食品中微生物，又保持食品品质和营养价值的目的。研究表明，在 120 ℃以下灭菌时，食品成分的保存率为 70%；而在 130 ℃以上的高温短时灭菌或超高温瞬时灭菌中，食品成分的保存率可达 90%以上。由于加热灭菌的这个优点，现广泛用于牛乳、果汁及果汁饮料等产品的灭菌。

2. 加热灭菌的分类

(1)低温灭菌　低温灭菌指温度比较低的热处理方法，由法国微生物学家巴斯德发明，故又称作巴氏灭菌，广泛适用于各种酸性食品，如果汁、酸奶、水果饮料等食品的灭菌。它将待灭菌的食品在 61～63 ℃的温度条件下保持 30 min，或在 72～75 ℃的温度条件下保持 10～15 min，达到杀死微生物的目的。这种灭菌方法可直接作用于食品，亦可将食品充填于蒸煮袋、玻璃罐后，浸渍于热水中灭菌，要求包装容量不能太大，以防受热不匀。

巴氏灭菌是一种比较温和的热处理形式，不会引起食品营养价值的重大损失。它可灭杀多数致病菌，但对于非致病的腐败菌及其芽孢的灭杀能力不够，需与冷藏、冷冻、脱氧等其

他保藏方法配合，才可达到一定的保存期要求。巴氏灭菌主要用于柑橘、苹果汁饮料食品的灭菌，主要灭杀酵母、霉菌和乳酸杆菌等。此外，对于不耐高温处理的低酸性食品，常利用加酸或借助微生物发酵产酸的方式，降低食品 pH，再配合低温灭菌，达到保存食品品质，延长食品贮藏期的目的。因巴氏灭菌时食品受热的时间较长，热敏性食品不宜采用，以避免营养成分和风味损失严重。

(2)高温短时灭菌　高温短时灭菌法主要用于低温流通的无菌奶和低酸性果汁饮料的灭菌，它将待灭菌食品在 85～90 ℃下保持 13～5 min 或 95 ℃下保持 12 min，然后迅速冷至室温，以杀死微生物。此方法所需时间较短，效果较好，主要用于杀灭酵母菌、霉菌、乳酸菌等，有利于食品保质。酸性食品的 pH 在 3.7～4.5，食品中的致病菌不易生长，但腐败菌可以生长，一般采用高温短时灭菌。

(3)超高温瞬时灭菌　超高温瞬时杀菌法是当前广泛应用的无菌包装技术，主要用于奶制品，如鲜奶、复合奶、浓缩奶、加味奶饮料、奶油等食品的灭菌。它将食品在 120～160 ℃下灭菌 2～8 s，并迅速冷却至室温，而后在无菌区进行封装处理，使食品达到无菌的要求。超高温瞬时灭菌法仅将食品高温瞬时灭菌，食品受热时间较短，包装容器不进行高温瞬时灭菌，包装材料不需耐高温，且灭菌结束后才进行充填，食品营养成分和风味损失较小。低酸性食品因 pH 大于 4.6，致病微生物和腐败微生物可良好生长，因此，一般采用超高温瞬时灭菌，可较好保持产品的营养、风味，其典型应用是对牛乳制品和部分蔬菜制品的灭菌。

超高温瞬时灭菌法又分为直接加热法和间接加热法。直接加热法中食品和加热介质直接接触，用高压蒸汽直接喷射食品，使食品几秒内达到 140～160 ℃维持数秒钟，在真空室除去水分后，用无菌冷却机冷却到室温。如牛奶的超高温瞬时灭菌，在 15～20 s 加热到 135～140 ℃，保持 2～4 s 后，在 15～20 s 冷却至室温。间接加热法则利用换热器使产品与热介质分隔，因产品和热介质完全没有接触，对蒸汽的品质要求不需太高，蒸汽和高温热水均可作为热介质。

3. 加热灭菌设备的选择

加热灭菌的关键设备是换热器，可分为直接加热式和间接加热式 2 种。直接加热式换热器又称混合式换热器，这类换热器利用冷、热流体直接接触，彼此混合进行换热。直接加热式换热器具有传热效率高、单位容积提供的传热面积大，设备结构简单，价格便宜，在生产中积垢少，可延长生产连续时间等优点，但它仅适用于工艺上允许 2 种流体混合的场合。常用的间接加热式换热器有板面式换热器、管式换热器和刮板式换热器 3 种，需根据食品的黏度和颗粒大小选用换热器。

(1)板面式换热器　板面式换热器是通过板面进行传热的换热器，按板面的结构形式可分为螺旋板式换热器、板式换热器、板翅式换热器、板壳式换热器和伞板式换热器，适用于果肉含量不超过 1%～3%的液体食品。板面式换热器能使流体在较低的速度下就达到湍流状态，传热性能比管式换热器优越。此外，板面式换热器采用板材制作，在大规模组织生产时，可降低设备成本，但其耐压性能比管式换热器差。

(2)管式换热器　管式换热器是通过管子壁面进行传热的换热器，按传热管的结构形式可分为蛇管式换热器、套管式换热器和管壳式换热器，能用于高果肉含量的浓缩果蔬汁等液体食品。管式换热器在换热效率、结构紧凑性等方面不如其他新型换热器，但它结构坚固、可靠、对产品适应范围广、易于制造、能承受较高的操作压力和温度。在高温、高压和大型换热器中，管式换热器占绝对优势，是当前使用最广泛的一类换热器。

(3)刮板式换热器　刮板式换热器由带有刮板的变形轴组成，通常同心地位于带有夹套的绝热换热器管内。泵将食品输送通过加热器，然后叶片转轴旋转将产品从热交换表面刮掉，避免产品积聚，并达到加热灭菌的目的。刮板式换热器是一种专门用于黏稠产品和颗粒产品的无菌加工系统，如布丁或一些含有颗粒的汤。

6.1.2.2　包装容器灭菌

无菌包装要求包装容器不能带有微生物，故在充填食品之前，需对包装容器进行灭菌处理。因无菌包装材料种类繁多，性质差异显著，包装容器形状不同等原因，使得包装容器的灭菌方式很多。

1.按灭菌的容器划分

(1)金属罐的灭菌　美国的多尔无菌罐装系统是当前最先进的金属罐无菌包装系统，它采用过热蒸汽灭菌。当空罐在输送链上通过灭菌室时，过热蒸汽上下喷射 45 s，这时罐温上升到 221～224 ℃，罐盖也采用 287～316 ℃的过热蒸汽灭菌 75～90 s，由于此温度足以杀灭全部的耐热细菌，它的无菌程度极高。此外，罐头内部顶隙残留空气极少，且处于高真空的状态，产品的质量安全可靠。

(2)玻璃瓶的灭菌　玻璃瓶因重量大、易碎、不耐热冲击等原因，一直未大规模工业化生产。近年来，出现了轻质强化玻璃瓶，重量减轻、耐热冲击强，内外温差达 800 ℃也不会破裂，极大地推动了玻璃瓶的应用。英国乳业研究所建立的 NIRD 无菌充填系统，向玻璃瓶吹送 154 ℃，0.48 MPa 的蒸汽加热 1.5～2 s，灭菌之后充填无菌牛奶，封口即形成无菌包装产品。

(3)纸塑包装容器的灭菌　纸塑包装容器的灭菌方法有物理法和化学法等。对纸塑包装材料进行彻底的热处理会使材料发脆而难以封口，单独使用紫外线或高频电场灭菌处理，灭菌效果又差。因此，实际应用中常采用化学和物理相结合的灭菌技术。

2.按灭菌介质划分

按灭菌介质划分，常用的灭菌方法有物理灭菌法、化学灭菌法和综合灭菌法。

(1)物理灭菌法　物理灭菌法不借助化学原料，即可达到灭菌效果，包装容器与食物接触时无化学残留，提高了食品安全性。物理灭菌法可分为热处理和辐射法两大类。

热处理的介质有干热空气、过热蒸汽、饱和蒸汽等，它可有效灭菌，不产生有毒物质，但能量消耗较大，对包装材料本身会产生有害影响。如将加热到 130～160 ℃的过热蒸汽喷射到待灭菌的包装容器内，维持几秒钟后，达到完全杀灭细菌的效果，这要求包装材料具有很好的耐热性能，如金属容器。纸制品经过热蒸汽处理后会因水分缺失而脆性提高，玻璃制品受高温冲击容易炸裂。

辐射法采用紫外线、红外线、γ 射线、β 射线等电磁波进行灭菌，仅用于热敏性塑料瓶、复合膜及纸容器。辐射时，剂量过大会加速包装材料的老化和分解。其中，紫外线可引起微生物细胞内的核酸发生变化而被破坏，从而引起微生物新陈代谢紊乱，失去繁殖能力。波长为250～260 nm的紫外线灭菌效果最好。使用时，仅需将紫外线照射在待杀菌的物品表面即可，但需依据紫外线灯管的功率，合理确定照射的距离和时间。紫外线灭菌非常简便，无药剂残留、效率高、速度快，目前使用最为普遍。红外线灭菌靠辐射波的频率引起包装材料分子的共振摩擦，从而产生热量，达到杀死微生物的效果。红外线的杀菌效果与被照射的包装材料的红外线吸收性能有很大关系，吸收能力愈强，则杀菌效果愈好。一般而言，红外线可透过厚度在2.5 mm以下的塑料薄膜、片材及容器，当厚度大于2.5 mm时，因渗透的红外线较少，灭菌效果相应就差。

(2)化学灭菌法　在无菌包装中，化学灭菌法常采用强氧化剂，借助强氧化剂的氧化能力与微生物细胞酶蛋白中的－SH－巯基结合，转化为－SS－基，破坏微生物的蛋白质分子结构，引起微生物新陈代谢紊乱，使其失去活性。即对微生物细胞内的核酸进行氧化性损伤，从而抑制细胞的增殖，达到灭菌效果。强氧化剂必须具备高效的灭菌能力，对设备无腐蚀，灭菌过程中不会生成有害物质，同时在包装材料上的药物残留少。常用的强氧化剂有过氧化氢、臭氧、过氧乙酸、环氧乙烷等。其中，过氧化氢是最常用的灭菌剂，其灭菌力与浓度和温度有关，浓度越高且温度越高，灭菌效力越好。使用过氧化氢的浓度为30%～35%，温度在60～80 ℃比较适宜。灭菌方式采用溶槽浸渍或喷雾方法，使包装容器表面覆盖一层均匀的过氧化氢溶液，然后进行热辐射加热，使存留在包装容器上的过氧化氢和热空气一起蒸发，分解成无害的水蒸气和氧。

(3)综合灭菌法　化学灭菌法会在包装容器和生产设备上产生一定量的残留污染，为保障食品安全，必须严格控制灭菌剂的浓度。因此，单纯的化学法一般难以达到灭菌要求，常与物理灭菌法一起使用，达到更安全可靠的杀菌效果。综合灭菌法一般以过氧化氢处理为主，以加热或紫外线处理为辅，增强化学药剂的灭菌效果，并促使其挥发及分解。

3. 按灭菌工序划分

(1)预先灭菌　预先灭菌指在生产包装材料或容器时即进行灭菌处理，使其保持无菌状态，直到完成包装操作。这种灭菌方式采用成型热进行灭菌，其无菌包装系统比较简单，但对包装材料的包装和保存要求较高，一旦包装材料遭到污染，必然导致无菌包装失败。

(2)现场灭菌　现场灭菌指在进行无菌包装时进行灭菌处理。这种灭菌方式可采用除成型热之外的各种灭菌介质进行灭菌，其无菌包装系统比较复杂，须配备包装材料的灭菌装置。但包装材料的包装和保存比较简单，仅需保持无菌包装系统正常工作，即可生产出合格的无菌包装产品。

6.1.2.3　无菌包装环境

无菌包装环境是指在封口前食品物料和包装容器运行的空间环境是无菌的。保障包装环境无菌是整个无菌包装技术的前提，一般是通过以下几个环节实现。

1. 清洗

食品加工设备在使用过程中会有食品物料的残留、结垢，这会成为微生物的繁衍场所，带来食品安全卫生质量问题，为此，必须对食品加工设备进行及时或定期的清洗，清除设备管壁及容器内壁上残留的食品物料。

食品加工设备有不同的清洗方法:小型简单的生产设备可采用人工清洗;而大型或复杂的食品生产设备系统,多采用就地清洗或现场清洗(CIP)技术,是指在不拆卸、不挪动机械设备的情况下,利用清洗液在封闭的清洗管线中流动冲刷及喷头喷洗作用,对输送食品的管线及与食品接触的机械表面进行清洗。

CIP 清洗系统由清洗液贮罐、加热器、送液泵、管路、管件、阀门等几部分构成。图 6-1 为一种典型的 CIP 清洗系统,图中 3 个容器为清洗的对象设备,它们与管路、阀门、泵及清洗液贮罐等构成了循环回路,其中,管路上的阀门均为自动截止阀,根据控制系统的讯号执行开闭动作。借助管阀组的配合,允许部分设备或管路在清洗的同时,另一些设备正常运行。图中容器 1 正进行清洗;容器 2 正在泵入生产过程中的用料;容器 3 正在出料。

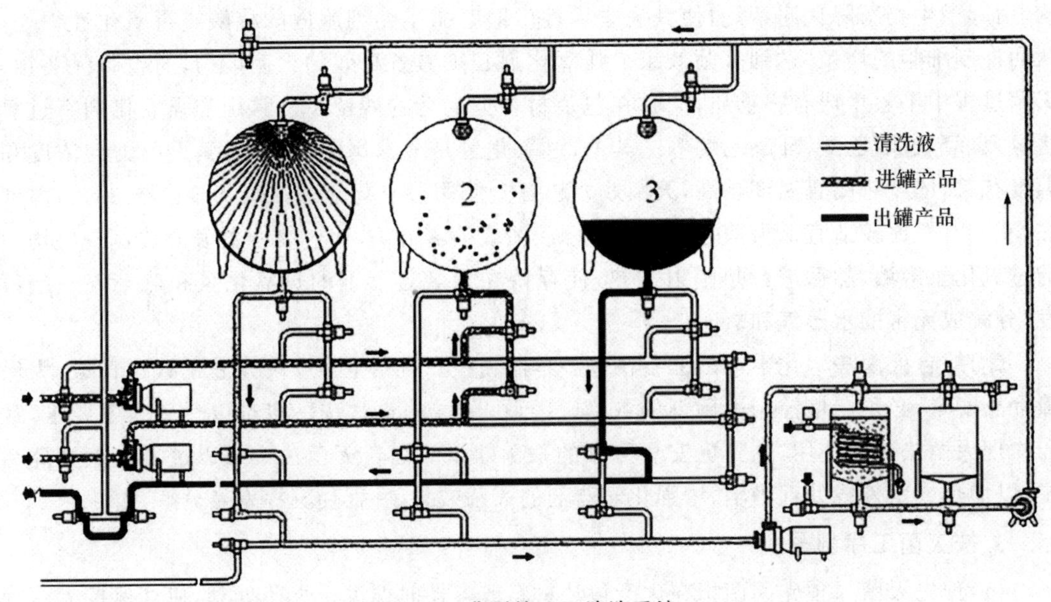

图 6-1 典型的 CIP 清洗系统

CIP 清洗系统有固定式和移动式 2 种。固定式指洗液罐是为固定不动的,与之配套的系统部件也保持相对固定,多数生产设备可采用固定式 CIP 系统。移动式指只有一个洗液罐,并且与泵等构成 1 个可移动单元的 CIP 装置,多用于独立存在的小型设备清洗。

通常依据食品物料性质、生产时间长短选择清洗液和清洗方式,一般有清水洗、碱洗和酸碱洗 3 种方式。清水洗时间比较短,大约 20 min,适用于停机时间短或因故障停机,内部残留少的清洗。碱洗适用于按规定时间进行的清洗,根据产品的不同可 6 h 或 1 d 进行一次。酸碱洗用于长时间停机之前或连续几次碱洗后的长洗。

2. 包装机械灭菌

为避免食品物料染菌,在生产之前,必须对包装机械进行灭菌,一般采用以下 2 种方法。

(1)湿热灭菌 采用热水及高温蒸汽进行灭菌,具有热传递能力高、应用稳定、灭菌效能易监测等优点。来自锅炉的高热水沿着物料管道运行,使管道、阀门及容器的温度控制在 120 ℃以上,保温一段时间后冷却,达到无菌状态。

(2)化学灭菌 常用热碱水洗涤,而后以稀盐酸中和,再用热水冲洗进行灭菌。包装机械在停机不用时,为避免微生物大量繁殖,需清洗完包装机械后,将其残留的水分或液体烘干,不为微生物生存提供条件。

3. 包装环境灭菌

利用加热、化学药剂或紫外线照射等进行包装环境灭菌。

(1)干热灭菌 罐装机械通过干热空气进行空间环境灭菌。加热装置对空气进行加热,使热空气温度控制在 200 ℃以上,通过热传导,使设备的部件温度上升到 160 ℃以上,保温一段时间后冷却。灭菌结束后停止热源,恢复初始状态。这种方法能耗高,一般只用于生产线桶槽的灭菌。

(2)化学灭菌 化学灭菌的灭菌剂包括气体和液体,主要有过氧化物、醇类、逆性皂化物、卤素系、两性界面活性剂等。无菌室的灭菌多采用过氧化氢,通过喷嘴将其喷洒到每个角落,之后开启加热器送上 100 ℃的热风,进行干燥、灭菌。

(3)紫外线灭菌 紫外线灭菌不同于化学灭菌会产生残留,主要用于空气、水及包装材料表面的灭菌,其中,对空气的灭菌最为有效。由于紫外线穿透力弱,湿度对紫外线的灭菌能力有很大的影响,相对湿度在 60%~70%,其灭菌能力急剧下降。

(4)空气调和 食品车间常处在高温高湿下,易于微生物繁殖,因此包装环境温湿度的调整不容忽视。无菌空气调和多采用干式空调系统,其温湿度应符合规定的标准,温度一般为(18±2) ℃,湿度一般为(55±10)%RH。

4. 无菌的保持

无菌包装系统可分为敞开式和封闭式 2 种,其最大区别是封闭式比敞开式多了无菌室,能有效防止微生物污染,在生产中应用广泛。包装环境和设备灭菌后,在生产过程中,无菌室一直通无菌气体,以保持正压,有效防止微生物污染。无菌气体的获得主要通过物理方法除菌,有过滤法、层流法等手段。过滤法采用膜过滤器或高效粒子过滤器,其中,膜过滤器在大压力差下才能工作,滤孔直径仅为 0.2 μm,体积较大的微生物不能通过,但由于细菌等物质会在其表面聚积,滤孔易被堵塞;高效粒子空气过滤器采用动能将空气中的粒子过滤掉,无须压力差,可以挡住 0.3 μm 的粒子,不存在过滤介质被堵的现象。为保证较长时间维持无菌环境,无菌室内应保持正压到生产结束。在实际生产中,多采用密集流线性散流器将无菌空气送入无菌室,保持无菌室的室内正压为 200~400 Pa。

6.1.3 无菌包装系统设备及工作原理

当前,国际上有许多种不同类型的食品无菌包装系统设备,根据包装容器的材料和结构类型不同,可将无菌包装设备分为纸盒无菌包装系统设备、塑料杯无菌包装系统设备、塑料袋无菌包装系统设备、塑料瓶无菌包装系统设备、大袋无菌包装系统设备、马口铁罐无菌包装系统设备和玻璃瓶无菌包装系统设备等。

各种无菌包装系统通常由食品物料灭菌设备、无菌包装设备和 CIP 清洗设备 3 部分组成,产品在密封的管道内连续加工和包装,整个系统的加工和清洗消毒程序及温度、压力等参数均采用微机控制,是高度自动控制的机电一体化系统设备。

6.1.3.1 纸盒无菌包装设备

瑞士 Tetra Pak 公司的利乐包无菌包装设备是比较典型的纸盒无菌包装设备，它将纸坯制成容器、充填并密封，通常包装机生产能力为 4 500～6 000 包/h，有菱形、砖形、屋顶形、利乐冠和利乐王等包装形式，容量从 125～2 000 mL 不等。我国普遍引进的是砖形盒利乐包无菌包装设备，其工作原理如图 6-2 所示。

当包装材料向上传送时，其内表面的聚乙烯层会产生静电荷，来自周围环境的带有电荷之微生物便被吸附在包装材料上，并在接触食品的表面蔓延。所以包装材料经过过氧化氢水溶槽时，经 35%的过氧化氢和 0.3%湿润剂杀菌，达到化学灭菌目的。冷的过氧化氢杀菌效果不好，需加热处理以提高其杀菌效率。当包装材料经过挤压辊时，被挤去多余的过氧化氢液，此后包装材料便形成筒状，向下延伸并进行纵向密封。无菌空气从制品液面处吹入经过纸筒不断向上吹去，以防再度被细菌污染。

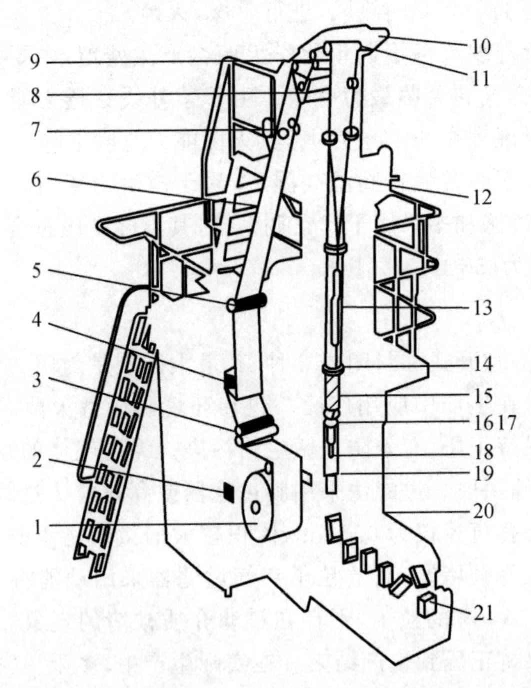

1. 包装材料卷；2. 光敏电阻，发出添加新包装材料卷时的信号；3. 平压辊，压平包袋材料上的皱褶、便于盒子成形；4. 打印装置，在包装材料上打印日期和其他标志；5. 弯曲辊：使包装材料以一定的曲率上升；6. 接头记录器；7. 封条粘贴器；8. 过氧化氢浴槽；9. 挤压辊，挤去包装材料表面上多余的过氧化氢；10. 空气收集罩，收集由纸筒上升的空气；11. 顶曲辊，使包装材料向下弯曲，并由一组辊件使包袋材料从平面转折为圆筒形；12. 无菌液态制品充填管，其外还有一套管，无菌热空气从内外管间隙吹到加热器底端，使其折向往上流动，以便使制品液面和纸筒之间充满无菌过压热空气；13. 纸筒纵缝加热器，加热包装材料卷筒两边叠接纵缝；14. 纵缝封口环，使封条塑胶带将包装材料两边加压黏合构成纵缝；15. 环形加热管，产生辐射高热，使纸筒内壁消毒杀菌，同时使纸筒制品液面以上空间保持无菌；16. 纸筒内液面；17. 不锈钢浮标：控制纸筒内液面；18. 充填管的管口；19. 纸筒横向封口钳：纸筒装满制品后，高热横向封口钳在液面上将纸筒横封并切断；20. 接头纸盒分拣装置：由接头记录器记录的带接头的纸盒从 20 处自动排出；21. 完全密封纸盒经上下曲折角和成型后形成砖形包装盒，此处分左边或右边推至输送带，送往装箱处

图 6-2 砖形盒利乐包无菌包装设备工作原理

6.1.3.2 塑料杯无菌包装设备

塑料杯的无菌包装设备有热成型和预制杯 2 种类型：热成型杯有 Erca、Thermoform 和 Bosh 等公司生产的机型；预制塑料杯有 Metal Box 公司的系统等。其中，不同于其他热成型或预制杯的包装材料需采用过氧化氢灭菌，Erca 公司的塑料杯无菌包装设备的包装材料采用一种中性无菌 NAS 片材，不需用过氧化氢灭菌。NAS 片材的结构如图 6-3 所示，为 6 层结构，最内层 PP 层为无菌保护膜层。因采用共挤法生产，工作温度达 300 ℃左右，可保持 PE 层表面无菌。

HIPS
EVA
PVDC 或 EVCH
EVA
PE 或 PS
PP

图 6-3　NAS 片材的结构

Erca 公司 NAS 塑料杯无菌包装机的结构类似于热成型真空包装机，但杯材的热成型、充填、热封均在封闭的无菌室内进行，然后分割成 4 或 6 个一组的成品。图 6-4 为其无菌包装设备工作原理：片材卷 1 的片材在被输送链 9 夹持输送时，其无菌保护膜被牵引到保护膜回收卷 2；片材进入无菌室，步进地往前输送，在加热装置 3 内预热，而后进入热成型模 11 成杯。标材从标材卷牵引至分割和插标装置 12，分割成单个标条并插入成型模，利用杯体成型余热和吹塑压力与杯体贴合，成型和贴标后的塑料杯步进至灌装装置 5，由凸轮驱动活塞泵和滑阀将已杀菌的饮料或酱料定量灌装注入杯内；盖膜从膜卷 7 牵引进入热封模 10 之前，其保护膜被剥离并由卷筒 6 收卷；塑料杯与盖膜被热封模热封后步进送到分割模 8 分割，继而送出机外。

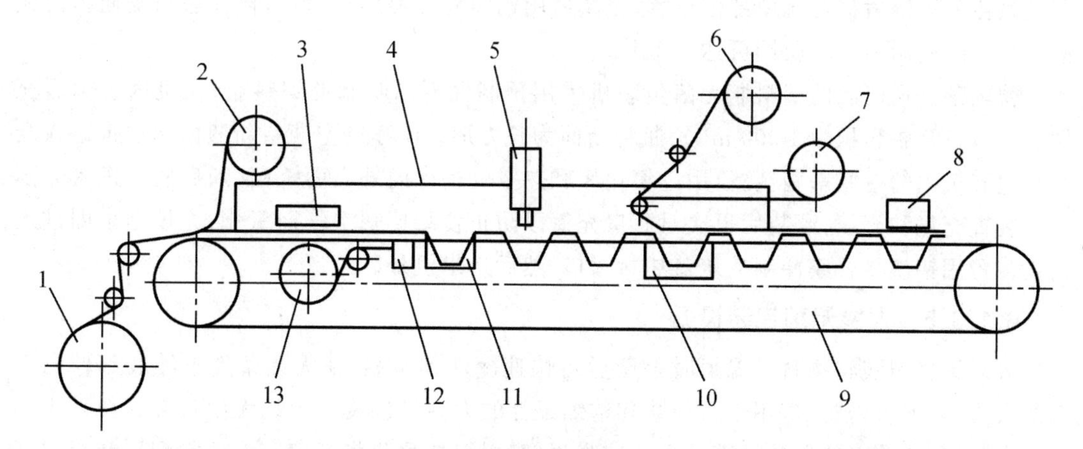

1. 片材卷；2、6. 保护膜回收卷；3. 片材加热袋置；4. 无菌空气室；5. 灌装装置；7. 盖材卷；8. 塑料杯分割模；9. 片材驱动链；10. 热封模；11. 成型模；12. 标材分割和插标装置；13. 标材卷

图 6-4　Erca 公司 NAS 塑料杯无菌包装机工作原理

6.1.3.3 塑料袋无菌包袋设备

塑料袋无菌包装设备以加拿大 DuPotn 公司的百利包和芬兰 Elecster 公司的芬包为代表,两者都为立式制袋充填包装机。Elecster 公司的 FPS-2000LL 型设备由薄膜牵引与折叠装置、纵向与横向热封装置、袋切断与打印机构、计数器、膜卷终端光电感应器、过氧化氢和紫外灯灭菌装置、无菌空气喷嘴和定量灌装机构等组成。

包装薄膜经 10%过氧化氢浸渍杀菌并刮除余液,再经紫外灯室(由上部 5 根 40 W 和下部 13 根 15 W 紫外灯)紫外线的强烈照射杀菌,而后引入成形器折成筒形,进行纵向热封、充填、横封切断并打印而成包装袋成品。无菌空气经高温蒸汽杀菌和特殊过滤筒获得,引入无菌包装机后分为两路,一路送入紫外灯灭菌室,一路送入灌装室上部以 0.15～0.2 MPa 的压力从喷嘴喷出,保持紫外灯室、薄膜筒口和灌装封口室内无菌空气的过压状态,以避免外界带菌空气的侵入。

6.1.3.4 塑料瓶无菌包装设备

塑料瓶无菌包装通常采用吹塑工艺制成瓶后无菌充填并封口,因容器形状复杂,表面积大,其无菌包装设备比较复杂。目前有两种塑料瓶无菌包装设备:一种是吹塑制瓶时构成无菌状态并充填和封口;另一种是制瓶后在无菌包装设备内再消毒灭菌并无菌充填和封口。

Rammlay 公司采用吹制/充填/封盖包装技术,即在塑料瓶成型的同时将食品充入瓶内并封盖,包装材料为 PE 或 PP,成型与充填工艺为:先将塑料厚料加工成雏形管状,然后将底部封口,接着向管内吹无菌空气,将雏形管吹成所需要的成型容器,同时将食品充填进去,并将瓶口密封。这种无菌包装塑料瓶可广泛用于牛奶和饮料的包装,成本较低。

Stoek 公司的塑料瓶无菌包装是在塑料瓶成型线吹塑成型后,与灌装线组合连续进行无菌充填和封口,灌装线为法国 Serac 公司制造的无菌灌装机、塑料瓶吹塑机置于无菌箱内,聚乙烯原料在挤出机挤出的温度为 200～220 ℃,挤出后用无菌空气吹制成瓶,筒内的无菌空气以层流状态从下方流入,从而构成塑料瓶无菌状态、塑料瓶在无菌充填封口机内,瓶口用过氧化氢灭菌后移至充填部位充填,充填后用铝塑复合膜热封封口,再在瓶口盖瓶盖。无菌塑料瓶装奶制品的保质期可达 3 个月。

德国某公司研制的塑料瓶无菌包装机采用预制聚丙烯吹制的塑料瓶,在机内灭菌后充填和封口,PP 瓶容积为 1 000 mL。瓶身断面为长方形。洗净的空瓶或新瓶由输送带送入全密封包装机内的空瓶杀菌装置,用过氧化氢和热空气进行内外表面杀菌,随后瓶子进入无菌充填装置充氮和充填,灌装后再次对瓶口充氮以防止食品接触空气而氧化;充填结束即进入封盖装置用铝塑复合膜冲制的瓶盖热封封口,然后送出机外。

6.1.3.5 大袋无菌包装设备

大袋无菌包装将物料高温短时杀菌后再快速冷却到室温,在无菌条件下灌装到预先杀菌的大袋内,加盖密封,常用于番茄酱和浓缩果汁的大容量包装。大袋无菌包装材料采用铝塑复合膜,包装前必须保持无菌。在灌装高黏度物料(如番茄酱等)时,设备常配置刮板式高温杀菌系统,物料经泵站送到二组刮板式加热器快速加热杀菌,并经保持器保温一段时间,接着通过四组刮板式热交换器迅速冷却至室温送至无菌包装机。

大袋无菌包装机由无菌灌装头、加热系统、抽真空系统、计量系统和计算机控制系统组成，并有两个无菌灌装室，工作时相互交替使用，其工作程序可分为设备清洗、设备杀菌、无菌灌装 3 个过程。将无菌大袋的袋口放入无菌灌装室，夹在下面夹爪上，喷入灌装室的氯气包围住袋口，为袋盖灭菌，然后机械手在计算机控制下拨掉袋盖，抽掉袋内空气，灌入杀过菌的物料，灌满后抽去袋内多余气体，并充入氮气和盖好盖子，完成全部灌装过程。灌装时，为保证无菌环境，机器各运动部件全部用蒸汽密封。所使用的压缩空气经过过滤除菌，灌装室始终保持正压以免外界带菌空气侵入。

6.1.3.6 马口铁罐无菌包装设备

马口铁罐无菌灌装设备主要为美国的多尔无菌灌装系统。该系统由空罐消毒器、罐盖消毒器、无菌灌装室、无菌封罐机、和控制仪表组成。

空罐消毒器是个绝热的隧道，隧道的下部为煤气燃烧器和过热蒸汽发生器，能产生 262 ℃ 过热蒸汽为空罐消毒；隧道上部为空罐消毒通道，过热蒸汽从顶部和底部的蒸汽分配管送入，空罐消毒时间由输送带的速度来调节。

灌装室是一个紧接在室气消毒器后的无菌隧道，隧道上部连接制品输送管道，空罐在通过隧道时，上部开口的狭缝或装置的多孔灌装器将产品直接注入罐内，其灌装程度由产品的流动速度控制。无菌封罐机的加盖和卷封操作与普通封罐机相同，但前者是在过热蒸汽的绝对无菌环境下进行。

6.1.3.7 玻璃瓶无菌包装设备

美国 Dole 公司的玻璃瓶无菌包装设备是比较有代表性的玻璃瓶无菌包装系统设备，如图 6-5 所示。该系统由空瓶消毒器、无菌环缝灌装器、瓶盖贮盖和消毒器及压盖式无菌封瓶机组成。整个系统采用过热蒸汽对瓶和瓶盖进行消毒和保持灌装及封盖时的无菌状态，空瓶送入消毒器内气阱，先抽成高真空以使气阱和瓶内空气净化，随后受到 0.4 MPa，154 ℃的湿蒸汽消毒 1.5～2 s。由于瓶子仅表面受瞬时高热，因而瓶子进入灌装器前很快冷却到 49 ℃左右。灌装器事先杀菌消毒，并通入 262 ℃过热蒸汽保持无菌，直注式环缝灌装器将等速流动的无菌产品注入瓶内。无菌压盖机类似普通的自动蒸汽喷射真空封瓶机，但用过热蒸汽保持无菌，可用于回旋盖和压旋盖封口。瓶盖从贮盖器自动定向排列送至瓶盖消毒器，用过热蒸汽消毒后自动放置在进入加盖机且已罐装的瓶口上，随后自动压盖、包装成品送出机外。

6.1.4 高新技术在无菌包装中的应用

6.1.4.1 微波连续灭菌技术

生物体内的极性分子在微波场中产生强烈的旋转效应，这种旋转会使微生物的营养细胞失去活性或破坏微生物的酶系统，造成微生物的死亡。当前，对微波灭菌的研究还不够充分，如，功率消耗、微波防护、对常见菌种的热死系数、对有益的氨基酸的影响等还不明确。可以预测，微波灭菌在固体食品灭菌方面会先得到应用。

6.1.4.2 静电灭菌

静电灭菌利用电场放电形成的粒子空气和臭氧，实现良好的灭菌效果。其原理在于臭

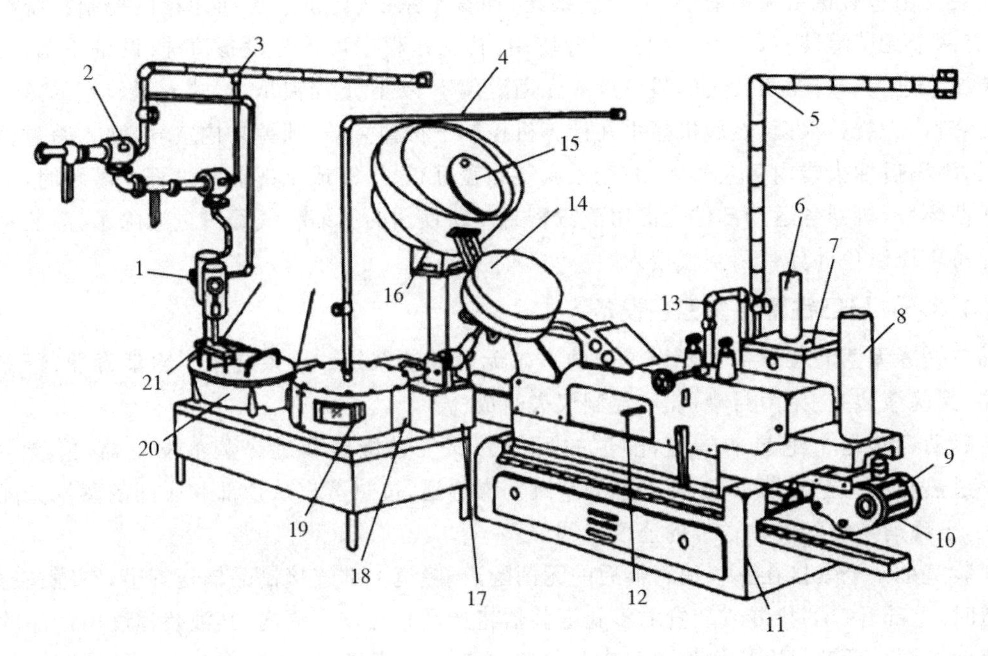

1. 真空缓冲罐和压强计；2. 一级蒸汽喷射泵；3. 锅炉蒸汽；4. 加工房过来的灭菌产品；5. 过热蒸汽；6. 排气筒（烟囱）；7. 过热蒸汽发生器；8. 排气筒；9. 卸瓶；10. 压盖器运输带；11. 封瓶机；12. 观测室；13. 过热蒸汽；14. 瓶、盖消毒器；15. 储盖器；16. 消毒瓶传送；17. 瓶盖消毒器的传动机械；18. 环缝灌装器；19. 视镜；20. 空瓶消毒器；21. 蒸汽缓冲罐和压力计

图 6-5　Dole 玻璃瓶无菌包装设备

氧与水形成臭氧水，具有强氧化电极电位，对微生物细胞壁中的磷脂、蛋白质有破坏作用，臭氧进入细胞后会破坏酶和遗传物质，从而杀灭微生物。臭氧水的灭菌速度快，同时臭氧对环境灭菌也非常有效，还可去除异味，可用于瓶罐装食品、粮谷类、果蔬类食品的灭菌与保鲜。

无菌包装技术可最大限度减少食品在杀菌包装过程中的营养成分和原有风味损失，延长食品的货架寿命，降低包装费用。随着人们生活水平的不断提高，人们消费意识在加强，消费观念在转变，我国的无菌包装行业将面临新的发展机遇和空间。未来无菌包装将继续朝着包装材料多样化、杀菌方法多元化的方向迈进，将重点攻克高黏性食品、固体食品、低酸性食品、含大颗粒液体食品的无菌包装工艺问题。

6.2　食品收缩包装

学习目标

1. 掌握食品收缩包装技术的概念、原理和特点
2. 了解常见的热收缩薄膜类型，并熟悉其特性
3. 掌握热收缩包装的工艺和包装方式
4. 熟悉热收缩包装的设备类型

食品收缩包装是指利用具有热收缩性能的塑料薄膜包裹食品,然后迅速加热处理,塑料薄膜将按照一定的比例收缩,并紧贴在食品表面的一种包装形式。因它通过加热的方式让热收缩薄膜收缩,以包裹食品,故又被称为热收缩包装。

热收缩包装技术始于20世纪60至70年代得到迅速发展。目前,在经济发达国家,热收缩包装已被广泛应用于食品的运输包装和销售包装,不仅适应于单件商品的包装,也适应于多件商品的集合包装,还可用于收缩套筒标签。在国内,越来越多的食品也已广泛使用这种包装方法。

6.2.1 热收缩包装的原理

塑料包括无定型塑料和结晶型塑料。在生产薄膜的过程中,塑料受热熔融,其大分子间的作用力减弱,大分子成无序排列,即使在薄膜冷却后,只要其温度低于软化点,大分子仍是无规则状态。

将塑料再加热至低于熔点、高于玻璃化转变温度时,对薄膜进行拉伸,大分子链就会沿外力作用方向(拉伸方向),进行有规则的定向排列。这时迅速对薄膜进行冷却,分子链段的定向就被冻结起来。当重新对薄膜进行加热时,由于分子链段的活动,高聚物有一种恢复其拉伸前尺寸的趋势(记忆功能),被拉伸定向的薄膜产生应力松弛,已定向的薄膜发生解取向,薄膜就沿原来拉伸方向,收缩恢复到初始尺寸。

热收缩包装正是利用塑料薄膜的这种形态记忆效应而发展起来的包装技术,即将大小适度(一般比被包装物规格大10%～20%)的热收缩薄膜套在被包装食品外面,然后用热风烘箱或热风喷枪加热几秒钟,薄膜会立即收缩,达到包裹食品,便于食品运输、销售的目的。

图6-6为热收缩包装的一种工艺流程,上、下卷筒的热收缩薄膜将被包装物品覆盖后,进行热封处理实现物品的初始裹包;而后经热收缩通道,使热收缩薄膜收缩,紧紧包裹物品,实现物品的热收缩包装。

热收缩包装在食品包装中能得到广泛而迅速的发展,主要因为它具有以下很多种优点。

(1)热收缩包装可将切片的或松散的异形食品,如蔬菜、水果、饼干、鱼肉类等,紧缩成为一个整体,便于运输和销售。

(2)热收缩薄膜的分子链或特定的结晶面与薄膜表面平行定向,具有良好的透明性,收缩后紧贴食品,可显示食品的外观造型和色泽,提升产品的市场竞争。

(3)热收缩包装具有良好的密封、防潮、防污性能,可延缓食品的腐败变质,延长食品的保鲜期。

(4)热收缩包装的薄膜收缩比较均匀,具有一定的韧性,棱角不易撕裂,其缓冲性和韧性又能防止食品运输过程中因振动和冲击而被损坏。

(5)热收缩包装的包装工艺和包装设备比较简单,具有通用性,节省人力和包装费用,并可部分代替瓦楞纸箱和木箱。

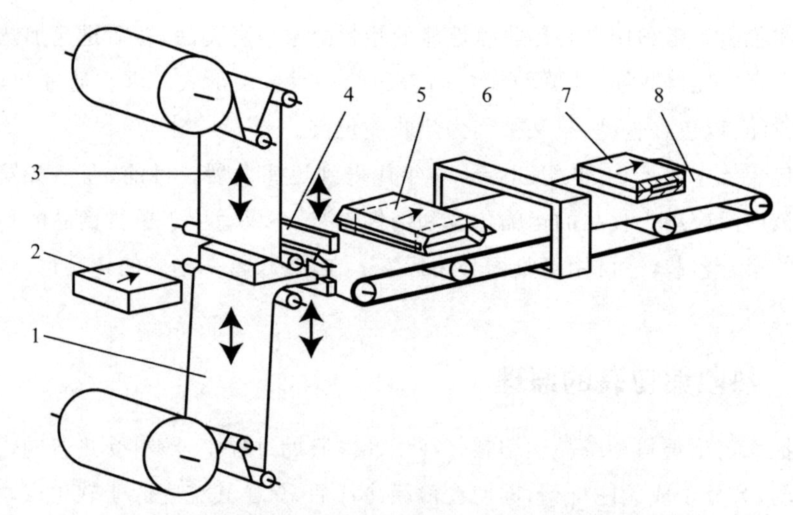

1.下卷筒热收缩薄膜;2.被包装物品;3.上卷筒热收缩薄膜;
4.横封加热条;5.裹包物品;6.热收缩通道;7.包装件;8.传送带。

图 6-6 热收缩包装的工艺过程

6.2.2 热收缩薄膜的制备及性能指标

6.2.2.1 热收缩薄膜的制备

普通塑料薄膜常采用挤出法、压延法或流涎法制得,延伸率为1:2。给予片状薄膜或筒状薄膜一定的温度,并将其在纵向或横向上拉伸数倍,使薄膜在凝固前被拉伸的比例增至(1:4)～(1:7),即可制得具有热收缩性的薄膜。

为满足热收缩包装的要求,必须采取特殊的工艺制备热收缩薄膜,根据热收缩薄膜的制造方式,可大致分为:单向热收缩薄膜,薄膜在制备时只向一个方向拉伸;双向热收缩薄膜,薄膜在制备时朝纵横2个方向拉伸,且延伸量基本相等。图6-7给出了单向热收缩PP薄膜的生产工艺流程。

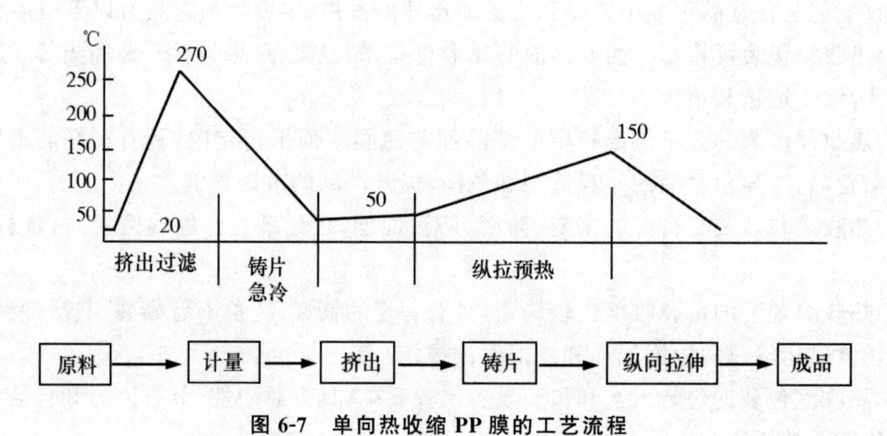

图 6-7 单向热收缩 PP 膜的工艺流程

双向热收缩薄膜的生产方法主要有管膜法和平膜法。管膜法属双向一步拉伸法;平膜法又分为双向一步拉伸和双向两步拉伸两种方法。管膜法具有设备简单、投资少、占地小、无边料损失、操作简单等优点，但因生产效率低、产品厚度公差大等缺点已很少使用。双向一步拉伸法制得的产品纵横向性能均衡，拉伸过程中几乎不破膜，但设备复杂、制造困难、价格昂贵、边料损失多、难以高速化、产品厚度受限制等问题，目前未得到大规模采用。而双向两步拉伸法设备成熟、生产效率高、适于大批量生产，被绝大多数企业所采用。图 6-8 给出了双向热收缩 PP 薄膜的生产工艺流程。

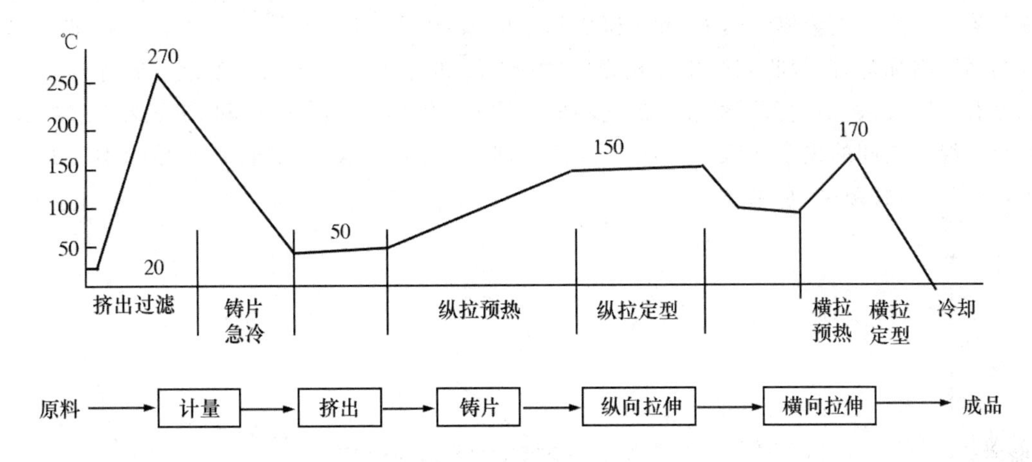

图 6-8　双向热收缩 PP 膜的工艺流程

双向热收缩薄膜的适用范围很广，可用于包装新鲜食品或食品的托盘包装等；单向薄膜常用于管状收缩包装和标签包装，如酒类容器的标签包装，矿泉水、饮料瓶上的标签包装，塑料瓶和玻璃瓶盖的密封包装及新鲜果蔬等的套管包装等。

6.2.2.2　热收缩薄膜的性能指标

为满足食品收缩包装需求，热收缩薄膜应满足一定的性能要求，常用以下几个重要指标评价热收缩薄膜的性能。

1. 收缩率和收缩比

收缩率包括纵向和横向。测试方法是先量出薄膜的长度 L_1，然后将薄膜浸放在 120 ℃ 的甘油中 1～2 s，取出用冷水冷却，再测量其收缩后的长度 L_2，按下式进行计算：

$$收缩率(S)=\frac{L_1-L_2}{L_1}\times 100\% \tag{6-1}$$

当前，热收缩包装中的薄膜，一般要求纵横向的收缩率相等，约为 50%；也有单向收缩薄膜，收缩率为 25%～50%，还有纵横 2 个方向收缩率不相等的偏延伸薄膜，而纵横 2 个方向收缩率的比值称为收缩比：

$$收缩比(R)=\frac{S_1}{S_2} \tag{6-2}$$

式中，S_1—纵横方向上收缩率较大的值，S_2—纵横方向上收缩率较小的值。

2. 收缩张力

收缩张力指热收缩薄膜收缩后施加给包装物的张力，与薄膜纵横向的拉伸强度成正比。

收缩张力的大小与被包装产品密切相关。对于金属罐等刚性产品,可允许热收缩薄膜有较大的收缩张力;而对于一些易碎或易褶皱的产品,若收缩张力过大,产品会产生变形甚至损坏。因此,热收缩薄膜的收缩张力必须适当。

3. 收缩温度

热收缩薄膜收缩行为的发生具有一定的温度范围,当加热到一定温度时开始收缩,而温度升到一定高度又会停止收缩,此范围内的温度称为收缩温度。在包装过程中,包装件在热收缩通道内加热,薄膜收缩产生预定张力时所达到的温度也称为收缩温度。收缩温度与收缩率有一定关系,不同薄膜的收缩温度不同。图 6-9 给出了 PE、PVC 和 PP 3 种薄膜收缩率和收缩温度之间的关系曲线。在收缩包装中,收缩温度越低,对被包装产品的不良影响越小,特别是新鲜蔬菜、水果等。

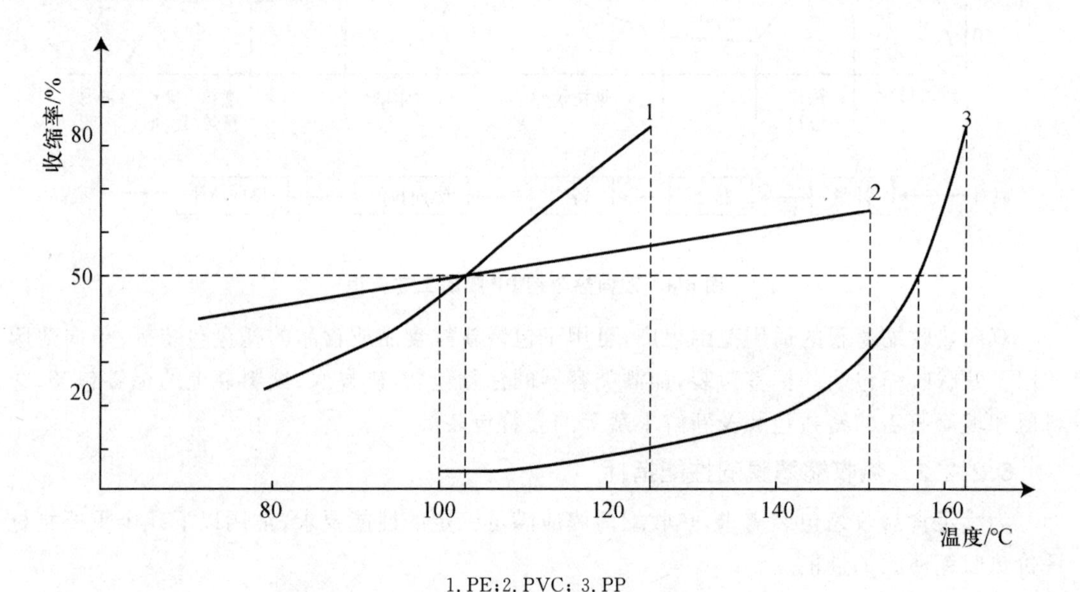

1. PE;2. PVC;3. PP

图 6-9 收缩温度与收缩率曲线

4. 热封性

在热收缩包装中,薄膜在加热收缩前,须先进行封合,使被包装物处于封闭的收缩薄膜中,这要求封缝具有较高的强度,能承受住薄膜的收缩张力。包装常用的封合方法有热封法、脉冲熔断封接法、辐射封接法、超声波封接法。其中,热封法是最常用的方法,为防止封口时薄膜产生热收缩,应快速封合,最好在封合后立即采取及时冷却措施。

6.2.3 常见的热收缩薄膜及特性

热收缩薄膜最初以聚氯乙烯(PVC)热收缩膜为主,随着市场需求的不断发展,聚乙烯(PE)、聚丙烯(PP)、聚酯(PET)、聚偏二氯乙烯(PVDC)、双向拉伸聚苯乙烯(BOPS)、环保型多层共挤聚烯烃(POF)等热收缩膜迅速出现,并逐步成为市场主流。

6.2.3.1 PVC 热收缩膜

PVC 热收缩膜由氯乙烯单体聚合成聚氯乙烯树脂,再对聚氯乙烯树脂进行化学改性,经吹塑法或压延法生产而成。PVC 热收缩膜的成本低廉,透明性好,收缩率较高,在 40%~60%之间,且其抗拉伸强度较大,温度收缩范围较宽,对热源的要求不高,主要加工热源是热空气、红外线或二者的结合。但 PVC 热收缩膜的环保性差,一次使用后难以降解,燃烧时又产生毒气,不利于环境保护,在欧洲、日本已禁止使用。且 PVC 和 PET 的相对密度非常接近,均在 1.33 左右,就目前的技术水平而言,在回收过程中很难将两者区分开来,故难以回收利用。在我国,由于对环保要求不是很高,市场销售形势比较好,在热收缩标签领域 PVC 仍是最主要的材料。

6.2.3.2 PVDC 热收缩膜

PVDC 是一种无毒无味、安全可靠的高阻隔性材料,共聚物的分子结构对称,间凝聚力强,氧分子和水分子难以在其分子中移动,高的结晶度和高密度,使 PVDC 热收缩膜具有良好的隔氧性、隔气性和保味性,且它可直接与食品进行接触,印刷性能优良,被广泛应用于冷鲜肉的包装。利用 PVDC 热收缩膜高收缩性、高阻隔性的特点,采用真空包装机对冷鲜肉进行包装,所包装的冷鲜肉食品不仅外观好看,同时可长久保持新鲜度。在欧美、澳洲等地,PVDC 热收缩膜被广泛用于鲜牛肉的包装,可使鲜牛肉的保质期延长将近 2 个月。在我国,PVDC 热收缩膜多用于鲜猪肉的包装,新鲜度可达 15 d 以上。随着人民生活质量的提高和生活节奏的加快,PVDC 热收缩膜在冷鲜肉的工业及家用保鲜包装方面,将会出现较大的增长。

6.2.3.3 PE 热收缩膜

PE 是透明的热塑性塑料,它柔韧性好,抗撞击、抗撕裂性强,不易破损、不怕潮、收缩率大,广泛适用于酒类、易拉罐类、矿泉水类等各种饮料的整件集合包装。常用的有三大类,即低密度聚乙烯薄膜(LDPE)、高密度聚乙烯薄膜(HDPE)和线性低密度聚乙烯薄膜(LLDPE)。3 种聚乙烯的单体一样,但合成的工艺条件不同,生成了 3 种不同的品种,3 种材料的性能差异较大。LDPE 化学性能稳定,不溶于一般的溶剂,阻湿性、耐药性优良,透明性、热封性好,但透气性大,保香性差。HDPE 抗张强度和耐冲击强度大,化学稳定性、防潮性、耐油性均优于 LDPE,但延伸性小,外观为半透明乳白色,光泽差。LLDPE 柔软且韧性好,有良好的抗张强度和冲击强度,耐油性、耐化学性均优于 LDPE,无毒无味,透明性和光泽性好。

6.2.3.4 PET 热收缩膜

PET 热收缩膜柔而韧,强度高,低温下不会发硬和变脆;热封时,不会产生有毒、有味气体;燃烧时亦无毒且发热小,是一种理想的绿色包装材料。它收缩率高,在一个方向上发生 70%以上的热收缩,收缩快、低温收缩性好,具有优良的热封性能,适用于高速包装设备。比重轻,成本又低,可显著提高经济效益;光泽度高,透明性好,包装效果佳;阻隔性好,防湿性能优良,无毒无害,安全可靠,特别适用于食品包装。

6.2.3.5 BOPS 热收缩膜

BOPS 热收缩薄膜具有刚性大、强度高、稳定性好,光泽度、透明度优良,加工方便等优点。它弥补了传统吹胀工艺生产的热收缩膜的缺陷,其横向收缩率可高达 80%。这种优越的收缩性能，可让其在不同形状的食品上实现紧贴，凸显出食品的自身形貌，也可取得防爆裂及密封卫生的效果。

BOPS 除满足各种形态迥异的食品包装外，还容易着色，分辨率高，平整性好，能印制精美图文，且能进行宽幅高速印刷，印刷损耗率低，解决了 PVC 热收缩膜只能进行窄幅印刷的问题，从而减少浪费，提高生产效率，为制作商带来更高的利润。

6.2.3.6 POF 热收缩膜

POF 热收缩膜以乙烯/丙烯共聚 EPC、丙烯均聚 PP、乙烯/丙烯/丁烯 3 层共聚 EPB、LLDPE 为原材料，在专用设备上经特殊工艺，将内、中、外 3 层共同挤压而制成的高品质热收缩薄膜。POF 同时具备了 PE 和 PP 的所有优点与长处，其卓越的性能又远优于单纯的 PE、PP。其产品具有无毒环保、透明度高、收缩率高、热封性能良好、表面光泽度高、韧性好、抗撕裂强度大、热收缩均匀以及适合全自动高速包装等特点，是目前国际上使用最广、最为流行的环保型热收缩卫生包装材料，正在成为国内提升消费质量，引导健康消费的热销产品。

6.2.4 热收缩包装工艺

热收缩包装有手工热收缩包装和机械热收缩包装 2 种方法。

手工热收缩包装用手工对被待包装食品进行裹包，而后用手提式热风喷枪等工具对被包装物吹热风，完成食品收缩包装。这种方法简单迅速，方便而且经济，主要是对不适合或不方便使用机械包装的食品进行包装，如超市小批量（或单件）食品的热收缩包装或体积较大的异型产品的热收缩包装。

机械热收缩包装方法最为常用，一般分两步进行。首先，用热收缩膜将产品裹包起来，并热封必要的口与缝，即进行预包装；而后是热收缩，即将预包装的产品放在热收缩设备中加热。

6.2.4.1 预包装

预包装时，热收缩薄膜的尺寸应比待包装食品的尺寸大 10%～20%。若尺寸太小，则充填不便，收缩张力会过大，可能将薄膜拉破；若尺寸太大，则收缩张力将不够，引起包不紧或不平整现象。所用收缩薄膜的厚度可以根据待包装食品的大小、重量以及所要求的收缩张力来决定。如 PE 热收缩膜一般使用的厚度为 80～100 μm。

6.2.4.2 热收缩

热收缩操作所用设备为热收缩包装机（也称为热收缩通道或热收缩隧道），主要由传送带、加热室和冷却装置 3 部分组成，如图 6-10 所示。加热室中有加热通风装置和恒温控制装置。可用电热、燃油、煤气或远红外线等加热方式作为加热器。为了使包装件各部分能大致同时收缩，吹风口需恰当配置，并合理设置风速。为了加速收缩过程，并让收缩均匀，热风一般采用强制循环模式。因不同热收缩薄膜具有不同的特性，应根据包装作业的薄膜特性合理地选择热收缩通道。

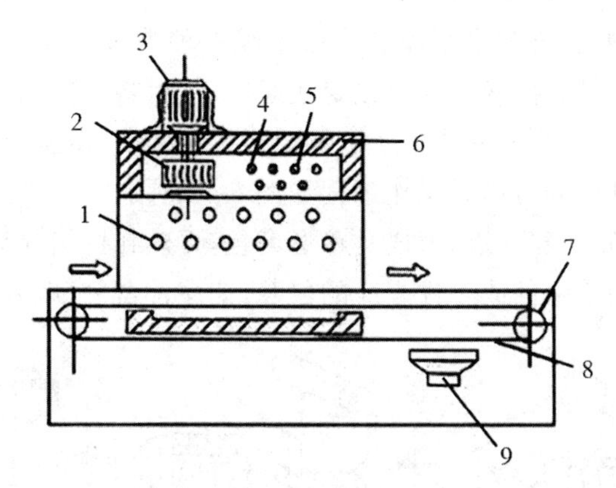

1. 热风吹出口；2. 热风循环用风扇；3. 风扇电机；4. 加热元件；5. 温度调节元件；
6. 加热通道；7. 驱动轮；8. 传送带；9. 冷却风扇

图 6-10 热收缩通道示意图

热收缩操作时，先将预包装好的食品放在传送带上，并以规定的速度输送进加热通道，采用热空气吹向预包装好的食品进行加热，食品外部的薄膜将自动收缩，裹紧食品。热收缩完毕后，传送带将包装好的食品输送出加热通道，自然冷却后即可从传送带上取下，也可以根据包装食品的大小、热收缩薄膜的种类和薄膜的热收缩温度高低，在输送出加热通道后，采用冷风扇进行加速冷却。

6.2.5 热收缩包装方式

热收缩包装的方式主要体现在预包装作业上，常用的热收缩薄膜形式有平膜、筒状膜和对折膜 3 种，可根据不同包装方式选择。热收缩包装方式有以下几种。

6.2.5.1 两端开放式

用筒状膜或平膜先将被包装物裹在一个套筒里然后再进行热收缩作业，包装完成后在包装物两端均有一个收缩口。

(1)当采用筒状膜时，先将筒膜开口撑开，再借助滑槽将产品推入筒膜中，然后切断薄膜。如图 6-11 所示。这种方式比较适合于圆柱体形食品的裹包，如饮料瓶罐等。用筒状膜包装的优点是减少了 1～2 道封缝工序，外形美观，缺点是不能适应产品多样化要求，只适用于单一产品大批量生产的包装。

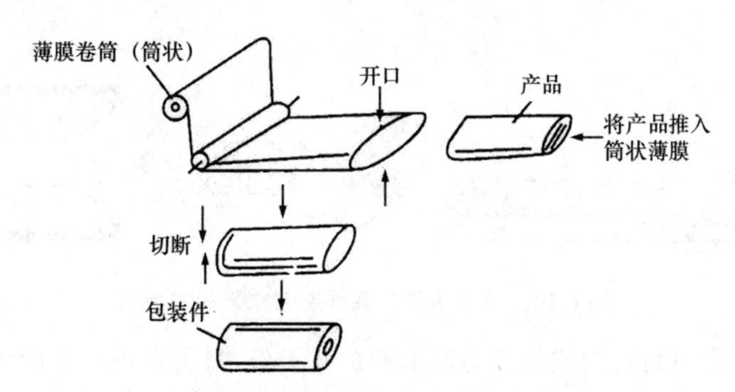

图 6-11 筒状薄膜的两端开放式包装

(2)用平膜裹包物品，有单张平膜和双张平膜 2 种裹包方式。用双张平膜时，在前一个包装件完成封口剪断的同时，两片膜就被封接起来，然后将产品用机器或手工推向直立的薄膜，到位后封剪机构下落，将产品的另一个侧边封接并剪断，薄膜裹包的产品经热收缩后，包装件两端收缩形成椭圆形开口，其操作过程如图 6-12 所示。用单张平膜时，先将平膜展开，将被裹包产品对着平膜中部送进，形成马蹄形裹包，再热封搭接封口。用平膜包装不受产品品种变化的限制，多用于单件或多件产品的包装，如多件盒装、瓶装产品。

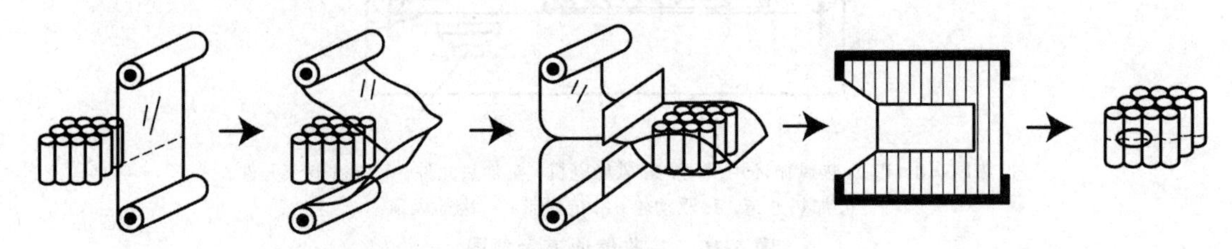

图 6-12　双张平膜的两端开放式包装

6.2.5.2　四面密封式

对于需要密封的产品，将产品四周用平膜或筒状膜包裹起来，接缝采用搭接式密封。

(1)对折膜可采用 L 形封口方式，如图 6-13 所示，采用卷筒对折膜，将膜拉出一定长度置于水平位置，用机械或手工将开口端撑开，把产品推到折缝处。在此之前，上一次热封剪断后留下一个横缝，加上折缝共 2 个缝不必再封，因此用一个 L 形热封剪断器从产品后部与薄膜连接处压下并热封剪断。一次完成一个横缝和一个纵缝。操作简便，手动或半自动均可，适合包装异形及尺寸变化多的食品包装。

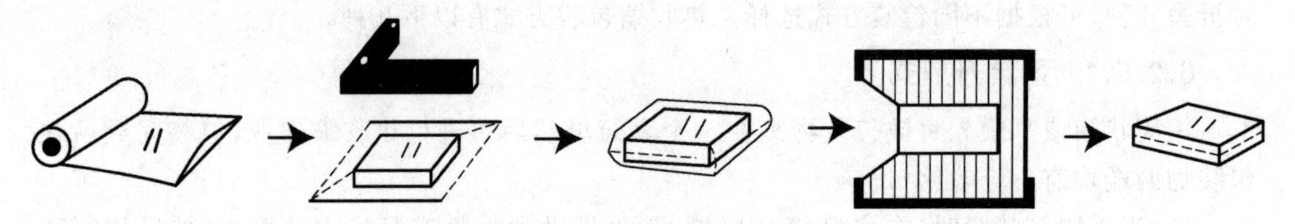

图 6-13　对折膜的四面密封式 L 形封口

(2)单张平膜可采用枕形袋式包装。这种方法是用单张平膜，先封纵缝成筒状，将产品推入其中，然后封横缝切断制成枕型包装或者将两端打卡结扎成筒式包装，操作过程如图 6-14 所示。

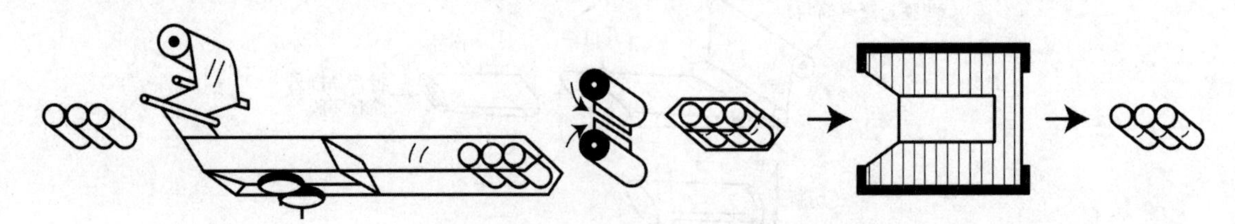

图 6-14　单张平膜的四面密封枕形袋式包装

(3)用双张平膜四面密封式包装与两端开放式类似，只需在机器上配备两边封口装置即可完成，如图 6-15 所示。

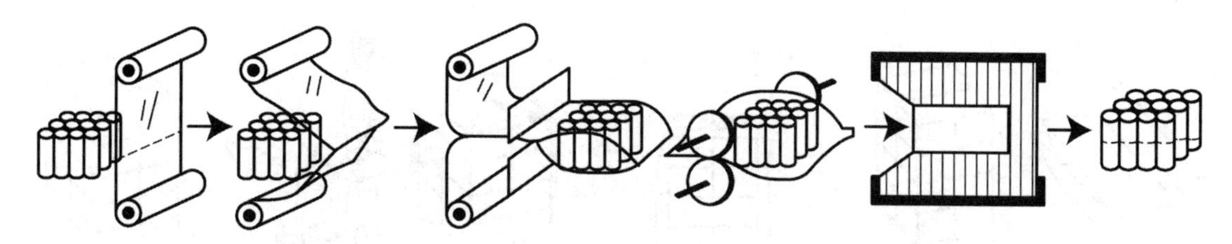

图 6-15　双张平膜的四面密封式

(4)用筒状膜裹包,则只需在筒状膜切断的同时进行封口、刺孔,然后进行热收缩,如图6-16所示。由于四面密封方式预封后,内部残留的空气在热收缩时会膨胀,使薄膜收缩困难,影响包装质量,因此在封口器旁常有刺针,热封时刺针在薄膜上刺出放气孔,在热收缩后小孔常自行封闭。

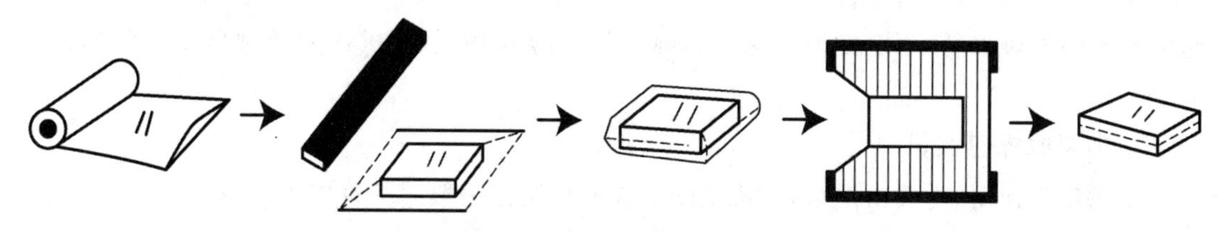

图 6-16　筒状膜的四面对面密封

6.2.5.3　一端开放式

托盘收缩包装是一典型实例,先将薄膜制成方底大袋,再将大袋自上而下套在堆叠商品托盘上,然后进行热收缩。如图6-17所示,将装好产品的托盘放在输送带上,套上收缩薄膜袋;由输送带送入热收缩通道,通过热收缩通道后即完成收缩包装。其主要特点是产品可以以一定数量为单位牢固地捆包起来,在运输过程中不会松散,并能在露天堆放。

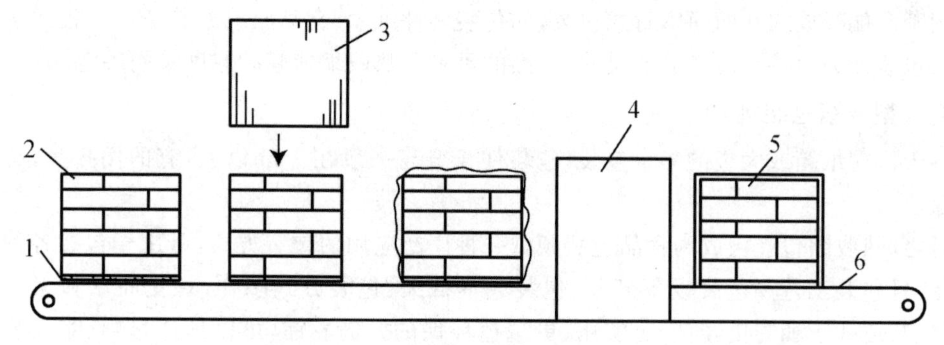

1. 托盘;2. 集装货物;3. 收缩薄膜套袋;4. 热收缩通道;5. 包装件;6. 输送带

图 6-17　托盘收缩包装过程

体积庞大的产品可采用现场收缩包装的方法进行包装。将筒状薄膜从薄膜卷筒上拉出一定长度,把开口端撑开套包在产品外面,封切薄膜的上部开口,然后使用手提枪式热风机,依次加热产品外的薄膜各部位,可以完成大型产品的热收缩包装。其操作过程如图6-18所示。

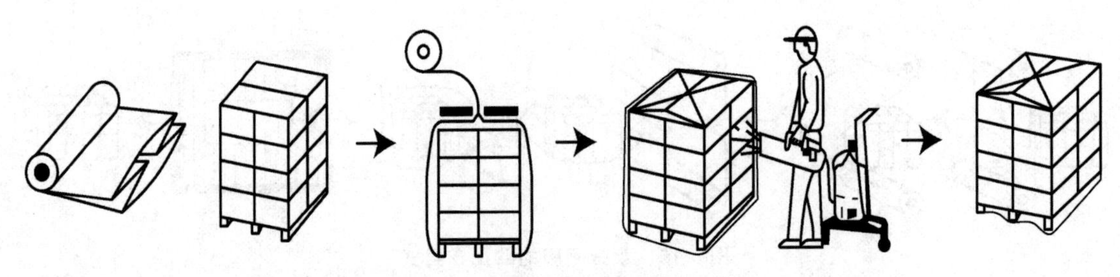

图 6-18 大型产品的现场收缩包装

6.2.6 热收缩包装设备

热收缩系列包装机在国内外占有一定的市场和拥有量，因包装材料的不断变化，热收缩包装机不断推陈出新，用途更加广泛。当前，国内外热收缩包装机械的类型繁多，但大致可归纳为四种。

1. 小型收缩包装机

多由超市使用，主要用于水果、蔬菜的热收缩包装。一般用纸浆模塑浅盘或塑料浅盘进行包装，如苹果、草莓、西红柿等。也可使用枕型袋式包装，如黄瓜、香蕉等。配套的热收缩通道温度因热收缩材料而异。

2. L 型封口式包装机

一般使用卷筒对折热收缩薄膜作为原材料，可以手工送料，也可以机械送料。L 型封口式包装机的包装能力由待包装食品的尺寸大小和操作者的熟练程度决定，每分钟一般可包装 10～15 包。

3. 板式热封包装机

用于两端开放式和四面密封式包装，如包装多件纸盒、食品瓶或罐装产品。板式热封包装机的包装能力由待包装产品的尺寸、产品的重量和热收缩薄膜的厚度共同决定。

4. 大型收缩包装机

用于瓦楞纸箱或大袋的集合包装，包装件长宽高一般在 1 m 以上，有的用托盘，有的不用托盘。

总之，热收缩包装已成为食品包装领域一种广泛应用的包装方式，可用于包装各种类型的产品，且包装工艺和包装设备简单、包装成本低廉、包装方式多样，备受商家和消费者喜爱，其包装方式正朝着更经济、更实用、更绿色环保的方向发展，可以预计，热收缩包装在食品包装领域将拥有更加广阔的发展空间。

6.3　食品气调包装

学习目标

1. 掌握食品气调包装技术的概念和特点
2. 了解气调包装系统的理论模型，包括食品呼吸理论模型和包装内外气体交换模型
3. 了解食品气调包装常用的气体及理化特性
4. 理解各类型食品气调包装的作用机理

食品在储运过程中受自身生理代谢和微生物活动等因素影响，会发生品质变化。食品气调包装采用具有气体阻隔性的材料包装食品，再在真空状态下将 CO_2、N_2、O_2 等气体按适当的比例混合充入包装袋内，构成一种更适合食品保鲜的环境，以抑制细菌繁殖，减缓引起食品品质劣变的生理生化反应、物理反应、氧化褐变作用，达到保鲜、保色、保形、保味的效果，进而延长食品的保质期，实现食品的长期保存。

气调包装是针对广泛使用的食品真空包装和高温灭菌等方法的不足，而研制开发出来的一种新型包装技术。它最先出现在欧洲食品工业中，后传入美洲和日本，并得到广泛应用。在我国，气调包装技术在食品工业中的应用正处于起步阶段，越来越多的高等院校、研究单位和有远见的食品企业开始投入到气调包装技术的研究与实践之中。当前，气调包装多应用于日常生活中常见的焙烤食品、新鲜果蔬、鲜肉、海产品等的包装。

6.3.1　气调包装系统的理论建模

气调包装的效果和质量受诸多因素影响，主要包括食品的呼吸速率、质量与尺寸，包装的材料特性、容量大小和原始气体组成，以及贮藏的温度和湿度等。同时，气调包装系统中气体成分的调节是一个动态过程，如图 6-19 所示，它存在着 2 个环节：一个为食品（包括微生物）新陈代谢的呼吸过程；另一个为包装系统的内外气体在包装材料中的渗透迁移过程。在一定条件下，气调包装系统中的气体成分可实现动态平衡，即食品与包装内气体的交换和包装内气体透过包装材料与大气的交换达到平衡。

6.3.1.1　食品呼吸理论建模

在食品气调包装中，产品新陈代谢呼吸速率的表征和测定至关重要，是实现气调包装技术的基础。20 世纪 60 年代，国外研究者就开始建立模型，分析气调包装系统的气体调节过程。由于食品代谢呼吸过程的复杂性，直到 20 世纪 90 年代，研究者才运用酶动力理论与 Langmuir 吸收理论，建立了果蔬产品的呼吸模型。

1. 基于酶动力理论的呼吸速率模型

起初，研究者认为果蔬的呼吸与微生物的呼吸具有相似性，新鲜果蔬受酶反应、别构酶的催化作用及反馈抑制的限制，植物组织中的 O_2 和 CO_2 的可溶性和扩散性限制了呼吸速率，并将米氏方程用于果蔬呼吸的模拟。在不考虑 CO_2 抑制情况下，依赖 O_2 的呼吸速率 R

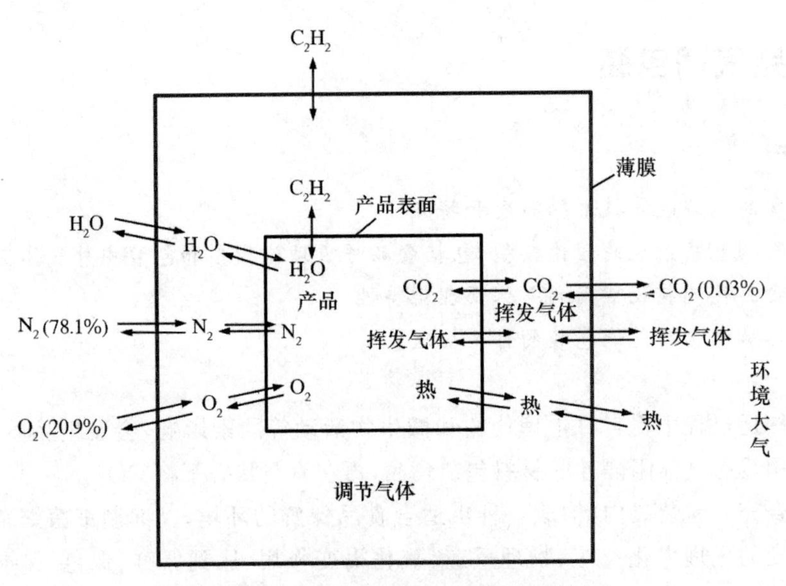

图 6-19　气调包装系统的气体成分调节过程

可表示为：

$$R=\frac{V_m[O_2]}{K_m+[O_2]} \tag{6-3}$$

式中，$[O_2]$—包装内氧气的浓度；V_m—果蔬的最大呼吸速率；K_m—米氏常数。此式表明，随着包装内氧气浓度的增加，果蔬的呼吸速率变大；果蔬的呼吸速率与包装内二氧化碳的含量无关。然而，大量研究表明，降低氧气浓度或提高二氧化碳浓度可抑制果蔬的呼吸作用，因此，果蔬的呼吸速率应受 O_2 和 CO_2 浓度的影响。为此，一些研究者开始探索 CO_2 对呼吸速率的影响，并将 CO_2 作为 O_2 的非竞争抑制，提出了适用于有氧呼吸条件的果蔬呼吸速率方程：

$$R=\frac{V_m[O_2]}{K_m+(1+[CO_2]/K_u)[O_2]} \tag{6-4}$$

式中，$[CO_2]$—包装内二氧化碳的浓度；K_u—二氧化碳的非竞争抑制系数。

研究者在对绿豆芽、菊苣、苹果、番茄、芦笋等果实的呼吸测试研究中发现，芦笋中存在 CO_2 对 O_2 的竞争性抑制作用，而绿豆芽、菊苣、苹果、番茄中存在 CO_2 对 O_2 的反竞争性抑制作用，为此，又提出了 CO_2 作为 O_2 的竞争抑制的果蔬呼吸速率方程：

$$R=\frac{V_m[O_2]}{K_m(1+[CO_2]/K_c)+[O_2]} \tag{6-5}$$

和 CO_2 作为 O_2 的反竞争抑制的果蔬呼吸速率方程：

$$R=\frac{V_m[O_2]}{(K_m+[O_2])(1+[CO_2]/K_n)} \tag{6-6}$$

式中，K_c—二氧化碳的竞争抑制系数；K_n—二氧化碳的反竞争抑制。在对芦笋、花椰菜等果实的呼吸研究后，研究者进一步提出 CO_2 作为 O_2 的竞争与反竞争联合抑制的果蔬呼吸速率模型：

$$R = \frac{V_m[O_2]}{K_m(1+[CO_2]/K_c)+[O_2](1+[CO_2]/K_n)} \tag{6-7}$$

2. 基于 Langmuir 吸收理论的呼吸速率模型

有研究者认为，食品的实际呼吸过程包含了多步新陈代谢反应，酶动力模型不适合描述果蔬的呼吸规律。为此，他们基于 Langmuir 吸收理论，建立了用于描述 O_2 消耗速率的数学模型，即：

$$R = \frac{abp_0}{1+ap_0} \tag{6-8}$$

式中，p_0—包装内 O_2 的分压；b—果蔬最大的氧气消耗速率；a—方程系数。有研究者将此模型应用于切制莴苣、花椰菜、香蕉等果蔬产品的气调包装，发现理论计算与实验结果拟合的比较好。

3. 呼吸速率的测定

研究之初，果蔬呼吸速率的测定有碱吸收法和红外分析法，通常仅能测定单一气体的变化。为便于分析，这两种方法通常假设呼吸商为常数，继而推断另一气体的消耗率或生成率。然而果蔬呼吸过程中，O_2 和 CO_2 的浓度都在发生变化，都会影响果蔬的呼吸速率。因此，为同时测定两种气体的呼吸速率，研究者提出了一些新的实验测量方法，可大致分为静态封闭系统、流动系统、渗透性系统 3 种系统进行测试。

(1)静态封闭系统　将产品装在体积已知的密封容器中，容器中原始气体和周围环境一致。每隔一定时间，测量容器中 O_2 和 CO_2 的浓度，继而通过以下方程估计呼吸速率：

$$R_{O_2} = \frac{(C_{O_2}^{t_s} - C_{O_2}^{t_e})V}{M(t_e - t_s)} \tag{6-9}$$

$$R_{CO_2} = \frac{(C_{CO_2}^{t_e} - C_{CO_2}^{t_s})V}{M(t_e - t_s)} \tag{6-10}$$

式中，R_{O_2}—氧气的呼吸速率；t_s、t_e—测量的起始和结束时间；$C_{O_2}^{t_s}$、$C_{O_2}^{t_e}$——测量起始和终止时的氧气浓度；$C_{CO_2}^{t_s}$、$C_{CO_2}^{t_e}$—测量起始和终止时的二氧化碳浓度；V—密封容器的体积；M—产品的质量。

(2)流动系统　把产品装在密封容器中，气体混合物以恒定的速度注入容器。当系统达到稳定状态时由内部和外部气体浓度的绝对差值计算呼吸速度速率：

$$R_{O_2} = \frac{(C_{O_2}^{in} - C_{O_2}^{out})F}{M} \tag{6-11}$$

$$R_{CO_2} = \frac{(C_{CO_2}^{out} - C_{CO_2}^{in})F}{M} \tag{6-12}$$

式中，$C_{O_2}^{in}$、$C_{O_2}^{out}$—稳定状态时氧气的注入和流出浓度，$C_{CO_2}^{in}$、$C_{CO_2}^{out}$—稳定状态时二氧化碳的注入和流出浓度；F—气体的流速；M—产品的质量。

(3)渗透性系统　将产品装在一个已知容积大小和渗透膜组成的包装中。测定稳定状态下的 O_2 和 CO_2 的浓度。通过质量平衡方程估计呼吸速率：

$$R_{O_2}=\frac{P_{O_2}A(C_{O_2}^{e}-C_{O_2})}{LM} \tag{6-13}$$

$$R_{CO_2}=\frac{P_{CO_2}A(C_{CO_2}-C_{CO_2}^{e})}{LM} \tag{6-14}$$

式中，P_{O_2}、P_{CO_2}—渗透膜的氧气和二氧化碳透过系数；C_{O_2}、$C_{O_2}^{e}$—渗透膜内外的氧气浓度；C_{CO_2}、$C_{CO_2}^{e}$—渗透膜内外的二氧化碳浓度；A—渗透膜面积；L—渗透膜厚度。

6.3.1.2　包装内外气体交换建模

在气调包装中，食品一直在消耗 O_2，产生 CO_2。在不稳定期，当 CO_2 同时在相反的方向流动时，O_2 开始渗入包装。当呼吸率和渗透率达到平衡时，包装内部的 O_2 和 CO_2 达到稳定水平。为预测包装内气体浓度的变化及状态稳定后气体的浓度，要建立包装内外气体交换模型。由于气调包装内部气体浓度变化是一个动态的过程，根据包装内各组分气体物质量的变化关系，可建立包装内外气体交换模型：

$$\frac{dm_{O_2}}{dt}=\left[\frac{P_{O_2}A(P_{O_2}^{out}-P_{O_2}^{in})}{z}-R_{O_2}W\right]/V \tag{6-15}$$

$$\frac{dm_{CO_2}}{dt}=\left[\frac{P_{CO_2}A(P_{CO_2}^{out}-P_{CO_2}^{in})}{z}-R_{CO_2}W\right]/V \tag{6-16}$$

式中，m_{O_2} 和 m_{CO_2}—包装内氧气和二氧化碳的物质量；P_{O_2}、P_{CO_2}—氧气和二氧化碳的渗透系数；A—包装材料的表面积；z—包装材料的厚度；W—果蔬产品的质量；$P_{O_2}^{in}$，$P_{O_2}^{out}$，$P_{CO_2}^{in}$，$P_{CO_2}^{out}$ 分别表示包装容器内和外界环境中 O_2 和 CO_2 的分压；V—包装容器内的体积。

包装内气体的浓度根据 O_2 和 CO_2 的分压差、透过包装材料的渗透系数及温度的不同而不同。因果蔬吸收 O_2，排出 CO_2，在初期，包装内 O_2 的浓度下降，CO_2 浓度上升。最终，O_2 和 CO_2 的浓度处于动态平衡，包装内部达到稳定状态，此时有：

$$\frac{dm_{O_2}}{dt}=\frac{dm_{CO_2}}{dt} \tag{6-17}$$

值得注意的是，密封容器包装内外气体交换模型的建立是有条件的，如产品包装的内部空间和周围环境初始状态温度相同，产品和内部空间之间很快达到热平衡，产品包装内部空间对呼吸模型参数和包装材料渗透性的影响可忽略等。

6.3.2　气调包装常用的气体

对有生理活性的食品而言，减少 O_2 浓度，提高 CO_2 含量，可降低生鲜食品的需氧呼吸，减少水分损失，抑制微生物繁殖。若过度缺氧，又会难以维持生命必需的新陈代谢，或产生厌氧呼吸，造成变味或不良生理反应而变质腐败。大量研究表明，在包装容器中填充适当类型和合理比例的气体，不仅可抑制包装容器内的微生物繁殖，还能够减缓包装物的过度成熟和氧化。气调包装所用的气体通常是 CO_2、N_2、O_2，或者它们的各种比例组合。不同气体的理化特性不同，对食品的保鲜作用亦不尽相同。

6.3.2.1 氧气

O_2是空气中的主要成分，在标准大气压下约占空气体积的 21%，可通过空气深冷分离、变压吸附、电解、膜分离等方式获取。因 O_2参与有机体内的代谢过程，在气调包装中，科学掌握 O_2的百分含量十分关键。过多的氧会促使需氧微生物的繁衍生长，促进果蔬和肉类的代谢过程，引起食品营养成分的流失和变质；O_2供应不足，又会促使厌氧微生物的繁衍生长，果蔬和肉类不能正常代谢，变得无光泽而失去新鲜度。因此，在气调包装中，科学掌握 O_2的组分配比既可抑制厌氧微生物的繁衍生长，又可维持果蔬和肉类的正常代谢，达到较好的食品保鲜效果。

6.3.2.2 氮气

N_2可通过空气深冷分离、变压吸附、电解、膜分离等方式获取。它元素相对稳定，常温下呈惰性，不与其他元素发生化学变化，本身无毒，无刺激性，因此，N_2在食品气调包装中功效独特。N_2既不与食品产生化学反应，不被食品所吸收，又能减少包装容器内的含氧量，极大地抑制微生物的繁殖生长，减缓食品的氧化变质及腐变进程，从而使食品保持新鲜度。

N_2对塑料包装材料的透过率很低，常被用作混合气体的缓冲或平衡气体，可防止其他气体溢出包装盒后，包装盒坍塌的问题，不仅很好地防止食品的挤压破碎、缩团、黏结，保持食品的几何形状，还能维持食品的色、香、味及干脆口感。当前，充氮包装正快速取代传统的真空包装，已应用于油炸薯片、薯条等油炸食品的包装，深受消费者特别是儿童、青年的喜爱，充氮包装有望应用于更多的食品包装。

6.3.2.3 二氧化碳

CO_2可通过石灰窑煅烧气、管道烟气、CO_2天然气井、制酒发酵气等纯化提取。它常被用作气调包装的配比气体，用以调节气调包装中的气体成分，可降低气调包装中的 O_2含量，达到抑制微生物繁衍生长，降低食品呼吸强度，调控食品新陈代谢，延缓食品熟化过程的目的。近年来，采用 CO_2气调法保鲜和贮藏食品发展迅速，特别在欧美、澳大利亚、日本等国，已被广泛用于苹果、香蕉、柑橘等水果的贮藏。此外，它在粮食贮藏方面也有较好的保鲜和杀虫作用。

CO_2在水中的溶解度较高，溶解后生成弱酸碳酸，在有水分存在的环境中呈弱酸性，会中和平衡碱性环境，降低含水食品的酸碱度，此外，CO_2在油脂中的溶解度也比较高。这会改变食品的色、香、味。需注意的是，CO_2会被水分所溶解，影响气调包装中的气体配比关系，影响包装食品的外观质量，因此，在配置含有水分食品的气调包装气体时，需考虑食品的含水量和储运温度。

6.3.3 气调包装在不同食品中的应用与作用机理

6.3.3.1 鲜肉制品的气调包装

刚屠宰的牛肉或猪肉呈紫红色。放置约 0.5 h 后，肉中的肌红蛋白会与空气中的 O_2 发生氧合作用，生成氧合肌红蛋白，呈现出鲜红色。在空气中长时间暴露，肌红蛋白又会转变成正铁肌红蛋白，呈现出深褐色。在价格合理的情况下，消费者会通过肉的颜色判断肉的新鲜程度，决定购买与否。鲜红色是最为理想的零售颜色。肉的货架时间长短通常由其鲜红色的时间长短而定。

真空包装可让肉与 O_2 隔绝，防止肉被氧化，并抑制微生物的繁殖生长，延长肉的贮存期。但在无氧或氧气过少时，鲜肉表面的肌红蛋白无法生成鲜红色的氧合肌红蛋白，而转变成还原肌红蛋白，呈现出淡紫色。肉的质量虽无改变，但易被消费者误认为成非新鲜肉。而气调包装能保持新鲜肉的色泽风味，深受消费者欢迎。鲜肉气调包装在欧洲各国占有较大比例，如丹麦占 42%，英国占 29%。

为保持新鲜肉的鲜红色，要在鲜肉的气调包装中充入适量 O_2。所需 O_2 量与肉表面肌红蛋白的量有关，通常按平均每 100 g 鲜肉需 70～100 mL O_2 估算。新鲜肉气调包装的混合气体可以由 CO_2、N_2、O_2 3 种气体构成，CO_2 用以防腐保鲜，N_2 用以防止因 CO_2 逸出所引起的包装袋塌陷。欧洲国家广泛采用的混合气体配比为 70% O_2（体积百分比，后均同）、10% N_2、20% CO_2，或 65%～80% O_2、20%～35% CO_2。在 1.6 ℃贮藏时，猪肉的货架期为 10 d，碎牛肉的货架期为 10～12 d。家禽肉因无鲜红颜色，不必充 O_2，只需要充 N_2 和 CO_2，常用比例为 60% N_2、40% CO_2，1.6 ℃贮藏时，货架期为 10 d。

6.3.3.2 新鲜果蔬的气调包装

采摘后的果蔬可通过呼吸作用，继续进行生理代谢活动，维持生命特征。在呼吸过程中，果蔬体内的营养成分，如糖、有机酸、蛋白质等会因氧化作用而被消耗掉。果蔬的呼吸有氧和厌氧 2 种：有氧呼吸是指有足够 O_2 情况下的呼吸作用；厌氧呼吸则是指没有或缺乏氧气的呼吸作用。呼吸作用使果蔬的营养成分分解成水、CO_2、乙烯等，并释放出能量。其中，一部分被用于维持果蔬的正常代谢，另一部分则以热的形式被释放出来。厌氧呼吸会产生乙醇、乙醛等物质，积累过多将导致果蔬细胞“中毒”，引起生理病害发生，最后腐败变质，因此，贮藏果蔬切忌让其厌氧呼吸。

采摘的新鲜果蔬用塑料薄膜包装后，将消耗 O_2，释放大致等量的 CO_2，并逐渐与大气产生浓度差。大气中的 O_2 将通过塑料薄膜渗入包装内，而包装内多余的 CO_2 将渗出塑料薄膜到大气中。随着时间推移，包装内的气体会达到低 O_2、高 CO_2（相对于大气）的平衡状态。若平衡状态下的 O_2 浓度，仅满足维持果蔬代谢所需的最低有氧呼吸量，则达到果蔬最佳的气调贮存环境，能延缓成熟，实现保鲜。由此可知，果蔬气调包装的效果与果蔬的品种，O_2 和 CO_2 的比例，以及塑料薄膜的透气性能有关。

果蔬气调包装的气调环境可通过主动和被动 2 种方法建立。被动气调利用果蔬的呼吸作用消耗 O_2，产生 CO_2，逐渐达到低 O_2、高 CO_2 的平衡状态，并借助气体交换维持气调环境。

被动气调操作简便,成本低廉,但建立最佳气调环境的时间较长,需要果蔬呼吸特性和塑料薄膜透气性能的良好匹配。主动气调则由人为在抽空空气的食品包装袋内灌入最佳的气调混合气体。主动气调能立即建立最佳气调环境,但需掌握果蔬的呼吸特性和塑料薄膜透气特性,需要专门的配气装置,成本较高。

6.3.3.3 烘烤食品的气调包装

烘烤食品腐败变质的诱因有:细菌、酵母、霉菌等微生物导致的腐败变质;脂肪氧化导致的酸败变质;淀粉分子结构变化导致的食品表皮干燥老化。其中,微生物是影响烘烤食品保质期的主要因素,而气调包装的使用可抑制微生物的繁殖,延长烘烤食品的货架期。烘烤食品中水分的含量是导致烘烤食品微生物腐败的主要原因。低水分含量的烘烤食品,微生物无生存环境,不易腐败;中等水分含量的烘烤食品,易滋生酵母、霉菌等微生物;而高水分含量的烘烤食品,各类微生物都能繁殖生长。

烘烤食品的气调包装中通常填充 CO_2 和 N_2。混合气体中 CO_2 的浓度根据烘烤食品的含水量而定,含水量越高,微生物越容易生长繁殖。因此,CO_2 的浓度要高些,但浓度过高,二氧化碳会溶解到水和脂肪之中,降低烘烤食品的酸碱度,造成烘烤食品带有酸味。此外,由于二氧化碳不能抑制酵母菌的繁殖生长,可在烘烤食品中加入适量的丙酸钙,用以抑制酵母菌。因淀粉分子结构变化引起的烘烤食品表面干燥问题,可通过在其表面涂布脂肪油来解决。

6.3.3.4 海产品的气调包装

鱼类的肌红蛋白远比哺乳类的肌红蛋白不稳定,氧化速度非常快,且鱼肉中酶的种类较多,活性较强,自溶作用迅速,反应中酸较少,有利于微生物的生长繁殖,因此,鱼肉比鲜肉更易于腐败。海水鱼鱼肉脂肪的质量分数可达 22%(鲱鱼),富含 EPA、DHA 等高度不饱和脂肪酸,极易与空气中的 O_2 反应,生成小分子的醛、酮、酸类物质,产生令人难以接受的酸败味。

活海水鱼的鱼肉与体内的汁液,一般是无菌的,但其表面、鳃、黏液与内脏,存在大量细菌。新鲜海水鱼的菌丛通常是嗜冷性细菌,在 0 ℃时繁殖很快。海水鱼在渔港卸鱼时,虽然在海上加冰冷藏,有时污染的细菌数可达 2×10^7 个/cm^2,如作为包装原料须消毒减菌处理,才能取得保鲜效果。

气调包装可大幅提高新鲜海产品的货架寿命,其混合气体组成有 2 种方式:由 CO_2 与 N_2 组成或由 O_2、CO_2 和 N_2 组成。低脂肪海水鱼气调包装的混合气体由 O_2、CO_2 和 N_2 组成,其原因是 CO_2 对海水鱼中的嗜冷性厌氧菌没有抑制作用,而 O_2 可减少或抑制厌氧菌的繁殖。多脂肪海水鱼的气调包装,O_2 会促使脂肪氧化酸败,混合气体仅由 CO_2 和 N_2 组成。水产品是高水分含量的食品,混合气体中的 CO_2 被鱼肉吸收后会渗出鱼汁并带有酸味,所以 CO_2 浓度不能过高,一般不超过 70%。新鲜海产品包装后要求在 0～2 ℃较低的温度下贮藏、运输和销售,以降低其变质速度。

随着食品气调包装技术的不断进步,其优越的保鲜性能越来越显著。气调包装技术可通过气体混合比例的调控,满足不同食品的包装需求,维持食品的色、香、味、形,延长食品的保鲜期。未来,气调包装技术在农副产品产地、农副产品配送中心、食品加工企业、超市等场所,有着广阔的应用前景和发展空间。

6.4 微波食品包装

学习目标

1. 了解微波基础知识
2. 掌握微波加热的基本原理
3. 熟练掌握微波食品包装技法及材料选用

6.4.1 微波的基本知识

微波是一种电磁波,波长范围没有明确的界限,一般是指分米波、厘米波和毫米波 3 个波段,也就是波长从 1 mm 至 1 m 左右,频率范围从 300 MHz 至 300 GHz,由于微波的频率很高,所以亦称为超高频电磁波。微波与工业用电和无线电中波广播的频率与波长范围比较如表 6-1 所示。

表 6-1 各系统所用频率与波长范围

项目	频率	波长/m
工业用电	50 Hz 或 60 Hz	60 000 000 或 50 000 000
无线电中波广播	300～3 000 kHz	1 000～100
微波	300～300 000 MHz	1～0.001

因为微波的应用极为广泛,为了避免相互间的干扰,供工业、科学及医学使用的微波频段(表 6-2)是不同的。目前只有 915 MHz 和 2 450 MHz 被广泛使用,在较高的 2 个频率段还没有合适的大功率工业设备。

表 6-2 常用微波频率范围

频率范围/MHz	波段/m	中心波长/m	常用主频率/MHz	波长/m
890～940	L	0.330	915	0.328
2 400～2 500	S	0.122	2 450	0.122
5 725～5 875	C	0.052	5 800	0.052
22 000～22 250	K	0.014	22 125	0.014

微波是电磁波,它是具有电磁波的诸如反射、投射、干涉、衍射、偏振以及伴随着电磁波进行能量传输等波动特性,这就决定了微波的产生、传输、放大、辐射等问题都不同于普通的无线电、交流电。在微波系统中没有导线式电路,交、直流电的传输特性参数以及电容和电感等概念亦失去了其确切的意义。在微波领域中,通常应用所谓"场"的概念来分析系统内

电磁波的结构，并采用功率、频率、阻抗、驻波等作为微波测量的基本量。具体说来有以下几点。

(1)在研究微波问题时，应使用电磁场的概念，许多高频交变电磁场的效益不能忽略。

例如微波的波长和电路的直径尺寸已是同一数量级，位相滞后现象已十分明显，这一点必须加以考虑。

(2)微波传播时是直线传播，遇到金属表面将发生反射，其反射方向符合光的反射规律。

(3)微波的频率很高，因此其辐射效应更为明显，它意味着微波在普通的导线上传播时，伴随着能量不断地向周围空间辐射，波动传播将很快地衰减，所以对传输元件有特殊的要求。

(4)当入射波与反射波相遇叠加时能形成波的干涉现象，其中包括驻波现象。在微波波导或谐振腔中，微波电磁场的驻波分布现象就很常见。在微波设备中，也可利用多种模式的电磁场的分布、叠加来改善总电磁场分布的均匀性。

(5)微波能量的空间分布同一般电磁场能量一样，具有空间分布性质。哪里存在电磁场，哪里就存在能量。例如微波能量传输方向上的空间某点，其电场能量的数值大小与该处空间的电场强度的平方有关，微波电磁场总能量为空间点的电磁场能量的总和。

另外，电磁波是以光的速度传播的，电磁波透入物质的速度也是与光的传播速度相接近；而将电磁波的能量转变为物质的能量的时间近似是即使的，在微波频段转换时间快于千万分之一秒。这就是微波可构成内外同时快速加热的原理。

6.4.2　微波加热的基本原理

用于微波介电加热的频率是 918 MHz 和 2.45 GHz，最常用的频率是 2.45 GHz。在电磁场的作用下，物质中微观粒子可产生四种类型的介电极化，即电子极化（原子核周围电子的重新排布）、原子极化（分子内的原子的重新排布）、取向极化（分子永久偶极的重新取向）和界面极化（界面自由电荷的重新排布）。

电子极化和原子极化需时较短（$10^{-15}\sim10^{-12}$ s），在通常应用的微波频率范围内，可以认为是瞬时完成的，而后两种极化，要达到极化的稳定状态，一般需要经历 10^{-8} s甚至更长的时间。

在微波场的作用下，电介质总的极化率（α_t）用式(6-18)表示：

$$\alpha_t = \alpha_e + \alpha_a + \alpha_d + \alpha_j \tag{6-18}$$

式中，α_e—原子核周围的电子极化率；α_a—离子极化率；α_d—偶极分子极化率；α_j—空间电荷极化率。

自然界中的绝大多数物质是由大量的、具有不对称分子结构的极性分子和非极性分子组成。在自然状态下，具有永久偶极的极性分子作杂乱无章的运动和排列，偶极矩在各个方向的概率相等，宏观偶极矩为零。当物质处于电场中，如水处于微波电场时，这些物质的分子会诱导生成电偶极。在电场中每个极性分子都受到转动力矩的作用而发生旋转，偶极子会重新进行排列，即分子中带正电荷一端趋向负极，带负电荷一端趋向正极，使分子排列有序化，宏观偶极矩不再为零，这就产生了转向极化。这是极性电介质在电场作用下发生的一种主要极化形式，由于微波产生的交变电场是以每秒高达数亿次的高速变向，这样偶极定向极化跟随不及而滞后于电场的变化，出现极化弛豫现象。在偶极子定向极化转变过程中，由于分子的热运动，相邻分子间产生摩擦，电介质分子吸收了微波场的能量并转变为热能，由此使得物质本身加热升温。与此不同，具有对称分子结构的物质，如苯，在高频场中不能被加热，因为它缺少所必需的偶极特征。除了极性分子转动吸收微波能量转变热能外，在高频微波电场中，正、负离子分别向阴、阳极迁移，离子每秒改变运动方向几十亿次，异性离子之间频繁碰撞，也会吸收微波能量转变热能。不过，与偶极分子震荡相比，这种作用所吸收的高频能较小，尤其在常用的 2.45 GHz 频率范围内。离子迁移和极性分子转动是使试样吸收微波发热的 2 种方式。因为电子和原子极化的建立及消除所需的时间比微波电场反转的时间要短得多，不会产生微波加热。

可见与常规的依靠传导、对流的加热方法不同，微波加热是依靠介质材料在微波场中的极化损耗产生的整体加热，热量产生于材料内部而非来自外部加热源。这种“内加热作用”使加热更快速、更均匀，无温度梯度，无滞后效应。介质材料中的极性分子在微波的高频电场作用下，由原来的随机分布状态转向依照电场的极性排列取向，这一过程中，造成分子的高速振动和相互摩擦而产生热量。这种加热方式与传统的传热方式不同，只要材料能吸收微波能，它就能在微波场中被加热，吸收能力越强，温升越快。

在微波场中单位体积电介质吸收的微波功率按式(6-20)计算：

$$P' = 2\pi f\, \varepsilon_0\, \varepsilon'_\tau\, E^2 V \tan\delta \tag{6-19}$$

$$P'' = 2\pi f\, \varepsilon_0\, \varepsilon'_\tau\, E^2 \tan\delta \tag{6-20}$$

式中，P'—电介质吸收的微波功率(W)；P''—单位体积的微波吸收功率或称体积能量密度(W/m)；f—微波的频率(Hz)；ε_0—真空介电常数(等于 8.85×10 F/m)；ε'_τ—介质的介电常数；tanδ—介质损耗角正切；δ—介电损耗角，E—物质内部的有效电场强度(V/m)，V—物料吸收微波的有效体积。由式(6-20)可见，物质在微波场中，其单位体积的热能转换取决于微波电场强度的平方，频率以及物质的介电特性(介电常数ε'_τ和介质损耗 tanδ 等因素)。tanδ 表示物质在特定微波频率和温度下将电磁能转化为热能的效率，它等于介电常数ε'_τ与介电损耗因子ε''_τ之比。

$$\tan\delta = \frac{\varepsilon''_\tau}{\varepsilon'_\tau} \tag{6-21}$$

式中，ε''_τ代表介电损耗因子或称动态介电常数，它表示微波穿过介电材料时产生的内电场，诱导了自由电荷移动和偶极子旋转，使材料内部引起介电损耗、减弱了电场并产生热效应。所以ε''_τ也代表内电场转变为热的量度。tanδ 值的大小依赖于电磁波的频率，温度和物质的物理状态及其成分。tanδ 值或ε''_τ值越高的物质，在微波场中越容易被加热。如水和各种含水物质具有较高的介电损耗因子，这类物质都能很好地吸收高频能和微波能。

表 6-3 一些物质的 tanδ 值

材料	tanδ	材料	tanδ×10^4
聚四氟乙烯	2.1	水	0.157
玻璃	4.0	0.1 mol/L NaCl	0.240
苯	14	甲醇	0.040
冰	9	乙醇	0.250
		乙二醇	1.00

由表 6-3 可见，tanδ 值很小的物质如玻璃、聚四氟乙烯、苯等材料几乎全透过微波辐射，吸收的微波功率很小，在微波系统中，这类物质称为微波透明体或微波绝缘体。而 tanδ 值高的物质如水、盐水和醇等极性化合物，不同程度地吸收微波的能量，称为有耗介质，或称微波吸收体，此外，如铜、银、铝之类的金属能够反射微波、能传播微波能量，这类物质称为微波反射体或微波导体。

6.4.3 微波食品简介

微波食品(microwavable food)是应用现代加工技术，对食品原料采用科学的配比和组合，预先加工成适合微波炉加热或调制，便于食用的食品，即可用微波炉加热烹制的食品。微波食品通常可分为两大类，第一类是在常温下流通的食品，一般采用杀菌釜杀菌、热包装或无菌包装，常温下可贮藏半年到 1 年左右；第二类是低温贮运食品，大都选用对微波炉适用的容器来包装，又可分冷藏和冻藏 2 种，食用时只需带包装将食品一起放进微波炉解冻和加热，即可食用。

6.4.4 微波食品包装技法及材料选用

6.4.4.1 微波食品包装材料简介

微波食品包装材料主要指便于微波炉直接加工处理的食品所用的包装材料，即不用改拆包装，可将包装与食品一同放入微波炉中方便地进行处理，出炉即可食用。

6.4.4.2 微波食品包装材料的种类

微波食品所用的包装材料主要有三大类：可被微波能量穿透的材料、可吸收微波能量的材料、可反射微波能量的材料。另外，还有一些包装材料是通过对传统包装材料进行改进创新，使之适应微波处理。

6.4.4.3 微波食品包装材料要求

微波食品包装材料有玻璃、陶瓷、纸张、塑料以及这些材料的复合物。凡能透过微波的包装材料，都具有采用微波加热的基本条件。一般来说，选用理想的微波食品用包装材料除了要注意材料透过微波的能力之外，还要注意材料的以下特点。

(1)耐热性　微波炉用容器最基本的要求是必须具有良好的耐热性，耐热程度必须大于食品加热后的温度，并能耐温度急速变化。考虑到各种微波食品在加热过程中的升温过程不同，水性食品因水的沸点为100 ℃，升温到100 ℃后有一段恒温时间，直至水分全部挥发逸尽，因此对水性食品用微波炉容器的耐热性要求较低，但也不应低于100 ℃。油性食品因油的沸点在200 ℃以上，加热过程中直到油的沸点以前，不会出现较低温度区间的恒温阶段，因此油性食品用微波炉容器的耐热性要求较高。

(2)耐寒性　微波包装食品为延长其保质期多采用冷冻贮存和低温流通，因此微波炉用食品包装容器的基材除了必须耐热之外，还须考虑其耐寒性的问题。包装容器至少应能耐−20 ℃的低温。

(3)耐油性　微波炉用容器需接触食用油类物质，因此除水性食品的一次性微波炉用容器之外，应当具有良好的耐油性。

(4)卫生性　微波炉用容器在使用过程中常直接与食品接触，为确保食品的安全卫生，所选用的材料必须具有可靠的卫生性能，卫生安全应符合有关国家卫生标准的要求。

(5)廉价性　由于微波炉容器是一种普及型日常用品，微波食品包装材料一般都是一次性包装材料，因此在具有相同或相近使用性能的条件。

6.4.4.4　微波食品包装材料

微波食品的包装分为外包装和内包装。外包装上通常印有精美的图案和使用说明。以刺激消费者的购买欲望，而内包装一般是指盘式或盒式容器。微波食品的内外包装有很多区别，所选用的材料及包装技法也有所不同。

1.外包装的选材及包装技法

微波食品的外包装同其他食品的外包装一样，具有充分的保护性，能防止食品变质、走味、碎裂、损伤，使食品的外观和食用性不受影响。有的微波食品属于低温贮藏食品，其包装材料还要具有耐冷、防碎性和耐冲击性。根据上述要求，外包装有如下几类包装材料及技法可供选择：

(1) 尼龙/黏合层/线性低密度聚乙烯复合材料　尼龙有较佳的耐冷冻性、耐穿刺性和柔软性。低密度聚乙烯薄膜有较好的耐冷冻性和较高的耐冲击强度，且热封强度在各种热封材料中也属上乘。两者复合在一起形成了理想的微波食品外包装材料。

(2) 聚酯(膜)/黏合层/线性低密度聚乙烯复合材料　由于尼龙价格太高，为降低包装材料的制造成本，现在大多以聚酯薄膜取代尼龙薄膜。此种复合材料仍能维持微波食品包装材料所需具备的各种性能，只是柔软性略微受到影响。这里所用的低密度聚乙烯指线型低密度聚乙烯，其受热变形与受热温度呈线性关系。

(3) 聚丙烯/黏合层/线性低密度聚乙烯复合材料　这种材料是在第二类材料的基础上改进而得，即用聚丙烯取代聚酯(膜)。为了进一步降低制造成本及满足各种需要，以成本较低廉、料源较充足的聚丙烯膜取代部分尼龙、聚酯膜作为食品的外包装材料。

聚丙烯膜基本能满足微波食品的包装需要，不足的是其耐热性较差。在加工中接触到高温时，包装成品袋常会因为聚丙烯膜热收缩率大而出现缩皱、波浪状等不良外观；聚丙烯膜的耐冷冻性也比较差，包装袋体经过长时间的冷冻保存，容易产生脆化破裂现象。

除上述使用较多的三类微波食品外包装材料外，另外还有尼龙/黏合层/聚丙烯(膜)复合材料、聚酯(膜)/黏合层/聚丙烯(膜)复合材料、聚丙烯(膜)/黏合层/聚丙烯(膜)复合材料。所有上述材料均是在尼龙、聚酯、聚丙烯等材料表面进行印刷后再进行复合，而包装时均以聚乙烯（前三大类）或聚丙烯材料作热封层进行包装制袋。

2. 内包装的选材及包装技法

微波食品的内包装担负着将成品、半成品或方便食品盛装后放入微波炉中进行加热处理的作用。所以，内包装除了要有良好的耐低温性外，还必须能直接承受微波产生的130～140 ℃的高温。同时，还应具备内容物保存性，微波透过性、隔热性、环境保护性，成本低等相关的条件。根据上述要求，微波食品内包装材料及其包装技法有如下几大类：

（1）结晶型聚酯（CPET）材料及容器　这类包装材料及容器的耐热范围广（－70～230 ℃）。另外，还有下列优点：

①在120～230 ℃，热稳定性良好，能维持极佳的刚性，尺寸不会改变；

②在－18 ℃，耐冲击性佳，适于包装冷冻、冷藏食品；

③除了可用于微波加热外，也可用于传统的烘烤；

④符合卫生食品安全标准；

⑤气体阻隔性好，对食品的香气保持性良好；

⑥耐油脂性佳，可盛装含油量高的食品；

⑦可重复使用；

⑧废弃的CPET容器燃烧热量低，造成的环境公害小。

（2）耐热性纸包装材料及容器　多为在纸板上涂覆聚酯材料，然后制成容器。所用的微波能穿透纸容器，将装在其内的食品均匀加热，这是纸容器最大的优点。但因为单纯的纸耐油性、耐热性较差，所以，必须经过再加工，复合上耐油，耐热性较好的材料。例如：在经特殊处理的纸板上涂覆聚酯层，可以使纸制容器耐204 ℃的高温。另外，因为聚酯材料本身具有较好的气体阻隔性及水气阻隔性，可以增加其保护食品的功能。

（3）聚丙烯包装容器　在聚烯烃系高分子中，聚丙烯树脂是最好的包装材料，但其耐冷冻性不够理想。若在聚丙烯中添加碳酸钙或无机盐类，再经过特殊的混炼，成型后能制成耐高温（140 ℃），又耐严寒（－20 ℃）的内包装容器，便可用作微波食品包装。

（4）聚甲基戊烯包装材料　聚甲基戊烯因具有以下特点而成为微波食品包装材料。

①耐热性好，聚甲基戊烯高分子材料的熔点高达235 ℃，在环境温度为210 ℃时使用仍然安全；

②保形性好，其表面张力为24×10^4 N/cm^2，比环氧树脂、聚酯、聚氨基甲酸乙酯（PU）都小。其包装的食品经微小调理后，很容易取出，不会粘在容器内；

③食品卫生安全性好，因为它不含增塑剂、保形剂、无机充填物等，所以制成容器后不会污染食品；

④化学稳定性好，耐酸、耐碱性、耐化学药品性都相当优良，而且不会吸湿，在盛装食品期间不会被损害；

⑤微波透过性好；

⑥废弃物易处理，聚甲基戊烯的分子中含有聚烯烃，用其制成的容器在使用后容易燃烧，而且不会产生对人体及自然环境有害的气体，符合环境保护要求。

6.4.5 微波食品包装应用实例

6.4.5.1 非一次性塑料餐盒

微波炉餐盒采用聚丙烯(PP)材质制成,能耐 130 ℃高温,透明度差,这是唯一可以放进微波炉的塑料盒,在小心清洁后可重复使用。PP 的硬度较高,且表面有光泽塑料本色为白色半透明。

特性:耐热至 100～140 ℃耐酸碱、耐化学物质、耐碰撞、耐高温,在一般食品处理温度下较为安全,是最轻的塑料容器。

安全问题:若温度过高,仍会有对人体不好的气体扩散出来。另外,部分微波炉餐盒盒体用 PP 制成,但是盒盖却是用 6 号 PS(聚苯乙烯)制成,使用前仔细检查,若有此类情况应先将盒盖取下后加热。

6.4.5.2 一次性塑料餐盒

以上海全家为例,该便利店销售的一次性塑料餐盒所使用的包装材料主要是 2 种,即 5 号聚丙烯(PP5)、7 号 PC 聚碳酸酚(PC7)。便利店的快餐盒可微波加热的标识是:可微波餐盒饭底部标有“PP5”三角形标志外,或是包装封面印有“可微波加热”字样。但是很多情况下,快餐盒盖的塑料材料为聚苯乙烯(PS),耐热度 70～90 ℃,不适合微波加热,食用时应先揭掉盒盖再放入微波炉加热。

《塑料一次性餐饮具通用技术要求》(GB 18006.1—2009)规定如下。

(1) 可微波加热一次性餐盒要在外包装上注有标识,即产品声明可微波加热使用,应标识“可以微波使用”以及使用温度等。

(2) 根据其使用性能(即微波加热型)通过耐微波炉试验。

①通过微波炉高频解热性能测试:样品应无电火花出现,无缺陷、异臭和异常;

②微波炉耐温性测试:样品应无变形、缺陷、渗漏和异常。

6.4.5.3 微波保鲜膜

市场上的保鲜膜大体分为两类,一类是普通保鲜膜,适用于冰箱保鲜;另一类是微波炉保鲜膜,既可用于冰箱保鲜,也可用于微波炉。后者在耐热、无毒性等方面远远优于普通保鲜膜。

现在市面上主要的保鲜膜材料为以下 3 种:聚乙烯(PE)、聚氯乙烯(PVC)、聚偏二氯乙烯(PVDC)。这 3 种保鲜膜中,PE 和 PVDC 这 2 种材料的保鲜膜对人体是安全的,可以放心使用,而 PVC 保鲜膜含有致癌物质,对人体危害较大。

目前我国标准和法规并没有明确哪几种材料被允许用于微波加热或者被禁用于微波加热,通常可用于微波加热的保鲜膜会在其外包装上标识注明,以及标注最高耐热温度。各品牌保鲜膜所标注的最高耐热温度各不相同,有的相差 10 ℃左右,微波炉内的温度较高时一般会达到 110 ℃左右,需要长时间加热时,可注意选择耐热性较高的保鲜膜。

主要用于微波加热的保鲜膜为 PVDC,它兼具优异的阻氧、阻气味和阻湿性能,耐热温度较高,还可用于微波炉加热。但 PVDC 保鲜膜的价格比 PE 要高许多,销量并不大。目前超市销售的 PVDC 保鲜膜多为日本进口。但 PE 保鲜膜也不是完全保险的，因为它耐热温度不高，在高温条件下会熔融，对健康不利。

6.4.6 微波食品加热缺陷与包装技术改善

6.4.6.1 微波食品加热缺陷

1. 微波加热的食品内部水分流失

微波加热中的食品至少在加热过程的后阶段，温度要比外环境的高，而这就驱使水蒸气从食品内部向外部转移。这一特性，使得微波加热的食品内部水分流失，食物干硬，口感差，外部黏湿，色泽、卖相差。相对于传统加热食品的质感、味道、卖相特征，微波加热食品这一特性成为其发展的一大阻碍。

2. 微波加热温度不均匀性

家庭用微波炉的磁控管普遍位于微波炉腔内的上角，所发射的电磁波经腔壁发射，炉腔内电磁强度不均匀，并且食品在微波炉中的加热特性，使得普通托盘(塑料、陶瓷、玻璃)盛放或者普通包装的食物，在微波加热中，存在着微波加热不均匀问题。主要表现在：食品边缘过热，甚至出现焦化，而食品中心区域则出现加热不足现象，也就是欠热。再加上多组分食品中，食物本身的介电常数就不同，介电损耗因子不同，同样时间后，温度更不会一样。

6.4.7 微波食品包装材料及技术展望

6.4.7.1 多层复合材料成为主流

在微波食品包装中，很难用单质材料实现良好的包装效果，一般都是利用多种单质材料进行复合，优势互补，使其功能更加完善。

一般复合分为 2 层或 2 层以上的多品种材质的复合。2 层复合诸如聚酯与纸板的双层复合，各种涂塑纸板、纸板表面涂布复合。两层以上的多种材质复合诸如聚酯(不饱和聚酯)、碳酸钙、玻璃纤维等材料的多质多层复合。这些复合材料可满足不同档次的微波食品在不同环境和流通条件下的包装要求。

6.4.7.2 金属化塑盒包装在微波食品包装中会越来越受欢迎

一方面金属优化微波包装可重复多次使用，环保节能；另一方面这种包装克服了微波食品加热中存在的缺陷和不足。金属优化的微波食品包装会从以下 2 个方面发展。

(1) 感受器、场强屏蔽装置和引导装置的综合研究为了使一些高级食品达到更好的微波加热效果，可以综合利用感受器、场强屏蔽装置和引导装置设计这类食品的包装。

(2) 金属优化的微波包装的建模研究通过计算机的模拟，可以帮助设计者建立最优化包装系统，更好地达到特定包装的目的。

6.4.7.3 聚酯膜及材料将成为微波食品包装的主要用材

现在乃至将来，聚酯将成为微波食品包装的主体材料，聚酯膜可单独使用，也可多层复合使用。聚酯膜可和其他材料共挤成 2 层的或 3 层的复合膜，也可在材料之间增加一些高阻隔性树脂以帮助提高食品的货架寿命。另外，聚酯还可作为硬质微波食品容器的封盖。聚酯膜进行真空镀铝后，不但增强了对气体的阻隔性，而且使包装具有金属感，增加了产品的吸引力。

6.4.7.4 新型的微波感受薄膜成为微波食品包装材料新秀

为了提高微波食品的外观和可口性，解决微波加热食品不能焦、黄、松、脆的难题，食品包装科技人员经大量试验，现已开发出了“微波感受膜”和金属包装加热材料。

微波感受膜采用真空镀铝的 PET 薄膜，铝分子在吸收微波能量的同时将产生辐射能，随后转换成辐射热，形成第二加热源，使食物靠近包装的外表被加热(微波加热是从食物内部开始加热的)，使食物表面变得焦黄、松脆。这一新措施使面包、蛋奶烘焙食品、馅饼、玉米饼等产品的外观和口感质量大大提高。

微波感受薄膜可采取压敏胶的方式贴在食品包装内部、或制成各种形状的包装加热容器，配合在微波设备中，可反复多次使用。

未来微波包装材料的开发将着重于食品、材料和微波 3 方面的配合原则来进行。由于微波对不同性质的材料有不同的作用，因此应尽量选用损耗小的塑料、陶瓷、玻璃、纸等作微波食品的包装材料和容器，它们很少吸收微波能量，可以减少不必要的热损失，提高食品的品质。

思考题

1. 微波所用频率与波长范围是什么?
2. 试述微波加热的基本原理。
3. 微波包装常用包装材料有哪些?
4. 微波包装食品加热的缺陷有哪些?

6.5 绿色包装

学习目标

1. 了解绿色包装的含义
2. 掌握绿色包装材料的分类
3. 了解绿色包装材料发展方向
4. 掌握纸浆模塑工艺技术及特点

6.5.1 绿色包装的含义

绿色包装(green package)又称无公害包装和环境之友包装(environmental friendly package)，指对生态环境和人类健康无害，能重复使用和再生，符合可持续发展的包装。它的理念有2个方面的含义:一个是保护环境,另一个就是节约资源。这两者相辅相成,不可分割。其中保护环境是核心,节约资源与保护环境又密切相关,因为节约资源可减少废弃物,其实也就是从源头上对环境的保护。

从技术角度讲,绿色包装是指以天然植物和有关矿物质为原料研制成对生态环境和人类健康无害,有利于回收利用,易于降解、可持续发展的一种环保型包装,也就是说,其包装产品从原料选择、产品的制造到使用和废弃的整个生命周期,均应符合生态环境保护的要求,应从绿色包装材料、包装设计和大力发展绿色包装产业3个方面入手实现绿色包装。

具体言之,绿色包装应具有以下的含义。

(1)实行包装减量化(reduce) 绿色包装在满足保护、方便、销售等功能的条件下,应是用量最少的适度包装。欧美等国将包装减量化列为发展无害包装的首选措施。

(2)包装应易于重复利用(reuse)或易于回收再生(recycle) 通过多次重复使用,或通过回收废弃物,生产再生制品、焚烧利用热能、堆肥化改善土壤等措施,达到再利用的目的。既不污染环境,又可充分利用资源。

(3)包装废弃物可以降解腐化(degradable) 为了不形成永久性的垃圾,不可回收利用的包装废弃物要能分解腐化,进而达到改善土壤的目的。世界各工业国家均重视发展利用生物或光降解的包装材料。reduce、reuse、recycle 和 degradable 即是现今21世纪世界公认的发展绿色包装的3r和1d原则。

(4)包装材料对人体和生物应无毒无害 包装材料中不应含有有毒物质或有毒物质的含量应控制在有关标准以下。

(5)在包装产品的整个生命周期中,均不应对环境产生污染或造成公害 即包装制品从原材料采集、材料加工、制造产品、产品使用、废弃物回收再生,直至最终处理的生命全过程均不应对人体及环境造成公害。

以上绿色包装的含义中,前4点应是绿色包装必须具备的要求,最后一点是依据生命周期评价,用系统工程的观点,对绿色包装提出的理想的、最高的要求。从以上的分析中,绿色包装可定义为:绿色包装就是能够循环复用、再生利用或降解腐化,而且在产品的整个生命周期中对人体及环境不造成公害的适度包装。

6.5.2 绿色包装材料

从绿色包装的角度,最优先的选择为:没有包装或最少量的包装,它从根本上消除了包装对环境的影响;其次是可返回、可重复利用的包装或可循环的包装。常见的绿色包装材料一共分为绿色包装的纸材料、可降解塑料、可食性材料和可重复再生材料4种。

6.5.2.1 绿色包装的纸材料

纸的原料主要是天然植物纤维,在自然界会很快腐烂,不会造成污染环境,也可回收重新造纸。在食品包装领域最具代表性的绿色包装纸材料为纸浆模塑。它是一种立体造纸技术。它以废纸为原料,在模塑机上由特殊的模具塑造出一定形状的纸制品。它具有四大优势:原料为废纸,包括板纸、废纸箱纸、废白边纸等,来源广泛;其制作过程由制浆、吸附成型、干燥定型等工序完成,对环境无害;可以回收再生利用;体积比发泡塑料小,可重叠,交通运输方便。纸浆模塑制品除具有质轻、价廉、防震等优点外它还具有透气性好，有利于生鲜物品的保鲜，在国际商品流通上，被广泛用于蛋品、水果等易碎、易破、怕挤压物品的周转包装上。

1. 纸浆模塑工艺技术特点

(1)环保性　纸浆模塑制品是利用废旧报纸、纸箱纸为主要原材料，经过一定的配比的添加剂进行制浆，通过特制的模具进行脱水成型，再经烘干、热处理、整形等系列工艺近程。纸浆模塑制品可加收利用、可降解，加入特殊工艺后，具有良好的防水、防油性能，完全可替代发泡塑料制品，可有效消除“白色污染”，制品环保性好。

纸浆模塑制品是世界环保部门推荐的环保产品，在其生产过程中对环保工作十分重视，就其三废问题对环保的影响，在整个生产过程中，从使用的主要原材料开始，到整个生产过程终结为止，其环保意识十分强。其原料为废纸，而在生产加工过程中主要是物理反应，只有少量的化工物品加入作防水剂，而这些化工物料在产品烘干后，基本上全部保留在成品中，没有排出造成环境的污染；生产线用水是封闭循环使用的，只是在产品烘干时产生水蒸气挥发至空间，生产过程中不需补充用水，因此用水量亦不大。

(2)成本经济　纸浆模塑技术经过数年的发展创新，设备性能不断改进，生产工艺逐步成熟，产品生产成本趋于稳定。目前国内纸托制品的生产成本已基本与泡沫塑料制品持平，有些纸托制品成本已明显低于泡沫塑料制品。

纸托制品替代泡沫塑料防震制品，在使用性能、生产成本上均具备了可行性，加上其环保方面的优势，纸浆模塑制品替代泡沫塑料制品已成为必然的趋势。

2. 纸浆模塑制品制浆工艺

利用原浆纸板、废纸、纸箱等为原料，通过碎浆、磨浆等工序，使纸变成纤维，悬浮于水中形成纸浆。根据所需生产制品的特性，可适当控制纤维长度及纸浆浓度，以满足制品需求。

在纸浆中加入特殊的助剂，可使产品具有防水、防油等功能。加入适当颜料，可使产品具备各种颜色。

3. 纸浆模塑制品成型工艺

目前国外纸浆模塑生产设备成型类型有两大类：真空成型法和注浆成型法。

(1)真空吸浆成型法　这种方法是纸塑制品最普及的一种方法。依据其结构不同又有3种方式：转鼓式、翻转式、往复升降式。

①转鼓式：连续性旋转生产，生产效率高，模具投资大，模具加工精度高，设备加工精度技术要求高，一套凹模配八套凸模，需用数控中心加工模具，加工周期长，投资大。由于是连续生产，适合于大批量的定型产品生产，如果盘、餐盘、酒托、鸡蛋托。对于工业模塑生产由于非标准，数量、批量小，模具投资大所以不适用。

②翻转式：返转式生产较鼓式生产效率低，适合于工业模塑中等批量及非标准的生产，但由于是一套凹模配二套凸模，需用数控中心加工模具，模具投资大，周期长。

③往复升降式：生产效率较转鼓式低，与返转式相差不大，是目前常风的普遍使用设备，由于该设备只需一套凹模配套一套凸模，不须数控中心加工，特别适合非标准、批量小、周期

快的工业包装产品(工业包装产品模具生产周期通常在10天内)。

(2)注浆成型法　注浆成型法是根据不同的纸浆包装产品,计算出所需的浆料(物料)量而定量注入成型模腔,吸附成型。此种成型方法适合变化不大,定型的标准产品,常用在餐具成型产品,由于定型计算难以掌握,在非标准纸塑包装(工业包装)不采用此成型法。

4. 纸浆模塑制品干燥工艺

纸浆制品经碎浆、成型后,一般均含有较高水分,需经过干燥工艺。干燥工艺利用燃油(气)、电或蒸汽、热油或其他介质为热源,加热空气,将成型后的纸浆模塑制品在热空气(180～220 ℃)中烘干,利用风机抽出制品蒸发出的水分,达到快速干燥的效果。

5. 纸浆模塑制品整形工艺

纸浆制品经成型、干燥后,基本定型,再用高温及较大压力进行压制,使其外形整齐美观,达到更好的坚韧性,具有更好的防震性能。整形工艺一般以电加热发热板或使用其他热介质(如导热油)加热发热板,使纸浆制品模具具有较高的温度(180～250 ℃),利用气压或液压压力,在高温、高压下压制纸托制品,达到定型效果。

6. 纸浆模塑制品的应用领域

(1)禽蛋缓冲包装(托盘)　纸浆模塑制品优先被用在鸡、鸭、鹅蛋等禽蛋的大批量运输包装,并与瓦楞纸箱配套使用。

(2)鲜果类缓冲包装(托盘)　纸浆模塑制品大量被用作水果运输包装,除利用其缓冲性能保护作用外,还可防止水果间的接触碰撞和摩擦擦伤,还可以散发"闷热"吸收水分,抑制"乙烯浓度",特别是盛夏或热带地区,由于纸浆模塑托盘不阻隔呼吸热,能吸收蒸发水分,从而达到防止鲜果腐烂变质,起到其他包装无法起到的作用。

(3)工业产品缓冲包装　纸浆模塑制品用作工业产品缓冲包装的很多。如玻璃制品、罐头、饮料等产品的固定缓冲材料。

(4)新鲜食品包装托盘　主要是供小批量销售用的新鲜食品预包装,用在青菜、水果、肉类、鱼类等副食品的包装上。

(5)一次性餐具　近年来,采用漂白浆为原料的纸饭盒、纸杯、盘、碟、碗等得到食品卫生和消费者的肯定,随着生产成本的降低,越来越被人们所接受。

6.5.2.2　绿色包装的可降解塑料

可降解塑料是指在特定时间内及特定环境下造成性能改变,其化学结构发生变化的一种塑料。可降解塑料包装材料既具有传统塑料的功能和特性,又可以在完成使用寿命之后,通过阳光中紫外光的作用或土壤和水中的微生物作用,在自然环境中分裂降解和还原,最终以无毒形式重新进入生态环境中,回归大自然。应用现代科技制作的可降解塑料已经成为现代包装设计应用的主要绿色材料之一。

1. 完全生物降解塑料种类及特点

安全生物降解材料包括天然高分子纤维素、人工合成的聚己内酯等。自然界本身有分解吸收和代谢天然高分子纤维素的自净化能力。该材料在用过废弃后能被自然界微生物降解,降解产物能被微生物作为碳源吸收代谢。

聚己内酯是目前价格较低的全微生物分解性合成高分子，所用的聚己内酯是环状单体——己内酯，己内酯是利用有机金属化合物进行开环聚合而制得的脂肪族聚酯。主要性能有：熔点和玻璃化温度较低，分别只有 40～60 ℃，结晶温度为 22 ℃；其纤维强度和聚酰胺 6 纤维几乎相当，拉伸强度可以达到 70.56 cN/tex 以上，结节强度也在 44.1 cN/tex 以上，而且在湿态情况下的强度损失很小；生物降解性和人造纤维相似，其产品大约在一周内即降解成不可能测试的薄片。

聚乙烯醇为可生物降解树脂，故淀粉基聚乙烯醇塑料可完全生物降解。乙烯和变性淀粉基共聚的产品具有良好的成型加工性、二次加工性、力学性能和优良的生物降解性能。日本合成化学工业公司开发出具有热塑性、水溶性、生物降解性的聚乙烯醇树脂，可熔融成型，其熔点为 199 ℃，可在 214～230 ℃下采用挤塑、吹塑、注塑等工艺成型。产品的透明性、水溶性、耐药品性均十分优越，可用于涂布复合成型容器和包装材料。

聚乳酸最早由日本岛津公司和钟纺公司联合开发，以乳酸为主要原料聚合所得到的高分子聚合物，而乳酸是一种在动植物和微生物体内常见的天然化合物，极易自然分解，其纤维具有优良的性能，介于合成纤维和天然纤维之间。亲水性优于聚酯纤维，比重低于聚酯纤维，有极好的手感、悬垂性和外观，好的回弹性，优良的卷曲和卷曲保持性，有可控的收缩性，强度达 62 cN/tex，不受紫外光影响，可用多种染料染色，杰出的可加工性，热黏合温度可控制，晶体熔融温度高达 120～230 ℃，低可燃性。

乳酸单体的主要特征是其以 2 种旋光性形式存在，聚乳酸技术利用该独特的聚合物性能，通过控制 D 和 L 异构体在聚合物链上的比例及其分布来控制产品的结晶熔点。

聚 *L*-乳酸(PLLC)是以淀粉、糖蜜等生物资源为原料发酵制得 *L*-乳酸，再用化学方法合成的高分子材料。PLLC 是热塑性材料，其可塑性与聚苯乙烯和聚酯相似，其结晶性和刚性都比较高，抗张强度优良。

2. 降解材料的降解性能及其评价

对生物降解材料的降解性能的测试目前还没有制订统一的标准，可采用包括被美国材料试验标准(ASTM)采纳或准备采纳的方法作为标准的方法，通过生物化学和微生物的实验手段来评价的主要方法有下列几种。

(1)土埋法　土埋法有室外土埋法和室内土埋法 2 种，其微生物源主要是土壤中的微生物群，经一定时间后，取出试样测定其失重、机械性能变化，或用电子显微镜确定其被土壤中微生物侵袭的状况。优点是能反映出自然环境条件下的生物分解性能；缺点是试验周期长，试验结果因土质不同而不同，重复性差。

(2)陪替氏培养器定量法　在容器中加入试验样品和营养琼脂，接种微生物进行培养，经一定时间后，分析试样的失重情况以及某些物理变化或化学变化。优点是可快速降解，在短时间内获得试验结果，重复性好，定量性好；缺点是不能反映自然界中的实际情况。

(3)酶分析法　在容器中加入缓冲液和试验样品，让酶作用一定的时间后，分析试样的失重情况，目测霉菌的生长情况，显微镜分析试样物理性能或化学性能的变化。优点是试验周期短，重复性好，定量性好；缺点是不能反映自然界中的实际情况。

(4)放射性 C14 示踪法　用 C14 标记聚合物产品，在微生物的作用下产生 CO_2，用碱性溶液吸收，用滴定法测出 CO_2 总量，再用放射性衰减率法测定C14的 CO_2 量，用C14的 CO_2 占产生的 CO_2 的百分数表示微生物侵蚀的程度。优点是实验结果可靠、明确。生物降解性能的测试可以检测样品生物降解性能的优劣。

3. 完全生物降解性塑料应用分析

生物降解塑料制成的食品袋、包装袋、垃圾袋因其生物降解性而大受青睐。生物降解包装材料一般是将可降解的高分子聚合物加入层压膜中或直接与层压材料共混成膜。食品包装材料和容器一般要求能保证食品不腐烂、隔离氧气且材料无毒。其中最具代表性的是聚羟基丁酸酯（PHB）与聚羟基戊酸酯（PHV）及其共聚物（商品名 Biopol），其物性与聚乙烯和聚丙烯相近，且热封性良好，Biopol 用过后可生物降解或被焚烧，两者的耗氧量仅相当于其光合作用放入大气的 O_2，处理后产生的 CO_2 即为光合作用摄入的全部 CO_2 量，因此可认为完全进入生物循环。

6.5.2.3 绿色包装的可食性材料

随着人们对食品安全和健康意识的不断提高，绿色食品的包装受到越来越多的消费者的青睐，作为绿色食品的新宠儿，绿色食品包装材料的“可食性包装材料”得到了广泛的推广和应用。食用包装材料由于其丰富的原料来源，具有人体的特点，不会对健康的健康有害。可食性包装材料主要包括脂肪酸、蛋白质、多糖、淀粉、动植物纤维等天然复合材料为原料。

1. 可食性包装材料种类与性能

可食性包装材料可分为淀粉可食性包装材料，蛋白质类可食性包装材料、植物纤维型可食性包装材料、天然复合食用包装材料、天然食品包装材料等。淀粉可食性包装材料主要以农作物、玉米、小麦、马铃薯、莲根淀粉改性加工为原料，通过加工成薄膜或垫的支持，主要用于各种小食品包装上。也可以加工成饮料杯和一次性快餐盒，具有很好的耐水性和耐油性，既安全又环保。蛋白质的可食性包装材料是以植物蛋白为原料，植物蛋白主要来自玉米、小麦、豆类等植物提取物，并将在蛋白质薄膜的过程中对食品进行包装，具有一定量的证明和抗菌、氧阻隔性能，适合油性食品包装，可以延长保鲜期和保质期。

2. 可食性包装材料应用范围

（1）果蔬、蛋类食品包装　淀粉基包装膜，此类包装材料主要以小麦、豆类等植物蛋白为原料，其产品包装形式有薄膜、板材和液体包装膜等。包装薄膜经过特殊加工，可用于谷物、禽蛋、蔬菜等包装，还可将其与纸材合成加工，制成可食性的纸杯和纸碗等，具有极好的防潮防湿、阻隔氧气、保鲜效果；可食性玉米包装板材又称玉米蛋白包装纸，是通过在玉米蛋白中加入纸浆纤维然后再加工制得。有很好的耐高温和隔油性，可广泛用于各种水果包装以及生鲜类食品的包装上，此类可食性包装材料使用后虽不能食用，但可以作为家养牲畜的饲料；液体包装膜是通过改变玉米蛋白的特性，然后进行深加工生产得到的，具有良好的耐高温和亲和性。可直接涂覆在水果、蛋类等食品表层，起到保鲜和防腐蚀的作用。

（2）冷冻食品与干货的包装　冷冻食品的可食性包装材料主要以乳清蛋白、小麦面筋蛋白为原材料。乳清蛋白可食性包装材料是具有良好的水溶性，具有较好防护性和抗氧化功能，可用来包装保鲜肉类、海鲜类、丸子等各种冷藏食物。以小麦面筋蛋白作为原料生产加工的可食性包装材料具有良好的韧性、延伸性性能和隔绝氧气的能力，广泛用于冷藏类食品包装上。可食性糕点、干货的包装主要以改性的淀粉包装薄膜为原料，其材料经过改性加工后不易溶于水，具有很好的抗拉性、易折曲性、透明度较高、封闭性好等特点，是糕点、冷冻类食品包装极佳的选择。

6.5.2.4 绿色包装的可重复再生材料

重复再用包装，如啤酒、饮料、酱油、醋等包装采用玻璃瓶反复使用。如果不含有金属、陶瓷等其他物质，玻璃几乎可以全部回收利用，而不同颜色的玻璃可以被分类收集再生利用。在一些发达国家，白色玻璃和彩色玻璃分别用不同的容器收集。由于玻璃包装具有可视性强、可重复再生的优点，它已成为饮料等产品的主要包装容器。如瑞典等国家开发的聚酯 PET 饮料瓶和 PC 奶瓶，其重复再用可达 20 次以上。

6.5.3 绿色包装材料的主要研发内容

1. 新型的纸包装材料

由于纸的原料是来源广泛的可再生资源，易回收、易再生、易降解是一类有发展前景的绿色包装材料，包装用纸正向低定量、高强度、多功能性（防腐，防菌，耐火，耐酸，耐水，保鲜，消音，隔热和缓冲等）可复用、可再生、可循环、易降解等方向发展，以及纸包装材料清洁生产工艺的研发。

2. 可食性包装材料

可食性包装材料是对人体无害或有益健康的包装材料，可食用并具有一定强度，主要用于食品和药品包装，采用淀粉、蛋白质、植物纤维、甲壳素和其他天然物质的可再生自然资源为原料且使用后无废物排放不污染环境。

3. 聚乳酸（PFA）

由于聚乳酸的基本原料乳酸是人体固有的生理物质之一，对人体无毒无害。使用后能被自然界中微生物完全降解，最终生成 CO_2 和 H_2O，不污染环境，这对保护环境非常有利。在未来将有取代聚乙烯、聚丙烯、聚苯乙烯等材料用于塑料制品包装，应用前景大分广阔。

4. 生物塑料包装材料

生物塑料包装材料是由无毒无害可再生生物自然资源为原料生产的具有优良使用性能，废弃后可被环境微生物完全降解的包装材料。如应用植物的淀粉和纤维素合成生物降解塑料；还可以通过操作植物的遗传基因，部分控制淀粉大分子链的支化度，从而制造出以廉价的淀粉为原料的生物降解塑料。如微生物产生的聚酯：属微生物发酵型大分子，它是利用微生物产生，用酶将自然界中易于生物分解的聚酯类物解聚水解，再分解吸收合成高分子化合物，这些化合物含有微生物聚酯和微生物多糖等。为降低制造微生物聚酯的成本，国际上正在开展利用植物合成生物降解塑料和基因技术（对植物基因人工定向设计和拼接技术可让植物按设计要求长出形态各异的容器等）也是研究的方向。

5. 天然生物包装材料

利用天然生物资源开发包装材料具有环境负载低、资源丰富等特点。充分利用竹、木屑、麻类、棉织物、柳条、芦苇、农作物秸秆、稻草和麦秸甲壳素等原料，扩大包装品种，提高技术含量已成为包装绿色化方向之一。

6. 塑料包装材料

塑料包装材料主要指可降解的(光降解、生物降解、氧降解、光/氧降解、水降解)各种塑料。如化学降解塑料水溶性塑料。作为一种新颖的绿色包装材料，主要原料是低醇解度的聚乙烯醇，利用聚乙烯醇成膜性、水溶性及降解性，添加各种助剂，如表面活性剂、增塑剂、防粘剂等。其力学性能好，且可热封，热封强度较高；具有防伪功能，延长优质产品的寿命周期。由于它降解彻底这一特性，可彻底解决包装废弃物的处理问题，使用安全方便，避免使用者直接接触被包装物，可用于对人体有害物品的包装。

7. 金属包装材料

金属包装材料最大的特点是具有较高的机械强度、牢固、耐用等，是化工产品、食品以及一些液体商品包装的良好包装材料。金属包装材料易于回收，容易处理，其废弃物对环境的污染相对较小，一类典型的环保材料。主要存在的问题是金属矿产资源及冶炼技术限制了金属包装材料的广泛使用。其研究主要是向用材减量化无毒化方向发展。

8. 玻璃包装材料

玻璃材料具有良好的化学稳定性、阻隔性、成型性和包装性能，玻璃材料易于回收再生，可减少资源和能源消耗和环境污染，其废弃物对环境的污染相对较小，所以玻璃材料仍然是一类受欢迎的包装材料。现在玻璃包装材料主要的发展方向是提高玻璃强度，薄壁，轻量化。

思考题

1. 绿色包装的含义包括哪些？
2. 哪些材料属于绿色包装材料？
3. 什么是完全降解材料？
4. 绿色包装材料的发展方向？

6.6 食品防伪包装

学习目标

1. 熟练掌握印刷防伪技术的分类和特点
2. 熟练掌握包装防伪设计的分类和特点
3. 了解数字技术防伪的种类和特点

防伪，是为保护企业品牌、保护市场、保护广大消费者合法权益而采取的一种防范性技术措施。随着商品包装的发展和用户包装防伪要求的日益高涨，防伪包装成为包装企业和包装使用者谈论得越来越多的话题。市场需求刺激了包装防伪的技术进步，也使包装制作企业不断开发出新的技术。先进的企业加强保护与防伪意识势在必行。

食品防伪包装顾名思义就是利用食品的包装物达到防伪的目的。实际上就是借助于包装的各种要素，防止商品在流通与转移过程中被人为地有意识的因素所窃换和假冒的技术和方法。

食品防伪包装是一般包装的延伸和发展，它最大的特点是防止人为的，某些有目的的损益而对商品进行保护。防伪包装有事与一般包装直观上看无任何区别。他的加密只有在特定条件下才显示出其防伪功能。

6.6.1 食品包装的信息嵌入防伪方法

根据食品包装防伪图案的形成方式，食品包装防伪有以下 4 类：物理信息防伪技术、印刷材料防伪技术、制版与印刷防伪技术和数字式防伪技术。

6.6.1.1 物理信息防伪技术

此种方法是采用激光全息技术、干涉与衍射光学技术、磁信息技术、核径迹与印刷技术、激光与印刷防伪相结合的技术，制作各类防伪标识，并应用到食品包装表面。

1. 激光全息防伪

该技术用激光进行全息照相，制作出难以仿制的防伪标签，粘贴在包装外表面。这种技术不仅能够较好的起到防伪作用，并且具有改善产品外观的装潢效果，使产品提高档次。

2. 干涉与衍射防伪

该技术利用光的衍射与干涉原理，通过设计多层膜中各层膜的整体镀膜厚度与局部镀膜厚度，达到使膜层上反射或透射的光随观察角度而变色的“滤色”效果，形成光变膜与衍射膜。将此类膜应用到食品包装上，同样能起到良好的防伪作用。

3. 磁信息防伪

此类技术主要通过加入水印、生物和其他特殊信息，采用磁记录信息。记录介质因记录特定信息而具有防伪功能。

4. 核径迹与印刷以及激光与印刷防伪

此类技术通过印刷工艺设计和核径迹与激光孔排列规律设计，组合成具有防伪功能的核径迹或激光打孔膜。

6.6.1.2 食品包装的印刷材料防伪技术

食品包装印刷材料防伪主要包含防伪油墨、防伪承印材料等。

1. 特种油墨防伪技术

目前发展最迅速的高新技术。由于这类油墨研制难度大，进口价格高，市场上很难购买到，从而实现了用此类油墨的客观防伪性。目前主要应用的防伪油墨有以下 9 种。

(1)磁性防伪油墨，采用具有磁性的粉末作为功能成分所制作的油墨。

(2)光学可变防伪油墨，防伪原理是色彩采用多层光学干涉碎膜。光学可变防伪油墨有由紫外荧光油墨、热敏与红外防伪油墨和红外油墨等几种防伪油墨。其中，紫外荧光油墨，分为无色(隐形)荧光油墨和有色荧光油墨，有长波(365 nm)和短波(254 nm)2 种；热敏与红外防伪油墨，在热作用下，能发生变色效果的油墨，常分可逆与不可逆 2 种，颜色有变红、变绿和变黑 3 种；红外油墨是在油墨中加入吸收 700～1 500 nm 波长光激发可见荧光的特殊物质的油墨，分为有色和无色 2 种。

(3)化学反应变色类防伪油墨，有防涂改油墨、压敏变色油墨和化学加密油墨。其中，防涂改油墨，防伪原理是在油墨中加入对涂改用的化学物质或具有显色化学反应的物质；压敏变色油墨，防伪原理是在油墨中加入特殊化学试剂或压敏变色的化合物或微胶囊。分为有色和无色 2 种，压致显色有红、绿、蓝、紫、黄等颜色；化学加密油墨防伪原理是在油墨中加入设定的特殊化合物。

(4)摩擦变色类防伪油墨，有金属油墨、可擦除油墨、硬币反应油墨和碱性油墨。其中，金属油墨把这种有色或无色的金属油墨印在特定位置上，鉴别时用含铅、铜等的金属制品一划，就可显出划痕，以辨真伪；可擦除油墨是一种化学溶剂挥发型油墨；硬币反应油墨，用硬币边缘摩擦此类不透明或透明黑墨时，就会出现黑色；碱性油墨使用这种油墨印刷的产品识别时用特制"笔"划过商品，观其色变辨真伪。

(5)透印式编号印刷油墨此类油墨包含一种可使红色染料透到纸张纤维中的成分，染料可透印过票据的背面。用于数字编号印刷。适合于凸版和胶印工艺。

(6)湿敏变色油墨，防伪原理是色料中含有颜色随湿度而变化的物质。有可逆和不可逆两种，有蓝、绿、红、黑 4 种颜色选择。适用于干式胶印工艺。

(7)隐形防伪油墨，防伪原理是在一般的油墨中加入诸如 Isotag Coircode 等隐形标记。

(8)智能机读防伪油墨，防伪原理是利用智能防伪材料的多变性。防伪特点：唯一性、复杂性；技术含量高；直观性，快捷性；专用性。

(9)多功能或综合防伪油墨，防伪原理是在一般的防伪油墨中再加入其他防伪技术，从而达到多重防伪功能。

2. 承印材料防伪

承印材料防伪是指通过选择与设计带有防伪性能的承印材料进行防伪的技术。传统的防伪承印材料应首推只有对着强光才能看清的水印纸。水印纸在制作过程中可利用特殊技术将所需要的标识、图案等做入纸中。水印纸的生产工艺是 13 世纪意大利造纸专家发明的。因为它在制造过程中融合了设计、雕模、制网、抄纸等复杂的工艺过程，因此防伪功能较强。

随着社会对承印材料防伪要求的提高和人们对防伪材料的研究，就防伪纸张而言，先后出现了在造纸过程中通过严格控制配方加入一定比例的彩色纤维或荧光纤维、埋入雕有缩微文字或无文字的金属线等印钞纸、珠光纸;采用激光全息技术制作的激光彩虹纸和模压技术制作的金银箔压花纸、折光纸等多种防伪承印材料。

6.6.1.3 制版与印刷防伪技术

制版与印刷的防伪技术过去主要用于钞票、证券印刷,现已用于一般商品的防伪印刷中。其包括:使用细密的底纹、雕刻凹版、多种特殊印刷版、隐藏文字、彩虹印刷、补色印刷、对印、叠印、多色接线、产品外观、颜色分布、版式和计算机产生图案及缩微文字印刷等,这些均为一般印刷设备所不能承印,因此具有较强的防伪效果。这些印品的识别有些用眼观,有些用手摸,而有些就要用特殊的仪器来检测才能识别真伪。

6.6.1.4 数字式防伪技术

1. RFID 无线射频识别技术

RFID 无线射频识别系统被视为 21 世纪最重要的前十大技术之一,但是此技术存在已久,早在第二次世界大战期间,军方为了把敌人和自己人的飞机区分开来,就曾用到了这种 RFID 技术;从 20 世纪 70 年代开始,美国联邦政府就开始在核材料上贴上这种标签,以便跟踪它们的下落;20 世纪 80 年代,一些商业公司的仓库也开始用它来确定集装箱的位置;随着时间的推移和 RFID 成本的降低,到 1997 年前后 RFID 技术才真正开始摆脱传统的角色而被更多的行业广泛采用。但直到 Wal-Mart 要求其百大供货商必须全面将商品贴上 RFID 电子标签后,一场 RFID 的风暴才就此展开。

(1)RFID 的原理和特性 最简单的 RFID 系统由电子标签 Tag 解读器 Reader 和天线 Antenna 三部分组成,在实际应用中,还需要其他硬件和软件的支持其工作原理并不复杂:标签进入磁场后,接收解读器发出的射频信号,凭借感应电流所获得的能量发送出存储在芯片中的产品信息,或者主动发送某一频率的信号;解读器读取信息并解码后,送至中央信息系统进行有关数据处理。

①电子标签 Tag,即射频卡。它是 RFID 系统的真正的载体,被装置于被识别的物体上,存储着一定格式的电子数据,即关于此物体的详细信息。每个标签具有唯一的电子编码,相当于条形码技术中的条形码符号,但不同的是必须能够自动或半自动地把存储的信息发射出去。电子标签由标签天线和标签芯片组成,标签芯片是具有无线收发功能和存储功能的单片机系统,其中存储有约定格式的编码数据,用来唯一标识所附着的物体。同时也是射频识别系统的数据载体,具有智能读写及加密通信的能力。

②解读器(reader)。解读器是负责读取或写入标签信息的设备,它能够自动以无接触的方式读取电子标签所存储的电子数据,是 RFID 系统信息控制和处理中心。解读器与电子标签之间存在着通信协议,彼此互传信息。每当黏附有电子标签的物体通过它的读取范围时,就向标签发射无线电波,然后标签回送自身储存的物体信息,整个过程是非接触式的。典型的解读器包含有控制模块,射频模块,接口模块以及解读器天线。此外,许多解读器还有附加的接口 RS232、RS485、以太网接口等,以便将获得的数据传给应用系统或从应用系统

接收命令。

③天线(antenna)。天线在电子标签和解读器间传递射频信号,解读器上连接的天线一般做成门框形式,放在被测物品进出的通道口,它一方面给无源的电子标签发射无线电信号提供电能以激活电子标签;另一方面也接收电子标签上发出的信息,在每个电子标签上也有自己的微型天线,用于和解读器进行通讯。

(2)RFID 的优点　与条形码相比,RFID 技术有不同的适用范围,从概念上来说,两者很相似,目的都是快速准确地确认追踪目标物体,两者之间最大的区别是条形码是“可视技术”,而 RFID 标签的作用不仅仅局限于视野之内,因为信息是由无线电波传输,数据的读取无须光源,甚至可以透过外包装来进行,除此之外,RFID 技术与传统的条形码比起来,还具有识别速度快,数据容量大,使用寿命长,应用范围广,标签数据可动态更改,动态实时通信等优点。

(3)RFID 标签在包装防伪上的应用　RFID 技术可以应用在零售业的付账系统。想想在大卖场或是超市,最令人头疼的莫过于结账了,但是将 RFID 标签附在单项货品上,消费者可以大步流星推着购物车穿越 RFID 阅读机后即可走出卖场,无需将货品从购物车中一一取出,不需要任何条码扫描,总价几乎会立刻显示在屏幕上,该技术还可以运用在供应链管理,帮助零售业者改善存货管理,增加营运效率。将 RFID 标签附在货箱上,进货物关口装设阅读机,便可自动辨识进货的种类及数量,并可即时将此资讯传到资料库更新,此外利用 RFID 标签,可以更容易监控货架上的存货水平,以便及时补货。

但是 RFID 应用领域绝非仅限于此,它的另一个智慧之处在于它的超强防盗功能,如果顾客在卖场里偷窃带有 RFID 标签的商品,RFID 标签就会自动提醒保安。同时,一旦 RFID 标签自然损坏,安全传感器也会告知并非顾客入店行窃。当然,该技术最大的应用当数包装的防伪领域,RFID 技术可以有效地解决日益猖獗的产品仿冒伪造现象。

在 RFID 防伪应用中,常用的就是服装防伪。服装制造商将自己特有的 RFID 读写标签与生产出来的服装同时放在纸箱中,每个纸箱都有自己独有的 ID 码。当生产完毕至运送流程时,每个纸箱通过一个 RFID 标签阅读器,所有纸箱的信息都会被读取并传输到 PC 机里PC 软件系统将读取到的实际信息与该纸箱的计划运送物品相比较后得出是否放行的判断,同时,如果纸箱放行,纸箱的 ID 号将会被写入到每张标签的内存并锁定。

RFID 技术也有助于葡萄酒业产品的伪造问题,今天,随着葡萄酒生产商和销售商逐渐将目光投向射频识别技术,葡萄酒除了代表浪漫之外,似乎又增添了几分“智慧”另外,葡萄酒制造商在不断寻找新途径推广他们的产品,在五彩缤纷的包装营销中,RFID 将逐渐成为新宠,在实现追踪功能的同时,还有助于提高消费供应链的产品安全,并且对于长期纠缠葡萄酒业的产品伪造问题,RFID 对之也大有裨益。

除此以外,药品、证件、票务、物流等诸多方面也受到了该防伪技术的青睐,不过防伪原理大致相同:将商品识别号(ID)写在 RFID 芯片中,这个 ID 在生产,销售等所有环节中是唯一的,芯片被制作成电子标签,电子标签被附加在商品上,使它成为商品不可分割的一部分,当电子标签“被迫”与商品分离时，商品的“完整性”被破坏，商品被认为已被“消费”，防伪结束。在上述环节中，通过各种技术手段保证此ID验证过程是不可伪造和篡改的？如果验证机制被伪造，则会出现伪造的商品；如果验证过程被篡改，则导致真品被“证伪”从而扰乱市场？这样，在商品从生产，流通到消费的全过程中，都只有一个被唯一ID标识的拥有唯一验证手段的商品存在，从而达到防伪的目的。

(4)RFID技术不断得到优化　RFID技术受到应用需求驱动的同时又反过来极大地促进了应用需求的扩展。从技术角度说，RFID技术的发展得益于多项技术的综合发展，所涉及的关键技术大致包括：芯片技术，天线技术，无线收发技术，数据变换与编码技术，电磁传播特性。

①RFID电子标签方面。电子标签芯片所需的功耗更低，无源标签、半无源标签技术更趋成熟，其作用距离将更远，无线可读写性能也将更加完善，并且能够适合高速移动的物体识别，识别速度也将更快，具有快速多标签读写功能，一致性更好，与此同时，在强场下的保护能力也会更加完善，智能性更强，成本更低。

②RFID解读器方面。多功能读写器包括与条形码识别集成，无限数据传输。脱机工作等功能将被更多地应用。读写器会朝着小型化、便携式、嵌入式、模块化方向发展，成本将更加廉价，应用范围更加广泛。

③RFID天线方面。经过美国麦安迪德州仪器等十几家公司5年的合作和开发，在麦安迪柔性版印刷机上实现了印刷天线和封装的联线生产，完全商业化，在北美已经有十几条线在正常运转。用印刷导电油墨代替腐蚀铜天线的方法和联线封装不但降低了RFID智能标签成本，而且为将来高效和大量生产奠定了基础，因此RFID标签在未来的发展有着巨大的空间。

④RFID系统种类方面。低频近距离系统将具有更高的智能，安全特性；高频远距离系统性能将更加完善，成本更低；2.45 GHz和5.8 GHz系统也将更加完善；无芯片系统逐渐得到应用。

⑤RFID标准化方面。与RFID标准相关的基础性能研究更加深入、成熟；最终形成并发布的标准为更多的企业所接受；不同的制造商生产系统，模块可替代性更好、更为普及。射频识别技术在未来的发展中结合其他高新技术实现单一识别向多功能识别方向发展的同时，将与现代通信技术和计算机技术一道共同实现跨地区跨行业应用。

2. 二维码防伪技术

(1)二维码的优势　长期以来，假冒伪劣商品威胁着企业和消费者的切身利益，严重影响着国家的经济发展。为保护企业和消费者利益，保证市场经济健康发展，国家和企业每年都要花费大量的人力和财力用于防伪打假。然而，受制于防伪技术、防伪方式的单一，普通消费者缺乏防伪工具等因素，防伪效果不理想。而二维码的出现恰好弥补了这一缺点，它具有多重防伪特性，可以采用密码防伪、软件加密等方式进行从而更具保密防伪性。

二维码防伪采用二维码加密技术给产品做标识，将二维码印刷或者标贴于产品包装上，用户只需通过指定的二维码防伪系统或手机软件进行解码检验，即可验证产品真伪，获得详尽的信息。二维码可储存丰富的产品信息，通过加密不易被复制盗用，产品信息来自企业官方发布，查询渠道正规、专业，实现了产品信息防伪的高效性。

二维码作为物联网技术的一部分，越来越得到广大消费者的欢迎。消费者通过手机上的二维码扫描软件扫描二维码识别商品信息，体验商品防伪体系能增强消费者对产品的忠诚度，提高产品在消费者心中的可信度。借助基于物联网的二维码防伪应用，从技术上斩断假货的流通途径，二维码防伪让售假者无处藏身。随着科技的进一步发展，基于物联网基础上的二维码防伪技术，将成为打击假冒伪劣产品、非法入境和追溯问题产品流向强有力的"武器"。

(2)产品生成　产品二维码防伪标签系统是基于产品防伪、验证等市场应用需求而开发的二维码电子应用服务系统。二维码防伪标签是由二维码防伪标签系统加密生成的产品信息二维码，可印刷或标贴在商品包上，消费者购买后可通过官方网站或指定手机软件进行解码，即可验证产品真伪，获得详尽的信息。二维码可存储丰富的产品信息，通过加密不易被复制盗用，产品信息来自企业官方发布，查询渠道正规，专业，信息来源可靠，极具权威性。实现产品信息防伪的高效性。主要以数据系统为中心，实现一品一码，一键式扫描方式，而且二维码防伪标签的理念可以全民参与，实现实时管理，多方参与的形式。

(3)二维码防伪的特点

①唯一性。系统赋予每一个产品一个唯一的防伪编码并标识于产品或包装上，如同每一个人都有唯一的身份证号码一样，产品可以被假冒复制但码却是唯一。

②消费者便于识别和查询。消费者无须学习专门的识别技巧，只需通过手机扫描 QR 条形码，发送短信息，查询商品的真伪，非常方便。

③低成本。数码防伪标签制作非常简单，只需我们常见的不干胶、铜版纸和激光防伪标签上加印 QR 条码级即可，增加的成本微乎其微。

④使用的一次性。对产品的每一枚防伪标识物在一般情况下，只能使用一次。一经使用，刮开涂层或揭开表层，防伪标识物即可明显破坏，从而有别于未使用的其他防伪标识物。经授权的特殊产品或贵重物品，可通过系统服务中心的技术处理，在首次查询后，其合法所有人可享有多次查询权。由此扩大了防伪标识的使用范围。

⑤管理的统一性。此防伪标识物可用于任何种类的商品上，利用遍布全国的电话网络，建立起全国性的打假防伪网络，随时监控、统一管理。

⑥打假的及时性。每一个数码在每一次进行系统认证时均会被系统记录下来认证的相关信息，包括时间、认证的电话号码等。根据某件商品防伪数码被查询的次数，及查询号码的来源，就可以判断商品的真假，可以判断假冒商品所处的地区，可以及时提供准确线索通知执法部门，准确、及时的打击造假者。QR 码防伪即便捷又能够极大地提高企业与消费者的互动性提高企业的知名度、信誉度。

6.6.2　食品包装的包装结构防伪方法

食品防伪包装就是利用商品的包装物达到防伪的目的。实际上就是借助于包装的各种要素,防止商品在流通与转移过程中被人为地有意识的因素所窃换和假冒的技术与方法。由于不同的防伪包装容器,其结构和特点都不同,因此结构防伪包装设计的方法有多种形式。

6.6.2.1 整体结构防伪

整体结构防伪是把包装的整个外形或整个包装材料设计得与众不同,以此来达到防伪目的。例如,设计特殊的造型结构、全封闭式结构、整体功能性包装材料结构等均为整体结构防伪包装。

1. 全封闭式防伪罐的结构设计

图 6-20 所示的是采用全封闭式结构防伪设计的易剪型防伪罐。在罐身的立面、罐盖的下方有压痕条,罐身上、压痕条中间开有一个以上的小孔,当要拿包装罐内的商品而打开外包装罐时,将剪刀伸入小孔内,用剪刀沿压痕条将罐盖从罐身上剪离,这样就破坏了外包装罐,防止包装罐被滥用。这种防伪包装罐可广泛用于各种商品的中包装。

图 6-21 所示的是采用全封闭式结构防伪设计的卷切型防伪罐。罐身的立面、罐盖的下方有压痕条,压痕条上有由压痕压穿并向罐身外翘起的翘起端。要取出包装罐内的商品时,就通过拉罐身外翘起的翘起端撕开压痕条,这样就破坏了外包装罐,防止包装罐被回收利用。

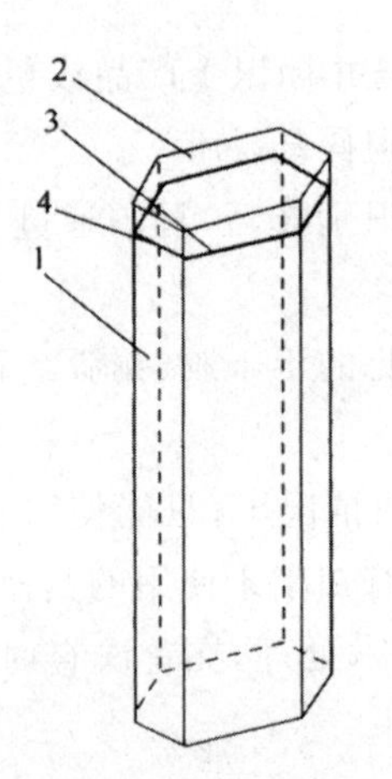

1. 罐身的立面;2. 罐盖;3. 压痕条;4. 小孔

图 6-20 易剪型防伪罐

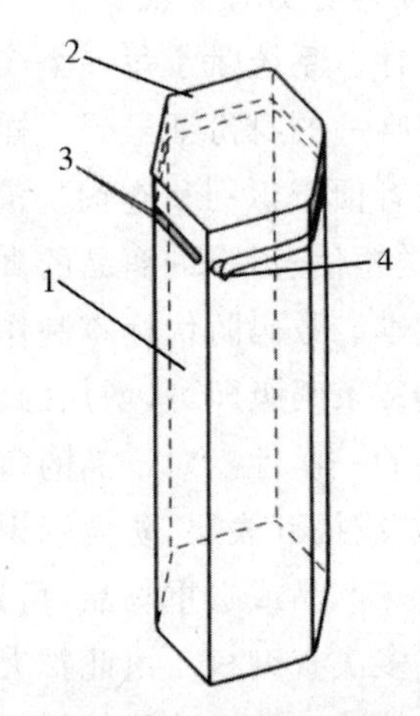

1. 罐身的立面;2. 罐盖;3. 压痕条;4. 压痕条上的翘起端

图 6-21 卷切型防伪罐

封带型防伪罐是采用封带将罐盖扣压在罐身上,且封带的另一端是连同易拉环一起固定在罐身上的压痕块上,如图 6-22 所示。这样要打开罐盖,需通过易拉环拉脱压痕块,从而拉开扣压罐盖的封带,或者剪断封带,破坏外包装罐,防止其被回收利用。

断身型防伪罐是在罐身的立面、罐盖的下方有压痕条,且压痕条有向罐底的弯曲部分,在压痕条向罐底弯曲部分以上,罐盖的立面装有易拉环,如图 6-23 所示。

这样要取出包装罐内的商品时,就必须通过拉易拉环使罐盖沿压痕条与罐底分离,这样破坏外包装后,也防止了该罐被重新回收利用的可能。

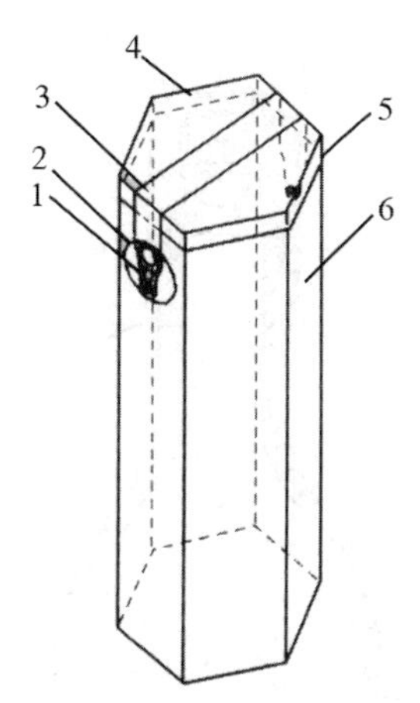

1. 易拉环；2、5. 压痕块；3. 封带；4. 罐盖；6. 立面

图 6-22　封带型防伪罐

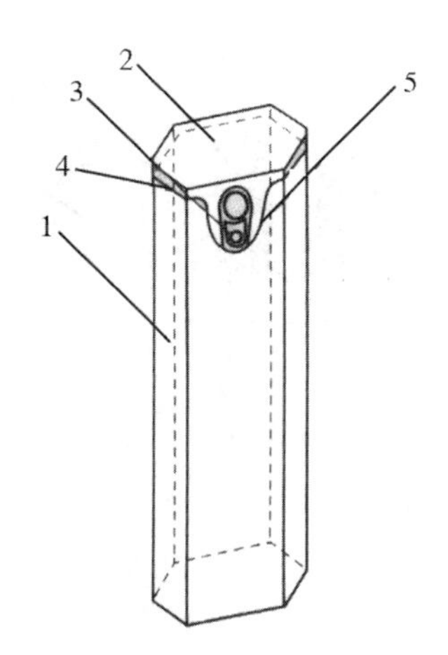

1. 立面；2. 罐盖；3. 易拉环；4. 压痕条的弯曲部分；5. 压痕

图 6-23　断身型防伪罐

2. 一次罐装防伪封闭容器

一次罐装防伪封闭容器是在不破坏该容器某一部分结构的条件下，只能进行液体的一次性罐装，从而达到防伪的目的。其防伪特征是将沿容器口部直径方向，尺寸只能够变大的变径体悬在盲塞上，放入装有被保护液体的阶梯形颈容器内。变径体一旦进入颈部尺寸较大处，伸出销向外伸出，使变径体不可再被取出。若在不破坏盲塞结构条件下强行取出盲塞，则变径体脱离盲塞，并不可再与盲塞复原。变径体的特征是变径芯在弹性力作用下产生直线运动，并推动伸出销沿侧向向外伸出，使变径体外部包络尺寸增大。盲塞的特征是上端不通但可撕开、割开或戳破，下端能和容器相通，对变装有柔性密封圈并紧压桶口，形槽外环边下部有两个以上的防伪开口，撕裂带上也有两个以上、小于其壁厚且与防伪开口相错的竖向易裂条，这种全封闭结构的防伪塑料包装桶设计合理，连接可靠，防伪性能良好，且能满足方便地存放、运输的要求。

3. 一次性防伪瓶

一次性防伪瓶也是目前使用较多的用于酒类商品的防伪容器结构，它的设计原理也是各有特色。例如，卡环式一次性防伪瓶是在瓶口的内径壁上设置有一个环形槽，瓶盖是由与瓶口内壁形状相吻合的、顶部连接有一个板状顶盖的瓶塞构成的。在瓶塞的外径壁上也有一个与瓶口内环形槽位置相应的环形槽，在瓶塞与瓶口的环形槽内装有一个卡环，其结构如图 6-24 所示。当打开瓶盖时，卡环断裂，瓶盖与瓶口就无法再很好地密合，这样就达到防止了瓶子被造假者直接使用的目的。

缩口式一次性防伪瓶是由瓶口带有阶梯台肩的瓶子，与阶梯台肩相配合并合为一体的瓶接口以及压于瓶口与瓶接口内底面之间的蛇形管状瓶盖组成的，其结构如图 6-25 所示。

当打开瓶塞时，则必定要破坏阶梯台肩与瓶接口之间的密合关系，这样就破坏了瓶子的密封结构而无法再重新被使用，从而也达到了防伪的目的和效果。

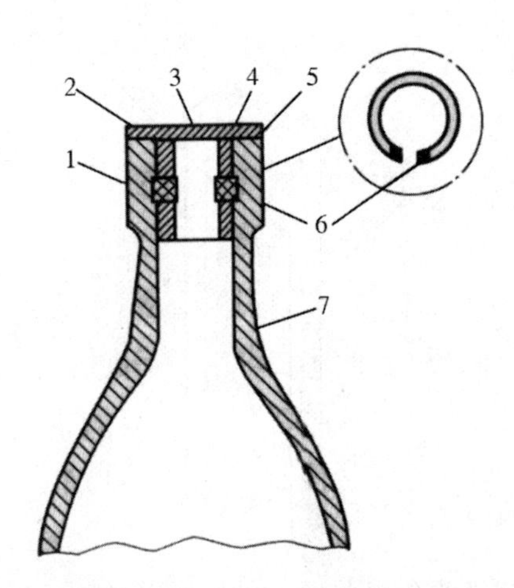

1、5. 环形槽；2. 瓶塞；3. 板状顶盖；4. 瓶口；6. 卡环；7. 瓶体

图 6-24　卡环式一次性防伪瓶结构

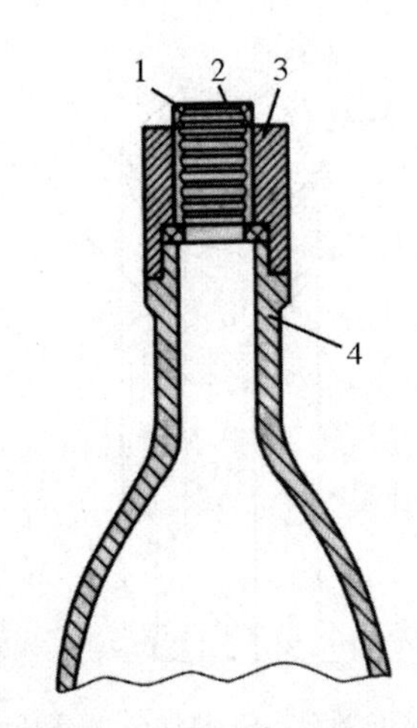

1. 阶梯台肩；2. 蛇形管状瓶盖；3. 瓶接口；4. 瓶体

图 6-25　缩口式一次性防伪瓶结构

另外，还有一些采用整体包装结构防伪设计的产品，如市场上白易拉罐饮料就属于这一类防伪结构，胶卷外包装盒也采用全封闭式的纸盒包装。

整体功能性包装材料结构是将原先的防伪标识扩展到整个商品用包装材料上，可达到很好的防伪效果。例如，采用各种防伪激光纸、膜或其他防伪纸张、塑料薄膜等，都可以实现整体结构防伪。

6.6.2.2　局部结构防伪

局部结构防伪是在商品包装的某一部位采用特殊的结构进行防伪。最常见的局部结构防伪是在包装的封口和出口结构处设置防伪措施，还有就是在商品 包装的局部设置特殊的结构标志和附加结构。一旦商品包装被启用，或商品被使用，则原有的包装无法再进行恢复。因此，局部结构防伪多数是一次性使用的毁灭式防伪包装。

毁灭式包装结构也称破坏式结构或一次性使用包装结构，它的特点是要使用商品，就必须破坏或毁灭其包装，从而保证商品的包装不能被重复使用，达到防伪的目的。

1. 毁瓶毁盖式防伪瓶盖

它主要由瓶口、瓶盖、大小内塞、金属断瓶装置、凸缘、凸起环等部分组成，通过金属断瓶装置在瓶颈上的滑动槽的滑动来破坏瓶体，达到防伪的目的。同时产生的碎玻璃也不会外露而对使用者造成伤害，倾倒内装液体时也不会产生洒漏现象。

2. 毁灭式防伪瓶盖

它包括瓶身、长内塞、小内塞、密封盖，密封盖设置断裂槽和止退弹片。密封盖内套上端部位于瓶口上部的环形凹槽内，瓶口与瓶盖分别设置相配合的防反转凸形直柱，密封盖内套设置卡口钢环及钢环限位环形支承台，止退弹片位于瓶口的环形凸台上方的环形凹台内，瓶口上凹形槽扭断后，旋转瓶盖，瓶口断裂部也随之旋转，瓶内塞冲出瓶口外，以此来判断商品包装是否被使用过。

3. 旋盖式保真防伪瓶盖

此盖的特征在于它是由上、下盖结构，芯塞结构，瓶口结构 3 部分构成，它的薄弱环由又窄又薄、不封闭、简短的六个接块构成。开启瓶芯塞时，必须先施力破坏其薄弱环后，才能拔出芯塞。同时薄弱环的破坏采用的是扭转方式剪切破坏技术，间接对薄弱环施力，既省时又省力，而且安全可靠，防伪保真性能良好。

4. 一次性内塞防伪瓶盖

它是由旋盖、内塞、内套、外套所组成，其特点是内套的外螺纹与旋盖的内螺纹旋紧构成一个完整的外盖。内套镶有外套，内套的筒壁设有凸形条和弹圈。内塞连接的塞帽设有抠把，抠把的颈部设有呈薄壁状的凹台，另外内塞还设有塑性胀圈，组装一体的瓶盖靠静压力塞入瓶口与颈脖，一旦塞帽的抠把被抠起，液体即可倒出，但塞帽不可复原，从而起到一次性使用的防伪目的。

5. 具有齿形保险环的防伪瓶塞

它主要包括一个瓶盖及壳体，下壳体内包括有单向球阀塞件，上壳体上贴有激光防伪标记，上壳体与下壳体之间设有齿形保险环，上壳体上有凹凸部，它们分别与保险环的凸凹部相配合，而保险环上的一个缺口卡在下壳体的凸部，且缺口相邻处有若干个齿。这种结构为瓶子设置了 3 处防伪措施：①激光防伪标记；②单向球阀塞件；③保险环。有了多重防伪措施，这种防伪瓶塞的防伪效果好，性能可靠。

6. 天门式防伪瓶盖

由圆管、三爪卡扣、内螺纹、天门盖及变形铰链五位一体构成，其结构示意及配套关系如图 6-26 所示。

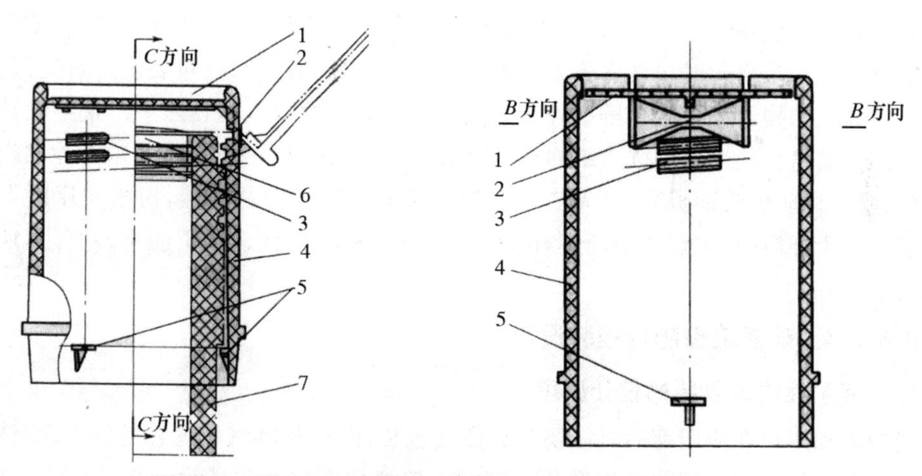

1. 天门盖；2. 变形铰链；3. 内螺纹；4. 圆管；5. 三爪卡扣；6. 外螺纹；7. 瓶体

图 6-26 天门式防伪瓶盖结构示意图及配套关系

均匀分布于圆管内壁下部并凸起的三爪卡扣通过其所在部位管壁内径局部变形及复位，使三爪卡扣卡在玻璃瓶轴肩下侧。通过内外两螺纹相对转动，使瓶口上升，直至顶断天门盖与圆管之间微弱的连接而进行防伪，并用变形铰链带动天门盖转离瓶口位置来防止回收复用。

7. 声、光、电等技术的瓶盖防伪技术

例如，发光字幕防伪瓶盖是由外盖和内盖在顶部固定连接构成盖体，其内盖为一透亮的封闭筒体，其筒体内固定设置灯架，灯架上部安装电池，灯架下部安装灯泡，并在由电池为电源，与灯泡形成的回路中串接触动开关，其触动部件为外盖盖顶。适当选择灯泡的颜色，并在透亮的内盖上制作出各种特定的字样或花形，不仅能有效地达到防伪之目的，而且还具有广告宣传与艺术欣赏的价值。

8. 电子语音防伪瓶盖

由内盖和外盖组成。内盖的外壁上制有环形凹槽，环形凹槽中开有弧形长孔。一个语音芯片固定在弧形长孔的一端，且该端是与内盖螺纹旋进方向相反的一端；另一个滑动刀体设置在外盖与内盖之间，该滑动刀体的刀头与刀柄互相垂直而使刀头对准语音芯片的易损面。该瓶子一旦被开启，则语音芯片就会被刀子划破，使得语音芯片无法再发出声音。其优点是用语音芯片作为防伪标识，实际识别真伪时，通过检测瓶盖能否发音来识别瓶子是否处于原封状态。

结构防伪是防伪包装中应用较多且较为实用的一种有效防伪技术，尤其是在刚性容器上得到了普遍的应用。

结构防伪可根据不同的要求采用不同的结构防伪，形式变化多样。由于结构防伪是依靠工艺与材料的变化和结合来实现防伪功效的，因此随着新技术、新工艺、新材料的不断出现，结构防伪的方法也在不断地更新。

6.6.2.3 模切防伪设计

通常商品的外包装盒采用盒盖与盒底开启部分用粘贴封条及封口签进行封口防伪，但是这种方式的防伪功能性差。虽然，通过采用激光全息标识的一次性封口签能增强封口防伪功能，但是，如果启封时包装盒不受到破坏，制假者仍能通过回收包装盒进行造假。因此，通过外包装盒结构设计防伪是解决外包装盒防伪性能差的根本途径之一。这种设计把包装盒封口部分的盖舌与盖体用强力结封死，形成封口不可开启式结构，而盒盖设计成横切压痕断点（与盒体同时模切而成）。消费者在开启包装时需将手按住盒盖，拇指按压断点形成开启盒盖。由于开启时，包装压痕断裂，破坏了盒体的整体性，使盒体不能再被复用，所以具有极强的防伪效果。

6.6.2.4 非复位性防伪包装设计

1. 非复位性防伪包装的设计原理

消费者和用户在使用商品时需要开启商品包装，而在开启商品包装过程中，会使包装内装物的位置或包装开启部位发生变化。有的位置变化在重新包装后能恢复原有的状态，而有的则很难恢复。非复位性防伪包装是利用在进行防伪包装设计与制作时，通过专门的设计，使商品包装开启后难以（甚至无法）恢复原有的位置，从而可以判断商品包装内容物是否被使用或调换，以此达到防止伪造商品包装的目的。这就是非复位性防伪包装的原理。

包装开启的局部从结构外形上看，有可能被破坏，也有可能不被破坏。无论结构是否被破坏，对整个包装的功能却不能产生影响，即包装开启后仍可盛装物品，只是在包装开启前后消费者能够一目了然地观察到其结构和外形的变化。

2. 非复位性防伪包装设计方法

非复位性防伪包装设计是针对造假者通过偷换真品的包装，装入其他同类劣次商品，以假充真，以次充好，损害消费者利益的行为而采取的技术措施。非复位性防伪包装设计的最关键的基础是造假者利用真品的包装来包装他们制作的伪劣商品，即借助于真品的包装进行造假售假活动。但是要更换商品，就必须开启真品的包装并将其恢复原样，也就是说使开启部位恢复。因此，设计非复位性防伪包装的关键就是使商品的包装一旦开启后就无法恢复到原来的状态，即保证包装的完整性。常用的非复位性防伪包装设计方法有以下几种。

(1)力学定位设计法　力学定位设计法是利用弹性力学和材料力学中材料的受力与变形关系进行防伪方法上的设计。各种外力产生的位移与包装材料的变形满足一定的关系，这在包装容器中的瓶盖、瓶塞的瓶口密封中最能体现。当开启密封部位后，由于各种外力对它们的作用力之和与其位移变形之间是严格对应的，且是利用商品包装机械精确控制各种力的大小，任何外力的微小变化，都不能使得容器开启部位严格地恢复到原有的精确位置。由于影响开启部位变形的力学因素很多，造假者很难获得各种力的精确值，再加上包装材料本身的变形和时间也有一定的关系，因此造假者无法使开启后的包装再保持良好的原有位置而不被消费者和用户发现。

①瓶塞压合定位。通过将特定的瓶塞(材料与结构)在压入瓶口的过程中使瓶塞受力超过其屈服极限而产生一部分的塑性变形，一旦将瓶塞拔出，就很难恢复，从而使其原有结构与形状起不到密封的作用。也就是说，这种瓶塞只能使用 1 次，再次使用时便失去了原有的作用和性能，从而达到防止利用原有包装充当伪劣商品包装的目的。

采用这种防伪方法时应很好地选择强度合适的材料，同时要注意瓶塞压紧后的留出高度(应压到位)，不能再往里压入，另外还要考虑到开启的方便性，可配备开启拉环或开启器。

②玻璃球堵口定位。在瓶中压入一玻璃球，使瓶口与玻璃球之间产生微量的弹性变形，并形成较紧的过度配合或过盈配合，从而使包装瓶口有较好的密封性。当使用(取用)开启时，需用硬物将堵在瓶口处的玻璃球捅入瓶内，方能取出(倒出)瓶内的物品(液体或粉料)。

采用这种防伪方法的包装一经开启后，就不能再被利用做包装。因为玻璃球捅入瓶中后，在保持瓶子完好的状态下再也无法取出，从而不能重复利用。这种方法防伪可靠性好，工艺难度也较大，而且封装后，运输与搬运需要有一定的防震要求。

③旋盖定位。将包装瓶的盖旋到一定值(旋转圈数或松紧程度)，并使旋盖产生一定的变形，通过控制并设定标记来实现防伪要求。

这种防伪方法是通过控制几个参数来实现的，并加上刻定标记。再次复用的包装很难与标记位置重合，即使重合，也难以保证瓶口的密封性与松紧程度。

(2)胶质定位设计法　胶质定位设计法是非复位性防伪包装中最重要的设计方法之一，它在很多商品包装上都得到了普遍使用。这种防伪方法是用胶质材料对包装容器的封口件(如盖、塞等)进行 合，一旦开启后就再也难以恢复原位，无法保证达到原装效果。常见的胶质定位设计法有普通胶质和热熔胶质。普通胶质定位设计法方法简单，易于实现，广泛使用于各种销售包装盒的封口；热熔胶质主要用于那些用普通胶质难以实现的非纸品包装容器，如易拉罐的封口、玻璃材料的封口等。这种防伪设计法在骑缝时必须将封口处的局部结构破坏才能取出其内装物，再也不能复位重新使用。

(3)填充定位设计法　填充定位设计法是选择合适的材料，对包装进行填充定位，且该材料在填充后固定成形，而一旦打开或启用后则恢复不了原样，从而达到防伪的目的。它有整体填充和局部填充 2 种。

①整体填充设计法是指内包装或单件物品放入包装容器中后，再加入填料使之固定成形。

②局部填充设计是指在包装容器的封口处填充固化材料，包装封口完毕后，将封口处的空间全部填满并固化。当使用开启时，其填充材料必须先被挖掉而遭破坏。所以填充材料仅能发挥一次性包装作用，以此来达到防伪的目的。

(4)机械定位设计法　机械定位设计法是通过包装中的变形、装配、卡合等工艺技巧来实现的。理论依据是包装件(密封部位)封合时靠机械力的作用产生弹性变形，封合完毕后卡合部位恢复变形，原来的尺寸恢复并自锁。当要打开包装时，卡合部位被破坏而不能再卡合。自锁达到防止复用的效果，以免被利用来制假或包装内装物被偷换。

目前机械定位设计常用于纸包装容器、喷雾罐、玻璃及陶(瓷)器的防伪包装等。在使用机械定位设计方法时，必须注意防伪材质的选择与匹配，要保证卡合件的开启部位在开启过程中一定被破坏，而包装容器本身不受损坏，即保证开启的包装附件、卡合件不能再复位使用。

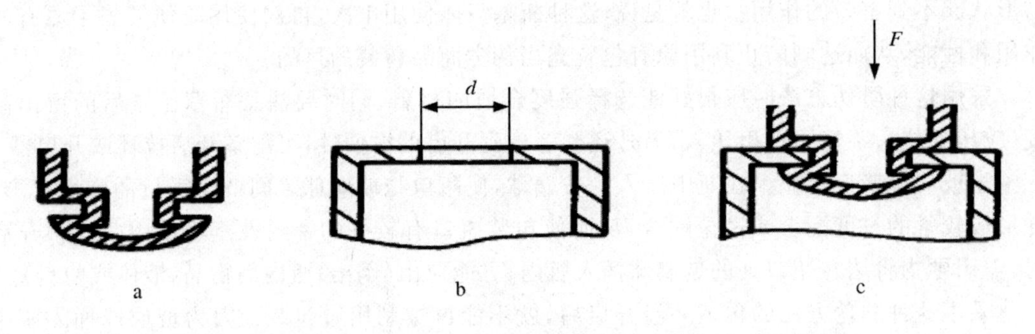

a. 瓶塞；b. 容器瓶体；c. 压入卡合封口；d. 容器封口卡合直径；F. 卡合压入力。

图 6-27　机械定位示意图

(5)组合定位设计法　组合定位设计法也称多重防伪法，它是利用封口部位的各部分封口元件(材料)，即利用多种定位设计方法使包装得以严密封合，而当要使用商品打开其包装时，必须将封口处各个元件破坏方可取出包装内容物。

现在很多高档酒类就多采用组合定位设计法来进行防伪。例如，“五粮液”高档酒的新型防伪瓶盖就是利用组合定位设计法设计的保险瓶盖，它包括三重保险：保险环、压盖和瓶口塞。保险环是与压盖配合的连接体，只有当保险环被拉开破坏后，压盖才能旋动或拉启。而瓶口塞是一种特殊的结构，只有当瓶体旋转到某一方向时才使瓶内的酒倒出。使用“三重防伪保险瓶盖“的结构开启示意如图 6-28 所示。开启步骤是：首先拉断保险环的连接点，使其与下面的小环脱离，如图 6-28(a)所示；其次去掉保险环，再将压盖向上拔出，如图 6-28(b)所示；倾斜并转动瓶体至一定角度，酒便可缓缓流出，如图 6-28(c)所示。

瓶内的液体一次未使用完，该瓶盖还可以进行密封，即重新把压盖盖上并拧紧，达到密封效果，但其拉环已脱落或不可复位（不能起到卡合作用），从而得以防伪。

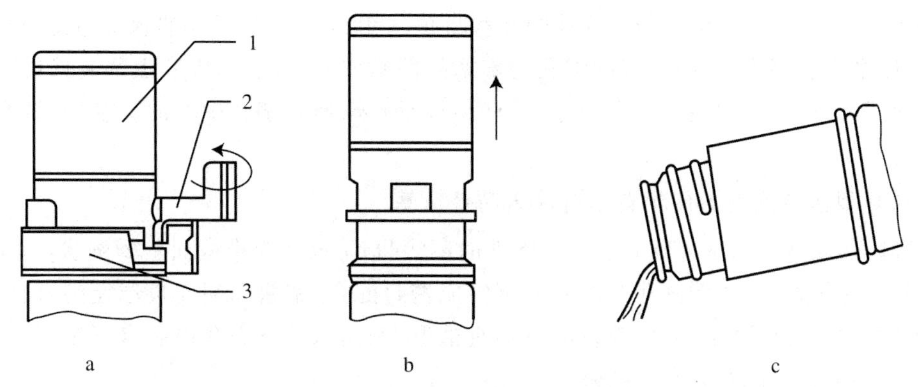

1. 压盖；2. 保险环连接点；3. 保险环；a. 完整瓶盖；b. 无保险环的瓶盖；c. 完全打开的瓶盖。

图 6-28 三重防伪保险瓶盖开启示意图

（6）易拉罐（盖）型设计防伪 在商品包装的开启部位附设一些特殊结构设计，一方面可以帮助用户很容易地打开包装；另一方面这些辅助结构又是维持包装整体性和完整性的一个不可缺少的部分。一旦商品包装被开启，该开启部位也就被破坏，但整体上又不影响这个外包装的盛装性能。常见的设计形式就是易拉罐（盖）形式，饮料多采用易拉罐（盖）防伪形式，而香烟、酒类的包装多采用防伪易拉盖盒防伪形式，这种防伪包装结构设计是将商品包装的盖与盒做成类似易拉罐似的结构。当盒盖被打开过后，该盒子就无法再被用来包装香烟，从而杜绝了利用真品包装来进行伪造的行为。

图 6-29 易拉罐（盖）形式示意图

非复位性防伪包装的特点比较明显，具体表现有：边必须通过破坏包装容器的局部，使其无法恢复到原先的状态（或位置）来实现防伪，包装容器可以是商品的内包装，也可以是外包装；必须在包装容器开启部位设置特定的开启器件（如拉环、拉口、拉舌等），有的还特设开启附件，便于消费者和用户使用与识别防伪措施；该防伪技术将材料性能、力学性能、非机械构造等结合为一体，它具有设计与加工制造的秘诀与技巧；这种防伪技术直观、易于识别，受到消费者的普遍欢迎。

6.6.2.5 防注入防伪包装结构设计

防注入防伪包装设计用于液体商品的包装，它是利用设计特殊结构的密封部位，达到包装容器保证液体只能“出”不能“进”的功能，使制假者就无法利用真的包装容器来盛装液状假冒伪劣商品，从而达到防伪的目的。常见的防注入防伪瓶塞有以下几种形式。

1. 内置紧固防拔型防注入防伪瓶塞

这种防伪瓶塞的塞套外圆有若干个弹性的环状凸起，塞套下端以锯齿形凸环凹槽连接二个防拔套，该防拔套外圆有若干弹性的环状凸起，呈倒刺状。防拔套的顶部与塞座连接为一体，塞座中心有倒锥状锥孔，该倒锥孔与锥塞的倒锥成密封配合，锥塞上部连接的顶杆端部有球面凹槽，该凹槽中装有一个圆球，顶杆端部及圆球伸入塞套中心的套管中，塞套顶端可装有易拉帽。

2. 内置型滚球重力封闭半自动防注入防伪瓶塞

这种防伪瓶塞的塞套外圆有若干个弹性的环状凸起，该凸起横截面呈倒刺状，塞座中心设置有倒锥孔的塞座，该倒锥孔与锥塞的倒锥成密封配合，锥塞下端连接球篮的直杆，该直杆从导套的中心套管孔中穿过，球篮的下端有锥形空心套，该空心套内装有一个圆球，底部装有底盖，在塞套顶端可装有易拉帽。

3. 内置型双球自由滚动防注入防伪瓶塞

这种防伪瓶塞的塞套外圆有若干个弹性的环状凸起，该凸起横截面呈倒刺状，塞座中心设置有倒锥孔的塞座，该倒锥孔与锥塞的倒锥成密封配合。锥塞有向下的导杆，它受安装于导套中的弹簧作用而保持锥塞倒锥面与塞座倒锥孔的紧密接触。塞套下端的球篮中装有上小下大的两个圆球，圆球的中心线正对锥塞导管的下端，塞套顶端可装有易拉帽。

4. 内置型容接式防注入防伪瓶塞

这种防伪瓶塞包括塞套、锥塞和塞座 3 部分。其特征在于：塞套外圆有若干个弹性的环状凸起，该凸起横截面呈倒刺状，其外径与容器瓶口成弹性密封配合；塞套中心设置有倒锥孔的塞座，该倒锥孔与锥塞的倒锥成密封配合。锥塞有向下的导杆，它受安装于导套中的弹簧作用而保持锥塞倒锥面与塞座倒锥孔的紧密接触。塞套下端连接有球篮，该球篮中装有上小下大的两个圆球，两圆球的轴心线正对锥塞导管的下端，球篮的底部装有底盖。

6.6.3 防伪技术的识别方法与防伪力度

6.6.3.1 识别方法

防伪标识的识别方法可以归结为两大类：第一类是查询法；第二类是公示法。

(1)查询法　该方法可进一步分为邮寄查询法、电话查询法、传真查询法、网络查询法和复合查询法。查询法是指需要将防伪标识上的防伪信息与预存的该防伪标识的防伪信息进行对比才能识别真伪的识别方法，采用查询识别法的防伪技术如电话电码防伪、网络密码防伪、纹理防伪等。

(2)公示法　公示法又可分为观察法和实验法两种，观察法还可分为简单观察法和复杂观察法，实验法也可再分为简单实验法和复杂实验法。

观察法是指由检验者用肉眼观察防伪标识的防伪信息的检验办法。简单观察法是指用肉眼直接观察或仅需借助于简单的工具观察的方法，复杂观察法是指需要借助于某些仪器设备进行观察的方法。采用观察识别法的防伪技术都是利用具有一定技术含量的特定图案来防伪的，其中采用简单观察法的防伪技术由于识别十分简单，是应用最普遍的防伪方法，如各种激光防伪标识等。

实验法是指需要对防伪标识进行某些特定的操作从而可以产生某种特定的效果的识别方法。简单实验法是指不需借助它物或只需简单的条件即可进行实验的识别方法，如热变色防伪、荧光防伪、各种电效应、磁效应防伪等；复杂实验法是指需要借助于复杂的仪器或设备才能进行实验的方法，如3D防伪、眼睛虹膜防伪、化学分析防伪等，这类防伪技术的识别主要面对各种信用卡、监督管理机构和生产企业。

简单观察法和简单实验法主要面对消费者，而复杂观察法和复杂实验法则主要面对各种信用卡、监督管理机构和生产企业。由于简单观察法的识别最简单，防伪成本也十分低廉，采用这种识别法的防伪技术是目前应用最广泛的防伪技术。但是，简单观察法是所有识别法中最不可靠的识别方法。因为很难想象消费者专门搜集数量众多的、五花八门的各种真防伪标识存放起来作为标本，购买了相应的商品后再从中翻找出来，仔细对照、认真观察，力辨真伪。

事实上，对于这类防伪标识，大多数消费者只是看有无防伪标识，很难谈得上比较，以前出现"有防伪标识的肯定是假货，没有的则可能是真货"的笑话就是由于这个原因。

6.6.3.2 防伪力度

防伪力度指的是识别真伪、防止假冒伪造功能的持久性与可靠程度。可以按照防伪技术的防止难度、防伪技术的类别、检测手段的先进程度、保持防伪性能的最低时间等指标来进行评价。各种评价的等级可分为A、B、C、D共4个等级，A级为最高级，D级为最低级。

思考题

1. 食品包装的信息嵌入防伪方法有哪些？
2. 防伪油墨的种类有哪些？
3. 物理防伪的种类有哪些？
4. 整体包装结构防伪的方法是什么？
5. 数字防伪技术有哪些？

第7章 食品包装实例

【学习目的和要求】

1.了解各种食品的特点,理解其防护的关键

2.掌握各种常用食品的包装要求,了解常见食品的包装材料与形式

【学习重点】

1.各种食品的特性和包装要求

2.各种食品的包装方法

【学习难点】

1.各种食品的腐败原理

2.包装的基本原理

知识树

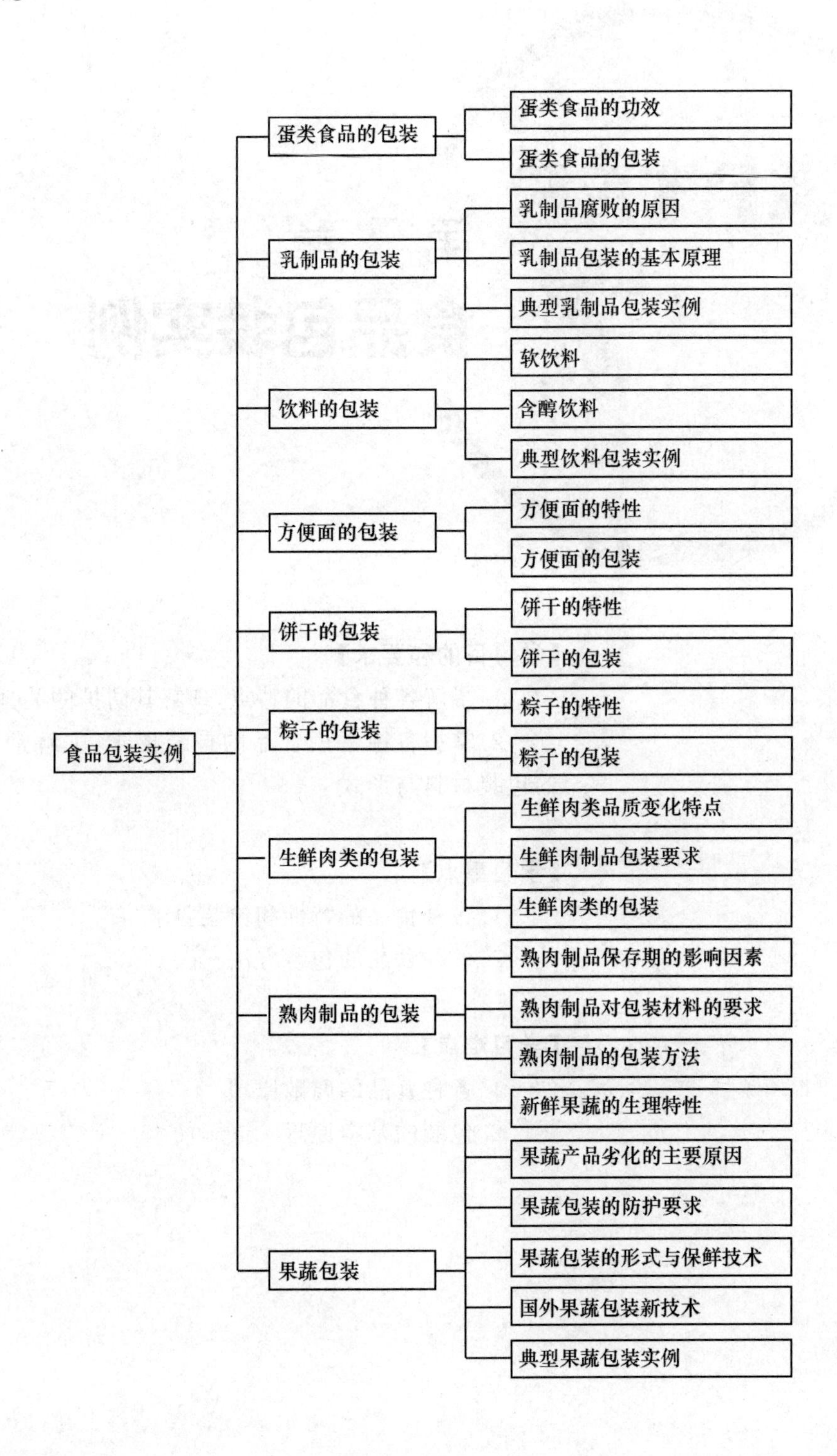

食品包装实例
蛋类食品的包装
蛋类食品的功效
蛋类食品的包装
乳制品的包装
乳制品腐败的原因
乳制品包装的基本原理
典型乳制品包装实例
饮料的包装
软饮料
含醇饮料
典型饮料包装实例
方便面的包装
方便面的特性
方便面的包装
饼干的包装
饼干的特性
饼干的包装
粽子的包装
粽子的特性
粽子的包装
生鲜肉类的包装
生鲜肉类品质变化特点
生鲜肉制品包装要求
生鲜肉类的包装
熟肉制品的包装
熟肉制品保存期的影响因素
熟肉制品对包装材料的要求
熟肉制品的包装方法
果蔬包装
新鲜果蔬的生理特性
果蔬产品劣化的主要原因
果蔬包装的防护要求
果蔬包装的形式与保鲜技术
国外果蔬包装新技术
典型果蔬包装实例

7.1 蛋类食品的包装

学习目标

1. 了解蛋类食品的特性
2. 理解蛋类食品防护的关键点
3. 掌握蛋类食品的包装要求

7.1.1 蛋类食品的功效

蛋类食品是人们日常生活中最重要的食品之一。蛋类食品具有很高的营养价值,而且容易被人体吸收利用。日常生活中经常消费的是鸡蛋,其次是鸭蛋、鹌鹑蛋等。

7.1.1.1 鸡蛋

鸡蛋中所含的营养物质相当丰富,含蛋白质、磷脂、维生素A、维生素B_1、维生素B_2、钙、铁、维生素D等。鸡蛋黄中含有一定量的磷脂,进入人体中的磷脂所分离出来的胆碱,具有防止皮肤衰老,使皮肤光滑美艳的作用。鸡蛋中还含有较丰富的铁,100 g鸡蛋黄含铁150 mg,铁元素在人体起造血和在血中运输氧和营养物质的作用。人的颜面泛出红润之美,离不开铁元素,如果铁质不足可导致缺铁性贫血,使人的脸色萎黄,皮肤也失去了光泽。

7.1.1.2 鸭蛋

鸭蛋也有护肤、美肤作用,其美容作用略差于鸡蛋。鸭蛋含有蛋白质、磷脂、维生素A、维生素B_1、维生素B_2、维生素D、钙、钾、铁、磷等营养物质。中医药学认为,鸭蛋味甘、性凉,有滋阴、清肺、丰肌、泽肤等作用。如果经常食用鸭蛋1个、银耳10 g、冰糖20 g炖制的鸭蛋羹,则有滋阴降火、润肺美肤的功效。鸭蛋性偏凉,不如鸡蛋性平,故脾阳不足、寒湿下痢者不宜服。

7.1.1.3 鹌鹑蛋

鹌鹑蛋的营养价值不亚于鸡蛋,有较好的护肤、美肤作用。鹌鹑蛋含蛋白质、脑磷脂、卵磷脂、赖氨酸、胱氨酸、维生素A、维生素B_1、维生素B_2、维生素D、铁、磷、钙等营养物质。中医药学认为,鹌鹑蛋味甘、性平,有补血益气、强身健脑、丰肌泽肤等功效。鹌鹑蛋对贫血、营养不良、神经衰弱、高血压、支气管炎、血管硬化等病人具有调补作用;对有贫血的女性,其调补、养颜、美肤功用尤为显著。

7.1.2 蛋类食品的包装

鲜蛋可以加工成蛋制品。比如鲜蛋经过腌制等加工,可以制作成风味独特的再制蛋:松花蛋、咸蛋、糟蛋等。也有一些风味独特的熟制蛋,是将鲜蛋熟制并添加各种调味品,经包装后投放市场销售,如市场上销售的"乡巴佬"牌熟制蛋,由于其独特的风味,深受消费者的喜爱。另外鲜蛋还可制作成冰蛋、蛋粉、蛋白片等。

7.1.2.1 鲜蛋的包装

鲜蛋包装的关键是防止微生物的侵染和防震缓冲以防破损。微生物的侵蚀主要是从蛋壳毛细孔和破损处开始的。蛋壳上的毛细孔是胚胎的氧气管道，主要作用是在孵幼禽过程中补充氧气，但在贮藏中是多余的，因其在贮存、运输过程中为微生物的繁殖生长提供了通道和氧气，所以鲜蛋的包装问题主要应考虑组织毛细孔的透氧和防止微生物污染以及贮运过程中的机械损伤。

因此在常温下保存鲜蛋，必须将其毛细孔堵塞。常用的办法就是涂膜，涂膜所使用的涂料主要有水玻璃、石蜡、火棉胶、白油以及其他一些水溶胶物质。据报道，使用 PVDC 乳液浸涂鲜蛋，在常温下可以保存 4 个月不变质。保鲜效果很好，且价格低廉。

鲜蛋运输包装采用瓦楞纸箱、塑料盘箱和蛋托等。为解决贮运过程中的破损问题，包装中常用纸浆模塑蛋托、泡沫塑料蛋托、聚乙烯蛋托及塑料蛋盘箱等。用再生纸浆制作的蛋盒包装，它的结构和鸡蛋有着完美的结合，层层罗列，丝毫不占用多余的空间。材料再生纸浆极具质感，有一定的韧性和柔性，能有效地减少对蛋壳的冲击，很好地发挥了其保护功能，加之再生纸浆可再回收利用，使得这种包装选材极具环保意义。塑料蛋盘箱有单面的(冷库贮存用)和多面的(适用于收购点和零售点)以及可折叠多层蛋盘箱(运输用)。鲜蛋的包装也可采用收缩包装，每一蛋托装 4～12 个，收缩包装后直接销售。

随着我国互联网＋时代的到来，农产品电商成为未来农产品的销售趋势，对鲜蛋的运输和储存提出了更高的要求，越来越多的人开始进行包装结构设计，通过设计缓冲结构来减少鸡蛋的破损率。图 7-1 中鸡蛋的包装主要采用正反揿形成间隔，有效将鸡蛋进行分割，避免鸡蛋之间的碰撞，采用的材质是瓦楞纸板，易于回收，绿色环保。图 7-2 中的鸡蛋包装设计，将鸡蛋周边进行插卡，有效固定单个鸡蛋，以此保护鸡蛋。图 7-3 中的结构通过双面折叠，可以更好地防护鸡蛋。

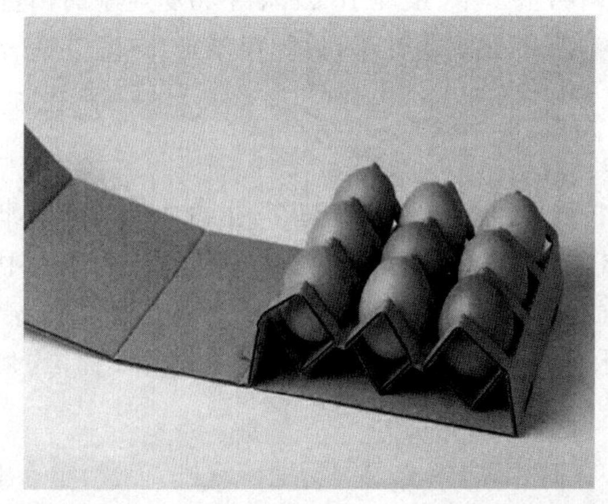

图 7-1 鸡蛋的正反揿结构包装

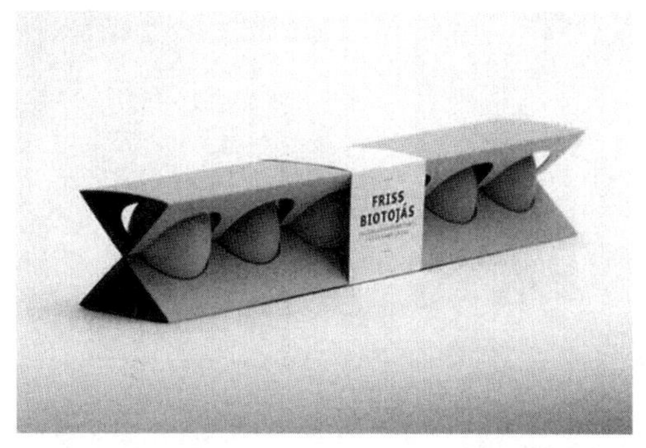

图 7-2　鸡蛋的插卡结构包装

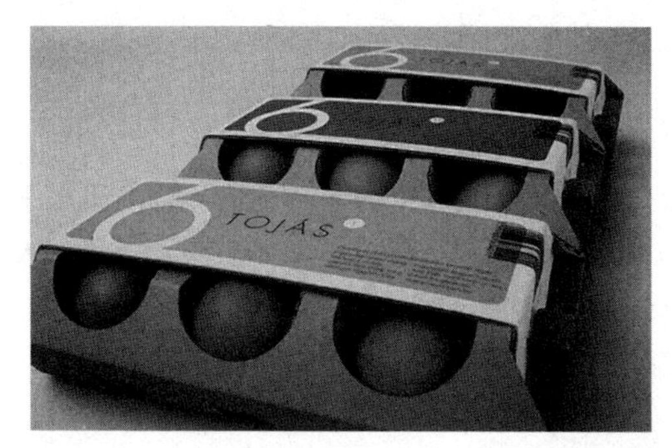

图 7-3　鸡蛋的缓冲包装

7.1.2.2　蛋制品的包装

1. 再制蛋

再制蛋指松花蛋、腌制蛋、糟蛋等传统蛋制品。再制蛋由于在制作过程中，加入了纯碱、食盐、腌制糟蛋的糯米酒等，这些物质有较好的抑制微生物生长繁殖和杀菌作用。同时还可赋予蛋制品独特风味。再制蛋在常温下有一定的保质期，一般不进行包装而在市场上直接销售。但因传统产品外表形象和卫生质量问题而不适应现代市场要求，作为地方传统的特产需采用先进的包装技术，可用石蜡、PVA 或其他树脂涂料代替传统涂料，再采用聚苯乙烯等热成型盒或手提式纸盒做销售包装，还可以采用阻隔性能好、装潢印刷精美的复合塑料薄膜材料，真空包装的方式进行包装。

2. 冰蛋

冰蛋指鲜蛋去壳后将蛋液冻结，有冰全蛋、冰蛋黄、冰蛋白以及巴氏杀菌冰全蛋，可把液体蛋灌入马口铁罐或衬袋瓶或者衬袋盒中速冻，也可在容器中速冻后脱模，再采用塑料薄膜袋或纸盒包装，然后送入－18 ℃以下冷库冷藏，达到长期贮藏的目的。

3. 蛋粉

蛋粉指蛋液采用喷雾干燥制得的产品，富含蛋白质和脂肪等营养成分，极易吸潮和氧化变质，包装上主要考虑防潮和隔氧，并防止紫外线的照射。若需较长的货架保质期，一般采用金属罐或复合软包装袋包装，常用的复合膜有：KPT/PE、PET/PVDC/PE、BOPP/铝箔/PE 等。

思考题

新鲜蛋类包装的防护重点是什么？

7.2 乳制品的包装

学习目标

1. 了解乳制品的特性
2. 理解乳制品的保藏机理
3. 掌握乳制品的包装要求

乳制品营养丰富，又易被人体消化吸收，是一种非常理想的食品。随着人们生活水平的提高和对乳制品认识的加深，乳制品的消费量日渐增加。乳制品不再是婴儿、老人、病人等的专用食品，它已成为人们饮食中的一种日常食品。特别是近些年来，随着科技的发展，乳制品的种类逐渐增多，保存期更长，携带或饮用更加方便，深受广大消费者的喜爱。

7.2.1 乳制品腐败的原因

7.2.1.1 乳制品的性质

乳是哺乳动物出生后赖以生存发育的唯一食物，它含有适合其幼子发育所必需的全部营养素。国家卫计委颁发的《中国居民膳食指南》明确指出“每天吃奶类，豆类及其制品”。营养学家认为，把牛乳当作辅助食品的观点是错误的。世界营养学界有个共识：在人类食物中，牛乳是“最接近完善”的食品，它含有丰富的动物蛋白质和人体需要的氨基酸、维生素、矿物质、钙质等多种营养成分。每100克牛乳所含的营养成分：脂肪3.5 g、乳糖4.6 g、矿物质0.7 g、生理盐水88 g。牛乳脂肪球颗粒小，呈高度乳化状态，易消化吸收。牛乳蛋白质含有人体生长发育的一切所需的氨基酸，消化率可达98%～99%，为完全蛋白质。牛乳中的碳水化合物为乳糖，对幼儿智力发育非常重要。它能促进人类肠道内有益菌的生长，抑制肠道内异常发酵造成的中毒现象，有利于肠道健康，乳糖还有利于钙的吸收，有预防小儿佝偻病、预防中老年人骨质疏松症的效果。牛乳中胆固醇含量少，对中老年人尤为适宜。牛乳还富含有多种矿物质，如钙、磷、铁、锌、铜、锰、钼等，特别是含钙多，且钙、磷比例合理，吸收率高。牛乳是人体钙的最佳来源。牛乳中含有所有已知的各种维生素，尤其是维生素A和维生素B_2含量较高。一个成年人如果每日喝两杯牛乳，能获得15～17 g优质蛋白，可满足每天所需的氨基酸，能获得600 mg的钙，相当于日需要量的80%，可满足每日热量需要量的11%。

7.2.1.2 鲜乳酸败的原因

1. 微生物

牛乳是微生物的天然培养基，极易受到污染。乳挤出后，在贮存和运输中，由于用具、环境的污染，温度适宜，微生物很快在其中繁殖。因此多数乳制品的酸败属于微生物酸败，表现为牛乳的酸度提高，加热时会出现凝固，发酵时产生气体，有酸臭味，有的会出现变色现象。因此，防止鲜乳的细菌污染必须从乳源抓起，加强养牛场的环境卫生和设备、管道等的卫生。

2. 冻结的影响

在我国寒冷地区，冬季人们往往利用自然条件采取冻结法保存牛乳。但是，冻结往往对牛乳的物理形状产生一些影响。①长时间存储的冻结乳，解冻后会出现沉淀，这是因为乳中的盐类特别是钙含量较高，足以中和掉酪蛋白胶粒的电荷，因此产生凝聚。当经长期存贮后，胶粒的凝聚就成为不可逆的变化而沉淀。②乳糖结晶也能促进如蛋白质的不稳定。在未冻结乳中，溶解乳糖与一部分钙盐结合，但如果乳糖结晶，与乳糖结合的钙盐就会游离出来与蛋白质作用而沉淀。③乳糖冻结后，往往出现脂肪块上浮的现象，这是由于冻结生成的冰晶对脂肪球膜产生机械作用，压迫其变形、破坏，脂肪被挤压出来而聚合成大小不等的脂肪团块，解冻时就上浮到表面。④在容器中静止冻结的牛乳，其成分分布呈现不均匀的分层现象。如周围表层是紧密而透明的冰结晶层，其乳固体含量及酸度最低。上层因脂肪上浮而具有较柔软的组织及较高的含脂率；下层的蛋白质及乳固体含量较高，中心部分是含量较多的蛋白质、盐类及乳糖的白色核心，其酸度最高。⑤冻结还可导致乳不良风味的出现，如出现氧化臭、金属臭及鱼腥臭等。这主要是由于处理时混入铜等重金属离子，促进了不饱和脂肪酸氧化的结果。

3. 氧化

多数乳制品中脂肪的含量都较高，一般以脂肪球粒或游离脂肪存在，所以在氧气作用下，脂肪被激活，乳脂肪就在脂肪的作用下分解产生游离脂肪酸，从而带来脂肪分解的酸败气味，特别在温度较高时这种作用就会更明显。

4. 光辐射

牛乳在受到自然光和人造光照射时，牛乳的味道和营养成分会遭到破坏，光线使牛乳变味，使维生素（B族维生素和维生素C等）和一部分氨基酸损失，有时也有褐变现象产生。

7.2.1.3 乳制品的主要种类

乳制品的种类繁多，如消毒奶、酸牛奶、乳粉、淡炼乳、甜炼乳、奶油、干酪、干酪素、乳糖、冰激凌和乳饮料等，主要分为以下几类。

1. 乳粉类

以乳为原料，经过巴氏杀菌、真空浓缩、喷雾干燥而成的粉末状产品，一般水分含量在4%以下，乳粉类产品常见的品种有：全脂乳粉、全脂和糖乳粉、脱脂乳粉、婴儿配方乳粉。

2. 炼乳

炼乳分为淡炼乳和甜炼乳，两者的制作工艺不尽相同。甜炼乳是在处理过的原料乳中加入蔗糖，以蔗糖为防腐剂，然后真空浓缩蒸发，冷却后直接装入铁罐密封。淡炼乳则不添加蔗糖，对原料乳直接进行预热杀菌、真空浓缩、均质，使乳固体浓缩2.5倍，冷却后装罐、封罐，然后进行二次杀菌、振荡，最后得到成品。装罐密封后不进行杀菌的叫作甜炼乳。

3. 奶油

牛乳含脂肪3%以上，经过离心机，可以分离成脱脂乳与稀奶油。稀奶油含脂肪35%～40%，稀奶油是液态的，可以直接食用或制作甜点，最主要的用途是做冰激凌。将稀奶油进一步搅烂、压炼，可获得固态的奶油。其脂肪含量为80%，有加盐和不加盐之分，用作涂抹面包和食品工业原料。

4. 液态乳

以牛乳为原料，经标准化、均质、杀菌工艺，基本保持了牛乳原有风味和营养物质。液态乳根据杀菌工艺和包装特点分为消毒牛乳、超高温灭菌乳。

5. 酸牛奶

以新鲜牛乳为原料，经过巴氏杀菌后，接入乳酸菌种，保温发酵而成。根据原料及工艺，酸牛奶可按脂肪高低分为全脂、低脂和脱脂酸牛奶；按组织状态分为凝固型、搅拌型酸牛奶。

7.2.2 乳制品包装的基本原理

7.2.2.1 乳制品的包装要求

根据乳制品的特性，结合现代消费、营销观念，乳制品包装的要求归纳如下。

1. 防污染、保安全

防污染、保安全是食品包装最基本的要求。乳制品营养丰富而且平衡，是微生物理想的培养基，极易受微生物侵染而变质。合适的加工方法，结合有效的包装可以防止微生物的侵染，同时杜绝有毒有害物质的污染，保证产品的卫生安全。

2. 保护制品的营养成分及组织状态

通过合理的包装可保证制品的营养成分及组织状态的相对稳定。乳中的脂肪是乳制品独特的风味来源，很容易发生氧化反应而变味，多种因素可促进这一变化，比如热、光、金属离子等，合理的包装可有效延缓这一反应；乳中的维生素和生物活性成分很容易受光、热和氧的影响而失去活性，通过避光保存，可保护乳制品的营养价值。此外，密封包装可防止奶粉吸潮结块或内容物的水分蒸发，还可隔断外来物的污染。凝固型酸奶的包装要具备防震功能。冰激凌的包装要防止外观变形。

3. 方便消费者

从产品的开启到使用说明，从营养成分到贮藏期限，所有包装上的说明及标识都是为了使消费者食用更方便、更放心。比如易拉罐的拉扣、利乐包上的吸管插孔、适合远足的超高温灭菌乳，任何一种包装上的更新都显示着这一发展趋势。

4. 方便批发、零售

所有的乳制品从生产者到销售者手中都要经过这一途径，所有的包装，包括包装材料、包装规格等，必须适合批发、零售的要求。

5. 具有一定商业价值

现代包装从包装设计初始即将其产品的市场定位、市场预测列为市场调查的一项重要内容。首先,产品的包装可展示其内容物的档次,高档的制品其包装也精美,给人卫生可靠的感觉,但价格档次也高;其次,产品的包装要赢得消费者的好感,从颜色、图案等方面吸引消费者注意,增强其市场竞争能力,起到一个很好的广告效应。

6. 满足环保要求

由于日益严重的环境污染,现代包装开始考虑环保要求。即要求用后的包装材料能够重新利用,反复利用,或者用后的包装材料能够焚烧或自然降解(包括微生物降解和光降解等)而不对环境造成污染。

7.2.2.2 乳制品保藏机理

乳制品种类繁多,产品也各不相同,不同的产品其所利用的保藏机理也就不同,乳制品的保藏机理主要有以下几种。

1. 热处理

热处理是通过对原料乳加热来杀死乳中的微生物和破坏酶的活力。根据采用的工艺条件的不同,热处理可分为低温杀菌法、高温短时杀菌法和超高温瞬时杀菌法 3 种。低温杀菌法是把原料乳在 63 ℃下保存 30 min 的低温长时间杀菌法;高温短时杀菌法根据所使用的设备不同,分为挤压滚筒杀菌器或者列管式杀菌器和板式杀菌装置杀菌。前二者采用的杀菌条件为 80～85 ℃,保持 5～10 min,后者要求的条件为 80～85 ℃,保持 15 s;若采用超高温瞬时杀菌装置则为 120～124 ℃,保持 24 s。

选择合适的杀菌方法对保证乳制品的品质,延长乳制品的保质期很重要。目前,多采用超高温瞬时杀菌法,此种杀菌法不仅几乎能将乳中微生物全部杀死,而且蛋白质可以达到软凝块化,营养成分破坏程度小。经过超高温瞬时杀菌的乳制品保质期一般在 1 年以上,有的甚至可达 3 年。

2. 真空浓缩

浓缩是使乳中水分蒸发以提高乳固体含量使其达到所要求浓度的过程。浓缩方法有常压加热浓缩、减压加热浓缩、冷冻浓缩、离心浓缩、逆渗透浓缩等。目前广泛使用的是减压加热浓缩,就是普通的真空浓缩。真空浓缩的优点是:一方面原料乳的沸点会随真空度的上升而降低;另一方面真空蒸发器的蒸发效率高。所以这种低温浓缩不致使蛋白质这样的热敏性物质发生显著变化,有利于保持乳制品原有的风味、色泽等,这对于防止炼乳变稠、褐变等缺陷是极为重要的。

采用真空浓缩提高乳制品保质期的产品有淡炼乳和甜炼乳等,两者都是通过浓缩使乳中的水分含量减少,从而抑制微生物的生长繁殖和阻止生化反应的发生。因为,单纯的浓缩不能达到长期保存乳制品的目的,所以浓缩方法必须与其他方法结合使用,如在真空浓缩前向原料乳中加入蔗糖来提高乳制品中固形物含量,增加渗透压而抑制微生物的繁殖,使成品具有长期保存的优越性,甜炼乳就属于这种产品。淡炼乳则是真空浓缩后再进行二次杀菌来杀灭微生物,并使酶类完全失活,造成无菌条件,使成品经久耐贮。

3. 喷雾干燥

喷雾干燥是乳粉制造的重要环节,原理是采用机械力量,通过雾化器将浓缩乳在干燥室内喷成极细小的雾状乳滴，以增大其表面积，加速水分蒸发速率。雾状乳滴一经与同时鼓入的热空气接触，水分便在瞬间蒸发除去，使细小的乳滴干燥成乳粉。

喷雾干燥有许多优点：干燥速度快，物料受热时间短，所以乳粉具有很高的溶解度；干燥过程温度低，物料温度为 50～65 ℃，乳粉品质好，对全脂乳粉的色、香、味、营养成分及维生素等影响很小；制品具有良好的流动性、分散性、可湿性和冲调性；产品不易污染，卫生质量好；操作控制方便，适合可连续化、自动化和大型化生产。缺点是设备热效率低，干燥室体积较庞大，粉尘回收装置比较复杂，设备清扫工作量较大等。

4. 酸化

酸化是指乳制品的酸度提高，pH 为 3.8～4.6。在此酸度下，多数细菌的生长繁殖受到抑制，使乳制品的保质期延长。

乳制品的酸化保存法大体可以分为 2 种：一种为自然发酵产酸法，是通过向鲜乳中加入乳酸菌，乳酸菌利用乳糖发酵发酸，而使乳制品的酸度提高，抑制微生物的生长。应该注意的是，自然发酵产酸法所使用的鲜乳在加入乳酸菌前必须进行灭菌处理，而且成品要在低温下贮藏销售，或把包装后的发酵乳进行二次灭菌。经过二次杀菌的酸乳就可以在常温下保存、销售。另一种为人工调配法，是指人为地在原料乳中加入酸味剂如柠檬酸等，调配到酸度 pH 为 3.5～5.0，然后进行高温杀菌，所得产品在常温下可保存半年以上。

5. 低温

一些乳制品要在冷库或低温下贮藏，目的是抑制微生物的生长繁殖和生化反应的发生。这类产品有奶油、酸奶及部分奶酪等。

6. 速冻

速冻会对乳的产品质量造成影响。乳的冻结分为 3 个阶段，即过冷、脱水及与结合水的相互作用。乳的脱水决定于冷却温度及水晶形成的速度。如果冰在蛋白质胶粒之间或之内都形成的很快，则乳不发生分层。乳中冻结的水的量在 −1 ℃时为 45%，在 −25 ℃时为 97.1%，所以在 −25 ℃以下冻结的乳实际上不含游离水，而结合水在 3.5%，因此乳可以在长达 18 个月的时间内不发生变化。总之，速冻与低温贮藏有利于保持乳的稳定性。

7. 添加剂

为了提高乳制品的质量，有时需要加入添加剂，如抗氧化剂，防潮剂、明胶等稳定剂，氧化钴等盐类调节剂，石灰乳或碳酸钠等酸中和剂。

8. 真空或充气包装

乳制品营养丰富，脂肪、蛋白质的含量较高，所以乳制品虽然经过一些灭菌的工艺处理，但如果再污染，则很容易变质。因此，目前多采用具有隔气、隔氧性的复合薄膜配以真空或充气包装，目的是完全抑制细菌等微生物的生长和降低酶的活性，防止脂肪、维生素氧化，使产品能更方便地长期保存。

9. 包装的选材

对于保证乳制品的质量、延长乳制品的保存期，包装的方法和包装材料的正确选择是一个很关键的因素。利用包装材料的阻气、隔氧、隔照射、防污染以及隔冷、隔热等特性，需要时再配以抽真空或充气包装等手段，就可以达到长期保存乳制品的目的。

目前，随着乳制品消费量的逐年上升，乳制品的包装发展也很快，很多新的包装材料、包装手段和模式大量涌现出来。但从总体来看，根据包装材料的不同，乳制品的包装有金属罐、玻璃瓶、玻璃罐、瓷瓶、纸盒、羊皮纸、防油纸、塑料盒、复合软包装材料等多种。

7.2.3 典型乳制品包装实例

7.2.3.1 消毒乳

经过验收后的原料乳必须要净化，目的是除去乳中的机械杂质并减少微生物的数量，可采用过滤净化或离心净化等。净化后的原料乳要进行加热杀菌。

1. 巴氏消毒乳的包装

随着科学的发展、技术的进步，时间温度指示剂（time temperature indictor/integrator，TTI）应运而生，这种智能包装可以监测商品在运输过程中是否符合规定，准确指示商品是否变质，从而避免了传统做法中标明保质期所造成的无法指示产品质量的问题，可以以商品的实际质量状况为前提，之星最短货架/最先销售的原则。

根据时间温度指示剂的功能、工作原理和表达信息的不同，可以进行不同的分类。按照工作原理可以分为物理型、化学型、生物型 3 种，目前这 3 种 TTI 已经被国外广泛应用到食品中，包括乳类及乳制品等。

淀粉酶型是常用的一种时间温度指示剂，可以应用在巴氏消毒乳上，需要对乳变质动力学性能进行研究，通过菌落生长数或酸度变化测得牛奶变化速率，计算得到牛奶活化能及货架寿命；同时对不用加酶量的淀粉酶型指示剂体系的动力学性能进行研究，通过吸光度的变化得到其活化能数据，然后根据 TTI 活化能与食品活化能及终点相匹配的原则，得到一定温度下合适的加酶量，从而为巴氏消毒乳制作出可以准确预测其货架寿命的时间温度指示剂。

2. 超高温灭菌乳的包装

无菌包装是超高温灭菌乳能在常温下长期存放的保障，高温短时间灭菌是它的前道工序。无菌包装需要高韧性、高弹力、高密封性及高耐磨能力的包装材料及与之配套的包装机械，保证罐装前包装材料的预灭菌及包装后内容物无二次污染。产品不需冷藏，不需二次蒸煮即可有较长的贮存期。消费者不必天天买乳，可一次性小批量购货。目前，超高温灭菌乳的包装容器主要有复层塑料袋和复层纸盒 2 种形式。

7.2.3.2 乳粉制品

包装奶粉及其他乳性固体饮料的包装可分为两种：密封包装和非密封包装。

1. 密封包装

用马口铁罐或其他不使空气渗入的材料制成各种形式的包装容器。马口铁罐应用封口机密封。如用可开启盖，盖内应有使容器内外隔绝的铝箔、薄马口铁皮或其他无害、无味材料等密封。

密封包装分为充氮包装、非充氮包装和抽真空包装 3 种。充氮包装适于灌装。若采用真空包装，一是要求空罐有较高的坚固性，二是奶粉在真空状态下可能分散出来，所以，灌装奶粉一般采用充氮包装，氮气的纯度要求在99%以上。抽真空包装适于复层膜包装。由于奶粉的水分含量低，极易吸潮而引起微生物繁殖，同时，在较低的水分含量条件下，脂肪也很容易氧化，因此，要求包装材料的密封性好，最好隔绝氧气。软包装的复层袋采用两层聚乙烯中间夹一层铝箔或夹一层纸和一层铝箔，有的在装袋后再装入硬纸盒内。这种包装基本上可避光、隔断水分和气体的渗入。一般用高密度聚乙烯，聚偏二氯乙烯更佳，它的透气性更小。

不充氮的奶粉在24 ℃贮存4个月，风味显著下降，而充氮的奶粉9个月时风味无变化。

马口铁罐密封充氮包装保存期为2年；马口铁罐密封非充氮包装保存期为1年；抽真空复层袋软包装保存期也为1年。

2. 非密封包装

非密封包装的容器为无毒、无味塑料袋、塑料瓶、玻璃瓶或覆膜纸盒等。瓶装时，瓶口应有封口盖或封口纸。采用封口纸者，外盖内应衬1 mm厚纸板；采用单层塑料袋包装时，袋厚必须大于60 μm。也可采用双层或多层复合膜包装，要求封口处不得渗漏。

瓶装保存期9个月，袋装为4个月。

3. 大包装

用作加工原料的奶粉采用大包装。包装容器为马口铁箱、硬纸板箱和塑料袋。马口铁箱和硬纸板箱内应衬以无毒、无味塑料袋、硫酸纸或蜡纸。规格一般为12.5 kg；袋装可用聚乙烯膜作内袋，外面用三层牛皮纸套起，每袋12.5 kg或25 kg。

7.2.3.3 酸牛乳的包装

酸乳的包装酸牛乳分为两大类，一类为传统的凝固型，另一类为搅拌型。凝固型酸牛乳的灌装在发酵前进行，搅拌型在发酵后。

凝固型酸牛乳最早采用瓷罐，之后采用玻璃瓶，现在塑杯装酸牛乳已占据了很大市场。塑杯包装是目前酸奶包装的主流，考虑到环保要求，也有采用纸盒包装形式。

搅拌型酸奶多用塑料杯和纸盒，它适合生产规模大、自动化程度高的厂家使用。容器的造型有圆锥形、倒圆锥形、圆柱形和口大底小的方杯等多种形式。圆锥形适合用调羹食用，倒圆锥形适合维持酸奶的硬度，印刷明显，小盖封口卫生较安全，对震荡有保护作用，尤其适合凝固型酸奶。

制造塑料杯的材料有聚氯乙烯树脂(PVC)、聚偏二氯乙烯(PVDC)、聚苯乙烯树脂(PS)、高密度聚乙烯(HDPE)或萨伦(Sanlon)等。塑料容器包装有一主要问题，即有害低分子混合物(主要是成型时的加工助剂)从塑料容器中向产品中转移，产品与包装材料接触时间越长，这种现象越严重。

酸牛乳出售前应低温条件下贮存2～8 ℃，贮存时间不应超过72 h，运输时应采用冷藏车。若无冷藏车，须采用保温隔热措施。

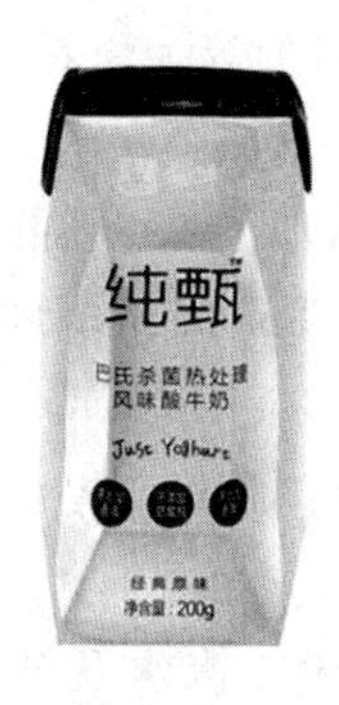

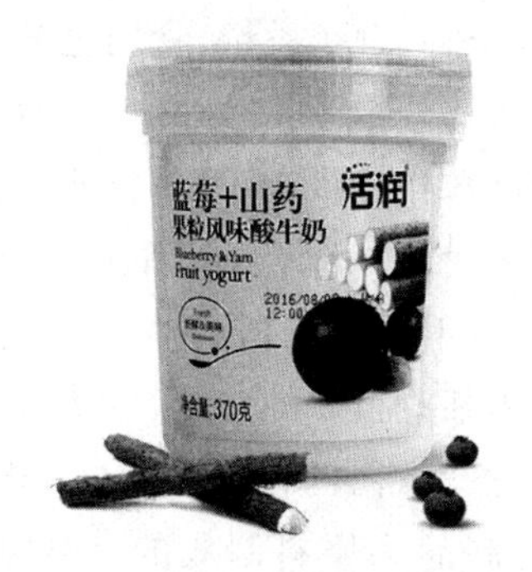

图 7-4　酸奶包装

思考题

1.乳制品包装机理是什么?
2.乳品腐败的原理有哪些?

7.3　饮料的包装

学习目标

1.了解饮料的分类
2.理解含乙醇饮料和不含乙醇饮料的物性分析
3.掌握饮料的包装要求

饮料是指以液体状态供人们饮用的一类食品。根据液体饮料中乙醇的含量,饮料可分为软饮料和含乙醇饮料两大类。

7.3.1　软饮料

软饮料是指不含乙醇或者乙醇含量不超过 0.5%的饮料。我国的软饮料共分为八大种类:碳酸饮料、果汁饮料、蔬菜汁饮料、乳饮料、植物蛋白饮料、天然矿泉水饮料、固体饮料以及其他饮料。后 7 种饮料不含 CO_2,通称为非碳酸饮料。

7.3.1.1　软饮料的物性分析与包装要求

1.碳酸饮料

碳酸饮料是指产品中充有 CO_2 气体的饮料。饮用汽水能促进消化,刺激胃液分泌,兴奋神经,消除疲劳。另外,CO_2 溶于水生成碳酸,使饮料的 pH 降低并抑制微生物的生长。碳酸饮料通常可分为以下 6 类。

(1)普通型饮料　不使用天然香料和人工合成香精,主要利用饮用水加工压入 CO_2 制作而成。如各种苏打水及矿泉水碳酸饮料等。

(2)果味型饮料　以酸味料、甜味料、食用香精、食用色素、食用防腐剂等为原料，用充有CO_2的原料水调配而成。如柠檬汽水、橘子汽水、荔枝汽水、干姜水等。

(3)果汁型饮料　与果味型的汽水相比，果汁型的汽水在制作中添加了2.5%的果汁或蔬菜汁，使该类汽水具有果蔬特有的色、香、味，不但清凉解渴，还可以补充营养，增进健康。如鲜橙汽水、苹果汁汽水、冬瓜汽水饮料等。

(4)可乐型饮料　在制作时利用某些植物的种子、根茎所含有的特有成分的提取物加上某些定型香料及天然色素制成的碳酸饮料。如可口可乐、百事可乐等。

(5)乳蛋白型饮料　以乳及乳制品为原料制成的。常见的有冰激凌汽水及各种乳清饮料。

(6)植物蛋白型饮料　是将含蛋白质较高且不含胆固醇的植物种子中提取的蛋白质，经过一系列加工工艺制成的饮料。如豆奶碳酸饮料等。

由于常温下CO_2气体的溶解度很低，因此要求包装首先能够承受一定压力，阻隔CO_2气体的渗漏，保证成品的理化质量稳定。另外碳酸饮料大多含有浓郁的香气，在包装中要求能尽量避免香气成分散失。

2. 非碳酸饮料

非碳酸饮料种类很多，这类饮料的特点是不含CO_2气体，有一定量的糖、各种果汁果酸、极少量的香精色素与处理过的水配制而成。

果蔬饮料是选用成熟的果蔬原料制作而成的，不同品种的水果与蔬菜，在成熟后都会呈现出不同的鲜艳色泽，使成品果蔬汁饮料具有各自不同的艳丽、悦目的感官特征，惹人喜爱。形成果蔬饮料口味的主要成分是糖分和酸分，糖分赋予饮料甜味，酸分可改善饮料风味。果蔬饮料中近似于天然果蔬的最佳糖酸比会产生怡人的口感。果蔬饮料营养丰富，含有人体必需的多种维生素、微量元素、各种糖类和各种有机酸等，对于防治疾病、改善人体的营养结构、增进人体健康具有十分重要的意义。

乳饮料通常是指以牛奶或奶制品为主要原料，经过加工处理制成的液态或糊状的不透明饮料。可以将其分为鲜乳饮料和发酵乳饮料两大类。如饮料中营养物质丰富，并且容易被人体消化吸收。其中蛋白质、脂肪、糖类、无机盐和维生素等营养物质的比例十分合理，特别是酸奶饮料，自从诺贝尔奖获得者梅契诃夫提出"经常食用可以延年益寿"的观点以来，其营养与医疗价值在世界范围内得到广泛认同。

矿泉水是指从地下深处自然涌出的或经人工开掘的、未受污染的水，其含有一定量的矿物盐、微量元素或CO_2气体。在通常情况下，其化学成分、流量、水温等参数在一定范围内相对稳定。对饮用的天然矿泉水的要求是：每升矿泉水中含无机盐1 g以上或含游离的CO_2 25 mg以上，微生物特征符合卫生标准。矿泉水的产量日益增加，这是因为中含有人体所需却常缺乏的微量元素，且本身不含任何热量，从营养学的角度讲，对人体非常有益，并且矿泉水多是深层的地下水，从细菌学的角度来讲是安全卫生的。

软饮料的主要成分是水和糖，而且一般都要经过超高温瞬时杀菌处理或高温加热处理，以达到延长保质期的要求。所以这类饮料的包装要求主要是防止饮料内部未被杀死的细菌等微生物继续生长繁殖，因此应选择具有一定阻隔性要求，特别是有一定隔氧性要求的包装材料，阻止氧气的渗入，造成包装内一定的缺氧环境，从而抑制微生物的生长繁殖，延长保质期。

7.3.1.2 软饮料的包装

1. 碳酸型饮料包装

(1)玻璃瓶 玻璃瓶是传统的碳酸饮料包装容器，玻璃材料具有造型灵活、透明、美观、多彩晶莹等的装饰效果，其阻隔性好、安全无毒、可回收周转多次重复使用。但玻璃瓶机械强度低、易碎、盛装单位物品质量大、费用高、周转运输不便、温差大时容易爆裂等缺点，因此近年来已经被各种塑料包装取代。但是，随着塑料包装废弃物对环境污染愈来愈受到人们的重视，玻璃瓶用作可重复利用的食品包装材料将再次受到重视。

(2)金属罐 目前碳酸饮料用金属罐主要为铝制二片易拉罐，铝制包装材料的质量轻、价格低、回收再造性好，较高的二氧化碳内压使薄壁罐应具有较好的刚度和挺度。所以在碳酸饮料包装中被广泛应用。但因碳酸饮料 pH 较低，对金属内壁有较强的腐蚀性，要求金属罐在包装碳酸饮料时内涂层要有较好的耐腐蚀性。

(3)塑料容器 用于碳酸饮料的包装主要是 PET 瓶，因其质量轻，强度高，无色透明，表面光泽度高，呈玻璃外观，可塑性和力学性能好，无毒无味，而且材料费用适中等特点而被广泛使用。早在 20 世纪 60 年代，美国可口可乐和百事可乐公司就考虑研究开发塑料瓶，70 年代初曾试用聚丙烯腈吹塑瓶包装碳酸饮料，但由于毒性问题而终止了它在饮料包装领域的应用，70 年代中期，PET 瓶开始用于碳酸饮料的包装。如今，不仅碳酸饮料使用了 PET 瓶包装，而且还扩大到油类及其他饮料。

但 PET 瓶对 CO_2 的阻隔性不够理想，在常温下较长时间贮存时 CO_2 损失较大。还有 PET 瓶在耐酸碱和耐高温方面还也有许多缺陷，如瓶子在 60 ℃以上，发生颈部软化和体积收缩。

PET 瓶的阻隔性可用 K 涂来提高，即在其表面涂覆 0.1 mm 左右的厚度的 PVDC，成本较低，但阻气性却大大提高，阻氧性提高 3 倍，用其包装的饮料的货架期可增长 2 倍。

双轴定向的 HDPE 瓶是又一种包装碳酸饮料的材料，HDPE 原料价格比 PET 便宜，而且质量轻，密度比 PET 小，因而在保质期低于 2 个月的碳酸饮料包装中可使用 HDPE 瓶代替 PET 原料瓶。

2. 果蔬汁饮料的包装

目前果蔬汁饮料一般采用 3 种包装形式，即金属罐、玻璃瓶和纸塑铝箔复合材料包装盒。

(1)金属罐 金属罐是国内外常用的包装方式，果蔬汁经热交换器升温到 90 ℃左右，进行真空脱气后直接罐装入金属罐中封口，再杀菌。热灌装可降低顶部空间的含氧量，这样处理产品的保质期可达 1 年以上。

由于果蔬汁含有较多的有机酸，对金属罐的耐酸性和腐蚀性要求较高，目前广泛采用是马口铁三片罐和铝制二片罐，内涂采用环氧酚醛型涂料，要求较高的采用二次涂层，即在环氧酚醛内涂层的基础上再涂乙烯基涂料，以提高其耐酸腐能力。

(2)玻璃瓶　玻璃瓶是我国近年来广泛采用的果蔬汁饮料包装材料。玻璃具有良好的耐腐性能，光亮透明，清洁卫生，果蔬汁经升温真空脱气后直接热罐装，是瓶内产生0.04～0.05 MPa的负压，有效降低了包装内的氧含量。

(3)纸基复合包装材料　是目前国际流行的无菌包装用材料、果蔬汁饮料采用无菌包装技术意义很大，HTST和UHT杀菌技术可基本上保全果蔬汁饮料中热敏性营养物质，使包装的产品营养更丰富，品质更鲜美。我国已引进大量的无菌包装生产线用于乳类和果蔬汁饮料的生产。

3. 矿泉水和纯净水的包装

(1)HDPE瓶　无毒卫生、质轻方便且价格较低，在美国饮用水市场上占有很大比例。美国最普通的蒸馏水是用3.785 L的HDPE瓶包装，但由于HDPE瓶是半透明的，被透明、光亮的PVC和PET瓶所取代。

(2)PC瓶　透明光亮，因其价格较高而不被用来吹制非回收性的饮用水包装瓶，一般用PC材料制成22.73 L以上的大罐用于饮用水的配送市场。大容量PC瓶透明性高、硬度好、质量轻、不易破坏，平均可回收使用85次。

(3)PET瓶　因其良好的阻气性和光亮、透明性而大量用于碳酸饮料的包装，在饮用水包装中的应用也有所增加，特别用于含气的饮用水的包装，但价格较高。

7.3.2　含醇饮料

7.3.2.1　含醇饮料的物性分析与包装要求

凡是含有乙醇成分的饮料，不论其含量大小，统称为含醇饮料，其种类甚多，按其酿造方法可分为3类：

1. 酿造酒

一种原汁发酵酒，它是将含有淀粉和糖类的原料发酵以后再进行直接提取或采用压榨的方法取得的含有酒精成分的液体。其生产过程包括糖化、发酵、过滤、杀菌等。

酿造酒是最自然的造酒方式，主要酿酒原料是谷物和水果，其最大的特点是原汁原味，酒精含量低，对人体的刺激性小。例如用谷物酿造的啤酒一般酒精含量为3%～8%，果类的葡萄酒酒精含量为8%～14%。酿造酒中含有丰富的营养成分，比如蛋白质、糖类、微量元素等，适量饮用有益于身体健康。酿造酒主要包括葡萄酒、啤酒、黄酒、日本清酒及各种果酒等。

2. 蒸馏酒

凡是以糖质或淀粉为原料，经糖化、发酵、蒸馏而成的酒，统称为“蒸馏酒”。这类酒酒精含量较高，常在40%以上，所以又称为烈性酒。世界上蒸馏酒品种较多，较著名的有5种：白兰地、威士忌、金酒、朗姆酒和伏特加，被称为“世界五大著名蒸馏酒”。中国的白酒也属于蒸馏酒类。根据生产原料的不同，蒸馏酒可分为谷类、果类、果杂类和其他类共四大类。

3. 配制酒

又称再制酒。凡是以蒸馏酒、酿造酒或者食用酒精为酒基，加入香草、香料、果实、药材等，进行勾兑、浸制、混合等特定的工艺调制而成的各种酒类，统称为配制酒。配制酒的诞生比其他酒类较晚，但由于配制酒可以更接近消费者的口味和爱好，因而发展较快。

配制酒的种类繁多，风格迥异，因而很难将其分门别类。但目前世界上较为流行的方法是将配制酒分为三大类：开胃酒类、甜食酒类和利口酒类。著名的配制酒主要集中在欧洲。

酿造酒营养价值高，含有蛋白质、糖类、微量元素等多种营养成分。这类酒在生产过程中，往往加入亚硫酸钠或 SO_2 蒸气熏蒸，以净化果汁和控制杂菌的生长，但规定 SO_2 的残留量不得超过一定标准。因此酿造酒的包装除了防止乙醇蒸气的散失外，还要防止残留的 SO_2 被氧化而降低对酒中细菌的抑制作用。

7.3.2.2 含醇饮料的包装

我国酒类的传统包装是玻璃瓶和陶瓷器皿。玻璃和陶瓷器皿阻隔性好，能保持酒类特有的芳香而能长期存放。玻璃和陶瓷器皿的造型灵活多变，既能体现出酒的古朴风格又能表达时代气息，能很好地体现出酒类的商品价值。但玻璃和陶瓷制品笨重易碎，运输销售不便，近年来，塑料包装容器已开始引入酒类包装领域。

1. 蒸馏酒和配制酒的包装

蒸馏酒和配制酒由于乙醇含量极高而使微生物难以生存，所以包装的重要目的是防止乙醇、香气的散失和挥发，同时为贮运销售提供方便。

各种蒸馏酒以小包装居多，小包装蒸馏酒的包装材料以玻璃和塑料为主。采用玻璃瓶包装的，包装上必须标明酒精度，而且必须采用防盗封盖。国外的包装法规不允许采用回收瓶。小包装蒸馏酒还可以选用塑料共挤复合瓶包装，也可用聚酯瓶包装，还可以用 PET/PE 复合薄膜制作的小袋包装，每袋盛装酒液 100 g 左右，携带、饮用方便，密封性好，耐压耐冲击，非常适合外出旅行和野外工作者的饮用。

近年来，因为仿制、假冒名酒的现象越来越严重，对酿酒厂家造成了很大的名誉和经济损失。为了防止假冒伪劣产品现象的发生，酿酒厂家在酒类的包装上做了大量的改进。蒸馏酒的包装改进主要在瓶盖的结构形式上，由传统的软木塞逐渐改用塑料螺旋盖和金属止旋螺纹盖作为防盗盖包装，外面采用透明的或带颜色的塑料收缩薄膜封紧，作为防伪包装。另外，根据不同的包装要求，又出现了大批造型各异、防伪功能很强的防盗盖和新型包装。

2. 发酵酒的包装

我国常见的发酵酒有啤酒、黄酒和各种果酒。发酵酒的包装除了防止乙醇蒸气的散失以外，还要防止残留 SO_2 被氧化而降低对酒中所含细菌的抑制作用。发酵酒的传统包装也是陶罐和玻璃瓶。啤酒除用玻璃瓶包装外，还可用铝制二片罐、木桶、塑料瓶。

衬袋盒以硬纸板为基础材料，单层塑料薄膜或多层复合薄膜为内衬材料。衬袋盒包装质量轻，与玻璃相比运输破损率大大降低，便于冰箱储存。取酒时只需拧开连在袋上的阀门即可方便地放出酒液，空气不会进入包装体内，使剩余的酒不会变质走味。

7.3.3 典型饮料包装实例

7.3.3.1 啤酒的包装

1. 桶装啤酒

扎啤的高价格使桶装啤酒市场占有量很小。普通的啤酒保鲜桶常用于散啤酒及纯生啤酒的销售。它以价格低廉、口感清爽而备受广大消费者欢迎。并且它极好的新鲜度也是瓶装啤酒无法媲美的。但是由于它是不经过高温杀菌直接投放市场的,所以对它的清洗和消毒成为保证桶装啤酒质量的关键。桶装的鲜啤酒、生啤及扎啤适合在城市啤酒销售旺季销往饭店、宾馆、大排档。桶装啤酒经过瞬时巴氏杀菌或不经高温杀菌,啤酒的保质较好、酒中存活了大量有益于人类健康的酵母菌。符合当今崇尚啤酒新鲜健康的潮流。桶装啤酒的优势是保持了较好的啤酒感官品质。而且可以彻底避免瓶装啤酒因意外爆瓶给消费者带来的伤害。但是桶装啤酒也不是没有缺点,由于鲜啤酒保持期短(不大于 7 d),只适宜那些交通便利、消费集中的地点销售。快送快销,便于保鲜,也较大的高层次消费者对口味及新鲜度的较高认识及需求。对于生产厂家来说桶装啤酒不使用瓶、盖、标、箱等包装材料。

2. 易拉罐包装

易拉罐啤酒在前几年的市场销售中,由于包装附加值高,只有具有较高消费能力的群体才能接受,寻常百姓一般不敢问津,只能价格相对低廉的装啤酒。但现在价格差别不大,能否选用易拉罐啤酒只取决于购买和饮用习惯。易拉罐啤酒酒质佳、携带方便又不易被假冒。较之瓶装啤酒说,易拉罐啤酒更适于厂家长途运输。

易拉罐啤酒密封性能优越,干净卫生,能较大程度地保持啤酒的固有品质。应着重在城市中青年消费群体推广。

3. 玻璃瓶

我国是世界上玻璃瓶使用比例最高的国家。然而,玻璃瓶质量重,不耐冲击、易破损,不便周转和携带、还导致啤酒制造和运输过程的成本升高,影响人身安全。因此,啤酒包装容器塑料化逐渐成为大势所趋。啤酒主要由玻璃瓶包装向聚酯瓶包装的转化已成为人们追求的目标。

4. 复合材料瓶

复合材料瓶包装啤酒比较玻璃瓶包装啤酒在“安全、轻量、时尚”三大特质方面具有无可争议的优势,同时综合性价比也极具竞争力,在倡导“以人为本”的企业文化和以追求顾客价值最大化代替单纯追求利润最大化的今天,消费安全是人命关天的大事,复合材料瓶包装啤酒不失为一种绿色环保、价廉物美和体现可持续发展的重要抉择。

啤酒作为大众化的快速消费品,今后大量的啤酒商品将是以可满足不同保鲜期要求的不同档次的复合材料瓶包装形式推出市场。而少数的高档啤酒精品则沿用玻璃瓶包装。这样,消费者可以合理地代价享受到价廉物美的安全消费,生产经营者则彻底摆脱了大量低水平劣质玻璃包装物给啤酒行业带来的“定时炸弹”的爆瓶噩梦。复合材料瓶包装的轻量方便,合理回收,更是节省能源,大大降低无效物流,为全社会实现可持续发展,提供了一个优秀的范例。

7.3.3.2　葡萄酒的包装

葡萄酒不太适合金属包装，因为金属会影响葡萄酒的陈化、颜色和香味，所以多数仍然采用传统的玻璃瓶包装，瓶塞为软木塞，目前软木塞也很少用，已逐渐改用塑胶塞了。玻璃瓶也有无色透明或各种颜色的，而用在含气体多的葡萄酒的瓶也比较厚重，以耐压力。

7.3.3.3　茶饮料的包装

全球目前使用的茶饮料包装主要有玻璃瓶、金属易拉罐、纸铝塑复合砖型利乐包装、聚酯瓶等，中国主要使用的茶饮料包装有金属三片罐、利乐包和聚酯瓶(PET)。

我国茶饮料基本上以PET瓶包装为主。对茶叶采用适温提取、高速离心分离，得到澄清透明的茶水饮料之后，采用UHT(超高温)杀菌，最后热灌装封口制成瓶装茶饮料。PET瓶与灌装和玻璃瓶相比，具有质量轻、价格低、饮用方便、瓶壁透明等优点，使产品一目了然，吸引注意力。另外，PET瓶还具有加工方便，在不同的产品中可以加上各种色母，赋予产品不同的独特色调，如加工成绿色，起到调节消费心理，增加产品的稳定性，防止产品被氧化的作用。现如今，包装为了满足新一代群体个性化的需求，在包装形式与装潢上有了新颖的设计、如小茗同学、茶兀等。

图 7-5　茶饮料的塑料瓶包装

三片罐是中国大多数茶饮料厂家使用的茶饮料包装。该包装的优点是加工适应性强、损耗小、阻隔性优良、包装印刷色彩艳丽。但由于灌装茶对内涂膜要求严格，使该包装成本较高，加之环保处理困难，其发展前途受到一定影响，国家产业政策已不允许大量推广使用。

纸铝塑复合利乐包是目前中国台湾地区流行的一种包装形式，在国内也具有相当的市场。但由于该包装的回收处理较困难，亟须开发替代包装材料。

茶饮料包装容器随着茶饮料的广泛流行必将会有广泛市场，中国茶饮料包装业还处于起步阶段，因此大力研究开发茶饮料包装具有十分广阔的发展前景。

思考题

1. 含气饮料和不含气饮料在包装上有什么区别？

2. 茶饮料的包装有哪些形式？各有什么特点？

7.4 方便面的包装

学习目标

1. 了解方便面加工原理
2. 掌握方便面的袋装及桶装包装,能够评价及选用适当的方便面包装材料

7.4.1 方便面的特性

随着社会的发展,生活节奏的加快,方便食品成了一种热门消费。方便面因其具有储存食用方便、安全卫生、价格低廉、风味多样等优点,成为我国及亚洲其他一些国家和地区常见、流行的一种方便主食,为当今世界上产销量极大,仅次于面包的第二大主食产品。

7.4.1.1 方便面加工原理

方便面的主要原料为小麦粉,和面、成型后在一定温度下蒸煮,使其中的淀粉充分糊化,然后再采用油炸或热风干燥等方法快速脱水,快速通过易“回生”的含水区域,从而保证冷却降温后的淀粉不易“回生”,且复水性能好,因此说方便面生产原理是“充分糊化,快速干燥”。

7.4.1.2 方便面干燥工艺

1. 油炸方便面

油炸方便面采用高温油炸法排除水分,干燥速度快(大约 70 s 完成干燥),糊化度高,面条内部具有多孔性,因而产品复水性良好,沸水中浸泡 3 min 即可食用,方便性较好,口感劲道且具有宜人的油炸风味。虽然油炸方便面以其独特的感官品质长期占据着大部分市场,但随着消费者逐渐意识到油炸方便面“高油脂、高热量、营养破坏”等方面的不足,导致消费者更青睐于非油炸方便面。

2. 非油炸方便面

非油炸方便面采用热风干燥、微波干燥及热风—压差膨化等技术生产方便面,是将蒸煮糊化的湿面条在 70～90 ℃温度下进行脱水干燥,不使用油脂,造价低,不易氧化酸败,保存时间长。非油炸方便面最大限度保持了原粮营养成分不被破坏,具有低脂肪、低热量、富含膳食纤维等显著优点,有较高的产品优势。

传统非油炸方便面无法形成微小的孔状网络,产品复水性差,糊化度低(α 化＞80%),开水冲泡 6～7 min 后才能勉强食用,且口感弹性较差。胡舰等采用热风—压差膨化联用技术生产非油炸方便面,对非油炸方便面工艺进行优化,最终确定热风—压差膨化生产非油炸方便面的最佳工艺参数为:热风预干燥温度 75 ℃,热风时间 36 min,膨化温度 75 ℃,膨化时间 87 min,排水时间 5 min。此条件下生产的非油炸方便面感官评分、复水性和质构指标显著优于同类产品,对非油炸方便面市场的产品研发具有一定的指导意义。

7.4.2 方便面的包装

方便面的变质主要是因为油脂含量高而发生的氧化酸败，会产生酸臭的气味，使口味变苦，也就是俗称“哈喇”现象；也会因为受潮软化影响方便面的口感，甚至发霉变质，导致食品质量安全问题。因此选用方便面包装材料必须考虑其阻氧、阻湿性能，生产企业必须加强对包装材料阻氧、阻湿性能的检测。

方便面按包装方式可分为袋装、桶装（杯装、碗装、盒装）等。袋装成本低，易于贮存和运输，但食用时需另备餐具，如外出游玩或乘火车等非居家环境，桶装的产品更受欢迎。

7.4.2.1 袋装方便面的包装

国内袋装方便面产品使用的包装多为BOPP/CPP，BOPP/VMCPP，PA/CPP等复合膜结构，其中BOPP/VMCPP复合膜是阻隔性较高的包装膜，但是各层材料厚度及复合膜质量的不一致，导致了不同企业使用的该镀铝复合膜在阻隔性能、溶剂残留等关键性指标质量上差距较大。刘东芳，陈欣等对镀铝复合膜包装与方便面面饼相容性进行了研究及分析，针对方便面面饼复合膜包装的现状，对国内3款品牌方便面所使用的BOPP/VMCPP镀铝复合膜包装进行了检测，重点从物理机械性能、阻隔性能、溶剂残留等关键控制点入手，从方便面自身特性、包装生产、镀铝膜复合工艺等多方面分析该镀铝复合膜包装与方便面面饼的相容性，为国内方便面包装材料的选择提供一定的参考依据。使食品企业能够避免因包装材料知识的匮乏导致在选材上引起食品质量安全问题，减少包装材料带来的经济以及品牌信誉损失。

7.4.2.2 桶装方便面的包装

桶（杯装、碗装、盒装）体一般由纸包装材料和塑料薄膜复合而成，盖膜由Al/PE或纸/Al/PE复合而成，桶体用盖膜封口后，用收缩性能适宜的热收缩膜进行收缩包装。桶体结构由内至外依次为聚乙烯（PE）内层塑料膜、白纸板、灰卡纸、印刷层、光油、外包装塑料膜6层。

1. 聚乙烯(PE) 内层塑料膜

方便面桶体与食品直接接触的最内层是一层覆于纸板上的塑料薄膜，一般为食品级聚乙烯（PE）材料，应符合GB 4806.7—2016《食品安全国家标准　食品接触用塑料材料及制品通用安全要求》。PE材料的耐高温性不良，适用温度一般在100 ℃以下，且温度过高可能使塑料里面的残留单体和添加剂溶于水、油或醋中，消费者吃方便面时用开水冲泡就有了安全隐患。

2. 白纸板

方便面桶体由内致外第二层是食品级白纸板，即所谓的“直接接触食品”的内层纸板。应符合GB 4806.8—2016《食品安全国家标准　食品接触用纸和纸板材料及制品》及纸碗国家标准GB/T 27591—2011《纸碗》，标准中明确规定不应使用回收废纸生产这层纸板，从而保证这层纸板的安全卫生。

3. 灰卡纸

方便面纸桶外层的这一层纸板为灰卡纸，对于这层纸板，我国相关标准中并没有对其安全卫生性能有任何规定，企业也没有相关标准，更没有检测数据，因此很容易违规使用。经检测，绝大多数方便面桶该层荧光性物质超标，很有可能使用了废纸或再生纸作原料，废纸中含有如铅、苯、汞、油墨、增塑剂等有害物质，会在消费者就桶沿喝方便面汤时引发污染。

4. 印刷层

灰卡纸的外层是印刷纸层，该层纸如果经波长 365 nm 的紫外灯照射显出亮蓝色，就可能是添加了荧光增白剂，或者使用回收废纸为原料，其中有荧光性物质残留。对于外层的印刷纸板，国家相关标准中也并未对其进行限定和要求。

5. 光油

方便面桶的光亮外层是企业在外层纸板的印刷油墨表面涂了一层光油。光油是不含着色剂的一类涂料，主要成分是树脂、油和溶剂或树脂和溶剂。光油涂于物体表而后，形成具有装饰性、保护性和其他特殊性能的涂膜，可以避免油墨与人体直接接触，亦可避免空桶体叠放时印刷层污染下面的桶体内壁。

6. 外包装塑料膜

在方便面桶的最外层一般有一层热收缩塑料薄膜，这层塑料膜主要起到保护方便面纸桶包装的作用。

对于纸桶(杯装、碗装、盒装)等接触食品的包装材料，国家质检总局在生产许可证(SC)发放前的审核中都严格规定，要求所有材料、添加剂，包括外层套袋都必须是食品级。

思考题

1. 2 种方便面干燥工艺各有什么特点？

2. 油炸方便面和非油炸方便面对包装有什么不同要求？

7.5 饼干的包装

学习目标

1. 了解饼干的特性及包装需求

2. 掌握饼干包装的类型及方法，能够评价及选用适当的饼干包装材料及方法

7.5.1 饼干的特性

饼干是以低筋面粉为主要原料，加入(或不加)蔗糖、油脂、淀粉及蛋品、乳品、疏松剂及香精等其他辅助原料，经和面、成型、烘烤等工序制成的口感酥松香脆的焙烤食品。饼干经

过焙烤含水量在10%以下，一般为4%～6%，属于低水分活度的食品，霉菌等微生物几乎不能生长繁殖。饼干按工艺特点可分为四大类：一般饼干、发酵饼干、千层酥类和其他深加工饼干，一般饼干按制造原理可分为韧性饼干和酥性饼干。

7.5.1.1　韧性饼干

韧性饼干所用的原料油脂和砂糖的量较少，因而在调制面团时，容易形成面筋，一般需要调制面团时间较长，采用辊轧的方法对面团进行压延整形，切成薄片状成型烘烤。因为这样的加工方法，可形成层状的面筋组织，所以焙烤后的饼干断面是比较整齐的层状结构。为了防止表面起泡，通常在成型时用针孔凹花印模，制成品松脆，体积质量轻，常见的品种有什锦、玩具、动物、大圆饼干之类。

7.5.1.2　酥性饼干

酥性饼干与韧性饼干的原料配比相反，在调制面团时加水量较少，而砂糖和油脂的用量较多。在调制面团时搅拌时间较短，尽量不过多地形成面筋，常用凸花无针孔印模成型。制成品酥松，一般感觉较重厚，常见的品种有甜饼干、酥饼、挤花饼干等。

7.5.2　饼干的包装

饼干含水量很低，易吸潮软化，引起品质下降，且质感酥脆易碎裂，有些饼干含油脂较多易氧化，包含果浆的饼干易长霉。在饼干包装中关键的是防潮、防油脂氧化、防霉变、防碎裂，需选用防潮遮光隔氧的包装材料，以提供足够的保护性。饼干包装常用包装材料有防潮玻璃纸、塑料薄膜、塑料片材热成型盒、纸盒(箱)、金属罐(盒)等。

7.5.2.1　塑料薄膜与片材

1. 塑料薄膜密封包装

防潮性能好的塑料薄膜在饼干包装中应用最多，可以使用塑料单膜，但较常用的是各种复合薄膜材料，如PVDC涂塑纸、K涂BOPP/PE、铝箔/PE复合薄膜等。塑料薄膜密封包装主要有2种形式：一种是袋装工艺，即将饼干装入成型袋中，再热封封口；另一种是裹装工艺，即将饼干定量整齐排列再用薄膜裹包密封。包装操作简单，储运方便，包装成本低，但存在卫生安全及包装废弃物对环境的污染问题。

2. 塑料片材包装

常采用PVC、PS等塑料片材热成型盒盛装饼干，将经计量的饼干排列于盒内，再一起装入塑料薄膜袋中密封，塑料片材热成型盒包装可有效避免酥脆的饼干被压碎。也常见采用PP、PVC、PS等塑料片材盒包装的饼干，此透明塑料盒再置于纸托中，保护性、可视性都很好。

7.5.2.2　纸盒(箱)包装

纸盒包装是饼干包装的主要形式，市场上多见精美印刷的长方形、正方形、圆形及异形小纸盒，包装材料多用白板纸、胶版纸等。用纸盒包装时，要先将饼干用塑料薄膜做一个或多个内包装然后装盒，多个盒的组合装常采用塑料袋或热收缩薄膜裹包。饼干纸箱包装多采用B型、E型瓦楞纸板制箱，多见长方体箱，装量一般为0.8～1 kg，安装有提手，适合全家人食用，也可用于饼干的礼品包装。饼干纸盒(箱)包装，结构结实，保护性、印刷性均好，成本较低，且废弃物易回收处理，是应用非常广泛的饼干包装形式。

7.5.2.3 金属罐(盒)包装

金属罐(盒)一般用于饼干的礼品包装。用彩印镀锡薄钢板制成的饼干罐(盒)，有长方形、正方形、圆柱形、异形等多种造型。密封遮光，能达到100%的阻隔性，包装强度高，容量大，饼干存放方便且可以多次打开食用，废弃物易回收处理，但包装成本高。

对饼干进行妥善的包装，保护饼干免受储运过程中各种自然因素和人为因素的影响，使饼干的货架寿命得到有效的延长，是实现商品价值和使用价值的重要手段，有助于促进饼干销售，形成品牌效应。

思考题

饼干花色品种很多，不同种类饼干应针对哪些特性设计包装？

7.6 粽子的包装

学习目标

1. 了解粽子的特性，掌握粽子包装的类型及包装技术方法
2. 能够评价及选用适当的粽子包装材料及包装技术方法

7.6.1 粽子的特性

粽子是我国端午节的节日食品，这种传统食品历史悠久，有着深厚文化积淀。如今的粽子更是多种多样，因地区不同，制作材料、风味口感及形状都有着很大的差别。包裹粽子的材料有竹子叶、箬叶、芦苇叶等；粽子形状亦有三角形、斜四角形、长条形、方形等多种；馅料有纯糯米、红枣、豆沙、咸蛋、鲜肉、火腿、莲蓉、蜜饯、板栗等多种多样。北京的粽子是北方粽子的代表；浙江嘉兴粽子名气最大；湖南汨罗的粽子制作精巧、吃法也很是讲究；台湾的烧肉粽是很著名的小吃；四川有口感独特的辣粽；苏州有特色枣泥粽子；海南的粽子个头很大；广东粽子身形小巧。

7.6.1.1 北京粽子

北京的粽子个头往往很大，其外形有三角形、斜四角形等。最为常见的有3种：纯糯米白粽子要沾着白糖吃；糯米中加几颗红枣或果脯的枣粽，吃前需要冷藏；还有在糯米中加入豆沙的豆沙粽。

7.6.1.2 嘉兴粽子

嘉兴粽子最出名的就是鲜肉粽，它以上等的糯米拌和酱油后，再用糖、盐、酒等与新鲜腿

肉和成馅,用两块瘦肉夹着一块肥肉,这样煮熟后肥肉上的油渗入米内,味道鲜美不油腻。嘉兴粽子还有豆沙粽、八宝粽等许多品种,形状像一个枕头。

7.6.2 粽子的包装

现今市场上的粽子包装形式主要有塑料包装、纸盒包装、铁盒包装以及使用竹条、藤条、绳结等编织而成的筐、蓝、娄、网兜等新颖环保的包装结构。目前市场上常见的粽子包装用塑料薄膜材料主要有:HDPE、BOPP、PVDC、PA、PVA、PET 等,以及多种复合材料。粽子纸盒包装是使用得非常广泛的外包装形式,市场上可见各种设计新颖三维立体的精美商品包装盒,其材料主要有白板纸、卡板纸、茶板纸等。

粽子的馅料都是以新鲜为主,保质期限很短,随着冷冻食品包装、无菌包装、真空包装、气调包装、缓冲包装等包装技术方法的开发和应用,延长了粽子的保质期,粽子行业有了快速的发展。

7.6.2.1 粽子的冷冻包装

很多速冻粽子品牌都采用塑料材质的包装,常用的包装方式有收缩包装和真空包装。适用于速冻包装的塑料包装材料应具有较高阻气性以满足隔氧和真空包装的需要,水蒸气透过率要低以减少粽子的干耗,既能在 −30 ℃ 的环境中保持柔软,也能耐受高温煮制和微波加热,还要具有良好的物理机械性能,能顺利完成包装过程,并保证粽子包装袋在存储及销售过程中不破袋、不漏气、不分层,外观良好。

冷冻粽子常用的塑料包装材料有 PE、PP、PET、Ny 等,以及多种复合材料如 PET/PE、Ny/PE、PT/PE/Al/PE、PET /PE/Al/PE 等。

7.6.2.2 粽子的无菌包装

无菌包装技术就是在无菌的环境下,把经过灭菌处理的产品装封进已灭菌的包装容器中的技术。粽子无菌包装常用的是铝箔材料,它的主要作用是阻隔空气和光线,维持内部产品的新鲜和营养及口感,使其不易被氧化,也不易腐坏霉变。粽子的无菌包装可以在不添加防腐剂或者不经冷冻的条件下延长产品的货架期,在常温下能够使产品保持一年至一年半不变质,这大幅度地节约了能源和设备。

7.6.2.3 粽子的真空包装

真空包装粽子采用罐头生产工艺,把粽子真空包装后高温杀菌,微生物指标符合肉类罐头商业无菌要求。粽子真空包装技术通常使用的是铝箔包装、塑料及其复合材料包装和塑料袋包装等。

根据行业标准《粽子》要求,真空包装的蛋黄鲜肉粽,保质期可达 270 d。真空包装内氧气浓度低,能够有效地防止粽子变质、变味、变色,保持它的营养价值。

7.6.2.4 粽子的气调包装

气调包装又称气调保鲜包装(MAP 或 CAP),是一种使用具有气体阻隔性包装材料,并对包装中的气体进行置换,从而达到食品保鲜目的的包装技术。这种包装技术适合各种食品的盒式包装,常用的置换气体一般是由 O_2、CO_2、N_2 及少量其他气体组成的混合气体(理想气体)。此类包装由于包装内环境的气体组成所起到的抑菌、护色、防氧化等效果,保鲜质量高、营养成分保持好。粽子有着众多的口味,它的馅料各不相同,从肉类到蔬菜类应有尽有,选择的混合气体直接影响它的保鲜质量。气调包装技术的效果还受很多其他因素影响,例如:混合气体的比例、包装材料的气体阻隔性、贮藏温度、包装前粽子的卫生情况等。

思考题

不同馅料的粽子对包装有什么不同要求?

7.7 生鲜肉类的包装

学习目标

1. 掌握生鲜肉制品的保质机理
2. 掌握生鲜肉制品包装材料要求及常用包装方式

畜禽肉类食品是人们获取动物性蛋白质的主要来源,在人们日常饮食结构中占有相当大的比例,目前市场上销售的畜禽肉类食品主要由生鲜肉类和各类加工熟肉制品,随着人们生活消费水平的提高,生鲜肉的消费也逐渐由传统的热鲜肉发展为工业化生产的冷却肉分切保鲜包装产品。近三十年来,我国的肉类总产量一直稳居世界首位,然而我国的肉类深加工制品的比例仅占肉类总产量的10%以下,世界上发达国家一般都达到50%左右,有些国家甚至高达70%以上。我国肉制品与世界先进水平差距相当大,特别是肉制品的品种和质量,其中关键原因涉及肉类食品的包装技术,主要是软包装技术的发展。

生鲜肉类包括热鲜肉、冷鲜肉等。

刚宰杀不经过冷却排酸过程而直接销售的称为热鲜肉,热鲜肉出售时的肌肉正处于僵直期,持水性差、嫩度口感较差,且多为裸肉摊卖,微生物极易生长繁殖而腐败变质。

冷鲜肉(冷却肉)是指对严格执行检疫制度屠宰后的动物胴体迅速进行冷却处理,在24 h内降低到0~4 ℃,并在低温下加工、流通和零售的生鲜肉,其大多数微生物的生长繁殖被抑制,可以确保肉品的风味、营养和安全卫生;冷却肉经历了较为充分的解僵成熟过程,质地柔软富有弹性、持水性及鲜嫩度好,因此,冷却肉近年在我国发展很快,已成为肉品发展的趋势。

7.7.1 生鲜肉类品质变化特点

7.7.1.1 肉的色泽变化

新鲜肉的色泽是促进销售的重要外观因素,肉所呈现的色泽取决于肌肉中的肌红蛋白和残留的血红蛋白的状态。当肌肉中氧气缺乏时,肌红蛋白中的O_2结合的位置被水取代,使肌肉成暗红色或紫红色,当肉与空气接触后由于氧合肌红蛋白形成使色泽变成鲜红色,如长时间放置或在低氧分压下存放,肌肉会由于高铁肌红蛋白的形成而变成褐色。

鲜肉真空包装时，因环境缺氧而呈现肌红蛋白的淡紫色，在销售时会使消费者误以为不新鲜。但肌红蛋白在高氧分压下又可以形成氧合肌红蛋白，呈鲜亮的红色，因此冷却肉采用真空包装和无氧混合气体包装，在零售时打开包装让肉充分接触空气或再冲入含高浓度氧气的混合气体，可在短时间内使肌红蛋白变成氧合肌红蛋白，恢复鲜亮的红色以吸引消费者购买。鲜肉的气调包装可冲入含高浓度氧气的混合气体，使肌红蛋白在氧气作用下生成氧合肌红蛋白，形成鲜亮的红色，一开始就可以吸引消费者的主意。

不新鲜的肉或与空气长期接触的肉的肌红蛋白和氧合肌红蛋白会转变成正铁肌红蛋白，使肉呈现褐色。而正铁肌红蛋白性质非常稳定，一般不易转变成肌红蛋白，因此冷却肉包装后的鲜红色取决于氧合肌红蛋白的生成和保持色素的稳定。

7.7.1.2 肉中微生物的变化

肉中微生物的存在是不可避免的，微生物的生长繁殖不仅使肉色、质量等严重恶化，而且还破坏肉的营养成分，甚至还会产生大量微生物毒素。肉品上生长的微生物除一般杂菌外主要是一些致病菌和腐败菌，如沙门菌、金黄色葡萄球菌、肉毒梭菌 E 型等。

冷却就要将环境温度降到微生物生长繁殖最适宜温度范围以下，使肌肉组织在完成僵直、解僵、成熟过程中避免微生物的生长繁殖而腐败变质、产生毒素。为了保证肉的质量，最好将肉冷却到 0～3 ℃，并保持在这一温度下贮藏，才不会有病原菌生长的危险。冷却到 4 ℃ 并保持在该温度可抑制病原菌的生长，也是比较理想的，如超过 7 ℃ 病原菌将成倍增长而不能保证产品质量。但是冷却不能抑制所有的腐败菌，在 0 ℃左右腐败菌仍能继续繁殖，如果肉污染有腐败菌，仍会造成肉表面腐败，产生黏液和腐败气味。

7.7.1.3 其他变化

除了前述的变化外，肉还会发生光催化下的脂肪氧化、水分蒸发引起的重量损耗和肉色变化、肉组织结构破坏、持水力下降引起的汁液渗出等。

7.7.2 生鲜肉制品包装要求

7.7.2.1 防湿性

防湿性适用于所有肉制品包装，因为水分对肉制品的品质影响很大。它不仅能促使微生物繁殖，助长油脂氧化分解，促使褐变反应和色素氧化，而且还可以导致一些肉制品发生某些物理变化，比如受潮结晶，结块，失去香味等。

7.7.2.2 阻氧性

O_2 促进血色素变成高铁血红素，加速褐变，引起色素氧化褪色，促进脂肪氧化和好养性细菌的繁殖，从而产生有毒物质，发生异臭。所以阻止产品与氧的接触对于保持产品质量，提高保存性都是极为重要的。

7.7.2.3 遮光性

光的催化作用对肉制品成分的不良影响主要有：促使肉制品中的印刷油脂氧化酸败，引起肉制品的蛋白质变性，引起色素的变色，引起光敏感维生素，例如，B 族维生素/维生素 C

等的破坏。

要减少或者避免光纤对肉制品的影响，主要的防护方法是通过包装将光线遮挡、吸收或者反射，减少或避免光线直接照射肉制品。可以利用印刷油墨吸收光或者反射光，或是利用缎纹加工，在薄膜上挤出凹凸的花纹，对光进行反射作用。

7.7.2.4　耐寒性

有些低温肉制品必须在低温条件下贮藏、销售，有些则必须在冷冻条件下贮藏，因此需要包装膜必须能耐低温。在低温条件下也不会变脆，仍能保持强度和耐冲击的性质。耐寒性的材料有低密度聚乙烯、聚酯、聚酰胺树脂、聚丙烯等。

7.7.2.5　耐油性

耐油性的薄膜适用于含有脂肪的肉制品的包装。所谓耐油性就是指不易溶解也不渗透油脂的薄膜。

脂肪成分渗透到肉制品包装薄膜中有 2 种原因：一种是肉制品包装薄膜溶解造成的，另一种是脂肪渗透造成的。常用的有聚偏二氯乙烯，聚酰胺树脂、聚酯等材料。

另外，生鲜肉包装材料还应具有良好的加工工艺和包装工艺适应性，能耐高温杀菌和低温贮存。

7.7.3　生鲜肉类的包装

预计我国在今后的 5～10 年中，肉类产量将会以 5%～10%的增长率持续增长。其中主要以生鲜肉类的发展，生鲜肉类的包装技术如何跟上这种发展是行业内关注的大问题。生鲜肉的包装主要解决肉类在消费流通环节的安全保质问题。猪、牛等活体屠宰后的鲜肉会产生一系列的生物化学变化，从僵硬期到成熟期结束，肉的质量也在不断变化着，如不采取科学的包装保质技术，生鲜肉很快会腐败变质。针对生鲜肉类的保质要求，国内外采用了冷冻、冷藏、辐照灭菌、化学防腐、真空包装、充气包装等包装与保质相结合的技术。

20 世纪 80 年代初期，我国市场上冷冻肉占了很大比例，当时引进了不少国外先进的分割包装冷冻肉的设备和技术，主要的包装材料开始是单层的聚乙烯袋，后来发展到尼龙/聚乙烯复合袋的软包装，包装形式从简易的单膜塑封袋到复合袋真空包装以及软膜成型真空包装形式。包装设备除了国产的真空封口包装机外，引进的软膜成型—充填—封口机(FFS机)是当时最先进的包装设备。包装产品主要是冷冻分割小包装的腿肉、大排、小排、肉糜等产品，这些对满足当时的市场需求起到一定的作用。但是当时生鲜肉类的包装总体处于低级阶段，包装材料以聚乙烯薄膜为主，由于聚乙烯材料的透湿率较大，冻肉在保存期内干耗大，袋内结霜严重，包装的外观和形态差，大部分产品印刷装潢粗糙。

生鲜肉包装主要是保鲜，为达到相应的质量指标，包装时应达到如下要求。

①能保护冷却肉不受微生物等外界的污染。

②能防止冷却肉水分的蒸发，保持包装内部环境较高的相对湿度，使冷却肉不致干燥脱水。

③包装材料应有适当的气体透过率、透氧率应能维持细胞的最低生命活动且保持冷却肉颜色所需，而又不致冷却肉遭受氧化而败坏。

④包装材料能隔绝外界异味的侵入。

自从各种塑料薄膜先后出现以来，受到了生鲜肉类工业的欢迎，并且逐渐采用塑料薄膜代替玻璃纸包装生肉。以下简单介绍生鲜肉的包装方法。

7.7.3.1 塑料薄膜包装

1. 低密度聚乙烯薄膜

低密度聚乙烯薄膜也曾被用于生鲜肉类的包装。薄膜的厚度约为 0.002 54 cm。这样的厚度足以提供所需要透氧率和水蒸气隔绝性能。但是，由于低密度聚乙烯的水蒸气透过率造成包装松弛；当厚度减薄时，强度不足，而且浊度大，透明度不好。因此，低密度聚乙烯薄膜包装生肉并不理想，应用不太广泛。如果采用醋酸乙烯加以改性，使低密度聚乙烯的许多性能得以改善。例如，透明度、水蒸气透过率、透氧率、柔韧性、回弹性（弹性恢复）、耐寒性和热封性能等方面，都能得到显著的改善。

2. 聚氯乙烯

对于生鲜肉类的包装，目前应用最为广泛的是增塑的聚氯乙烯透明薄膜。这种薄膜的优点很多，例如，成本低、透明度高、光泽好、并且具有自黏性。所以它的透氧率适宜，并富有弹性，裹包后薄膜能紧贴着生肉的表面，得到满意的销售外观。由于聚氯乙烯薄膜尚存在着一些缺点，譬如，其中包含的增塑剂散失和转移问题，聚氯乙烯本身的耐寒性不足，低温下会发脆等等。

3. 乙烯-醋酸乙烯共聚物

目前正在推广使用乙烯-醋酸乙烯共聚物（EVA）薄膜代替聚氯乙烯薄膜，用以裹包生鲜肉类。EVA 薄膜的透明度和热封性优于聚氯乙烯薄膜，其耐寒性（低温脆性）更是它突出的优点，同时，EVA 薄膜不包含增塑剂，也没有毒性的单体成分（聚乙烯薄膜包装食品存在着氯乙烯单体，即 VCM 的卫生指标限制问题）。从今后的发展趋势看，聚氯乙烯将有被 EVA 取而代之的可能。

4. 浅盘/热收缩薄膜

近年来，在生鲜肉类的包装领域里又开拓了新型的包装薄膜—热收缩薄膜。常用的热收缩薄膜有聚氯乙烯、聚乙烯、聚丙烯和聚酯等品种。生鲜的分切肉类，形状都是不规则的，采用收缩薄膜裹包的不规则外形的肉块，非常体贴，干净而又雅致，包装的操作工艺简便，所需的薄膜也比较节省。到目前，国外的生肉包装用膜中热收缩薄膜约占 10%，尚有继续发展的趋势。从包装成本角度来看，热收缩薄膜较之玻璃纸裹包大约节省 25%。

当前，国外超级市场销售的新鲜肉类，多数是采用浅盘和覆盖薄膜的包装形式。将定蚤的生肉放入浅盘中，然后覆盖一张薄膜，四个角向盘底裹包，依靠薄膜的自黏性粘贴固定，不会松开。自黏性不足的薄膜，可用透明胶带粘贴。包装操作可以是人工的，也可以采取半机械化或机械化。为防止纸质浅盘吸收肉汁和水分后引起品质下降或水分积累在浅盘中，常在浅盘底部衬垫一层吸水纸。用于浅盘表面覆盖的透明薄膜常有以下几种：玻璃纸/PE、盐酸橡胶薄膜、LDPE、PVC、PP及其热收缩薄膜。自动化包装包括充填、称重、盖膜、贴标(商标和价格)和封合等工序,每分钟可包装20～35件。

生鲜的分切肉类形状都是不规则的,采用收缩薄膜包不规则形状的肉块,非常贴合,包装的工艺简便,用量也比较省。分切大块不规则形状的生肉采用收缩薄膜裹包,不用浅盘。裹包后输送带送经热烘道(或浸蘸热水),使薄膜收缩,缚紧肉块,即可送往展销柜销售。

7.7.3.2 真空包装

生肉的另一种包装方法是选用透气率很低的塑料薄膜,如聚偏二氯乙烯、聚酯、尼龙、玻璃纸/聚乙烯、聚酯/聚乙烯或尼龙/聚乙烯等复合薄膜,事先制成袋子,将生肉装入袋子后,抽出袋中的空气,然后将袋口热封。这种包装方法的特点是隔绝O_2和水分,避免微生物的污染,生肉的贮存期可达3周以上。但是由于抽出了袋中的空气(包括O_2),生肉表面的肌红蛋白难以转变成为鲜红的氧合肌红球蛋白。影响生肉的销售外观。因此,分切零售的生肉,不宜采取真空所装。比较理想的真空包装用膜是聚偏二氯乙烯(PVDC),因为它的透氧透和透水率很低,同时具有良好的热收缩性能。用它真空包装生肉,可以贮存21 d以上不会变质。所以,供应宾馆和餐厅、饭店的生肉,采取真空所装比较合适。

真空收缩包装可以保持水分,防止鲜肉水分流失、色泽深暗;可以阻隔O_2,抑制好氧菌的繁殖;真空包装后于低温储存(4 ℃以下),可以抑制厌氧菌的繁殖;可以阻隔外部细菌的侵入、繁殖,保证卫生;可以防止脂肪被氧化产生异味,及脂肪颜色变化;真空包装并且低温冷藏能够改善肉的熟化进程,使肉的口感更鲜嫩多汁;可以阻隔O_2,更长时间保持鲜肉的自然色泽。

鲜肉被真空包装后,进行收缩是重要的一环。收缩可以排除毛细血管吸水现象,减少渗水;可以使包装紧贴,明显改善产品外观。同时即使包装不慎破损,也能减少损失;可以增加包装强度、提高阻隔性和抗穿刺能力,并改善封口强度。

7.7.3.3 玻璃纸包装

生鲜肉类也可采用适当类型的玻璃纸包装。包装食品用的玻璃纸形式多样,经常采用的有如下4种。

(1)未经涂塑(或不防潮的)的玻璃纸　它只适用于非防潮产品或油性产品的裹包。这种玻璃纸很容易吸收水分。当它干燥时,不透过干燥的气体,但是能够透过潮湿的气体,其透过的程度依气体在水中的溶解度而定。

(2)中等防潮玻璃纸　它适用于包装防止脱水的产品,用以控制产品的脱水速度。其中有一种类型用于包装熏制肉食。

(3)防潮玻璃纸　这是一种不可热合的玻璃纸,其水、水蒸气透过率很低,可借黏合剂或适当的溶剂封合。它不能透过干燥的气体,即使是水溶性的气体,其透过率也非常低。这种玻璃纸常用作冷冻食品包装纸箱的衬里。

(4)可热合的防潮玻璃纸　这是数量最大的一类玻璃纸。它的一面涂塑硝化纤维或其他高聚物,水分不能透过,但是透氧率则比较高,因而专门用于鲜肉的裹包。未涂塑的一面接触鲜肉,直接从鲜肉中吸取了水分,从而增加了氧的透过率。

7.7.3.4　气调包装技术

也称气体置换包装，通过用合适的气体组成替换包装内的气体环境，从而起到抑制微生物的生长和繁殖，延长保鲜期的目的。具体做法是用 CO_2、N_2、O_2 3 种不同气体按不同比例混合。

保持较高 O_2 分压，有利于形成氧合肌红蛋白，从而使肌肉色泽鲜艳，并抑制厌氧菌的生长。据资料报道，根据鲜肉保持色泽的要求，混合气体中氧的分压大于 32 kPa，亦即氧的混合比例应超过 30%。此外，氧合肌红蛋白的形成还与肉的表面潮湿情况有关，表面潮湿则溶氧量多，易于形成鲜红色。

O_2 虽然可以使肉品保持良好的色泽，但也会促进好氧性假单胞菌的生长和肉中不饱和脂肪酸的氧化酸败，导致肉品褐变和腐败。

N_2 不影响肉的颜色，也不抑制细菌的生长，但对氧化酸败、霉菌生长和虫害有一定抑制作用。由于氮气是一种惰性气体，溶解性较低，可以作为充填气体，以保持包装饱满。

CO_2具有抑制细菌生长的作用，尤其在细菌繁殖的早期，可以达到延长货架期的目的。影响 CO_2抑菌作用的因素主要有：①肉中微生物的种类。②CO_2应用时机。一般情况下，早期使用可以延长微生物的迟滞期，而已经进入对数成长期后在使用 CO_2则效果很差。③CO_2浓度。考虑到 CO_2易溶于肉中的水分和脂肪以及复合薄膜材料的透气率，一般混合气体中 CO_2的混合比例应超过 30%，才能得到明显的抑菌效果。④环境温度。低温可以使在 CO_2水中的溶解度大大增加，同时微生物的生命活性也大为降低，因此可以提高 CO_2的作用效果。

思考题

生鲜肉类需要哪些包装要求？

7.8　熟肉制品的包装

学习目标

1. 掌握熟肉制品保存期的影响因素
2. 掌握熟肉制品对包装材料的要求
3. 掌握熟肉制品的包装方法

随着人们生活水平的提高和生活节奏的加快，熟肉制品的消费量逐年上升。目前，肉质食品工业已成为食品工业的重要组成部分，而熟肉制品因为具有贮运方便、保质期长、使用方便等特点，而受到广大消费者的青睐，成为消费的主流。熟肉制品保存期的长短，主要取决于肉制品中的水分含量和加工方法，以及杀菌后的操作和包装技术。

7.8.1 熟肉制品保存期的影响因素

7.8.1.1 光

肉制品遇到阳光和荧光照射时,鲜红色就会变成褐色,这是由于使肉制品呈现红色的亚硝基血色素所致。

7.8.1.2 空气

空气是影响肉制品质量的一个重要因素。肉制品与空气接触,氧与血色素发生反应生成高铁血色素(褐色),使制品颜色由红色变为褐色。

空气还导致肉制品的风味和营养素发生变化,肉制品特有的香味是包含在脂肪中的,由于氧的作用使脂肪氧化而使制品失去香气,产生腐败的气味。脂肪和氧结合还能生成过氧化物,从而破坏必需的脂肪酸和维生素。

7.8.1.3 微生物

肉制品营养丰富,水分含量高,因而容易受微生物的影响。肉制品即使在杀菌后,制品当中仍然残留着细菌和芽孢,残留菌在适当的温度下就会开始增殖,使制品发生腐败变质。但在肉制品长霉和腐败的初期,微生物发生的增殖是不能察觉到的,所以一般情况下会出现微生物变化迟于物理化学变化的现象。微生物增殖是导致食品腐败变质的前提,因此要延长食品的保质期就得严格控制杀菌和保存条件以及选择合适的包装材料。

7.8.1.4 水分

在肉制品中存在着未完全与肉蛋白和所添加的辅助原料结合的水,即游离水,在环境因素影响下,这部分水很容易被微生物或生化反应等利用而导致食品腐败变质。制品内部的水一般是向着水分均匀分布的方向移动的,未包装的食品内部的水是向表面移动的,但是被包装的制品由于薄膜的收缩力,特别是在脱氧和真空减压条件下包装时,制品被加压,所以在保藏过程中制品内部的水会向表面移动,薄膜和制品间就会出现积水,这些积水在制品新鲜时就已经存在了,并不是食品腐败变质的表现。

7.8.1.5 包装

肉制品的保质期还受包装材料和包装工艺的影响,所以包装材料要选对光、氧、水具有阻隔作用的薄膜。即使在包装后,虽然外部引起的污染被切断,但是制品内部污染仍然能继续的情况也是有的,氧会慢慢透过薄膜进入包装内部使袋内氧的分压增高,残留菌和污染菌就会生长繁殖。

7.8.1.6 卫生条件

有些肉制品是在包装后进行杀菌的,而有些肉制品是先杀菌而后包装的,杀菌以后到包装这段时间,少则需要几个小时,多则需要 24 h。在此期间,由于与操作者的手和机器等相互接触,经地面的污染,室内浮游微生物等引起的二次污染危险性极大,因此,需要严格保证生产车间及操作人员的卫生情况。

7.8.2 熟肉制品对包装材料的要求

我国的熟肉制品可分为中式熟肉和西式熟肉制品两大类，中式熟肉制品过去工业化生产和包装技术落后，产品主要分为传统的酱卤类、烧烤类、糟醉类、干制品等品种；西式肉制品工业化程度较高，主要产品有方腿、圆腿为主的西式火腿类产品以及红肠、小红肠为主的灌肠类产品和培根、色拉米等其他西式产品。由于各类产品的加工条件和保质要求不同，这些熟肉制品的包装形式和技术各不相同。

加工熟肉包装方式和包装材料的选用应满足各种制品的特有的包装要求并保证有一定的货架期。综合加工熟肉类制品的共同特性，对包装材料也要有一定的要求。有良好的阻隔性，以防止氧的渗入发生氧化作用而对制品产生不利影响。高阻湿性，避免制品水分散失或从环境中吸湿，致使质量发生变化。能阻隔光线的透射，避光能达到保持肉品品质的要求。具有良好的加工工艺和包装工艺适应性，能耐高温杀菌和低温贮存。

7.8.2.1 肉制品包装材料的阻湿性

阻湿性就是阻挡水蒸气透过的性质。薄膜分子中不含亲水性的羟基、羧基时，就认为其阻湿性好。阻湿性随温度发生的变化较大，薄膜的防湿性适用于所有的肉制品包装。若产品水分以水蒸气形式从包装薄膜内侧透过来，或产品吸收从外侧透进来的水蒸气，则产品的风味、组织、内容量也会发生变化。特别是对含水分很少的干香肠类的包装和防止自然损耗的定量肉制品是极其重要的。

阻湿性适用于所有肉制品的包装，因为水分对肉制品品质的影响很大，它能促使微生物繁殖，助长油脂氧化分解，促使褐变反应和色素氧化，而且还可导致一些肉制品发生某些物理变化，如某些肉制品因受潮产生结晶，是肉制品干结、硬化或结块，有的肉制品因吸湿而失去香味等。

7.8.2.2 肉制品包装材料的隔氧性

隔氧性就是隔绝氧气透过的性质。不仅是氧气，其他气体也一样，透过塑料薄膜的量与气体的分子大小是没有关系的。通常它是通过 2 个步骤进行的，最初是气体溶解在薄膜的分子里，然后再通过扩散渗透进去。薄膜的隔氧性对除生肉以外的所有肉制品的包装都适用。特别是在真空包装，充气包装的时候更重要。由于氧的作用，把血色素变成了高铁血红素，引起产品褪色，促进脂肪氧化和还原性微生物的增殖。所以阻止产品与氧的接触，对于保持产品的质量，提高保存期限都是极为重要的。

氧对肉制品中的营养成分有一定的破坏作用。氧除了会使肉制品中的微生物增殖以外，还会使肉制品中的油脂发生氧化。油脂氧化会产生过氧化物，不但使肉制品失去食用价值。而且能产生有毒物质，发生异臭。氧的存在使肉制品的氧化褐变反应加剧，使色素氧化褪色或变成褐色。又因为氧化反应可在低温条件下进行，所以要严格限制包装薄膜的 O_2 透过率。

O_2 与其他气体透过塑料薄膜的量与气体分子的大小没有关系，通常它分 2 个步骤进行，先是气体溶解在薄膜的分子里，然后再通过扩散渗透进去。溶解量越大，渗透量也就越多。因为，O_2 可以溶解在水中，所以对于具有吸湿性的亲水薄膜，O_2 就会以水为介质渗透到薄膜中。进行薄膜设计时应注意要以成型时薄膜空隙部分的氧气透过率为基准。

隔氧性是用以评价包装薄膜质量好坏的一个重要指标，特别是对于肉制品来说，这一指标尤为重要，而在真空包装、充气包装的时候更为重要。

7.8.2.3 肉制品的包装材料的遮光性

该性质对真空包装的切片肉制品和着色肉制品烟熏肉制品影响很大。透明的薄膜没有遮挡紫外线的功效。高密度聚乙烯虽有遮光性，但是薄膜不透明的。防止紫外线透射的方法很多，其中一种是利用光的性质遮光的方法，该方法是利用印刷油墨吸收光和反射光，或是利用缎纹加工滚筒，机械地在薄膜上挤出凹凸花纹，对光产生反射作用。

一般印刷时有遮光作用的薄膜都是不透明的，因而看不见包装袋中的肉制品。为了弥补不透明薄膜的缺陷，可通过油墨超微粒化的方法，在薄膜内部利用波长比较短的紫外线的散射遮光，让波长较长的可见光通过，使可以看见包装袋中的肉制品。

通常使用的印刷油墨只有黑色和白色吸收光线和反射光线的作用，除此以外的其他油墨，即使是有深浅色差，也达不到预期的效果。除黑色外，所有浅颜色几乎都没有吸收光作用，深色按黑蓝绿黄的颜色排序，遮光性依次变差，红色和紫色没有作用。

因为光具有很高的能量，肉制品中对光的敏感的成分在光照的作用下，迅速吸收光线并转换成光能，从而激发肉制品内部发生变酸的化学反应。肉制品对光能吸收量越多，转移传递越深，肉制品变酸越快，越严重。光的催化作用对肉制品的成分的不良效果主要有：促使肉制品中油脂的氧化反应，而发生氧化性酸败；引起肉制品中蛋白质的变性，引起肉制品中色素的变色，引起光明感性 B 族维生素、维生素 C 等的破坏。

要减少或避免光线对肉制品品质的影响，主要的防护方法是通过包装直接将光线遮挡、吸收或反射，减少或避免光线直接照射肉制品。同时，防止某些有利于光催化反应的因素如水分和氧气透过包装材料，从而起到间接防护效果。

肉制品包装时，可根据肉制品包装材料的吸光特性选择一种对肉制品敏感的光波且具有良好遮光效果的材料作为肉制品的包装材料，可有效地避免光对肉制品质变的影响。为了满足肉制品不同的遮光要求，可对包装材料进行必要的遮光处理来改善其遮光性能。在透明的塑料包装材料中，也可加入不同的着色剂或在其表面涂敷不同颜色的涂料，同样可达到遮光。不同的材料在不同的波长范围内，有不同的透光率；同一种材料结构不同时，透光率也不同。此外，材料的厚度对其遮光性能也有影响，材料越厚，透光率越小，遮光性能越好。

7.8.2.4 肉制品包装材料的耐寒性

在低温情况下，薄膜也不会变脆，仍能保持其强度和耐冲击的性质。耐寒性的包装材料有聚乙烯(低密度)、聚酯、聚酰胺树脂、聚丙烯(拉伸及无拉伸)等。在 15 ℃条件下保存冷冻肉制品，就必须考虑薄膜的耐寒性，因为它直接影响到包装的密封强度。

有些低温肉制品必须在低温条件下贮藏、销售，有些肉制品则必须在冷冻条件下贮藏。因此就要求制品的包装膜必须能耐受低温。包装膜的耐低温性对密封强度也有影响。

7.8.2.5　肉制品包装材料的耐热性

耐热性是指软化点高，即使加热后也不变形的性质（如聚酯）。由于在加热时制品发生膨胀，所以必须保证薄膜的耐热强度。这种性质，适合于进行二次杀菌的包装。聚丙烯（无拉伸及拉伸）聚偏二氯乙烯，聚乙烯（高密度）的耐热性较好。因为多数肉制品包装后，需要进行高温杀菌，所以包装材料好的耐热性必须得到保证。

7.8.2.6　肉制品包装薄膜具有热收缩性

热收缩性是由于将塑料薄膜加热到软化点温度以上、运动着的分子之间的拉伸作用使薄膜恢复原状的性质。收缩与拉伸成反方向的与拉伸率成反比，拉伸后的薄膜会变薄，但是在拉伸方向上，由于薄膜中分子发生了重新排列，因此韧性，隔气性，防湿性能也都被提高了。肉制品包装薄膜的热收缩性适合于香肠，熟禽及其肉制品的密封贴体包装。

热收缩这种性质适用于脱气收缩包装和真空包装，热收缩形式将热塑性薄膜加热到软化点温度点以上时，运动着的分子之间由于拉伸给予薄膜的性质，即恢复原状的复原性。薄膜拉伸时，薄膜就会被拉薄，但是在拉伸方向上由于薄膜中分子发生了重新排列。因此其韧性，隔气性，防湿性能也都被提高了。聚氯乙烯，聚丙烯，聚酯，聚乙烯的热收缩性能较好。

7.8.2.7　肉制品包装的耐油性

耐油性就是防止从制品中析出的游离脂肪向薄膜外侧渗透的性质。耐油性对热封也有影响，要是在密封封口处薄膜被溶解，同时又出现渗透现象，就认为此薄膜不合适。所谓具有耐油性的薄膜就是指不易溶解也不易渗透的薄膜。耐油性的薄膜适合于含有脂肪的肉制品的包装。例如，聚偏二氯乙烯、聚酰胺树脂、聚酯等材料的薄膜耐油性就较好。

7.8.2.8　印刷适应性

适应性是为了提高肉制品包装的展示性，需要对复合软包装薄膜外面印刷上文字及图案等，这就需要肉制品包装薄膜具有良好的印刷适应性。这里的印刷适应性主要包括：印刷油墨颜料与塑料的相容性、印刷精度、清晰度、印刷耐磨性等。

7.8.2.9　肉制品包装材料的透明性

折射率越小，薄膜透明性越好。薄膜的透明性，用浑浊度表示，此值越小，光越容易穿透。透明度好的薄膜有无拉伸聚丙烯、拉伸聚丙烯，低密度聚乙烯、高密度聚乙烯，聚偏二氯乙烯等。肉制品包装材料的光泽，是折射率大的薄膜，反射力强，光泽好。

7.8.3　熟肉制品的包装方法

熟肉制品的包装问题是影响食品质量的重要因素，也是人们一直探讨的问题。目前，根据熟肉制品包装可把肉分为罐装和软包装。

7.8.3.1　熟肉制品的罐装

熟肉制品的罐藏是指将准备好的肉原料与其他辅料调制好后，装入空罐，再脱气密封，然后加热杀菌的肉制品保藏法。经过这样的处理后，即使在常温条件下，也可以长期保存，所以罐头类肉制品一直在各种熟肉制品中占有很大的比重。

为了使罐藏食品能够在容器中保存较长的时间,并且保持一定的色、香、味和原有的营养价值,同时又适应工业化生产,所以罐藏容器必须满足以下要求:对人体无害;具有良好的密封性和良好的耐腐蚀性;适用于工业化生产;具有一定的机械强度,不易变形;体积小,质量轻,便于运输和携带。目前,市场上常用的罐藏容器有以下 4 种。

1. 镀锡铁罐

镀锡铁罐的基料是镀锡薄钢板,是在薄钢板上镀锡制成的一种薄板,它表面上的锡层能够持久地保持非常美观的金属光泽,同时也有保护钢板免受腐蚀的作用。锡在常温下化学性质比较稳定,对消费者不会产生毒害作用。镀锡板的主体由钢板制成,所以很坚固,在罐头运输、搬动和堆积过程中不宜破损有利于保证罐藏制品的外观和质量。

2. 涂料罐

涂料是一种有机化合物,构成涂料的原料有以下几种:油料、树脂、颜料、增塑剂、稀释剂和其他辅助材料。由于食品直接与涂料罐相接触,所以对罐头涂料的要求比较高:首先,要求食品直接与涂料接触后对人体无毒害、无臭、无味,不会使食品产生异味或变色;其次要求涂料膜组织必须致密、基本上无空隙点、具有良好的抗腐蚀性;此外,要求涂料膜良好地附着在镀锡板表面,并有一定的机械加工性能,在制罐过程中经受强力的冲击、折叠、弯折等不致损坏和脱落,焊锡和杀菌时能经受高温而膜层不致烫焦变色和脱落,并无有害物质溶出;另外,要求涂料使用方便、能均匀涂布、干燥迅速。

目前根据使用范围涂料可分为抗硫涂料、抗酸涂料、防粘涂料、冲拔罐涂料和外印铁涂料等。抗硫涂料主要用于肉禽类罐头、水产罐头等;抗酸涂料主要用于高酸性食品,如午餐肉罐头;冲拔罐涂料主要用于制造二片罐,罐装鱼类罐头盒肉丝罐头;外印铁涂料指的是罐头外壁上的涂料,罐头外壁和周围大气中的湿空气接触易产生锈蚀现象,为了防止锈蚀,常在罐外壁涂布涂料,称之为外印铁涂料,使用这种涂料不但能防锈蚀,还有利于改善罐外壁的美观和光彩。

3. 镀铬铁罐

镀铬铁罐又称无锡钢板,产量较大,用来代替一部分镀锡薄板,主要是可以节约大量的锡。

4. 铝罐

铝罐是纯铝或铝锰、铝镁按一定比例配合,经过铸造、压延,退火制成的具有金属光泽、质量轻、能耐一定腐蚀的金属材料。水果、番茄酱等制品采用铝罐保藏,可延长保质期;用铝罐盛装肉类、水产类制品,具有较好的抗腐蚀性能,不会发生黑色硫化铁污染。

7.8.3.2 肉制品的软包装

用复合塑料薄膜袋代替金属罐装制食品,并经杀菌后能长期保存。它质量轻、体积小、开启方便、便于携带、耐贮藏,可满足旅游、航行等野外活动的需要。软包装食品具有以下的特点。

包装不透气,内容物几乎不可能发生化学反应,能较好得保持内容物质量;能耐受高温杀菌,微生物不会侵入,贮藏期长;可以利用罐头食品的制造技术,杀菌时传热速度快;封口简单、牢固;开启方便,包装美观。此外软包装食品还有一定的特性,比如隔氧性、蔽光性、防湿性、耐低温性、成型加工方便、热收缩性好、热封性能好、耐油脂、印刷性能好等特性。

1. 中式肉制品包装

许多中式产品包装后需高温(121 ℃)杀菌处理,则要求包装材料能耐 121 ℃以上的高温杀菌,常用的有 PA(PET)/CPP、EVA/CPP、PA(PET)/Al 箔/CPP,一般采用真空包装,然后高温杀菌,产品货架期可达 6 个月,常常被称为软罐头。

中式干肉制品的主要变质方式有:吸潮霉变、脂肪氧化和风味变化等,包装的主要要求为隔氧防潮,可用 BOPP/PA(PET)/PE、BOPP/PVA/PE 等,为了防止光线对干肉制品的严重影响,常用镀铝 PA(BOPP)/PE、BOPP/铝箔/PE 等包装,并可采用充氮包装。

2. 西式肉制品包装

有些西式肉制品充填包装后在 90 ℃左右的温度下进行加热处理,为了使产品组织紧密,一般要求包装材料有热收缩性能,可用 PA、PET、PVDC 收缩膜。有些西式肉制品制成产品后不再高温杀菌,可采用 PE、PS 片热成型制成的不透明或透明的浅盘、表面覆盖一层透明的塑料薄膜拉伸裹包,PA、PVC 等收缩膜热收缩包装,这类产品的货架期较短,并且需在 4～6 ℃的低温条件下流通。

3. 肠衣包装

肠类制品其包装比较特殊,需要采用肠衣来定型和包装。肠衣是肠类制品中和肉馅直接接触的一次性包装材料,肠类制品的形态、卫生质量、保藏性能、流通性能和商品价值等直接与肠衣的类型和质量有关。在选用时应根据产品的要求考虑其可食性、安全性、透过性、收缩性、黏着性、密封性、开口性、耐老化性、耐油性、耐水性、耐热性、耐寒性以及强度等必要的性能。

20 世纪 80 年代采用聚偏氯乙烯(PVDC)为主的薄膜肠衣充填灌肠,经高温处理的火腿肠开始在我国出现。20 世纪 90 年代 PVDC 出乎意料地占据了国内肉制品产量一半的份额。然而 PVDC 肠衣和火腿肠充填打卡包装机却主要依赖日本进口,重复引进的生产线高达 600 条以上。火腿肠的风行有其市场和国情的实际情况,我国的软包装行业错失了当时的机遇,但是作为高温肉制品的火腿肠不再是今后发展的方向。而肠衣软包装类的低温灌肠肉制品、高水分低盐腌腊制品将是发展的方向。各种人造纤维肠衣、高阻隔性复合肠衣、热收缩肠衣等软包装材料以及相应的充填包装设备的技术将有巨大的发展潜力。

(1)天然肠衣　天然肠衣是利用猪、牛、羊的小肠、大肠、盲肠、膀胱及牛的食管和猪胃等加工而成。应用最多的是大肠和小肠。原料肠经过除去肠内容物,冲洗后送往肠衣车间进行漂洗、刮肠,刮去浆膜层、黏膜层、肌层,而保留黏膜下层的半透明的坚韧的管状薄膜,按口径不同分类后进行盐腌-盐肠衣或干燥-干肠衣。

天然肠衣特点:能够保持肠馅的适当水分;能与肠内容物一起收缩和膨胀;可进行熏烟;具有韧度和坚实性;可食用。

(2)人造肠衣　主要分为胶原蛋白肠衣,纤维肠衣,塑料肠衣,玻璃纸肠衣。

胶原蛋白肠衣,是一种由动物皮胶质制成的肠衣,有可食和不可食 2 种;可食胶原肠衣本身可以吸收少量的水分，因而比较柔嫩，其规格一致，使用方便，适合制作鲜肉灌肠以及其他小灌肠。不可食胶原肠衣较厚，且大小规格不一，形状也各不相同，主要应用于灌制成干肠。

胶原肠衣使用时应注意：在灌肠时肠衣会因干燥而破裂，也会因湿度过大而潮解化为凝胶使产品软堕，因此相对湿度应保持在40%～50%；在热加工时要特别注意肠体的软硬合适，以干而不裂为好，否则在熏制时会使肠衣破裂，而在煮制时又会使肠衣软化；胶原肠衣易生霉变质，应置于10 ℃以下贮存或在肠衣箱中冷却，使用后的肠衣要用塑料袋密封。

纤维素肠衣一般由自然纤维如棉绒、木屑、亚麻或其他植物纤维制成。此类肠衣在加工中能承受高温快速加工、充填方便、抗裂性强，在湿润情况下也能进行熏烤。但是该类肠衣不能食用、不能随肉馅收缩，在制成成品后必须剥离。根据纤维素的加工技术不同主要分小直径肠衣、大直径肠衣、纤维状肠衣等3种。小直径纤维素肠衣主要应用于制作熏烤成串的无衣灌制品和小灌制品。大直径纤维素肠衣有普通肠衣、高收缩性肠衣和轻质肠衣3种：普通肠衣比较坚实，不易在加工中破裂，可制成各种不同规格的灌制品，充填直径为5～12 cm，有透明玻王白色、淡黄色等多种颜色，这类肠衣使用前需浸泡在水中，一般常用干脆肉和熏肉的固定成型用包装。高收缩肠衣在制作时要经过特殊处理，其收缩性、柔韧性良好，特别适用于制作大型蒸煮肠和火腿，充填直径可达7.6～20 cm，成品外观非常好。轻质肠衣皮薄、透明、有色，充填直径8～24 cm，一般应用于包装火腿及面包式肉制品，但不适宜蒸煮。

纤维状肠衣是一种经特殊浸泡过的纸和纤维素涂层，是一种最粗糙的肠衣，但很结实、不易破裂。按其性能可分为普通纤维状肠衣、易剥皮肠衣、不透水肠衣和干肠衣四种：普通纤维状肠衣具有各种色泽，充填直径一般为5～20 cm，制作时需扎孔，常用于切割灌制品、带骨卷筒火腿、加拿大火腿等制品中。易剥皮肠衣涂有特殊而容易脱掉的涂料，灌制品脱掉皮后不影响其外观，该肠衣有红色、棕色、琥珀色、黑色等。不透水肠衣的性能基本与普通肠衣相同，不同的是它的外表涂有PVDC等材料以阻止水分和脂肪渗透，使用这种肠衣一般多是只煮而不烟熏的肠类及面包肉肠。

塑料肠衣，塑料肠衣是利用聚乙烯、聚丙烯、聚偏二氯乙烯、聚酯塑料、聚酰胺等为原料制成的单层或多层复合的筒状或片状肠衣。其特点是无味无臭，阻氧、阻水性能非常高，具有一定的热收缩性，可满足不同的热加工要求，机械灌装性能好，安全卫生。这类肠衣被广泛应用于高温蒸煮火腿肠类及低温火腿类产品的包装。非透气性肠衣，此肠衣不可食用。

玻璃纸肠衣，玻璃纸肠衣是一种纤维素薄膜，其质地柔软伸缩性好，吸水性大，潮湿时吸湿产生皱纹而干燥时脱湿张紧，在干燥时透气性极小，不透过油脂，可层合，强度高，印刷性好，其性能优于天然肠衣而成本低于天然肠衣，是一种良好的包装材料。

如今我国的肉类工业面临一个新的发展时期，对于软包装行业也是一个充满挑战与机遇的世纪。世界范围内对食品安全问题的极大关注、HACCP系统在食品领域中的推广，使肉类工业对软包装行业提出了新的要求，以满足不断发展的市场需要。

思考题

熟肉制品的包装形式都有哪些？

7.9 果蔬包装

学习目标

1. 果蔬产品劣化的主要原因
2. 果蔬包装的防护要求
3. 对果蔬包装的形式与保鲜技术有一定了解

果蔬是水果和蔬菜的统称。果蔬含有人体所需要的多种营养成分,是人体所需维生素、矿物质的主要来源,并能促进人的食欲,帮助消化。随着人们生活水平的提高,水果和蔬菜的消费日益增长,因此果蔬及其制品的包装就成为人们一种迫切的需要,特别是新鲜果蔬的保鲜包装。

新鲜果蔬和蔬菜的一个共同特点是采摘后仍继续呼吸,而呼吸同时伴随着新陈代谢、水分蒸发及乙烯生成,促使果蔬进一步成熟直至衰亡。为了延长果蔬储存期和货架寿命,20世纪90年代以来,国内外都加强了新型多功能保鲜材料的研究开发。随着世界人口进一步增长,可耕地减少,人们生活水平不断提高,必将进一步促进多功能保鲜膜的迅速发展。

7.9.1 新鲜果蔬的生理特性

7.9.1.1 新鲜果蔬的物性分析

水果和蔬菜采后仍然是活体,含水量高,营养物质丰富,保护组织差,容易受机械损伤和微生物侵染,属于易腐商品。要想将新鲜水果和蔬菜贮藏好,除了做好必要的采后商品化处理外,还必须有适宜的贮藏设施,并根据水果和蔬菜采后的生理特性,创造适宜的贮藏环境条件,使水果和蔬菜在维持正常新陈代谢和不产生生理失调的前提下,最大限度地抑制新陈代谢,从而减少水果和蔬菜的物质消耗、延缓成熟和衰老进程、延长采后寿命和货架期;有效地防止微生物生长繁殖,避免水果和蔬菜因浸染而引起的腐烂变质。

7.9.1.2 果蔬采后生理

果蔬采摘后仍然是一个生命体,在运输和贮藏过程中不断地进行着有氧或者无氧呼吸,通过分解或消耗体内的营养物质来产生热量、CO_2和 H_2O,同时产生少量的酯类气体如乙醇,乙醛、乙烯等。这些呼吸活动之后的产物对果蔬的贮藏有着很大的影响,其中热量和水会使果蔬发热,滋生细菌,若呼吸活动加剧,则迫使果蔬消耗更多的物质,加快腐烂变质;而CO_2的增加会降低果蔬的呼吸速率,但如果浓度过高则容易引起果蔬 CO_2中毒,使果蔬产生毒素,降低果蔬品质,影响其质量与安全;少量的酯类气体对不同成熟程度的果蔬起着不同的作用,如乙烯,少量的乙烯可以低成熟度的果蔬起到催熟作用,但是对成熟度较高的果蔬却作用很小,以上这些产物都会对果蔬的贮藏和保鲜起到制约作用,因此在保鲜过程中需要综合考虑,以免降低了果蔬的保鲜期。

1. 呼吸的类型

果蔬在有氧的环境中进行有氧呼吸时从环境中吸收 O_2分解能量物质,如葡萄糖的呼吸作用反应式如下：

$$C_6H_{12}O_6+6O_2\rightarrow 6CO_2+6H_2O+\text{热量} \tag{7-1}$$

果蔬在缺氧或供氧不足的环境中进行无氧呼吸是靠分解葡萄糖来维持生命活动，其反应式如下：

$$C_6H_{12}O_6\rightarrow 2C_2H_5OH+2CO_2+\text{热量} \tag{7-2}$$

(1)O_2 的效应　O_2 是果蔬进行正常的生命活动所必需的气体，当 O_2 的浓度降低时，果蔬的生理活动就会受到抑制。果蔬包装保鲜的条件是降低 O_2 含量，但是过低的 O_2 会使果蔬进行厌氧呼吸，将加速果蔬的腐烂以及品质的变坏。

(2)CO_2 的效应　CO_2 是一种抑菌气体，也是呼吸的产物，同时也对果蔬的呼吸有抑制作用。大气中 CO_2 的浓度为 0.03%，低浓度时能使微生物繁殖；若浓度升高，就能够阻碍引起果蔬产品腐败的微生物生长繁殖，达到一定浓度时，可使其呈现"休眠"状态；但 CO_2 易溶于包装或产品的水分，形成碳酸而改变果蔬的 pH 和口味，同时 CO_2 溶解后包装内气体减少而造成果蔬包装萎缩变瘪，影响外观。

(3)N_2 的效应　N_2 是一种惰性气体，对细菌生长也有一定的抑制作用；同时 N_2 不与果蔬产品发生化学反应，不被吸收不会由于气体被吸收而产生萎缩现象，能很好地保持产品包装的外观形状，因此通常在气调保鲜包装中充当平衡气体。新鲜果蔬产品恶劣的主要原因有 4 个：呼吸作用、蒸腾作用、微生物作用、机械损伤。对于采后的新鲜果蔬来说，由于其是一个生命体，细胞仍在进行活动、呼吸作用依然起着重要作用，促使果蔬的营养物质被消耗，吸收 O_2 释放 CO_2 以及乙烯等气体，同时产生热和水分，造成果蔬加速腐烂和变质。

包装贮藏与加工的根本区别是包装贮藏方法使果蔬产品保持鲜活性质，利用自身的生命活动控制变质和败坏。贮藏技术是通过了控制环境条件，对产品采后的生命活动进行调节，尽可能延长产品的寿命，一方面使其保持生命力以抵抗微生物侵染和繁殖，达到防治腐烂败坏的目的；另一方面使产品自身品质的劣变也得以推迟，达到保鲜的目的。因此，果蔬采用采后生理特性是包装贮藏的基础，只有掌握果蔬产品采后各种生命活动规律及其影响因素后，才能更好地对其进行调节和控制。

2. 蒸腾作用

水分是生命活动必不可少的，是影响果蔬产品新鲜度的重要物质。果蔬生长时不断从地面以上部分，特别是叶子向大气中散失水分，这个过程，即蒸腾作用，用于体内营养物质的运输和防止体温异常升高。蒸腾作用对于生长中的植物是不可缺少的生理过程，是植物根系从土壤中吸收养分、水分的主要动力。采收后果蔬离开了母体，失去了水分的供应，这时水分从产品表面的丧失将使产品失水，采后失水不仅会造成失重、失鲜，还会引起果蔬品质的下降。采收果蔬减少失水也是包装贮运关注的技术环节。与采前的蒸腾过程截然不同，采后包装贮运中果蔬产品失水的过程和作用不单纯是像蒸发一样的物理过程，它还与产品本身的组织细胞结构密切相关。

在生长期间，叶面的水分大部分通过气孔散发到环境中，根系从地下吸水，根同蒸发表面之间形成不间断的蒸腾流，产生蒸腾压力，这种作用称为蒸腾作用。

采收后的果蔬在贮运过程中，体内水分逐渐散失，本身重量减轻，使果蔬表面产生皱缩，光泽消退的现象。果蔬水分散失 5%，就会失去光泽和鲜度。

蒸腾作用会导致失重和失鲜、破坏正常代谢过程、降低耐藏性和抗病性。

3. 成熟衰老生理

果蔬采收后物质积累停止，干物质不再增加，已经积累在蔬菜中的各种物质，有的逐渐消失，有的在酶的催化下经历种种转化、转移、分解、重新组合，同时果蔬在生理上经历着一个由幼嫩到成熟衰老的过程，在组织和细胞的形态、结构、特性等方面发生一系列变化。这些变化导致了果蔬的耐贮性和抗病性也发生相应的改变，总的趋势是不断减弱。

①采收成熟度(初熟)。果蔬在这个时期，生长和物质的积累基本上已经停止，食用部分的体积、重量、长度等不再增加，即达到采收成熟度。

②食用成熟度(完熟)。在这一时期，具备了本品种特有的外形、色泽、风味和香味、化学成分和营养价值最完全。市售产品应在这一期间采收，作为加工品也应在此时采收。

③生理成熟度(衰老)。在生理上，已达充分成熟阶段，组织开始变软，口味变淡，风味物质消失，营养价值大大降低，称为生理成熟度，也称过熟。

④后熟。果蔬在采收成熟期收获后仍继续进行成熟过程。

⑤后熟期。达到食用成熟度所经历的时间称为后熟期。

果蔬收采后一个重要的物质转变过程是同类物质间的休整即合成和水解过程。如淀粉→双糖→单糖；原果胶→果胶→果胶酶；蛋白质→氨基酸；类脂物质的降与合成等。但总体来讲，水解大于合成，这是细胞衰老的主要症状。物质转变的另一特点是物质在组织和器官之间的转移和再分配，如大白菜在贮藏中裂球(破肚)而外帮脱落，洋葱结束休眠后发芽而鳞茎萎蔫，蒜薹的薹梗老化糠心而苔苞发育成新生鳞茎，萝卜、胡萝卜发芽抽薹而肉质根变糠，所有这些都是物质转移的结果。蔬菜在贮藏中的物质转移，几乎都是从作为食用部分的营养器官移向非食用部分的生殖器官，这种物质的转移也是食用器官组织衰老的症状，因此，从贮藏观点来说，物质转移是不利的。

植物激素和钙对成熟衰老起着极其重要的调节作用。植物激素是植物自身产生的一类物质，目前已知的植物激素有 5 类，即：生长素、赤霉素、细胞分裂素、脱落酸和乙烯。前 3 类属促进植物生长发育的激素，有防止衰老的作用，后两类属抑制生长发育的激素，有促进衰老和促进休眠的作用。当植物生长进入成熟期时，生长素、赤霉素和细胞分裂素的额含量减少，乙烯和脱落酸的含量增高，因而植物体或器官的生长受到抑制，促进植物体或器官进入成熟衰老阶段。在蔬菜采收后，如果人为地改变植物体内的激素平衡，可以抑制或促进衰老的过程。肉降低贮藏环境中乙烯的含量，可使蔬菜延迟衰老，延长贮藏期。又如用生长素、细胞分裂素等处理蔬菜，有防止衰老的作用。

近年来研究指出，钙在调节植物呼吸和推迟衰老方面，以及在防止蔬菜代谢病害方面，都有着重要的作用。一般钙含量高的呼吸强度低，含钙低的呼吸其强度高。呼吸强度低可使甩来延缓，因而钙有调节成熟、延缓衰老的作用。蔬菜采前或采后用钙处理，可延迟衰老和防止生理病害。

4. 休眠生理

(1)强制休眠

一些快安静、鳞茎、球茎、根茎类果蔬在结束田间生长时，繁殖器官内积贮了大量的营养物质，原生质内部发生深刻变化，新陈代谢明显降低，生长停止而进入相对静止的状态，这就是休眠。植物在休眠期间新陈代谢、物质消耗和水分蒸发都降低到最低限度，暂停发芽生长，所以对贮藏来说是个有利的生理阶段。有些果蔬由于某一环境因素不适，如温度不适或空气中氧气浓度太低，会停止生长，但经过发送环境便能恢复生长，这种休眠称强制休眠或他发性休眠。有毒果蔬虽然各种环境都适于生长，但仍然要休眠一段时间，暂不萌发，这就是生理休眠或称自发性休眠。马铃薯、洋葱、大蒜、姜等是典型生理休眠的蔬菜；大白菜、萝卜、菜花、莴苣及其他两年生蔬菜，常处于强制休眠状态。

休眠的长短因种类、品种、栽培条件和贮藏条件不同而有所变化。一般早熟和中早熟品种休眠期短，晚熟和中晚熟皮重休眠期长。对很多休眠器官来说，短日照是诱导休眠的重要因素之一，但洋葱的休眠则是长日照条件下形成的。冷藏室最有效、方便、安全的抑制发芽的措施，对强制休眠效应尤其明显。

休眠对贮藏有利，因此希望尽可能延长产品的休眠期，并且在生理休眠解除后，继续保持强制休眠状态。采用低温、低氧、低湿和适当提高 CO_2 浓度等改变环境条件抑制呼吸的措施，都能延长休眠，抑制萌发。利用外源抑制生长的激素，来改变内源植物激素的平衡，从而延长休眠。采用辐射处理块茎、鳞茎类果蔬，防止贮藏期间发芽，已在全世界得到公认和推广。用 60～150 戈瑞(Gy)射线处理后，可以使果蔬长期不发芽，并在贮藏期间中保持良好的品质。按生理状态可分为以下 2 种。

①生理休眠(自发休眠)。休眠的种子或植物体收获后，停止生长而休眠，即使有适宜的环境条件，仍能保持一段时间的休眠状态。这种休眠称为生理休眠。

②强迫休眠。由于外界环境恶劣而被迫休眠，当不良环境结束，给予适宜的生长条件停止休眠，开始发芽。这种休眠称强迫休眠。

(2)休眠的控制

①低温贮藏。为了延长果蔬贮藏期。对具有休眠特性的品种进行休眠控制，防止它发芽。最有效方法是低温贮藏。在低温下，可抑制果蔬整个生理活动。洋葱 0 ℃贮藏时可延长发芽 4～6 个月，利用这种原理发展的冷冻贮藏。

②O_2 和 CO_2。适当的低 O_2 和高 CO_2 的气体成分并在低温下果蔬休眠期更长。

③辐射。马铃薯、洋葱等用 γ 射线辐射而延长休眠期，辐射后的品种，可在常温下贮藏(山东烤蒜)。

④化学药剂。用化学药剂也可抑制马铃薯、洋葱的发芽，在收获前，在叶片上喷洒青鲜素(MH)，常温下存放也不发芽。

7.9.2 果蔬产品劣化的主要原因

7.9.2.1 呼吸作用

呼吸作用将造成生鲜果蔬产品品质劣化。当果蔬收获后，仍然在不断地进行着呼吸作用，会产生以下几种结果。

①不断消耗碳水化合物、脂肪、蛋白质等营养成分，使果蔬发生过熟、发软、风味变化，营养价值减少，商品价值降低。

②产生 CO_2 气体和乙烯气体。产生的乙烯气体即使量很少，但是作为植物的生长激素，它将促进呼吸作用加剧，加快果蔬过熟速度。

③生成水分。一方面由于新鲜果蔬产品水分的丧失，会引起发软、枯萎；另一方面从新鲜果蔬中出来的水分会使包装体内湿度提高，在包装材料上产生结露，促使各种细菌的繁殖。

④呼吸产生热量，促进腐败。呼吸作用消耗营养物质的同时，释放大量的热量，使果蔬温度升高，容易腐烂，对保鲜不利。

7.9.2.2 蒸腾作用

水分是影响果蔬嫩度、鲜度和味道的重要成分，与果蔬的风味品质有密切关系。采收后果蔬离开了母体，失去了水分的供应，这时水分从果蔬表面的丧失使得产品失水，造成失重、失鲜，甚至品质下降。

果蔬产品的含水量很高，通常如有5%的水分丧失，就会失去鲜嫩特性和食用价值，而且由于水分的减少，果蔬中水解酶的活性增强，水解反应加快，使营养物质分解，果蔬的耐贮性和抗病性减弱，常引起品质变坏，贮藏期缩短。

7.9.2.3 微生物作用

微生物种类繁多，而且无处不在，果蔬营养丰富，为微生物的生长繁殖提供了良好的基地，极易滋生微生物。果蔬败坏的原因中微生物的生长发育是主要原因，由微生物引起的败坏通常表现为生霉、酸败、发酵、软化、腐烂、变色等。

7.9.2.4 机械损伤

果蔬产品采后分选、加工处理、包装、装卸、运输过程中，都会产生果蔬与包装、果蔬之间的碰撞，不可避免地对新鲜果蔬造成机械损伤，使果品组织受到破坏，引起呼吸加强、品质下降，缩短采后寿命。机械损伤也是病原微生物的入侵之门，是导致果蔬腐烂的主要原因之一。

由此，我们可以得出，合理的果蔬包装应当着重抑制果蔬产品的呼吸作用、蒸腾作用、微生物的影响，减少贮运中的机械损伤，减少病害的蔓延，避免果蔬发热和温度剧烈变化所引起的损失。

7.9.3 果蔬包装的防护要求

果蔬的含水量很高，表皮保护组织却很差，在采收、贮藏和运输中容易受机械损伤和微生物侵染。果蔬采收后仍然是一个活体，有呼吸和蒸腾作用，会产生大量的呼吸热，使周围环境温度升高、产品失水，因此，果蔬容易腐烂变质、丧失商品和食用价值。包装可以缓冲过高和过低环境温度对产品的不良影响，防止产品受到尘土和微生物的污染，减少病虫害的蔓延和失水萎蔫。在贮藏、运输和销售过程中，包装可以减少产品间的摩擦、碰撞和挤压造成的损伤,使产品在流通中保持良好的稳定性,提高商品率。包装也是一种贸易辅助手段,可为市场交易提供标准规格单位。包装的标准化有利于仓储工作的机械化操作,减轻劳动强度,设计合理的包装还有利于充分利用仓储空间。

一般地讲,新鲜果蔬产品优劣的主要原因是:呼吸作用、蒸腾作用、微生物作用和机械损伤。呼吸作用将造成果蔬产品品质恶劣。

当果蔬收获后,其细胞依然在不断地进行着呼吸作用,结果不断消耗碳水化合物、脂肪、蛋白质等营养成分,使果蔬发生果蔬、发软、风味变化,营养价值减少,商品价值降低。

产生 CO_2 气体和乙烯气体,产生的乙烯气体即使量极少,但作为植物的生长激素,它又能促进呼吸作用加剧,加快果实的过熟速度,为了保持蔬菜和水果的鲜度,包装体内乙烯的含量应越少越好,这样可以延迟过熟。

生成水分,一方面,由于新鲜果蔬产品水分的丧失,会引起发软、枯萎;另一方面,从生鲜果蔬中出来的水分会使包装体内湿度提高,在包装材料上产生结露,促使各种细菌的繁殖。

呼吸产生热,促进腐败。

蒸腾作用将引起农产品品质恶劣。果蔬产品的含水量很高,通常如有 5%的水分丧失,果蔬产品的品质就明显恶化。微生物的生长繁殖以及碰伤都易使果蔬产品发生品质的恶劣。果蔬产品采后分选、加工处理、包装、装卸、运输过程中,都会产生果品与作业件、果品与果品之间的碰撞,不可避免地对新鲜果蔬产品造成机械损伤,使果品组织受到破坏,引起呼吸加强、膜透性增强、品质下降;并可导致有关代谢物质的改变,缩短采后寿命。机械损伤也是病原微生物的入侵之门,是导致果蔬霉烂的主要原因之一。

合理的包装应着重抑制果蔬产品的呼吸作用、蒸腾作用、微生物影响,减少贮运中的机械损伤,减少病害的蔓延,避免果蔬发热和温度剧烈变化引起的损失。此外果蔬保鲜包装是标准化、商品化、保证安全运输和贮藏的重要措施。在现代商品运输中,包装不仅起着保护果蔬品质的作用,而且是降低费用,扩大销售的重要因素之一。

因此新鲜果蔬保鲜包装的基本要求如下。

①保护产品。包装可减少果蔬产品贮藏、销售环节中的损伤,对被包装物具有保护作用。应根据产品的品质、价值、货架期等选用相应的包装容器与形式,容器内可以根据需要加设适当的缓冲衬垫、隔挡件。

包装能抑制新鲜果蔬的呼吸作用、减少水分散失,最大限度地保存产品的品质,延长货架寿命,使产品在流通中保持良好的稳定性,提高商品率,另外,减少新鲜果蔬萎蔫对延缓维生素 C 和胡萝卜素的损失和保持产品也非常重要。包装还应减少产品污染,减轻微生物的影响。

②方便贮存,降低运销成本。果蔬包装应有足够的强度承受叠压力。包装件结构尺寸应当注重运输工具的装载率,最大限度地利用装载空间。同时,包装材料还应具有耐贮藏库高湿的特性。大包装一般为塑料箱或者高强度的瓦楞纸箱,小的消费包装则以塑料薄膜袋或泡沫托盘加保鲜膜,即便于销售和贮藏在家庭冰箱的货架上,又能保护产品品质。

③宣传产品和方便销售。包装还具有宣传产品和方便销售的作用,包装上印刷有产品介绍等内容,以宣传产品,增加吸引力,特别是一些地方的名、特、优产品,可以通过特定的包

装设计进行宣传,引导和鼓励顾客购买。装载适量的纸箱、塑料箱、塑料薄膜袋和托盘包装,都有利于销售和方便携带。

7.9.4 果蔬包装的形式与保鲜技术

7.9.4.1 新鲜果蔬的包装材料

新鲜的果蔬产品在采、贮、运、销期间常常会出现萎蔫、品质恶化和腐烂而失去食用价值。良好的包装不但有利于保持果蔬新鲜、减少损耗、延长货架寿命,还可吸引消费者,对果蔬有宣传作用。近年来,随着人们生活水平的提高以及经济发展技术的进步,各国对新鲜果蔬的保鲜和包装材料加大了研究力度,取得了很大的进展。

1. 水果复合保鲜纸袋

利用纸制成的保鲜纸袋,对水果具有良好的保鲜防腐作用。其制造方法简便,与传统的保鲜方法相比,成本低,特别适用于水果的长途运输。

水果保鲜纸袋的基本原理:复合保鲜纸袋制造的基本原理就是在牛皮纸袋和聚乙烯塑料薄膜之间夹有一定量的保鲜剂,当水果装进纸袋,该保鲜剂在密闭的纸容器中,能均匀放出一定量的CO_2或山梨酸气体,保持水果的新鲜口味。

纸袋基材的作用:纸袋是最简便,最有效率的普通包装,广泛应用于运输包装和销售包装 2 个方面,其能有效地防止害虫、灰尘等有害物质对水果的侵害,同时纸袋作为保鲜剂的载体,防止了保鲜剂直接与水果接触。纸张高的透气度保证了保鲜剂释放的SO_2和山梨酸气体能透过纸张的孔隙,扩散到水果表面。为了提高纸袋的抗湿性,防止保鲜剂溶解,应采用 AKD 对纸袋进行内部施胶。

塑料薄膜的作用:由于塑料薄膜的通透性,如低密度的聚乙烯水蒸气透过率比较小,气体的透过率比较大,使得纸袋外部的O_2向袋内渗透,保证了水果的正常呼吸,而CO_2乙烯向薄膜外渗透。水分和SO_2分子具有极性,透过性差,不能向薄膜外渗透,在纸袋内停留时间长,保鲜剂能持久发挥作用。

塑料薄膜与纸袋纸复合时,黏合剂的选用非常重要。在试验中,还可采用水溶性型黏合剂,如氧化淀粉、聚乙烯醇、羧甲基纤维素等,按照一定的配比混合。利用SO_2和山梨酸作为保鲜剂制作的水果保鲜纸袋,对水果的保鲜作用明显,特别运用于水果的长途运输,与传统的保鲜技术相比,投资少,简捷方便。

2. 高密度带微孔的薄膜袋

近年来国外广泛用于新鲜水果,它可以根据果品生理特性,以及对O_2和CO_2浓度的忍耐力,在薄膜袋上加做一定数量的微孔(40 μm),以加强气体的交换,减少袋内湿度和挥发性代谢产物,保质袋内相对较高的O_2浓度(<1% O_2),防止O_2浓度过低导致无氧呼吸而产生大量的乙醇和乙醛等挥发性物质积累而影响果实风味。这种薄膜袋内的O_2浓度一般能保质在10%~15%,对于CO_2浓度忍耐力强的果蔬产品,特别是热带水果,非常适用。国外这种包装袋贮藏“Bing”甜樱桃,在普通冷库中可贮藏 80 d,并能保质果实的风味品质。塑料薄膜是目前在新鲜果蔬产品上应用最广泛的包装材料,它透明、保温、透气、具密封性、价格低

廉,市场应用前景十分广阔。

3. 可降解的新型生物杀菌包装材料

由于人们对使用化学药剂—农药将危害人体健康和环境污染等问题的恐惧和担忧,以及塑料薄膜难以降解而带来的“白色污染”的加重,人们对包装材料已寄希望于安全无毒的绿色环保包装材料。可降解的新生物杀菌包装材料是符合当前人们需要的新热点。它是利用一些可降解的高分子材料,在其中加入生物杀菌剂,起到了防腐保鲜和使用后可降解且不污染环境等多种优点。这种包装材料使用方便,特别适用于鲜切果蔬产品和熟食品的包装,在今后的新鲜食品包装中具有广泛地应用前景。

7.9.4.2 新鲜果蔬的包装容器选择

(1)果蔬包装容器的基本要求

①包装容器要有足够的强度,并具有缓冲作用。

②具有防潮性;具有一定通透性,利于产品散热、散湿及内外气体交换。

③内壁光滑、质量轻、成本低、清洁、无污染、无异味等。

(2)果蔬包装容器的形式与特点

①筐类,环保、价格便宜,但易造成物理损伤,不利于堆码。

②木箱,环保、价格便宜,但损坏率较高,堆码时对箱内水果压力较大。

③纸盒、纸箱,重量轻、缓冲性能好,造型结构可塑性强,无废弃公害、符合环保要求,但使用时防水能力极差。

④塑料箱,经济(可循环使用)耐酸碱、防霉变、防潮 防蛀,使用便捷,但材料不易回收,不符合环保要求。

⑤网袋,柔软,富弹性,通气,防磨损、减少碰压伤和防震,但材料不易回收,不符合环保要求。

⑥塑料薄膜袋,防划伤、防挤压、抑制微生物生长、防止水分流失。

⑦浅盘、模制品,易于成型、包装效果好,品种多,易于着色,耐腐蚀、耐酸碱、耐油、耐冲击性能,防水、价格低廉、便于装箱、便于携带。

⑧功能型包装,例如水果复合保鲜纸袋、高密度微孔的薄膜袋、高氧自发性气调包装、可降解包装材料、无纺布保鲜袋、蛋白质保鲜膜等。

(3)随着社会和科技的发展,果蔬包装新趋向

①小型化。目前,城乡水果消费已出现买新鲜、少量多次的特点,因此10 kg以上箱装的水果已不能适应大多数消费者的需求,取而代之的是3～5 kg甚至是更少的小包装水果。

②精品化。精美、新颖的包装能促进人们的消费欲望。目前进口水果频频冲击国内市场,往往就是在包装上找突破口。其实,国内精品水果无论是表面色泽还是在内在品质,都完全可以与进口水果抗衡,但大多是有由于包装跟不上而失去了部分市场。因此,对国产优质水果包装精品化将是占领国内市场,走出国门,参与国际竞争的必然选择。

③透明化。据抽样调查显示,95%以上的消费者在购买箱装水果时都要开箱查看。所以在包装时采用大部分透明材料,设计出一些可透视的镂空,既增强了美感,又方便选购,可大大提高消费者的购买欲和信任度。

④组合化。鉴于当前人们口味多样化的消费需求，一些经销商开始尝试将果品按某种规格进行组合包装。如可以把不同形状的圆苹果、长香蕉和串葡萄包装在一起；也可以按不同颜色、不同性质、不同产地进行组合；还可以把同一种水果按多种品种进行组合。

⑤多样化。现在水果包装材料已突破了纸箱包装的单一格局，向木箱、塑料箱、金属箱等多种形状发展。在包装形状上突破单一的方形，向圆形、筒形连体形等多形状发展。在制作工艺上，除去传统的机制包装物外，将采用手工艺包装物代替部分机制包装物。此外，还有一些善于应变的经销商，从用途上着眼，推出自用廉价型、馈赠祝福型、旅游方便型、产地纪念型等多种包装。

7.9.4.3 果蔬保鲜的条件

采摘后的果蔬仍然进行着生命活动，水分蒸发和呼吸作用会导致果蔬失重、皱缩、发热和变质，所有如何控制环境条件、抑制果蔬的呼吸作用和水分蒸发是果蔬保鲜的一个重要方向。而环境条件的控制，主要是指如何控制环境的温度、湿度以及气体条件（如 O_2、CO_2、乙烯等）。

(1)温度条件　温度是影响果蔬保鲜的一个非常重要的因素，温度愈高，呼吸作用愈旺盛，营养物质的消耗就愈快。此外，高温也给微生物创造了良好的生长条件，使果蔬的储藏期缩短。但如果温度达到 35 ℃以上时，果蔬的呼吸作用反而减弱，甚至停止。因此，降低贮藏温度，低温保鲜是一个行之有效的方法。但要注意，贮藏温度一定不能低于 0 ℃，以免冻伤果蔬。

(2)湿度条件　高湿条件是多数微生物生长的适宜条件，常常会导致果蔬由于微生物的侵染而腐败变质。此时，如果环境温度降到露点一下，就会产生结露现象，使果蔬表面湿浊。因此，保持出残酷的通风换气，降低内部湿度是很重要的。但如果贮藏环境的湿度过低，就会加速果蔬的水分蒸发，果蔬由于水分损失而干缩变质。

(3)气体条件　O_2是果蔬有氧呼吸作用的必要条件，O_2的浓度高，呼吸作用就旺盛，所以降低 O_2的浓度，提高 CO_2含量，才能达到果蔬保鲜的目的。但如果 O_2的浓度过低，CO_2浓度过高，果蔬就会进行无氧呼吸，产生乙醛等有害物质，同样也会加速果蔬的变质，因此一定要严格控制 O_2的含量。

CO_2可以抑制呼吸作用，所以要严格监视贮藏室内 CO_2的浓度。除了空气中的 CO_2外，果蔬呼吸作用也在不断向外释放 CO_2，导致环境中的 CO_2积累过多，造成果蔬的生理伤害，所以应该选择果蔬保鲜所需要的最适宜的 CO_2浓度。

乙烯是一种植物激素，在果蔬生长的后期形成，它可进一步使果蔬成熟，就是人们常说的后熟。虽然一些情况下，我们人为地利用乙烯去促进果蔬的成熟，但多数情况下，在果蔬的贮藏和运输过程中都需要控制乙烯的浓度，防止后熟以达到保鲜的目的。所以，要做好贮藏室的通风换气工作，减少乙烯的积累，更应该防止乙烯的产生。

除了 O_2、CO_2、乙烯外，果蔬还不断释放出一些刺激性的气体，如乙醛、乙醇等，环境中累积量过高，就会引起果蔬的生理变质。

综上所述，果蔬的保鲜就是根据果蔬的生理特性，选择合适的包装容器、包装材料和最佳的贮藏条件，从而达到果蔬保鲜的目的。

7.9.4.4　果蔬保鲜的技术

目前,常用的果蔬保鲜技术有。

1. 气调包装

通常是在冷藏的基础上,利用新鲜果蔬呼吸作用中消耗 O_2 放出 CO_2 的原理,改变产品贮藏环境的气体成分,以达到延缓生物体衰败和延长果蔬产品保质期的目的。分为主动气调和被动气调。主动气调指果蔬放入包装容器后,抽出内部空气,再充入适合此种果蔬气调保鲜的最佳初始气体浓度。被动气调 指利用果蔬呼吸作用消耗 O_2,产生 CO_2,逐渐构成低氧与高二氧化碳的气调环境,并通过包装容器与大气之间气体交换维持包装内的气调环境。

因此,对于新鲜果蔬来说,气调包装的机理主要是:在维持新鲜果蔬生理状态的情况下,控制环境中气体成分。

由于大气环境中,O_2的浓度约为 21%,CO_2 的浓度约为 0.03%,对于果蔬气调包装来说,通常降低 O_2浓度和提高 CO_2浓度,来抑制果蔬的呼吸强度,减少果蔬体内物质消耗,从而达到延缓果蔬衰老,延长货架、贮藏期,使其更持久的保持新鲜可食状态。它的优点主要体现在:

①能够保持果蔬的稳定性。在气调贮藏环境中通过调节各组成气体的浓度,来降低果蔬产品的呼吸强度和乙烯的生成率,达到推迟果蔬后熟和衰老的目的,从而保持了果蔬产品的稳定性。

②提高产品品质,延长货架期。在贮藏环境中,气调包装可以降低果蔬的生理代谢程度,减少营养物质和能量的消耗,增强果蔬抗微生物的能力,从而使被包装的果蔬能够减少营养损耗,最大限度地保留原有的营养价值。

③可以使果蔬包装美观,便于流通,且气调包装方法更灵活,结构简单。

④有利于无污染绿色食品的开发。产品在气调包装过程中,无须采用任何化学处理,且包装内环境与大气环境相近,果蔬不会产生有害的物质,从而更适合现代人们对绿色食品的要求。

气调包装之所以能够保持果蔬品质的稳定性,延长产品货架期,与其包装内的气体成分选用是分不开关系的。果蔬气调包装的调节气体有 O_2、CO_2和 N_2。

O_2的主要功能是维持产品新鲜程度和抑制厌氧微生物生长。果蔬包装保鲜理想的条件是要尽量降低 O_2含量,降低呼吸强度,然而,不同的果蔬有不同的无氧呼吸临界点,在 O_2浓度低于这一临界点时,营养物质的消耗增大,并出现呼吸失调,会严重影响果蔬品质。果蔬气调包装中,O_2通入比例根据果蔬种类、成熟度及贮藏温度而不同,一般为 2%～5%。另外,对于以抑制真菌为目的的气调处理,则 O_2的浓度要降低到1%以下才有效。

CO_2是呼吸的产物,能够抑制细菌、真菌的生长,具有强化减氧、降低呼吸强度的作用。但是 CO_2 对水的溶解度较高,溶解后形成的碳酸会改变果蔬的 pH 和品味,同时 CO_2溶解后,包装中的气体减少,容易导致果蔬包装萎缩,影响外观。CO_2 比例:水果气调 2%～3%,蔬菜气调 2.5%～5.5%。

N_2是一种惰性、无味的气体,难溶于水也难溶于酸,对食品成分无直接影响,在同食品的接触过程中呈中性,因此可用于食品防腐。与其他常用的气体相比,N_2 不容易透过包装膜,在气调包装系统中主要作为充填气体。

2. 减压贮藏保鲜

减压保鲜是通过降低环境大气压力的方法来保鲜水果、蔬菜等易腐食品的方法。

减压贮藏的原理是降低气压，使空气中的各种气体组分的分压都降低。例如，气压降为原来的1/10，空气中的O_2、CO_2、乙烯等的分压也都降到原来的1/10，也就是使O_2的浓度虽然仍为21%，但是分压已降到2.1%。

减压贮藏主要的缺陷是组织水分的蒸腾损失较快，需要贮藏时保持较高湿度，一般在95%以上。另外，取出的果蔬香味很弱，放置一段时间后会恢复。

3. 辐射贮藏保鲜

辐射保鲜技术是用X射线、γ射线、β射线和电子束照射农产品。这种射线的能量和电荷能够引起微生物、昆虫等体内产生化学反应，抑制其生长发育或致死，并且能够抑制果蔬本身的生理活动，达到保鲜的作用。辐射保鲜属于冷加工技术，不影响食物原本的风味，并且对营养成分没有明显破坏。

4. 湿冷保鲜技术

湿冷保鲜技术是将温度控制在冷害温度以上(0.5～1 ℃)，在相对湿度为90%～98%的环境中贮藏水果。临界点低温高湿贮藏的保鲜作用体现在：

①果蔬在不发生冷害条件下，控制呼吸强度，使某些易腐烂果蔬达到休眠状态。

②采用高湿环境可以有效降低果蔬水分蒸发，减少失重。

5. 化学保鲜技术

①化学保鲜技术主要体现在对果蔬产生的气体(如乙烯、乙醇等)进行抑制，降低果蔬的呼吸强度，对果蔬滋生的细菌进行抑限制，从而达到控制采后腐烂，延长贮藏期的目的。化学防腐保鲜：吸附型、浸泡型、熏蒸型、涂膜型。

②天然防腐保鲜剂：茶多酚类、香辛料提取物等。

③生物防腐保鲜剂：利用病原菌的非致病菌株制成，达到降低病害所引起的果蔬腐烂。

7.9.5 国外果蔬包装新技术

目前发达国家对果蔬保鲜包装加大了研制开发力度，取得了不少成绩。各具特色、功能各异的果蔬包装新品脱颖而出，受到了食品制造商的欢迎。

①日本食品流通系统协会研制出一种新式保鲜包装纸箱，采用一种名为"里斯托瓦尔石"的硅酸盐作为纸浆的添加剂。这种石粉对各种气体具有良好的吸收作用，价格便宜又不需要低温高成本设备，具有较长时间的保鲜作用，而且所保鲜的果蔬分量不会减轻，所以商家都采用该种保鲜纸箱。

②一家荷兰公司采用微波保鲜新技术取得成效。它是对水果、蔬菜和鱼肉食品进行低温消毒的一种新方法。采用微波在很短时间(2 min)将其加热到72 ℃，然后将这种经处理后的食品在0～4 ℃环境条件下上市，可贮存42～45 d不会变质，十分适宜淡季供应时的果蔬，备受人们青睐。

③日本一家包装公司研制开发出一种一次性消费的新型吸湿保鲜塑料包装膜。它是由两片具有较强透水性的半透明尼龙膜组成，并在膜之间装有天然糊料和渗透压高的砂糖糖浆，能缓慢吸收从蔬菜、水果、肉类表面渗出的水分，从而达到保鲜的目的。

④目前英、美、德、法等一些国家普遍采用减压保鲜法新技术，并已研制出了具有标准规格的低压集装箱。这种减压保鲜法，有良好的保鲜效果，且具有管理方便、操作简单、成本不高等优点，广泛应用于长途果蔬运输中。

⑤近年来，可食性包装已成为热门技术。英国一家公司就制成了一种可食用的果蔬保鲜剂，它是由糖、淀粉、脂肪酸和聚酯物调配成的半透明的乳液，可采用喷雾、涂刷或浸渍等方法覆盖于苹果、柑橘、西瓜、香蕉、番茄等水果蔬菜的表面。由于这种保鲜剂在水果表面形成一层密封膜，故能防止氧气进入果蔬内部，从而延长了熟化过程，起到保鲜作用，涂上这种保鲜剂的水果蔬菜保鲜期可长达 200 d 以上。最妙的是，这种保鲜剂还可以同果蔬一起食用。

7.9.6 典型果蔬包装实例

7.9.6.1 苹果

苹果是果蔬中贮量最大的种类，果肉质地较硬，呼吸作用弱，水分蒸发速度慢，容易长期保存。一般采用硅窗气调包装、塑料薄膜袋包装、功能性塑料薄膜袋包装、简易气调包装、保鲜纸裹包等。

采用硅窗气调包装的苹果可保存期可到第 2 年 3 月以后；采用功能性塑料薄膜袋包装的苹果，在 0～10 ℃条件下可保存 6～7 个月。

7.9.6.2 草莓

草莓在我国南北方都可栽培，草莓是一种非呼吸跃变形果实，采后没有后熟，充分成熟后采收风味品质才好。草莓果实娇嫩，多汁，营养价值高，色泽鲜丽，芳香宜人，是一种经济价值较高的水果。由于其是一种浆果，皮薄，外皮无保护作用，采后常因贮运中的机械损伤和病原物侵染而导致腐烂，灰葡萄孢霉是草莓腐烂的主要致病菌。草莓在常温下放置 1～2 d 就变色、变味和腐烂，商品率很快下降。

用于贮藏和运输的草莓应该在果实表面 3/4 变红时采收，因为此时草莓的硬度较高，风味品质已佳。采摘最好在晴天进行，早上采收应在露水干后再采，气温高时避免在中午采收。采收后的草莓轻轻放入特制的浅果盘中，也可放入带孔的小箱内。草莓应及时预冷。目前采用真空预冷的效果最好，也可用强制通风冷却，但不适于用水冷却。

草莓在 0 ℃和 90％～95％的相对湿度下能贮藏 1 周，冷藏虽然能推迟果实的不良变化，但是草莓从冷库中取出后，败坏速度比未经冷藏的还要快。由于草是一种耐高二氧化碳的果实，用气调方法贮藏和运输可延长草莓的采后寿命，减轻灰霉病引起的腐烂，但二氧化碳的浓度不能超过 40％，否则草莓会产生异味。草莓较适合的氧气浓度为 5％～10％，二氧化碳浓度达到 30％时，草莓会有些异味，但却不令人讨厌，而且放在空气中异味可消失。气调贮藏期为 2～3 周。

草莓最好用冷藏车运输，如用带篷卡车只能在清晨或傍晚气温较低时装卸和运行，运输中要采用小纸箱包装，最好内垫塑料薄膜袋，充入10%的CO_2。

7.9.6.3 樱桃

樱桃的品种很多，在我国有悠久的历史，樱桃于4～5月成熟，果实晶莹艳丽，营养丰富，含铁量高，在春夏之交最受欢迎。但是，樱桃采收后极易过熟、褐变和腐烂，常温下很快失去商品价值。

用于贮藏的樱桃要适当早采，一般提前1周收获，带果把采收，尽量避免机械损伤。采后立即将果实预冷到2 ℃，在不超过2 ℃的温度条件下运输，基本上可控制由于采前侵染火星病而导致的腐烂。因为樱桃果实娇小、不耐压，宜采用较小的包装，每盒2～5 kg。大樱桃采后处理不当，容易过熟和衰老。湿度过低、温度过高时，果柄会枯萎变黑，果实变软、皱缩、褐变，并引起腐烂。表面凹陷是影响甜樱桃鲜销品质的主要问题，采后钙处理和减压贮藏可以降低表面凹陷的发生率。

樱桃在－1～0.5 ℃和90%～95%相对湿度下机械冷藏可以贮藏20～30 d。采用气调贮藏，特别是简单易行的自发气调贮藏，可获得较好的贮藏效果。一般做法是在小包装盒内衬0.06～0.08 mm的聚乙烯薄膜袋，扎口后，放在－1～0.5 ℃下贮藏使袋内的O_2和CO_2分别维持在3%～5%和10%～25%，这样樱桃可贮藏30～50 d。需要注意的是，CO_2浓度不能超过30%，否则会引起果实褐变和产生异味，此外，为了防止不良气味，果实从冷库中取出后，必须把聚乙烯薄膜袋打开。

7.9.6.4 沙田柚

沙田柚是柚类中的一个优良品种，具有肉质嫩脆，汁多清甜，有蜜香味，自然贮藏期长等特点。在生产中，沙田柚采后应对果实进行处理，可减少腐烂、延长保鲜期和提高品质，提高经济收入。

沙田柚是根据果实大小、色泽、形状、成熟度、病虫害及机械损伤等情况进行分级的。根据国家现行规定的果实重量进行大小分级，可分为特、甲、乙、丙、丁和级外6个级别：1.5 kg以上为特级，1.25～1.5 kg为甲级，1～1.25 kg为乙级，0.75～1 kg为丙级，0.5～0.75 kg为丁级，其他为级外果。据梅州果农经验，1.25～1.5 kg沙田柚口感好(蜜香味浓，爽口)，所以把重量为1.25～1.5 kg、果形端正、果皮黄绿、表皮光滑、没有机械损伤和病虫危害的沙田柚分为优等品，因为这样的沙田柚大小适中，口感好(汁多、脆甜)，外形美观。

沙田柚的包装多采用聚乙烯薄膜袋为包装袋，它具有柔软、保温、保湿和气调保鲜的效果，而且无气味，包装后果实耐贮藏。将包装好的沙田柚放于已搭好的木架或铁架上，每堆放一层后，再利用果与果之间的孔隙上方堆放果实，可堆放4～5层。这样可通风透气，方便检查，如有烂果不会互相感染，影响其他果实。贮藏环境条件以温度保持在10 ℃左右、相对湿度保持在90%为宜，CO_2含量维持在1%以下、O_2维持在5%～10%较为合适。

7.9.6.5 鲜桃

鲜桃采后应该及时预冷，采后要尽快将桃预冷到4 ℃以下，鲜桃采用的预冷方法有冷风冷却和水冷却2种，水冷却速度快，但水冷却后要晾干后再包装。风冷却速度较慢，一般需要 8～12 h 或更长的时间。

鲜桃在贮运过程中很容易受机械损伤，因此包装容器不宜过大，一般装 5～10 kg 为宜。将选好的桃果放入瓦楞纸箱中，箱内加纸隔板或塑料托盘。若用木箱或竹筐装，箱内要衬包装纸，每个果要软纸单果包装，避免果实摩擦挤伤。

鲜桃在低温贮藏中易遭受冷害，在 −1 ℃就有受冻的危险。因此，鲜桃的贮藏适温为 0 ℃，适宜相对湿度为 90%～95%。在这种贮藏条件下，鲜桃可以贮藏 3～4 周或更长时间。在冷库内采用塑料薄膜小包装可延长贮期。

7.9.6.6 蔬菜类

许多蔬菜都可以采用塑料薄膜袋包装，绳子或橡皮筋捆扎，贮藏过程中定期开袋换气或在袋上开孔。用这种方法常温下可贮存辣椒、花椰菜可达 2 个月，黄瓜、莴苣、莲藕可达 20～30 d，番茄、茄子可达 15～20 d，蒜薹在恒温冷库中贮存可达 9 个月，香菜、菠菜、芹菜也可达 2～3 个月。花椰菜用 0.03 mm 的低密度聚乙烯袋单个包装、每袋扎 6 个 1 mm 的针孔，在 1 ℃ 下贮存，保鲜期可达 34 d。此外，块状、条状蔬菜，如黄瓜、茄子、胡萝卜等可采用 PVC、EVA 等拉伸膜裹包，胡萝卜、葱、姜等蔬菜可采用防潮热封玻璃纸袋包装。

近年来，净菜、鲜切菜的保鲜包装发展迅速，净菜、鲜切菜由于其呼吸强度大、保鲜包装要求高，常常采用 CAP 包装技术，并在冷链条件下流通。

思考题

1. 常用的新鲜水果包装技术都有哪些？
2. 请列举一两个实际的水果包装实例。

HAPTER 8

第 8 章 食品包装安全与检测

【学习目的和要求】

1.了解不同食品包装材料的危害源

2.掌握食品包装中有害物质迁移的概念及影响因素

3.了解食品包装中有害物质的检测方法

【学习重点】

1.食品包装中有害物迁移的概念及其影响因素

2.食品包装材料的危害源

【学习难点】

食品包装中有害物质的检测方法

知识树

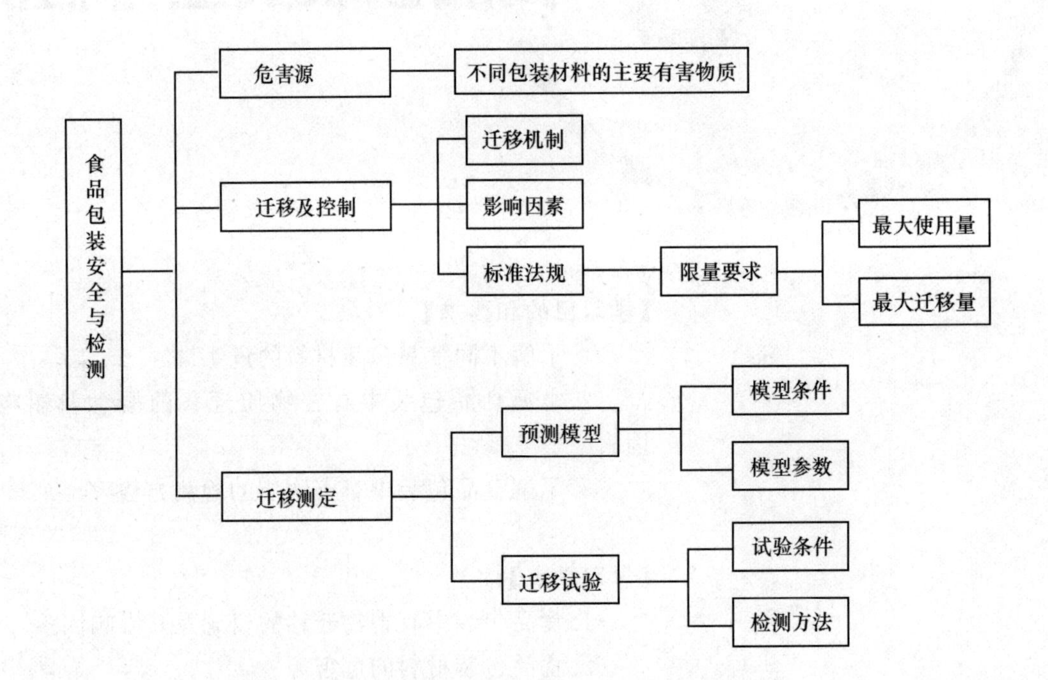
食品包装安全与检测
危害源
不同包装材料的主要有害物质
迁移及控制
迁移机制
影响因素
标准法规
限量要求
最大使用量
最大迁移量
迁移测定
预测模型
模型条件
模型参数
迁移试验
试验条件
检测方法

随着人们对食品质量和食品安全需求的不断提高，也对食品包装提出了新的更高要求。包装材料和包装工艺发展的同时也带来新的食品安全隐患。

8.1　食品包装安全的危害源

学习目标

1. 了解不同包装材料的危害源
2. 掌握包装中常见的有毒有害物质

与食品接触的包装材料主要有10种类型。塑料（包括清漆和涂料）、纸和纸板、金属和合金、玻璃、再生纤维、陶瓷、人造橡胶和橡胶、固体石蜡和微晶石蜡、木制品（包括软木塞）、纺织品为原料的包装材料在市场上都经过批准，其中前4种为包装工业的支柱材料。由于单一材料不能提供足够的食品包装性能，实际使用中会将两种或多种材料复合，如纸和纸板与塑料材料复合、金属罐涂有高分子材料涂层等。包装材料的安全与卫生直接影响包装食品的安全与卫生。

8.1.1　包装材料原料带来的危害

包装材料中的化学物质主要有以下来源：塑料、纸、金属、玻璃等包装材料的基本成分，将基本材料转化或复合成为包装物成品的化学物质，已知成分的已知或未知的异构体、杂质、转化产物，原材料特别是回收再利用材料中的未知污染。在上述化学物质中，后2类材料中的未预料到或未知的物质被认为是非有意添加物，这对于食品安全问题是一大挑战。

8.1.1.1　塑料包装材料的食品安全性问题

塑料包装材料的安全性主要表现为材料内部残留的有毒有害物质迁移、溶出而导致食品污染，其主要来源有以下几方面。

①树脂本身具有一定毒性。

②树脂中残留的有害单体、裂解物及老化产生的有毒物质。

③塑料制品在制造过程中添加的稳定剂、增塑剂、着色剂等助剂的毒性。

④塑料包装容器表面的微生物及微尘杂质污染。因塑料易带电，易吸附微尘杂质和微生物，对食品形成污染。

⑤非法使用的回收塑料中的大量有毒添加剂、重金属、色素、病毒等对食品造成的污染。塑料材料的回收复用是大势所趋，由于回收渠道复杂，回收容器上常残留有害物质，难以保证清洗处理完全。有的为了掩盖回收品质量缺陷，厂商往往添加大量涂料，导致涂料色素残留大，造成对食品的污染。因监管等原因，甚至大量的医学垃圾塑料被回收利用，这些都给食品安全造成隐患。国家规定，聚乙烯回收再生品不得用于制作食品包装材料。

⑥复合薄膜用黏合剂。黏合剂大致可分为聚醚类和聚氨酯类黏合剂。聚醚类黏合剂正逐步被淘汰，而聚氨酯类黏合剂有脂肪族和芳香族2种。黏合剂按照使用类型还可分为水

性黏合剂、溶剂型黏合剂和无溶剂型黏合剂。我国使用的溶剂型黏合剂有99%是芳香族的黏合剂，它含有芳香族异氰酸酯，用这种包装材料装食品后，经高温蒸煮，芳香族异氰酸酯可迁移至食品中，并水解生成芳香胺，这是一类致癌物质。

8.1.1.2 纸包装材料的食品安全性问题

纸包装材料安全问题主要包括以下几个方面。

(1)原料本身的问题　如原材料本身不清洁、存在重金属、农药残留等污染；或采用了霉变的原材料，使成品染上大量霉菌；有的甚至使用社会回收废纸作为原料，因为废旧回收纸虽然经过脱色，但只是将油墨颜料脱去，而有害物质铅、镉、多氯联苯、多环芳烃等仍可留在纸浆中。

(2)造纸过程中的添加物　为了改善纸包装制品的色泽，造纸过程中会添加荧光增白剂；造纸还需在纸浆中加入其他化学品，如防渗剂/施胶剂、填料、漂白剂、染色剂等。纸的溶出物大多来自纸浆的添加剂，例如，在纸的加工过程中，尤其是使用化学法制浆，纸和纸板通常会残留一定的化学物质，如硫酸盐法制浆过程残留的碱液及盐类。此外，从纸制品中还能溶出防霉剂或树脂加工时使用的甲醛。

(3)包装材料上的油墨污染等　我国没有食品包装专用油墨，在纸包装上印刷的油墨，大多是含甲苯、二甲苯的有机溶剂型凹印油墨，为了稀释油墨常使用含苯类溶剂，造成残留的苯类溶剂超标。同时，油墨中所使用的颜料、染料中，存在着重金属(铅、镉、汞、铬等)、苯胺或稠环化合物等物质。这些金属即使在mg/kg级时就能溶出，并危及人体健康，而苯胺类或稠环类染料则是明显的致癌物质。印刷时因相互叠在一起，造成无印刷面也接触油墨，形成二次污染。此外，如果是使用二次纤维造纸，残余油墨组分，包括微量元素、蜡、荧光增白剂、有机氯化物、增塑剂、芳香族碳水化合物、有机挥发性物质、固化剂等可能会有更大的危害。纸制包装材料与容器中的上述残留有毒有害物质迁移、溶出将导致食品污染。

(4)含有过高的多环芳烃化合物　含有2个以上苯的氢化合物统称为多环芳烃(PAHs)，具有毒性、遗传毒性、突变性和致癌性，对人体可造成多种危害，如对呼吸系统、循环系统、神经系统损伤，对肝脏、肾脏造成损害。多环芳烃的来源分为自然源和人为源。自然源主要来自陆地、水生植物和微生物的生物合成过程，另外森林、草原的天然火灾及火山的喷发物和从化石燃料、木质素和底泥中也存在多环芳烃；人为源主要是由各种矿物燃料(如煤、石油和天然气等)、木材、纸以及其他含碳氢化合物的不完全燃烧或在还原条件下热解形成的。

此外，在包装食品的贮存、运输过程中，纸包装表面易受到灰尘、杂质及微生物污染，也对食品安全造成影响。

8.1.1.3 金属包装材料对食品安全性的影响

金属包装材料主要为钢材和铝材两大类。第一类钢材为马口铁，也是最常用的钢材食品包装材料，又叫镀锡铁，普遍用来装各种食品罐头。第二类钢材为镀铬薄钢板，即无锡钢板，目前它在国内主要用于制作啤酒瓶盖、饮料及中性食品罐涂料盖，作食品罐还很少。铝罐强度低于马口铁罐，因此常用于包装饮料，如啤酒、含气饮料等有内压的食品。随着啤酒和饮料制造行业整体水平的提高，世界铝制易拉罐的用量正在逐年增长。为了防止金属罐内重金属溶入到内容食品中,并防止食品内容物腐蚀容器,金属食品罐内通常有一个内表面涂层。目前所用的合成树脂内涂料,无论是溶剂型的还是水基的,都是以环氧树脂为主的内涂料,如环氧—酚醛涂料、水基改性环氧涂料。另外,PVC有机溶胶也是金属罐常用的内层涂料。金属食品包装罐内存在的主要安全性问题包括以下几个方面。

(1)金属元素 金属作为食品包装材料最大的缺点是化学稳定性差,不耐酸碱性,特别是用其包装高酸性食品时易被腐蚀,同时金属离子易析出,从而影响食品风味和安全性。锡存在于未涂层或部分涂层的镀锡马口铁罐中,其中约20%的食品罐是未涂层的镀锡罐。未涂层的镀锡罐中的锡更容易迁移到食品内容物中。虽然通常铝罐内壁都会有有机涂层保护,但是在一些特殊情况下,铝还是可能迁移进食品的。采用铅焊接包装罐中的铅、铝制材料本身含有铅、锌等元素也可能会造成罐装食品污染。此外,回收铝和钢材中的杂质和有害金属更是难以控制,使金属食品包装材料的安全性评价更加复杂。当人体长期过量摄入这些金属元素时,会造成慢性蓄积中毒,给人体健康带来不良影响。

(2)内壁涂料中的有机污染物 因为大部分罐的内层都有聚合物涂层,因此直接的食品接触面是涂层,而不是金属。双酚A(BPA)、双酚A二缩水甘油醚酯(BADGE)、双酚F二缩水甘油醚酯(BFDGE)、酚醛甘油醚酯(NOGE)及其衍生物作为金属罐内层涂料的初始原料、热稳定剂或增强剂,存在于金属罐内层涂料中。BADGE、BFDGE在涂层材料加工过程或食品体系中还能形成水合衍生物和氯化氢合衍生物。金属罐内层涂料中的这些有机化合物及它们的衍生物能大量迁移到食品内容物中,特别是当它们用作添加剂时。BPA是一种与雌激素极其相似的神经毒剂和生殖毒剂,能妨碍机体健康生长,影响机体功能,造成内分泌紊乱。BADGE具有潜在致突变性,还可能致癌。由于BFDGE和NOGE的结构和BPA及BADGE相似,对人体也可能具有潜在的毒害作用,其具体毒性仍未知。此外它们的水合物和氯代氢化合物的毒性也尚不明确。因此,BPA、BADGE、BFDGE、NOGE及其衍生物的迁移是近年来罐装涂层迁移研究热点。

(3)塑料垫圈内污染物 为了达到密封的目的,金属罐内盖往往会加软质PVC塑料内圈。邻苯二甲酸酯类化合物是塑料内圈中常用的增塑剂,国内瓶盖垫圈中的增塑剂大部分是邻苯二甲酸二(2-乙基己基)酯(DEHP,也称DOP)。DEHP是目前日常生活中使用最广泛且毒性较大的一种酞酸酯,它已成为全球范围内最严重的化学污染物之一。它会迁移到食品内容物中,特别是油脂性食品,从而危害人体健康。

8.1.1.4 玻璃包装材料对食品安全性的影响

玻璃是一种惰性材料,无毒无味。一般认为玻璃与绝大多数内容物不发生化学反应,其化学稳定性极好,并且具有光亮、透明、美观、阻隔性能好、可回收再利用等优点。但玻璃的高度透明性对某些内容物是不利的,为了防止有害光线对内容物的损害,通常用各种着色剂使玻璃着色。绿色、琥珀色和乳白色称为玻璃的标准三色。玻璃中的迁移物质主要是无机盐和离子,从玻璃中溶出的物质是二氧化硅。同时对食品的污染还有玻璃软化剂,因软化剂常采用砷化物,而砷能引起人体中毒,因此用于食品包装的玻璃容器不可用砷化物作软化剂。

8.1.1.5 陶瓷包装容器对食品安全性的影响

陶瓷是我国的传统商品,近年来发展迅速,产量和出口量都居世界第一。陶瓷制品是常见的食品包装容器之一，在餐饮行业和家庭中常作餐具使用。人们一般认为陶瓷包装容器（相对于塑料包装容器和纸制包装容器）是无毒、卫生和安全的，因为它不会与所包装食品发生任何不良反应。但长期研究表明：釉料特别是各种彩釉中往往含有有毒的重金属元素，如铅、镉、锑、铬、锌、钡、铜、钴等，甚至含有铀、钍和镭-226等放射性元素，则对人体危害更大。陶瓷在1 000～1 500 ℃下烧制而成。如果烧制温度偏低，彩釉未能形成不溶性硅酸盐，则在陶瓷包装容器使用过程中会因有毒有害重金属物质溶出而污染食品。特别在盛装酸性食品（如醋、果汁等）和酒时，这些重金属物质较容易溶出而迁入食品，从而引起食品安全问题，其中广受关注的重金属元素主要是铅和镉。

目前国内外对陶瓷包装容器铅、镉溶出量允许极限值均有严格的规定。近年来，随着我国陶瓷包装食品出口贸易的日益扩大，因重金属超标引发的出口退货事件屡见不鲜。美国FDA、欧盟、日本和俄罗斯等都曾多次拒绝进口我国的陶瓷包装食品，这对我国陶瓷包装食品在国际上的声誉以及陶瓷业出口贸易进一步的扩大十分不利。国内质检部门的多次质量抽查中也经常发现重金属超标现象，就在2009年上半年，国家质检总局即对84家日用陶瓷制造企业进行了产品监督抽查，结果表明小型企业产品质量较差，抽样合格率仅为65.2%。抽查存在的质量问题主要就是部分产品铅、镉溶出量超标，其中有6种产品铅溶出量严重超标，最高为124.9 mg/L，是国家标准规定的24.98倍。由此可见，铅、镉等重金属超标以及其迁移溶出已经成为制约我国陶瓷产业发展和陶瓷制品出口的重要因素。

8.1.2 食品包装材料的痕量污染物

在食品包装生产过程和包装食品流通贮藏过程中存在着痕量污染物的潜在危险，例如在塑料加工过程中，用于聚合反应的催化剂残留物可能出现在食品成品中，包装加工机械的润滑剂也可能进入食品中。微生物同样会影响食品包装安全，在包装容器制品的制造和贮运期间，纸包装材料和各类软塑料包装材料等也会受到环境中微生物如真菌的污染。包装操作时的人工接触、黏附有机物或吸湿或吸附空气中的灰尘等都能导致真菌污染。因此，如果包装原材料存放时间较长且环境质量又差，在包装操作前又不注意包装材料或容器的灭菌处理，包装材料的二次污染则会导致包装食品的二次污染。

8.2 食品包装中有害物迁移及控制

学习目标

1. 掌握迁移预测模型及其参数
2. 掌握迁移试验测试

前述问题主要是包装材料原料和食品包装生产贮藏过程带来的危害，但包装中的有害物质并不直接危害食品，而是通过迁移等形式进入食品，从而影响食品安全。

食品包装中的迁移是指包装中的化学物进入内装食品的过程，由于有毒有害物质进入食品后会影响食品风味、危害人体健康，有毒有害物质的迁移特别受到关注。迁移量是考察包装中有毒有害物质等化学物迁移至食品中的潜在能力。总迁移量是从包装迁移到与之接触的食品中的所有非挥发性物质的总量，以每千克食品中非挥发性迁移物的质量(mg/kg)，或每平方分米接触面积迁出的非挥发性迁移物的质量(mg/dm^2)表示。对婴幼儿专用食品接触材料及制品，以 mg/kg 表示。特定迁移量是包装中某种化学物的迁移量。

8.2.1 迁移机制

化学物的迁移一般认为是遵循动力学和热力学的扩散过程，有害物的迁移包括 3 个阶段：化学物在包装材料内的扩散；化学物在材料与食品界面处的溶解；化学物在食品内的扩散。多数研究人员根据菲克定律(Fick's law)建立扩散数学模型来描述此过程，主要模型参数为迁移时间、温度、材料厚度、包装中化学物的含量、分配系数和扩散系数。此过程的动力学部分表征迁移速度，热力学部分表征迁移结束时，即体系达到平衡时化学物的转移程度。例如，某些迁移环境下迁移速度可能很低，但是通过较长的包装贮藏期，也会有大量化学物迁移进入食品。

8.2.2 迁移影响因素

为了更有效地设计包装避免食品安全问题，除了在最严苛的条件下检测有害物质的迁移量是否超出迁移限量，还可以检测相同条件下不同迁移时间的迁移量，找寻其迁移行为，即迁移快慢和迁移平衡时的最大迁移量。影响迁移的因素主要有五个方面：包装材料的类型、接触状态和程度、食品特性、接触温度和接触时间。包装材料的结构及分子组成会对物质形成内在阻力。包装材料一般可分为 3 类：不渗透包装材料，如金属和陶瓷；渗透材料，如橡胶和塑料；多孔材料，如纸和纸板。固体食品接触面积小，液体食品接触面积大，小包装接触面积小，阻隔层会起到阻碍迁移的作用。食品具有不相容性和溶解性。塑料薄膜容易润胀，金属材料容易被腐蚀；高温一般容易导致有害物迁移。非挥发性迁移物的迁移量一般随着温度的增加而增大，随着接触时间的增加而增大。

8.2.3 迁移标准

欧盟委员会(European Commission，EC)对食品包装中化学物迁移的研究目前是世界上较为全面、较为深入的，建立了较为完善的法规体系，食品包装材料具有明确的范围和定位，对包装材料的管理与对食品添加剂、食品本身的管理一起构成了对食品安全的全面管理(图 8-1)。在欧盟议会和理事会 1935/2004/EC 号框架规则中，对于与食品接触的材料和物质做出规定，这些材料和物质无论是印刷或非印刷的，均不允许具有以下作用的成分转移到食品上：危害人身健康，引起食品成分发生有害的变化，对感觉器官造成不好的影响。2002/72/EC 是关于食品接触塑料和物品的专项指令，规定了总迁移量限值为 60 mg/kg 或 10 mg/dm^2，而且也规定了典型有毒有害物质的特定迁移量限值和日用必需品中单个材料允许的最高残留量。

近年来，我国对食品安全高度重视，食品包装材料制品的相关标准也在逐步构建和完善，主要涉及食品包装材料卫生标准和分析测试方法等方面。食品安全国家标准 GB 4806.1—

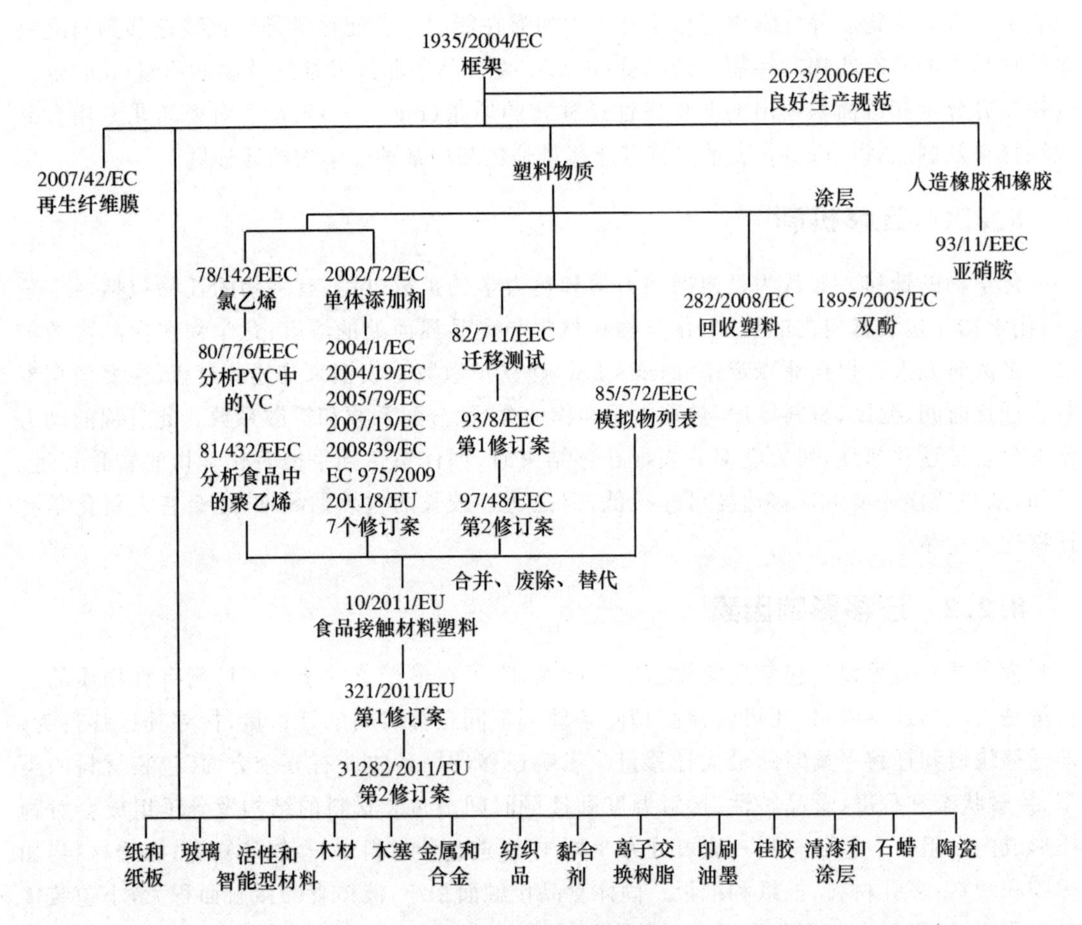

图 8-1 欧盟法规综述

2016《食品接触材料及制品通用安全要求》规定了食品接触材料及制品在推荐的使用条件下与食品接触时，迁移到食品中的物质水平不应危害人体健康，其总迁移量、物质的使用量、特定迁移量、特定迁移总量和残留量等应符合相应食品安全国家标准中对于总迁移限量、最大使用量、特定迁移限量、特定迁移总量限量和最大残留量等的规定。食品安全国家标准 GB 9685—2016《食品接触材料及制品用添加剂使用标准》和相关公告，列出了允许使用的添加剂名单、使用范围和最大使用量、特定迁移限量、最大残留量及其他限制性要求。

对于食品包装产品，可以通过迁移试验测试有毒有害物质的迁移量，并判断其安全性。食品安全国家标准 GB 31604.1—2015《食品接触材料及制品迁移试验通则》和 GB 5009.156—2016《食品接触材料及制品迁移试验预处理方法通则》等系列标准规定了食品接触材料及制品的迁移试验方法，原则是尽可能反映实际使用条件，在可预见的使用情形下应选择最严苛的试验条件（如最高使用温度和/或最长使用时间）；在尚无法确定使用时间和温度的情形下应选择有科学证据支持的最严苛的测试温度和时间。在尚无相应国家标准检验方法的情况下，可以采用经充分技术验证的其他检验方法。

8.3 食品包装有害物质迁移的测定

学习目标

1. 了解迁移机制
2. 掌握迁移影响因素
3. 掌握迁移标准

食品包装中有害物质迁移的测定主要分为模型预测和试验测试。

8.3.1 迁移模型预测

8.3.1.1 迁移模型的有效性

迁移模型具有经济、省时的特点，不但可以预测迁移趋势，也可用于消费者暴露评估(计算消费者对污染物的可能摄取量)，塑料中污染物向食品模拟物迁移的预测模型的有效性已经得到认可，现行法规也将其作为执法依据，欧盟 2002/72/EC 号指令允许使用迁移模型计算塑料包装中污染物的特定迁移量。现阶段塑料包装的迁移模型的研究较为成熟，其他包装材料还少见通用的预测模型；模型假设污染物在塑料内均匀分布，塑料及食品(模拟物)结构均匀、简单，并且模型预测值与试验值存在一定偏差，这都降低了模型的通用性。实际使用中需要对通用模型进行改进或是针对不同的情况选用特定的模型。

8.3.1.2 迁移模型种类

迁移预测模型主要分为理化模型和数学模型两大类。

理化模型以描述物理化学现象的理论为基础，模型变量大多有其物理意义，根据不同的变量得出确定的预测值，现有研究多以菲克定律为基础。

数学模型主要有经验模型、随机模型和概率模型等，它们基于对试验值的良好拟合，从纯数学的角度来研究初始值和结果的对应关系，并没有考虑模型的物理意义或迁移机理。

8.3.1.3 扩散模型

菲克第二定律指出，在非稳态扩散过程中，在距离 x 处，浓度随时间的变化率等于该处的扩散通量随距离变化率的负值，如果扩散系数 D 与浓度无关，则有：

$$\frac{\partial C}{\partial t} = D\frac{\partial^2 C}{\partial x^2} \tag{8-1}$$

式中，D—扩散系数($m^2 \cdot s^{-1}$)是描述扩散速度的重要物理量，它相当于浓度梯度为 1 时的扩散通量，D 值越大则扩散越快，扩散通量 J 的单位是 $kg/m^2 \times s$；C—扩散物质的体积浓度(kg/cm^3)；t—扩散时间(s)；x—与包装材料横截面垂直的距离(cm)；dC/dx—浓度梯度。实际上，包装材料中迁移物的扩散系数 D 是随浓度变化的，为了使求解扩散方程的过程简单些，往往近似地把 D 看作恒量。式(8-1)是偏微分方程，求解时应先作变换：令 $u=\frac{x}{\sqrt{t}}$，这样就可以变成一个常微分方程，再结合初始条件和边界条件求出方程的通解，利用通解可以解决包括非稳态扩散的具体问题。

现有菲克模型主要根据3种不同的包装形式考虑不同的初始条件和边界条件，即包装有限—食品无限、包装无限—食品无限和包装有限—食品有限。实际包装中最常见和实用的包装形式为包装有限—食品有限。对于包装有限—食品有限条件，根据不同的情况，如食品性质、食品—包装间的相互作用，又考虑了不同的右边界条件（包装—食品界面），主要有：①无传质系数/分配系数；②有限传质系数；③溶胀等几种情况，也有研究考虑了迁移物在食品中的扩散系数。

在考虑了实际应用情形的基础上为简化分析，一般有如下假设条件，①初始时刻，污染物均匀分布在包装材料中；②污染物只从包装材料一侧进入食品，迁移过程中污染物总量无损失，不会向外界迁移；③任一时刻食品中的污染物均匀分布；④在整个迁移过程中，扩散系数 D_P 为常数；⑤忽略包装材料的边界效应及其与食品的相互作用。对于简单的边界条件和初始条件，在《食品用塑料包装材料》和 *The Mathematics of Diffusion* 中已给出了数学描述和求解。

表8-1中左边界条件表明迁移物是低挥发性的，在包装材料与空气间不发生传质；右边界条件为包装—食品界面不考虑传质阻力时的迁移物传质。该情况下的迁移过程受包装材料中迁移物的扩散系数控制，食品混合良好，完全接收传质进入食品的迁移物，不直接影响迁移速率。

表8-1 包装材料中的扩散起主导作用时的迁移模型

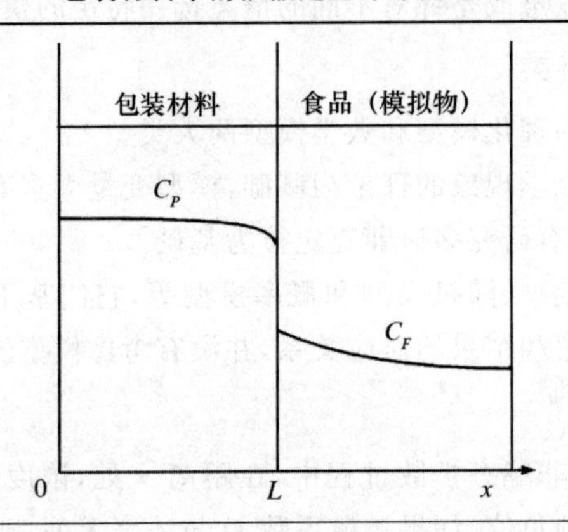

控制方程

$$\frac{\partial C_P}{\partial t} = D_P \frac{\partial^2 C_P}{\partial x^2}$$

初始条件

$$C_P(x,0) = C_{P0} \qquad C_F(x,0) = 0$$

边界条件

$$\frac{\partial C_P(0,t)}{\partial x} = 0 \qquad -D_P \frac{\partial C_P(L,t)}{\partial x} = \frac{V_F}{K_{P,F}A} \frac{\partial C_F(L,t)}{\partial t}$$

续表 8-1

解析解 $\frac{M_{F,t}}{M_{F,\infty}} = 1 - \sum_{k=1}^{\infty} \frac{2a(1+a)}{1+a+a^2 q_k^2} \exp\left(-D_P t \frac{q_k^2}{L^2}\right)$ Piringer 模型 其中 q_k 是 $\tan q_k = -aq_k$ 的非零正根。 如果 $a \gg 1$（因为 $V_F \gg V_P$ 和/或 $K_P < 1$），则有简单解： $\frac{M_{F,t}}{M_{F,\infty}} = 1 - \frac{8}{\pi} \sum_{k=1}^{\infty} \frac{1}{(2k+1)} \exp\left(-D_P t \frac{(2k+1)^2 \pi^2}{L^2}\right)$ FDA 模型
对于短时间迁移，则有： $\frac{M_{F,t}}{M_{F,0}} = \frac{2}{L\sqrt{\pi}} \sqrt{D_P t}$ 如果 $a \gg 1$（因为 $V_F \gg V_P$ 和/或 $K_{FP} < 1$），则有简单解： $\frac{M_{F,t}}{M_{F,\infty}} = 1 - \exp(Z^2) erfc(Z)$ 其中 $Z = \frac{K_{FP}}{a} \sqrt{D_P t}$ ，$a = \frac{V_F}{A}$

表 8-2 中右边界条件考虑了包装——食品界面的传质阻力，以有限的传质系数表示，但对于包装中传质系数的试验和讨论还不够深入。

表 8-2 包装中的扩散和食品—包装界面同时起作用时的迁移模型

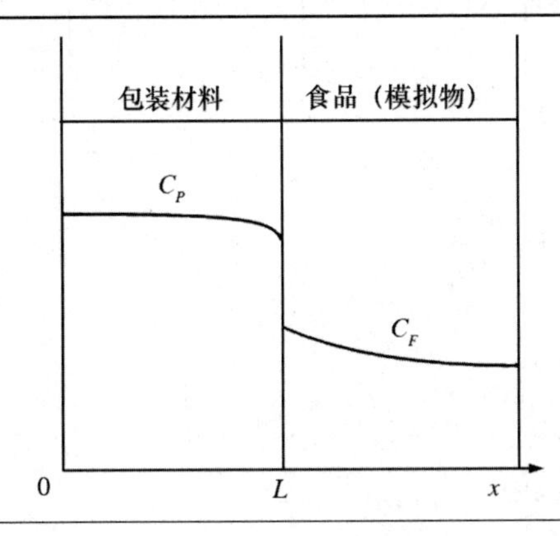

控制方程

$$\frac{\partial C_P}{\partial t} = D_P \frac{\partial^2 C_P}{\partial x^2}$$

初始条件

$$C_P(x,0) = C_{P0} \qquad C_F(x,0) = 0$$

边界条件

$$\frac{\partial C_P(0,t)}{\partial x} = 0 \qquad -D_P \frac{\partial C_P(L,t)}{\partial x} = h[C_P(L,t) - C_P(L,\infty)]$$

续表 8-2

解析解

$$\frac{M_{F,t}}{M_{F,\infty}} = 1 - \sum_{k=1}^{\infty} \frac{2Bi^2}{(q_k^2 + Bi^2 + Bi)q_k^2} \exp\left(-D_P t \frac{q_k^2}{L^2}\right)$$

其中 $Bi = Lh/D_P \quad q_k \tan q_k = Bi$

如果 $Bi > 100$：

$$\frac{M_{F,t}}{M_{F,\infty}} = 1 - \frac{8}{\pi} \sum_{k=1}^{\infty} \frac{1}{(2k+1)} \exp\left[-D_P t \frac{(2k+1)^2 \pi^2}{L^2}\right]$$

表 8-3 包装与食品中的扩散同时起作用时的迁移模型

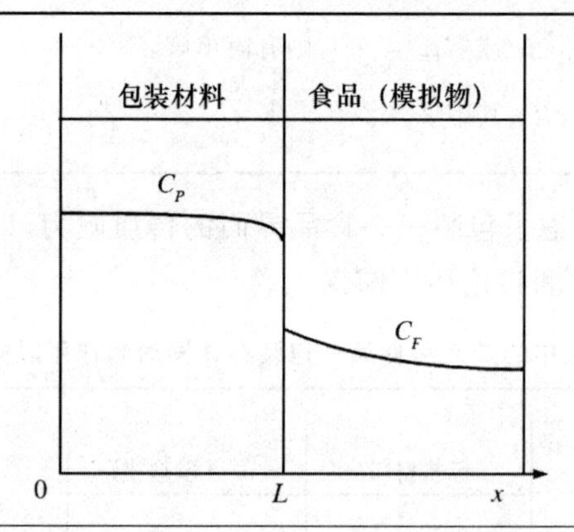

控制方程

$$\frac{\partial C_P}{\partial t} = D_P \frac{\partial^2 C_P}{\partial x^2} \qquad \frac{\partial C_F}{\partial t} = D_F \frac{\partial^2 C_F}{\partial x^2}$$

初始条件

$$C_P(x,0) = C_{P0} \qquad C_F(x,0) = 0$$

边界条件

$$\frac{\partial C_P(0,t)}{\partial x} = 0 \qquad -D_P \frac{\partial C_P(L,t)}{\partial x} = -D_F \frac{\partial C_F(L,t)}{\partial x}$$

数值解

有限差分法：

对时间差分

$$\frac{C_i^{k+1} - C_i^k}{\partial t} = D\left[\theta \frac{C_{i-1}^{k+1} - 2C_i^{k+1} + C_{i+1}^{k+1}}{(\partial x)^2} + (1-\theta)\frac{C_{i-1}^k - 2C_i^k + C_{i+1}^k}{(\partial x)^2}\right]$$

对空间差分

$$\frac{\partial^2 C_i^k}{\partial x^2} = \frac{\varepsilon C_{i-1} - (1+\varepsilon)C_i + C_{i+1}}{(\partial x)^2}$$

前 2 种情形更适合液体食品，因为迁移过程中液体食品近似于均匀混合，模型不用考虑迁移物在食品中的扩散系数。对于固体或半固体食品，迁移过程也受迁移物在食品中的扩散系数的影响，所以右边界条件由迁移物在包装和食品中不同的扩散系数共同决定。但在实际包装中，当包装中的扩散系数小于食品中的扩散系数时，起作用的是包装中的扩散系数，食品中的扩散系数可忽略，也即第一种情况；当食品中的扩散系数在迁移中起主要作用时，包装中的扩散系数可忽略。

当考虑食品与包装间的溶胀作用时，食品中的物质会进入包装并改变包装属性，如改变污染物的扩散系数，包装由单层考虑为多层，甚至出现非菲克扩散的情形。多层模型是在单层模型的基础上，将单层扩展为多层，并根据不同的包装形式和污染物分布，设定不同的初始条件和边界条件。

8.3.1.4 模型的2个重要参数

迁移模型中有2个重要参数：扩散系数和分配系数。扩散系数决定了迁移速率；分配系数决定了最大迁移量，是迁移平衡时食品中与包装中迁移物的浓度比。

1. 扩散系数

Piringer 等针对塑料材料的恶劣环境下的扩散系数预测模型被得到广泛认可和使用，方法如下：

$$D_P = 10^4 \exp\left(A_P^* - 0.1351\, M_r^{\frac{2}{3}} + 0.003\, M_r - \frac{10\,454}{T}\right) \tag{8-2}$$

式中，A_P^*（下文中的 A_P、A_B）是聚合物材料相关的特定参数，可看作温度的函数 $A_P^* = A'_P - \frac{\tau'}{T}$，改变 A_P^* 值可适用于不同种类的聚合物材料；τ' 表征聚合物内扩散活化能对参照活化能的偏离，参照活化能的值为 $E_A = 10\,454\ \mathrm{R} = 86.923\ \mathrm{kJ/mol}$，$\tau'$ 根据不同的聚合物类型，取值为0或1 577；无量纲常数0.135 1来源于烷烃中摩尔体积和质量之间的关系；扩散系数 D_P 随着添加剂分子的摩尔质量 M_r 的增加而降低；无量纲常数10 454来源于聚烯烃的参考活化能；$\frac{1}{T}$ 是考虑了扩散系数对温度的依赖性；不同类型聚合物上限的 A_P^* 值和使用温度范围见表8-4。此模型主要用于估计聚烯烃在常温下的扩散系数，对于较高温度、较高相对分子量和非聚烯烃情形下的预测效果还没有得到证实。

表8-4 不同类型聚合物上限 A_P^* 值和 τ' 值

聚合物	A_P^* 值	τ'	T/ ℃
LDPE 和 LLDPE	11.5	0	<90
HDPE	14.5	1 577	<100
PP (homo 和 random)	13.1	1 577	<120
PP (rubber)	11.5	0	<100
PS	0	0	<70
HIPS	1.0	0	<70
PET	6.0	1 577	<175
PEN	5.0	1 577	<175
PA	2.0	0	<100

扩散系数的经验模型对聚烯烃材料中的扩散系数给出了较合理的预测，但缺乏对聚合物微观结构和扩散机理的本质认识。分子动力学模拟是从分子层面上研究聚合物结构和材料宏观性质间的关系，能详细地描述聚合物结构相关的扩散机理，是模拟微观系统、预测宏观性能的重要方法。可以通过分子动力学法研究扩散系数的影响因素，并可从微观角度如聚合物基体中自由体积总量、自由体积分数、自由体积形态等方面解释这些因素是如何影响迁移物在聚合物中的扩散系数，分析迁移物在聚合物中扩散轨迹从而揭示迁移物分子在聚合物中扩散的微观动力学过程。

扩散系数受塑料结构、迁移物分子量、温度等因素影响，但实际建模求解时，包装材料中的扩散系数一般假定为常数，并且不受时间和位置影响。

2. 分配系数

分配系数指一定温度下，处于平衡状态时，组分在固定相中的浓度和在流动相中的浓度之比，以 K 表示。分配系数反映了溶质在两相中的迁移能力及分离效能，是描述物质在两相中行为的重要物理化学特征参数。食品包装中的分配系数通常指平衡时包装材料中迁移物的浓度与食品中的迁移物浓度之比，即：

$$K_{P,F}=\frac{C_P}{C_F} \tag{8-3}$$

上式为单层包装、两相间分配系数的表达式，$K_{P,F}$ 值的大小表征了食品中污染物的多少，与 $K_{F,P}$ 互为倒数，$K_{P,F}$ 值越小即为包装材料迁移进入食品（模拟物）的污染物越多。复合材料（多层结构）中黏合剂和基材间的分配系数研究较少。

分配系数与内在的迁移物性质、结构、流动相和固定相的热力学性质有关，也与外在的温度、压力有关。一般而言，温度越高扩散质的活性越大，温度的升高为扩散提供更多的能量。但是少数情况下，分配系数也会随着温度的升高而减小，这可能是由于焓发生变化的缘故。食品—包装体系内的污染物分布，主要以相似相溶原理为基础。低极性塑料添加剂如受阻酚类抗氧化剂或受阻胺光稳定剂向极性食品（模拟物）迁移时分配系数会增大。欧盟委员会指出迁移平衡时包装材料中和脂肪食品中的迁移物浓度相等，比水性食品中的浓度低 1 000 倍，意味着脂肪含量越高，最大迁移量越大。相对于塑料，纸包装更多地用于非水性食品，尤其以脂肪食品为主，所以从分配系数来看，纸包装食品相对更容易受到迁移污染。

现有研究表明，包装中分配系数的预测、计算方法与热力学方法、希尔德布兰德溶解度参数和脂水分配系数等较成熟方法的原理相通，但还没有找到明确的对应关系将这些方法用于包装—食品系统，只能用于估计分配系数的变化趋势。并且，现有的分配系数研究主要基于塑料包装，还没有研究表明上述结论可适用于纸包装和较复杂的真实食品。通用的方法是迁移平衡时通过试验来测量获得的。

8.3.1.5 模型求解

对于包装与食品的相互作用，扩散总方程的解需要考虑整个体系中每个位置在时间 t 的浓度，但一般形式的二阶偏微分方程是没有解的，只有一些特殊情况可以求出解析解。

迁移模型的求解通常关注 2 个方面：一个是迁移平衡时的最大迁移量；另一个是整个的迁移趋势。《食品用塑料包装材料》和 *The Mathematics of Diffusion* 已经给出基本条件下的解析解及误差分析，对于包装中的实际问题，可采用分离变量法或拉普拉斯变换法求出其解析解。其中，扩散系数 D 为变量时，方程没有解析解，但通常假定 D 为常数。

解析解仅适用于简单的包装结构和恒定的扩散系数，可以求得解析解的边界条件也仅限于简单情形。然而，推导解析解时所做的简化假设与实际问题是不符合的。例如，污染物在聚合物的扩散过程中会出现扩散系数依赖于浓度的现象，这种条件下是没有解析解的。此外，解析解通常表示成无穷级数的形式，还需要对它们进行数值分析。为了使模型与实际情形更接近，就必须通过数值方法求得扩散方程的解。数值离散法对物理模型本质的影响比解析近似法要小得多，这使得它可以处理更为复杂的扩散问题。常用的有有限差分法、有限元法等，此时求解的精确度就显得比较重要。

8.3.2 迁移试验测试

8.3.2.1 迁移试验目的

迁移试验及分析方法是研究食品包装中化学物迁移的重要手段，主要步骤包括：迁移单元制作，试样迁移（包括时间和温度），样品萃取、提纯，分析测定。试验分析的目的是：①鉴别食品包装材料中哪些物质可能是迁移物或污染物质；②确定食品包装材料或包装食品中残留单体及添加剂的量；③确定食品包装材料中有害物迁移进入食品的水平；④评估由于使用包装使食品摄入污染物的最大可能量。

包装和食品形式和种类繁多，为了保证迁移试验的经济和效率，通常对包装和食品进行简化，迁移测试单元主要分为：包装材料及有害物质、食品模拟物、试样接触面积、试样接触面积与食品模拟物体积比等。迁移测试单元应尽可能反映真实的包装形式，如液体食品包装可选择浸泡法，固体食品包装可选择单面接触法。

8.3.2.2 迁移物的分析技术

用于测定潜在迁移物的分析技术主要有：①气相色谱-质谱联用法；②气相色谱-氢火焰离子化检测器联用法；③液相色谱-质谱联用法；④高效液相色谱法；⑤离子色谱法；⑥顶空-气相色谱/质谱法，此外还有原子吸收光谱法，比色法，放射测量法等。

对于增塑剂、苯乙烯的检测，最常用的是 GC（气相色谱）和 GC-MS（气质联用），此外，增塑剂也可用 HPLC（高效液相色谱）检测；而对于双酚 A、抗氧化剂、烷基酚、芳香胺的检测，常用的则是 HPLC-UV（高效液相色谱紫外联用）和 LC-MS；对于重金属的检测常采用 ICP-MS（电感耦合等离子质谱）。

8.3.2.3 食品或食品模拟物的选择

食品种类繁多，很难通过单一食品找到一般迁移规律，欧盟用模拟物 A——水、模拟物 B——3%（质量浓度）乙酸、模拟物 C——10%或大于 10%（体积分数）酒精、模拟物 D——橄榄油或固体模拟物 Tenax 来代替水性、酸性、酒精、脂肪等四类食品。食品模拟物并不能完全模拟所有的情况，通过模拟物测得的迁移量与实际食品相比，会出现偏大或偏小的现象，尤其是使用脂肪模拟物时。但对于迁移试验，法规只是参考，可根据实际情况选用适合的食品或食品模拟物。例如标准中指出的四种食品模拟物均为液体，显然不适用于纸包装的形式,可选用替代的脂肪模拟物 MPPO(modified polyphenylene oxide 改性聚亚苯基氧化物),又称为 Tenax,一个热稳定性高、吸附性好的固相多孔聚合物,作为替代橄榄油的模拟物,欧盟标准指出在用 Tenax 进行试验时使用比率为每平方分米试样 4 g Tenax。

国家标准 GB 31604.1—2011《食品接触材料及制品迁移试验通则》和 GB 5009.156—2016《食品接触材料及制品迁移试验预处理方法通则》指出根据食品种类和性质,可选择10%(体积分数)乙醇、4%(体积分数)乙酸、20%(体积分数)乙醇、50%(体积分数)乙醇、植物油对食品进行模拟(表 8-5)。

表 8-5　食品类别与食品模拟物

食品类别	食品模拟物
水性食品,乙醇含量≤10%(体积分数) 非酸性食品(pH≥5)[a] 酸性食品(pH<5)	 10%(体积分数)乙醇或水 4%(体积分数)乙酸
含酒精饮料,乙醇含量>10%(体积分数) 乙醇含量≤20%(体积分数)[b] 20%(体积分数)<乙醇含量≤50%(体积分数)[c] 乙醇含量>50%(体积分数)	 20%(体积分数)乙醇 50%(体积分数)乙醇 实际浓度或 95%(体积分数)乙醇
油脂及表面含油脂食品	植物油[d]

注:a 对于乙醇含量≤10%(体积分数)的食品和不含乙醇的非酸性食品应首选≤10%(体积分数)乙醇,如食品接触材料及制品与乙醇发生酯交换反应或其他理化改变时,应选择水作为模式物,水的质量应符合相关标准规定。

b 也适用于富含有机成分且食品的脂溶性增加的食品。

c 也适用于包油乳化食品(如部分乳及乳制品)。

d 植物油为精制玉米油、橄榄油,其质量要求应符合 GB 5009.156 的规定。

8.3.2.4　迁移试验条件的选取

温度和时间是影响迁移的 2 个重要因素,迁移试验通常要反映包装食品最长保质期的迁移情况。根据欧盟的规定,迁移检测条件应选取实际中最严格的检测条件(表 8-6、表 8-7),并使用相应的模拟物。

表 8-6　使用食品模拟物的常规迁移检测条件

可预见的最差接触条件	检测条件
接触时间	检测时间
5 min<t≤0.5 h	0.5 h
0.5 h<t≤1 h	1 h
1 h<t≤2 h	2 h
2 h<t≤4 h	4 h
4 h<t≤24 h	24 h
t>24 h	10 d

续表 8-6

可预见的最差接触条件	检测条件
接触温度	检测温度
$T \leqslant 5$ ℃	5 ℃
5 ℃$<T\leqslant$20 ℃	20 ℃
20 ℃$<T\leqslant$40 ℃	40 ℃
40 ℃$<T\leqslant$70 ℃	70 ℃
70 ℃$<T\leqslant$100 ℃	100 ℃或回流温度

表 8-7 替代检测的常规条件

使用模拟物 D 的检测条件	使用异辛烷的检测条件	使用 95%乙醇的检测条件	使用 Tenax 的检测条件
5 ℃·10 d^{-1}	5 ℃·0.5 d^{-1}	5 ℃·10 d^{-1}	—
20 ℃·10 d^{-1}	20 ℃·1 d^{-1}	20 ℃·10 d^{-1}	—
40 ℃·10 d^{-1}	20 ℃·2 d^{-1}	40 ℃·10 d^{-1}	—
70 ℃·2 h^{-1}	40 ℃·0.5 h^{-1}	60 ℃·2 h^{-1}	—
100 ℃·0.5 h^{-1}	60 ℃·0.5 h^{-1}(*)	60 ℃·2.5 h^{-1}	100 ℃·0.5 h^{-1}

注：* 挥发性检测介质使用的最高温度为 60 ℃。

表 8-8 总迁移试验条件[a]

预期使用条件	迁移试验条件
冷冻和冷藏 不在容器内热处理 食用前在容器内再加热	20 ℃，10 d 100 ℃，2 h
室温灌装在室温下长期贮存，包括 $T\leqslant$70 ℃，$t\leqslant$2 h 或 $T\leqslant$100 ℃，$t\leqslant$15 min 条件下的热灌装及巴氏消毒	40 ℃，10 d
$T\leqslant$70 ℃，$t\leqslant$2 h 或 $T\leqslant$100 ℃，$t\leqslant$15 min 条件下的热灌装及巴氏消毒后，不再在室温或低于室温的条件下长期贮存	70 ℃，2 h
在 $T\leqslant$100 ℃，$t>$15 min 的条件下使用(如蒸煮或沸水消毒)	100 ℃，1 h
在 $T\leqslant$121 ℃的温度下使用(高温热杀菌或蒸馏)	100 ℃或回流温度，2 h；或 121 ℃，1 h
在 $T>$40 ℃的温度下接触水性食品、酸性食品、含酒精饮料[乙醇含量$\leqslant$20%(体积分数)]	100 ℃或回流温度，4 h
在 $T>$121 ℃的温度下使用(如高温烘烤)	175 ℃，2 h(仅限植物油)

注：a 较高温度下的测试结果可以代替较低温度下的测试结果。相同贮存或使用温度下，较长时间下的测试结果可以代替和涵盖较短时间下的测试结果。

有些食品在冷冻条件下可以保存 2 年甚至更长时间，试验时为了省时可进行加速处理，即在高温下用较短时间代替食品的实际使用条件来进行加速迁移试验。室温或低于室温条件下贮存 30 d 以上时，升温加速试验条件的选择应符合表 8-8 的规定。

8.3.2.5 数据处理及计算

迁移结果以迁移百分量表示，即每种污染物在食品或食品模拟物中的含量 $M_{F,t}$ 与包装中原始含量 $M_{P,0}$ 的比值，即：

$$迁移量(\%)=M_{F,t}(\mathrm{mg}\cdot\mathrm{dm}^{-2})/M_{P,0}(\mathrm{mg}\cdot\mathrm{dm}^{-2})$$

8.3.3 未来发展趋势

随着材料科学的发展和人们对生活更高质量的追求，越来越多新型材料用于食品包装，主要包括传统材料更新换代的新型食品包装材料、生物基食品包装材料、纳米食品包装材料、新型复合食品包装材料等。但纳米成分以及高风险的非有意添加物(non-intentionally added substances, NIAS)，定性定量等检测方法复杂，迁移规律和迁移机理不清晰，毒性研究数据不完善，在安全评价尚不充分的情况下就被越来越多地运用到食品包装材料中，将给食品安全带来新的潜在安全隐患。

思考题

1. 影响食品安全的有害源都有哪些？
2. 常用的迁移模型有哪些？
3. 迁移物如何测定？

第9章 食品包装标准与法规

【学习目的和要求】

1. 掌握国际标准化组织有关食品包装的标准
2. 掌握国际食品法典委员会有关食品包装的标准
3. 掌握我国有关食品包装的标准
4. 掌握《中华人民共和国食品安全法》有关食品包装的规定
5. 掌握食品包装上常见的标识

【学习重点】

1. 我国有关食品包装的标准
2. 《中华人民共和国食品安全法》有关食品包装的规定
3. 食品包装上常见的标识

【学习难点】

1. 国际标准化组织有关食品包装的标准
2. 国际食品法典委员会有关食品包装的标准

知识树

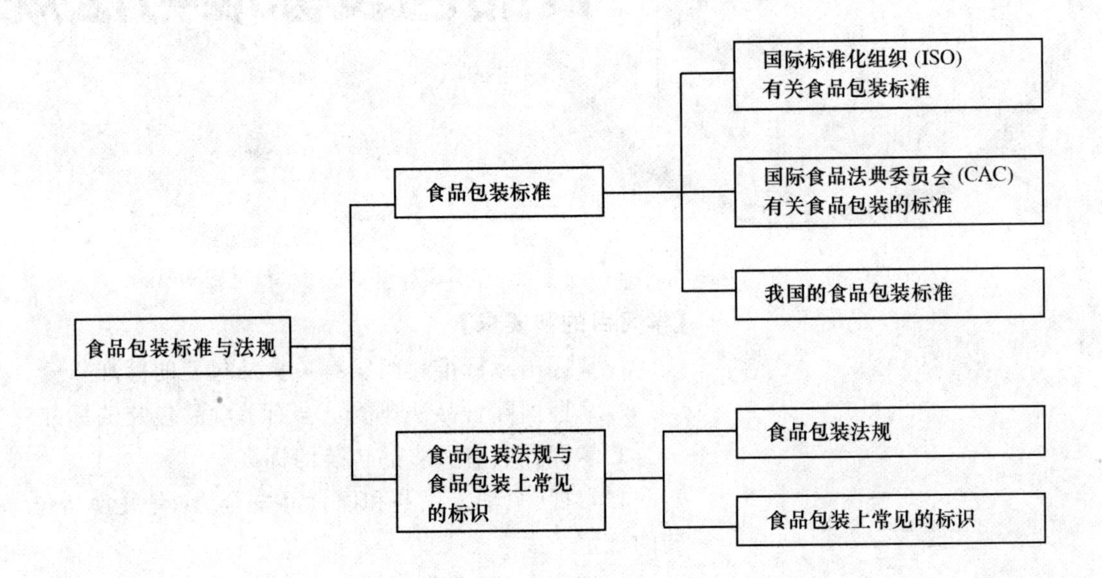
食品包装标准与法规
食品包装标准
国际标准化组织 (ISO)
有关食品包装标准
国际食品法典委员会 (CAC)
有关食品包装的标准
我国的食品包装标准
食品包装法规与
食品包装上常见
的标识
食品包装法规
食品包装上常见的标识

食品是供人们食用的,而食品包装直接或间接与食品接触,食品包装的质量安全关系到公众的身体健康和生命安全。因此,食品包装不仅要符合一般商品包装标准和法规,还要符合食品卫生与安全标准与法规。

标准是为在一定的范围内获得最佳秩序,经协商一致而制定并由公认机构批准,共同使用和重复使用的一种规范性文件;食品包装标准就是对食品的包装材料、包装方式、包装标志、技术要求等的规定。法规含有立法性质的管制规则,由必要的权力机关及授权的权威机构制定并予颁布实施的有法律约束力的文件。

制定标准及法规的目的就是为了便于所有相关成员间的相互交流、减少差异、提高质量、保证安全及促进自由贸易与实施操作。食品包装标准与法规的出发点与落脚点就是保证食品的质量与安全,提高食品的品质。

9.1 食品包装标准

学习目标

1. 掌握国际标准化组织有关食品包装的标准
2. 掌握国际食品法典委员会有关食品包装的标准
3. 掌握我国有关食品包装的标准

9.1.1 国际标准化组织(ISO)有关食品包装的标准

国际标准化组织(ISO)于1946年10月14日成立,是世界上最大的国际标准化机构,属于非政府性国际组织,总部设在瑞士日内瓦。根据ISO章程,每个国家只能有1个最具代表性的标准化团体作为其成员。我国于1978年申请恢复加入ISO,同年8月被其接纳为成员国,在2008年10月召开的第31届国际标准化组织大会上,正式成为ISO的常任理事国。

ISO的宗旨是:在世界范围内促进标准化工作的开展,以利于国际物资交流和互助,并扩大知识、科学、技术和经济方面的合作。ISO的主要任务是:制定国际标准,协调世界范围内的标准化工作,与其他国际性组织合作研究有关标准化问题。

ISO第1个技术委员会(TC1)建于1947年,截至2017年8月,ISO共建TC 309个,已取消TC 66个。当1个TC被撤销时,其编号不允许其他TC使用。TC可设分技术委员会(SC)和工作组(WG),每个技术委员会和分委员会都有一个由ISO正式成员负责的秘书处,秘书处及工作范围等发表在ISO的年度备忘录中。其中涉及食品包装的技术委员会共有11个,名称及秘书处所在国见表9-1。

表 9-1 ISO 涉及食品包装的技术委员会

技术委员会	名称	秘书处所在国
TC6	纸、纸板和纸浆	加拿大
TC34	食品	匈牙利
TC51	单件货物搬运用托盘	英国
TC52	薄壁金属容器	法国
TC61	塑料	美国
TC63	玻璃容器	英国
TC79	轻金属及其合金	法国
TC104	货运集装箱	美国
TC122	包装	土耳其
TC166	接触食品的陶瓷器皿、玻璃器皿和玻璃陶瓷器皿	美国
TC204	运输信息和管理系统	美国

9.1.1.1 食品技术委员会(ISO/TC 34)

食品技术委员会是专门负责食品国际标准制定的技术委员会，设有油料种子和果实，水果、蔬菜及其制品，谷物和豆类，乳及乳制品，肉、禽、鱼、蛋及其制品，香料和调味品，茶叶，微生物，动物饲料，动物和植物油脂，感官分析，咖啡，分子标记分析，食品安全管理体系，可可等 15 个分技术委员会。ISO/TC 34 制定的涉及食品包装方面的标准主要有：

ISO 15394:2009(包装——航运、运输和标签用条形码和二维码)；

ISO 6661:1983(新鲜水果和蔬菜——陆地运输工具平行六面体包装排列)；

ISO 7558:1988(水果和蔬菜预包装导则)；

ISO 9884-1:1994(茶叶袋——规范——第一部分:用货盘装运和集装箱运输的茶叶推荐包装)；

ISO 9884-2:1999(茶叶袋——规范——第二部分:用货盘装运和集装箱运输的茶叶包装操作规范)；

ISO TS210:2014(精油——包装、调节和贮藏总则)。

9.1.1.2 薄壁金属容器技术委员会(ISO/TC 52)

薄壁金属容器技术委员会下设 1 个分技术委员会，制定的涉及食品包装方面的标准主要有：

ISO 90-1:1997(薄壁金属容器——定义、贮存和容量第一部分:顶开式罐)；

ISO 90-2:1997(薄壁金属容器——定义、贮存和容量第二部分:一般用途的容器)；

ISO 90-3:2000(薄壁金属容器——定义、贮存和容量第三部分:喷雾罐)；

ISO 1361:1997(薄壁金属容器——顶开式罐——内径)。

9.1.1.3 塑料技术委员会(ISO/TC 61)

塑料技术委员会下设 1 个工作组与 11 个分技术委员会，制定的涉及食品包装方面的标准主要有：

ISO 13106:2014(塑料——液体食品包装用吹塑聚丙烯容器)；

ISO 23560:2015(散装食品包装用聚丙烯编织袋)。

9.1.1.4 玻璃容器技术委员会(ISO/TC 63)

玻璃容器技术委员会制定的涉及食品包装方面的标准主要有：

ISO 8106:2004(玻璃容器——重量法容积——试验方法)；

ISO 8113:2004(玻璃容器——抗垂直冲击强度试验——试验方法)；

ISO 12821:2013(玻璃包装——26 H 180 型皇冠盖瓶口——尺寸)；

ISO 12822:2015(玻璃包装——26 H 126 型皇冠盖瓶口——尺寸)。

9.1.1.5 集装箱技术委员会(ISO/TC 104)

集装箱技术委员会下设 3 个分技术委员会，制定的涉及食品包装方面的标准主要有：

ISO 668:2013(系列 1 货物集装箱——分类、外尺寸和重量系列)；

ISO 1161:2016(系列 1 货物集装箱——角件——技术条件)；

ISO 1496-1:2013(系列 1 货物集装箱——技术条件与试验第一部分:通用货物集装箱)；

ISO 1496-2:2008(系列 1 货物集装箱——技术条件与试验第二部分:保温集装箱)；

ISO 1496-3:1995(系列 1 货物集装箱——技术条件与试验第三部分:液体和气体罐式集装箱)；

ISO 1496-5:1991(系列 1 货物集装箱——技术条件与试验第五部分:板架集装箱)；

ISO 3874-1997(系列 1 货物集装箱——装卸与固定)。

9.1.1.6 包装技术委员会(ISO/TC 122)

包装技术委员会下设 8 个工作组与 2 个分技术委员会，制定的涉及食品包装方面的标准主要有：

ISO 2206:1987(包装——满装运输包装件——试验样品部位的标示方法)；

ISO 2233:2000(包装——满装运输包装件和单位负载——测试条件)；

ISO 2234:2000(包装——满装运输包装件和单位负载——堆码试验)；

ISO 2248:1985(包装——满装运输包装件和单位负载——垂直冲击跌落试验)；

ISO 2244:2000(包装——满装运输包装件和单位负载——水平冲击试验)；

ISO 2247:2000(包装——满装运输包装件和单位负载——振动试验)；

ISO 2873:2000(包装——满装运输包装件和单位负载——减压试验)；

ISO 2875:2000(包装——满装运输包装件和单位负载——水喷淋试验)；

ISO 2876:1985(包装——满装运输包装件和单位负载——滚动试验)；

ISO 4178:1980(满装的运输包装件——流通试验——应记录的数据)；

ISO 4180:2009(满装的运输包装件——性能试验的一般规则)。

9.1.1.7 接触食品的陶瓷器皿、玻璃器皿和玻璃陶瓷器皿技术委员会(ISO/TC 166)

接触食品的陶瓷器皿、玻璃器皿和玻璃陶瓷器皿技术委员会下设 1 个工作组，制定的涉及食品包装方面的标准主要有：

ISO 6486-1:1999(与食品接触的陶瓷容器、玻璃-陶瓷容器与玻璃餐具——铅和镉的释放——第一部分:测试方法);

ISO 6486-2:1999(与食品接触的陶瓷容器、玻璃-陶瓷容器与玻璃餐具——铅和镉的释放——第二部分:允许限量);

ISO 7086-1:2000(与食品接触的玻璃盘——铅和镉的释放——第一部分:测试方法);

ISO 7086-2:2000(与食品接触的玻璃盘——铅和镉的释放——第二部分:允许限量);

ISO 8391-1:1986(与食品接触的陶瓷炊具——铅和镉的释放——第一部分:测试方法);

ISO 8391-2:1986(与食品接触的陶瓷炊具——铅和镉的释放——第二部分:允许限量)。

9.1.2 国际食品法典委员会(CAC)有关食品包装的标准

国际食品法典委员会(CAC)是由联合国粮农组织(FAO)和世界卫生组织(WHO)共同建立,以保障消费者的健康和确保食品贸易公平为宗旨的一个制定国际食品标准的政府间组织。自1961年第11届粮农组织大会和1963年第16届世界卫生大会分别通过了创建CAC的决议以来,已有185个成员和1个成员国组织(欧盟)加入该组织,覆盖全球99%的人口。CAC是世界贸易组织(WTO)认可的唯一向世界各国政府推荐的国际食品法典标准,同时也是WTO在国际食品贸易领域的仲裁标准。

CAC的主要工作就是编制国际食品标准,负责标准制定的两类组织分别是包括食品添加剂、污染物、食品标签、食品卫生、农药兽药残留、进出口检验和查证体系以及分析和采样方法等综合主题委员会(或称横向委员会)和鱼、肉、奶、油脂、水果、蔬菜等商品委员会(或称纵向委员会)。两类委员会通过分别制定食品的横向(针对所有食品)和纵向(针对不同食品)规定,建立了一套完整的食品国际标准体系,以食品法典的形式向所有成员发布。CAC制定的食品包装标准主要有:

CAC GL1:2009(标签说明通则);

CAC GL2:2016(营养标签导则);

CAC GL32:2013(有机食品生产、加工、标签及销售导则);

CAC RCP33:2011(天然矿泉水收集、加工、销售卫生国际推荐操作规范);

CAC RCP36:2015(散装食用油脂贮藏和运输国际推荐操作规范);

CAC RCP44:2004(热带新鲜水果蔬菜包装和运输国际推荐操作规范);

CAC RCP47:2001(散装和半包装食品运输卫生操作规范);

Codex Stan-1:2010(预包装食品标签通用标准);

Codex Stan-107:2016(食品添加剂销售时的标签通用标准);

Codex Stan-146:2009(特殊膳食用途的预包装食品标签及说明);

Codex Stan-180:1991(特殊疗效食品标签及说明)。

9.1.3 中国的食品包装标准

根据《中华人民共和国标准化法》(1989年4月1日施行)的规定,我国标准划分为国家标准、行业标准、地方标准、企业标准。各层次之间有一定的依从关系和内在联系,形成一个覆盖全国又层次分明的标准体系。依据最新修订的《中华人民共和国标准化法(修订草案)》(2017年2月22日国务院第165次常务会议讨论通过),我国标准在国家标准、行业标准、地方标准、企业标准的基础上,将新增团体标准,依法成立的社会团体可以制定团体标准。

9.1.3.1 食品包装国家标准

根据《中华人民共和国食品安全法》和《食品安全国家标准管理办法》规定,经食品安全国家标准审评委员会审查通过,我国近年来发布了一系列食品安全国家标准。其中涉及食品包装方面的国标主要有:

GB 4806.1—2016 食品安全国家标准 食品接触材料及制品通用安全要求;

GB 4806.3—2016 食品安全国家标准 搪瓷制品;

GB 4806.4—2016 食品安全国家标准 陶瓷制品;

GB 4806.5—2016 食品安全国家标准 玻璃制品;

GB 4806.6—2016 食品安全国家标准 食品接触用塑料树脂;

GB 4806.7—2016 食品安全国家标准 食品接触用塑料材料及制品;

GB 4806.8—2016 食品安全国家标准 食品接触用纸和纸板材料及制品;

GB 4806.9—2016 食品安全国家标准 食品接触用金属材料及制品;

GB 4806.10—2016 食品安全国家标准 食品接触用涂料及涂层;

GB 4806.11—2016 食品安全国家标准 食品接触用橡胶材料及制品;

GB 14967—2015 食品安全国家标准 胶原蛋白肠衣;

GB 14934—2016 食品安全国家标准 消毒餐(饮)具;

GB 9685—2016 食品安全国家标准 食品接触材料及制品用添加剂使用标准;

GB 31603—2015 食品安全国家标准 食品接触材料及制品生产通用卫生规范;

GB 31621—2014 食品安全国家标准 食品经营过程卫生规范;

GB 14881—2013 食品安全国家标准 食品生产通用卫生规范;

GB 29923—2013 食品安全国家标准 特殊医学用途配方食品良好生产规范;

GB 7718—2011 食品安全国家标准 预包装食品标签通则;

GB 28050—2011 食品安全国家标准 预包装食品营养标签通则;

GB 13432 2013 食品安全国家标准 预包装特殊膳食用食品标签;

GB 5009.156—2016 食品安全国家标准 食品接触材料及制品迁移试验预处理方法通则;

GB 31604.1—2015 食品安全国家标准 食品接触材料及制品迁移试验通则;

GB 31604.2—2016 食品安全国家标准 食品接触材料及制品 高锰酸钾消耗量的测定;

GB 31604.4—2016 食品安全国家标准 食品接触材料及制品 树脂中挥发物的测定;

GB 31604.5—2016 食品安全国家标准 食品接触材料及制品 树脂中提取物的测定;

GB 31604.7—2016 食品安全国家标准 食品接触材料及制品 脱色试验;

GB 31604.8—2016 食品安全国家标准 食品接触材料及制品 总迁移量的测定;

GB 31604.9—2016 食品安全国家标准 食品接触材料及制品 食品模拟物中重金属的测定;

GB 31604.10—2016 食品安全国家标准 食品接触材料及制品 2,2-二(4-羟基苯基)

丙烷(双酚 A)迁移量的测定;

GB 31604.15—2016 食品安全国家标准　食品接触材料及制品　2,4,6-三氨基-1,3,5-三嗪(三聚氰胺)迁移量的测定;

GB 31604.22—2016 食品安全国家标准　食品接触材料及制品　发泡聚苯乙烯成型品中二氟二氯甲烷的测定;

GB 31604.23—2016 食品安全国家标准　食品接触材料及制品　复合食品接触材料中二氨基甲苯的测定;

GB 31604.27—2016 食品安全国家标准　食品接触材料及制品　塑料中环氧乙烷和环氧丙烷的测定;

GB 31604.39—2016 食品安全国家标准　食品接触材料及制品　食品接触用纸中多氯联苯的测定;

GB 31604.47—2016 食品安全国家标准　食品接触材料及制品　纸、纸板及纸制品中荧光增白剂的测定;

GB 31604.48—2016 食品安全国家标准　食品接触材料及制品　甲醛迁移量的测定;

GB 31604.49—2016 食品安全国家标准　食品接触材料及制品　砷、镉、铬、铅的测定和砷、镉、铬、镍、铅、锑、锌迁移量的测定。

9.1.3.2　食品包装行业标准

根据《中华人民共和国标准化法》的规定,对没有国家标准而又需要在全国某个行业范围内统一的技术要求,可以制定行业标准。行业标准由国务院有关行政主管部门制定,并报国务院标准化行政主管部门备案,在公布国家标准之后,该项行业标准即行废止。行业标准涉及食品包装方面的标准主要有:

QB/T 1014—2010 食品包装纸;

QB/T 1016—2006 鸡皮纸;

QB/T 2681—2014 食品工业用不锈钢薄壁容器;

QB/T 2683—2005 罐头食品代号的标示要求;

QB/T 2898—2007 餐用纸制品;

QB/T 4033—2010 餐盒原纸;

QB/T 4049—2010 塑料饮水口杯;

QB/T 4622—2013 玻璃容器 牛奶瓶;

QB/T 4633—2014 聚乳酸冷饮吸管;

QB/T 4631—2014 罐头食品包装、标志、运输和贮存;

QB/T 4819—2015 食品包装用淋膜纸和纸板;

BB/T 0055—2010 包装容器　铝质饮水瓶;

BB/T 0018—2000 包装容器　葡萄酒瓶;

BB/T 0052—2009 液态奶共挤包装膜、袋;

SB/T 229—2013 食品机械通用技术条件 产品包装技术要求。

9.2　食品包装法规与食品包装上常见的标识

学习目标

1. 掌握《中华人民共和国食品安全法》有关食品包装的规定
2. 掌握食品包装上常见的标识

9.2.1　食品包装法规

关于食品包装方面的法律法规很多，有《中华人民共和国食品安全法》《预包装食品标签通则》《食品包装用原纸卫生管理办法》《进出口食品包装容器、包装材料实验检验监管工作管理规定》《进出口食品包装备案要求》《中华人民共和国产品质量法》《包装资源回收利用及暂行管理办法》《食品安全国家标准包装饮用水》《预包装特殊膳食用食品标签》《预包装食品营养标签通则》《中国农产品质量安全法》等，有 20 项之多，其中《中华人民共和国食品安全法》是一部总法，规定了食品的方方面面。

9.2.1.1　《中华人民共和国食品安全法》

新修订的《中华人民共和国食品安全法》自 2015 年 10 月 1 日起正式实施。这部法律一共有总则、食品安全风险监测和评估、食品安全标准、食品生产经营等 10 章，共 154 条，比修订前的《食品安全法》增加了 50 条，新版《食品安全法》对原来 70%的条文进行了实质性的修订，新增一些重要的理念、制度、机制和方式，仅涉及监管制度的，就增加了食品安全风险自查制度、食品安全全程追溯制度、食品安全有奖举报制度等 20 多项。

我国《食品安全法》从无到有，再到大幅度修法，经历了曲折的过程。《中华人民共和国食品卫生法(试行)》自 1983 年 7 月 1 日起开始试行，到 1995 年 10 月 30 日正式公布实施，这期间，我国系统地制定并施行了有关食品与包装的国家标准、行业标准及有关法规和管理办法，并于 1997 年正式颁布实施《食品卫生行政处罚办法》。

2006 年，修订食品卫生法被列入年度立法计划。此后，将修订食品卫生法改为制定食品安全法。

2007 年，食品安全法草案首次提请全国人大常委会审议。

2008 年，食品安全法草案公布，广泛征求各方面意见和建议。后因三鹿奶粉引发的“三聚氰胺事件”爆发，又进行了多方面修改。

2009 年，食品安全法在十一届全国人大常委会第七次会议上高票通过，并于 6 月 1 日正式施行，食品卫生法同时废止。食品卫生行政处罚办法于 2010 年 12 月 28 日卫生部令第 78 号宣布废止。

2013 年 10 月，国务院法制办就食品安全法修订草案送审稿公开征求意见。在此基础上形成的修订草案经国务院第 47 次常务会议讨论通过。

2014 年 6 月 23 日，食品安全法自 2009 年实施以来迎来首次大修，食品安全法修订草案提交十二届全国人大常委会第九次会议审议。

2015 年 4 月 24 日，食品安全法的修订工作，横跨两年时间，历经常委会三次审议，数易其稿，经十二届全国人大常委会第十四次会议审议通过，于 2015 年 10 月 1 日起正式实施。

2018 年 12 月 29 日，经第十三届全国人大常委会第七次会议通过，对《食品安全法》部分条款进行了修改。

《食品安全法》有关食品包装的规定具体如下。

第三章　食品安全标准

第二十六条　食品安全标准应当包括下列内容：

（一）食品、食品添加剂、食品相关产品中的致病性微生物，农药残留、兽药残留、生物毒素、重金属等污染物质以及其他危害人体健康物质的限量规定；

（四）对与卫生、营养等食品安全要求有关的标签、标志、说明书的要求；

第四章　食品生产经营

第一节　一般规定

第三十四条　禁止生产经营下列食品、食品添加剂、食品相关产品：

（九）被包装材料、容器、运输工具等污染的食品、食品添加剂；

（十）标注虚假生产日期、保质期或者超过保质期的食品、食品添加剂；

（十一）无标签的预包装食品、食品添加剂；

第二节　生产经营过程控制

第六十六条　进入市场销售的食用农产品在包装、保鲜、贮存、运输中使用保鲜剂、防腐剂等食品添加剂和包装材料等食品相关产品，应当符合食品安全国家标准。

第三节　标签、说明书和广告

第六十七条　预包装食品的包装上应当有标签。标签应当标明下列事项：

（一）名称、规格、净含量、生产日期；

（二）成分或者配料表；

（三）生产者的名称、地址、联系方式；

（四）保质期；

（五）产品标准代号；

（六）贮存条件；

（七）所使用的食品添加剂在国家标准中的通用名称；

（八）生产许可证编号；

（九）法律、法规或者食品安全标准规定应当标明的其他事项。

专供婴幼儿和其他特定人群的主辅食品，其标签还应当标明主要营养成分及其含量。食品安全国家标准对标签标注事项另有规定的，从其规定。

第六十八条　食品经营者销售散装食品，应当在散装食品的容器、外包装上标明食品的名称、生产日期或者生产批号、保质期以及生产经营者名称、地址、联系方式等内容。

第七十二条　食品经营者应当按照食品标签标示的警示标志、警示说明或者注意事项的要求销售食品。

第六章　食品进出口

第九十七条　进口的预包装食品、食品添加剂应当有中文标签；依法应当有说明书的，还应当有中文说明书。标签、说明书应当符合本法以及我国其他有关法律、行政法规的规定和食品安全国家标准的要求，并载明食品的原产地以及境内代理商的名称、地址、联系方式。预包装食品没有中文标签、中文说明书或者标签、说明书不符合本条规定的，不得进口。

第九章　法律责任

第一百二十五条　违反本法规定，有下列情形之一的，由县级以上人民政府食品安全监督管理部门没收违法所得和违法生产经营的食品、食品添加剂，并可以没收用于违法生产经营的工具、设备、原料等物品；违法生产经营的食品、食品添加剂货值金额不足一万元的，并处五千元以上五万元以下罚款；货值金额一万元以上的，并处货值金额五倍以上十倍以下罚款；情节严重的，责令停产停业，直至吊销许可证：

（一）生产经营被包装材料、容器、运输工具等污染的食品、食品添加剂；

（二）生产经营无标签的预包装食品、食品添加剂或者标签、说明书不符合本法规定的食品、食品添加剂；

（三）生产经营转基因食品未按规定进行标示；

（四）食品生产经营者采购或者使用不符合食品安全标准的食品原料、食品添加剂、食品相关产品。

生产经营的食品、食品添加剂的标签、说明书存在瑕疵但不影响食品安全且不会对消费者造成误导的，由县级以上人民政府食品安全监督管理部门责令改正；拒不改正的，处二千元以下罚款。

9.2.1.2　有关食品包装法律法规典型案例

(1)预包装与散装食品包装标准不同

北京市民喻先生在计先生经营的北京某商贸中心购买了2盒铁观音。茶叶礼盒及小包装上仅有“铁观音”“中国茶礼”“品茶品人生，饮茶饮健康”等字样，并无生产日期、有效期等相关产品信息。

喻先生以购买的铁观音茶叶礼盒为“三无”产品为由，向北京市石景山区食品药品监督管理局举报。喻先生认为，计先生出售的茶叶为预包装食品，却不符合《食品安全法》第四章第二节第六十七条中关于预包装食品的包装上的相应规定。为此，诉至法院，要求退货，并索要3倍赔偿。

一审法院认为，双方当事人对计先生出售的铁观音是否为预包装产品存在争议。根据食药监局出具的调查结果，计先生出售的铁观音茶叶大包装进货，生产厂家、生产日期、有效期等标识齐全，进货票据齐全。铁观音茶叶为冷冻储藏，散装销售，根据购买人的需求，称取一定量的散装茶叶销售，并赠送空礼盒装上茶叶，消费者购买的铁观音礼盒茶叶销售形式为散装食品，不适用于预包装食品标签通则。该结论也与法院的调查结果相一致。因此，一审法院认定喻先生自计先生处购买的铁观音系散装食品。

该案主审法官表示，《食品安全法》规定，预包装食品是指预先定量包装或者制作在包装材料和容器中的食品，包括预先定量包装以及预先定量制作在包装材料和容器中并且在一定量限范围内具有统一的质量或体积标识的食品。消费者在购买食品时，需要首先明确所购买的食品属于预包装食品还是散装食品，如果是直接向消费者提供的预包装食品，则该食品标签上应标明食品名称、配料表、净含量和规格、生产者和(或)经销者的名称、地址和联系方式、生产日期和保质期、贮存条件、食品生产许可证编号、产品标准代号及其他需要标示的内容。如果是散装食品，则不受上述国家标准规范。

(2)进口食品无中文标签的，消费者可要求价款赔偿。

2015 年 5 月 29 日，刘某某在重庆某百货商场消费 588 元购得 6 瓶进口商品“×××无醇含气复合果汁饮料”，均无中文标识。刘某某以该六瓶饮料无中文标签，不符合食品安全标准为由提起诉讼，要求给予 10 倍价款赔偿。

法院裁判：根据《中华人民共和国食品安全法》第九十七条规定：“进口的预包装食品、食品添加剂应当有中文标签；依法应当有说明书的，还应当有中文说明书。预包装食品没有中文标签、中文说明书或者标签、说明书不符合本条规定的，不得进口。”本案刘某某举示的商品、购物小票和发票可以证明其所购的六瓶饮料无中文标签，该百货商场未举示充分证据证明刘某某所购商品在出售时即有中文标签，应认定刘某某的主张成立。人民法院遂判决该百货商场向刘某某赔偿 5 880 元。

(3)在相关国家标准未对产品质量等级做出规定的情况下，生产者自行在产品上标识质量等级的不构成欺诈。

2013 年 9 月 14 日周某在某副食经营部以 298 元/瓶的价格购买了 2 瓶由×××酒庄有限公司生产的干红葡萄酒。葡萄酒瓶体包装上标注有“×××酒庄产品质量等级”字样，并用箭头、字体、图形等的组合标识标明产品质量等级由低到高为“优选级”“特选级”“珍藏级”“大师级”。周某认为涉诉葡萄酒的上述标识违反了相关法律法规的规定，属于欺骗、误导消费者的行为，遂起诉要求某副食经营部退还货款 596 元，并赔偿 3 倍价款 1 788 元。

法院裁判：《食品安全国家标准预包装标签通则》(GB 7718—2011)第 4.1.11.4 条规定：“食品所执行的相应产品标准已经明确规定质量(品质)等级的，应标示质量(品质)等级”。我国关于葡萄酒的相关国家标准中并无有关葡萄酒质量(品质)等级的规定，涉诉葡萄酒的生产者在葡萄酒瓶体上标识产品质量等级的相关标识，系制定并施行企业产品质量管理的行为，并不违反相关法律法规，涉诉葡萄酒瓶体上有关产品质量等级的标识，并不会欺骗、误导消费者，不属于虚假标注。人民法院遂判决驳回了周某的诉讼请求。

(4)包装标识中的营养成分含量低于国标中该营养成分的使用量，不属于《食品安全法》中规定的影响食品安全的情形。

2014年4月2日，强某某在某连锁店消费2.4元购买了1瓶450 mL的×××橙汁饮料，该产品外包装上标明了营养成分表，该表最后一栏标有：维生素C，每份33.8 mg(经换算为75 mg/kg)，营养素参考值34%。强某某以《食品营养强化剂使用标准》(GB 14880—2012)中规定，维生素C在果蔬汁(肉)饮料(包括发酵型产品等)使用量的范围为250～500 mg/kg，涉案产品未达国家标准，属于不符合食品安全标准的食品为由提起诉讼，要求退货并予以10倍价款赔偿。

法院裁判：《食品营养强化剂使用标准》(GB 14880—2012)中第8条规定："按照本标准使用的营养强化剂化合物来源应符合相应的质量规格要求。其中维生素C在果蔬汁(肉)饮料(包括发酵型产品等)使用量的范围为250～500 mg/kg……"该标准中营养强化剂的使用量，指的是在生产过程中允许的实际添加量，该使用量是考虑到所强化食品中营养素的本底含量、人群营养状况及食物消费情况等因素，根据风险评估的基本原则而综合确定的。

鉴于不同的食品原料本底所含的各种营养素含量差异性较大，而且不同的营养素在产品生产和货架期的衰减、损失也不尽相同，因此强化的营养素在终产品中的实际含量可能高于或低于本标准规定的该营养强化剂的使用量。人民法院遂驳回了强某某的诉讼请求。

(5)生产者在无国家强制性标准时可就多个推荐性标准择一使用。

覃某在某超市购买了由×××枣业有限公司生产的某品牌原枣67袋，该产品外包装上标注了"产品名称：某品牌原枣；配料：骏枣；产品种类：干制大红枣；质量等级：一等；产品标准代号：GB/T 5835；保质期：12个月；食用方法：开袋即食、煲汤、煮粥、泡茶、做馅；生产者名称：×××枣业有限公司；生产许可证号：QS652917020187……"。之后，覃某向法院提起诉讼，以该超市销售的涉案产品标注"开袋即食"和"保质期12个月"存在虚假宣传为由要求赔偿。

法院裁判：首先，涉讼产品系红枣类干果制品，目前我国对于此类产品无国家强制标准和行业标准，只有国家推荐性标准。按照我国标准化法之规定，强制性标准必须执行。推荐性标准，国家鼓励企业自愿采用，该公司选择适用推荐标准GB/T 5835—2009，并不违反法律规定。其次，GB/T 5835—2009中没有开袋即食以及保质期的规定，涉讼红枣标注"开袋即食""保质期12个月"是否属于标注不当，应以是否达到开袋即食以及保质期12个月的质量要求来确定。免洗红枣是推荐性生产标准，开袋即食是食用方法，二者不能等同，其标注虽与推荐性生产标准不一致，但在有证据证明产品无质量问题且不会对消费者造成误导时，不应认定生产者构成欺诈。人民法院遂判决驳回了覃某的诉讼请求。

(6)包装饮用水系豁免强制标示营养标签的预包装食品，可以不标示营养成分。

秦某在重庆某商店购买了720瓶×××天然矿泉水。该产品外包装上除标注了特征性指标外，还标注了"pH为7.25～7.8，呈天然弱碱性，均衡富含对人体有益的硒、锶等20多种常量及微量元素。天天饮用，健康长寿"等词句。秦某以该产品没有标明该20多种常量及微量元素的含量及其占营养素参考值(NRV)的百分比为由向人民法院提起诉讼，要求重庆某商店退还货款并给予5倍价款赔偿。

法院裁判：《预包装食品营养标签通则(GB 28050—2011)》第十四条规定：对于包装饮用水，依据相关标准标注产品的特征性指标，如偏硅酸、碘化物、硒、溶解性总固体含量以及主要阳离子(K^+、Na^+、Ca^+、Mg^{2+})含量范围等,不作为营养信息。×××矿泉水包装上标明的20多种常量及微量元素,属于矿泉水的特征性指标而非营养信息,可以不予标示。因此,人民法院遂判决驳回了秦某的诉讼请求。

(7)食品外包装不规范,可以要求等价退款。

2015年3月,老徐在厦门一家超市购买了标注"某食品公司"经销的葡萄酒32瓶,共消费金额2 997元。老徐购买上述葡萄酒后,认为该葡萄酒的标签标注不符合相关规定的要求,立即向工商行政管理部门举报起诉要求"退一赔十"。

法院裁判:法官分析认为,超市作为产品销售者,未能验明产品合格证明和其他标识,对于外包装成分标识违反了国家强制性标准的案涉产品进行上架销售,存在过错,消费者要求退还货款2 997元的诉讼请求,合法有据。

但是,本案产品外包装标签虽然不规范,但不影响食品安全,也没有对消费者造成误导。案涉产品的外包装不规范的情形并不属于食品安全问题。集美区法院做出一审判决,要求超市退还货款2 997元,但驳回了老徐要求支付十倍赔偿金的诉求。

(8)生产不符合食品安全标准的食品或者经营明知是不符合食品安全标准的食品,消费者可以要求赔偿。

2015年10月李某在某商场购买真空包装食品后,李某发现该食品违反了《鲜、冻动物性水产品卫生标准》关于该类商品保质期9个月的规定,将保质期标注为12个月,遂向法院起诉要求商场退货并要求十倍赔偿。

法院裁判:根据《食品安全法(2015)》第一百四十八条第二款规定:生产不符合食品安全标准的食品或者经营明知是不符合食品安全标准的食品,消费者除要求赔偿损失外,还可以向生产者或者经营者要求支付价款十倍或者损失三倍的赔偿金。

9.2.2 食品包装上常见的标识

我国食品包装上常见的标识主要有以下几种。

9.2.2.1 食品生产许可证

新修订的《食品安全法》第三十五条规定:国家对食品生产经营实行许可制度。从事食品生产、食品销售、餐饮服务,应当依法取得许可。自2015年10月1日起,国家实行新的食品生产许可制度,规定在2018年9月30日以前,所有的食品生产厂家必须更换认证为"SC"认证,认证制度由"一品一证"变更为"一企一证"。保健食品、婴儿配方食品、特殊医学用途配方食品被纳入生产许可管理体系。更换认证的厂家在产品外包装上无需加印"QS"标志。2018年10月1日起,"QS"认证标志全面废除。

新的食品生产许可证将不单独设计标志,编号以"SC"("生产"的汉语拼音首字母)开头,后接13位阿拉伯数字和1位验证位,实际印刷时一般不分段。13位阿拉伯数字中:前3位为企业主要生产的食品类型代码;中间6位为发证机关所在的省(自治区、直辖市)市(地区、州、盟、直辖市的区县)县(市辖区、县级市、自治县、旗、自治旗等)代码,与本地现行身份证号码前6位相同;后4位为获证企业序号,由发证机关按发证顺序给出。最后一位为验证位,为10个阿拉伯数字或大写英文字母X,是前13位数字通过算法获得值除以11的余数,X表示余数为10。

9.2.2.2 绿色食品标志

绿色食品标志(图9-1)是由中国绿色食品发展中心在国家工商行政管理局商标局正式注册的质量证明商标。它主要由3部分构成,即上方的太阳、下方的叶片和中心的蓓蕾。标志为正圆形,意为保护。整个图形描绘了一幅明媚阳光照耀下的和谐生机,旨在告诉人们绿色食品正是出自纯净、良好生态环境的安全无污染食品,能给人们带来蓬勃的生命力。绿色食品标志还提醒人们要保护环境,通过改善人与环境的关系,创造自然界新的和谐。

图9-1 绿色食品标志

绿色食品分为A级绿色食品和AA级绿色食品。A级绿色食品,系指在生态环境质量符合规定标准的产地、生产过程中允许限量使用限定的化学合成物质。AA级绿色食品(等同有机食品),系指在生态环境质量符合规定标准的产地,生产过程中不使用任何有害化学合成物质。按特定的生产操作规程生产、加工、产品质量及包装经检测、检查符合特定标准,并经专门机构认定,许可使用A级与AA绿色食品标志的产品。

9.2.2.3 有机食品标志

有机食品也叫生态或生物食品等。有机食品是国际上对无污染天然食品比较统一的提法。有机食品通常来自有机农业生产体系,根据国际有机农业生产要求和相应标准生产、加工,并经具有资质的独立认证机构认证的一切农副产品。

有机食品标志(图9-2),采用国际通行的圆形构图,以手掌和叶片为创意元素,包含2种景象,一是一只手向上持着一片绿叶,寓意人类对自然和生命的渴望;二是两只手一上一下握在一起,将绿叶拟人化为自然的手,寓意人类的生存离不开大自然的呵护,人与自然需要和谐美好的生存关系。图形外围绿色圆环上标明中英文"有机食品"。整个图案采用绿色,象征着有机产品是真正无污染、符合健康要求的产品以及有机农业给人类带来了优美、清洁的生态环境。有机食品概念,是这种理念的实际体现。人类的食物从自然中获取,人类的活动应尊重自然规律,这样才能创造一个良好的可持续发展空间。

图9-2 有机食品标志

9.2.2.4 中国有机产品标志

有机产品是根据有机农业原则和有机产品生产方式及标准生产、加工出来的,并通过合法的有机产品认证机构认证并颁发证书的一切农产品。

中国有机产品标志(图9-3)的主要图案由3部分组成,外围的圆形、中间的种子图形及其周围的环形线条。标志外围的圆形形似地球,象征和谐、安全,圆形中的"中国有机产品"

字样为中英文结合方式，既表示中国有机产品与世界同行，也有利于国内外消费者识别。标志中间类似种子的图形代表生命萌发之际的勃勃生机，象征了有机产品是从种子开始的全过程认证，同时昭示出有机产品就如同刚刚萌生的种子，正在我国大地上茁壮成长。种子图形周围圆润自如的线条象征环形的道路，与种子图形合并构成汉字“中”，体现出有机产品植根中国，有机之路越走越宽广。同时，处于平面的环形又是英文字母“C”的变体，种子形状也是“O”的变形，意为“China Organic”。绿色代表环保、健康，表示有机产品给人类的生态环境带来完美与协调。橘红色代表旺盛的生命力，表示有机产品对可持续发展的作用。

图 9-3 中国有机产品标志

9.2.2.5 无公害农产品标志

无公害农产品是指产地环境符合无公害农产品要求，生产过程符合农产品质量标准和规范，有毒有害物质残留量控制在安全质量允许范围内，安全质量指标符合《无公害农产品(食品)标准》的农、牧、渔产品(食用类，不包括深加工的食品)经专门机构认定，许可使用无公害农产品标识的产品。

图 9-4 无公害农产品标志

无公害农产品标志(图 9-4)图案主要由麦穗、对勾和无公害农产品字样组成，麦穗代表农产品，对勾表示合格，金色寓意成熟和丰收，绿色象征环保和安全。标志必须经当地无公害管理部门申报，经省级无公害管理部门批准才可获得使用权。

9.2.2.6 原产地域产品标志

为有效保护我国的原产地域产品，保证原产地域产品的质量和特色，1999 年，国家推行了原产地域产品保护制度，对原产地域产品的通用技术要求和原产地域产品专用标志制定了国家强制性标准。凡国家公告保护的原产地域产品，在保护地域范围的生产企业，经国家质检总局审核并注册登记后，可以将该标志印制在产品的说明书和包装上，以此区别同等类型，但品质不同的非原产地域产品。

图 9-5 原产地域产品专用标志

原产地域产品专用标志(图 9-5)的轮廓为椭圆形，灰色外圈，绿色底色，椭圆中央红色的为中华人民共和国地图，椭圆形下部灰色的为万里长城。在椭圆形上部标注“中华人民共和国原产地域产品”字样，字体黑色、综艺体。在产品说明书和包装上印制标志时，允许按比例放大或缩小。

9.2.2.7 地理标志保护产品

地理标志保护产品，指产自特定地域，所具有的质量、声誉或其他特性取决于该产地的自然因素和人文因素，经审核批准以地理名称进行命名的产品。地理标志产品包括：一是来自本地区的种植、养殖产品；二是原材料来自本地区，并在本地区按照特定工艺生产和加工的产品。

地理标志保护产品标志（图 9-6）的轮廓为椭圆形，淡黄色外圈，绿色底色。椭圆内圈中均匀分布 4 条经线、5 条纬线，椭圆中央为中华人民共和国地图。在外圈上部标注“中华人民共和国地理标志保护产品”字样，中华人民共和国地图中央标注“PGi”字样，在外圈下部标注“PEOPLE'S REPUBLIC OF CHINA”字样，在椭圆形第 4 条和第 5 条纬线之间中部标注受保护的地理标志产品名称。

图 9-6　地理标志保护产品标志

9.2.2.8　农产品地理标志

农产品地理标志（图 9-7），是指标示农产品来源于特定地域，产品品质和相关特征主要取决于自然生态环境和历史人文因素，并以地域名称冠名的特有农产品标志。此处所称的农产品是指来源于农业的初级产品，即在农业活动中获得的植物、动物、微生物及其产品。标识基本图案由中华人民共和国农业部中英文字样、农产品地理标志中英文字样和麦穗、地球、日月图案等元素构成。公共标识基本组成色彩为绿色和橙色。

图 9-7　农产品地理标志

9.2.2.9　食品包装 CQC 标志

食品包装 CQC 标志认证是中国质量认证中心（图 9-8）（英文简称 CQC）实施的以国家标准为依据的第三方认证，是一种强制性认证，可分为食品包装安全认证（CQC 标志认证）和食品包装质量环保认证（中国质量环保认证标志）。CQC 标志认证类型涉及产品的安全、性能、环保、有机产品等，认证范围包括百余种产品。

CQC标志认证　　　　中国质量环保认证标志

图 9-8　食品包装 CQC 标志

9.2.2.10　保健食品标志

保健食品标志（图 9-9）为天蓝色图案，下有“保健食品”字样。国家工商总局和卫计委规定，在影视、报刊、印刷品、店堂、户外广告等可视广告中，保健食品标志所占面积不得小于全部广告面积的 1/36。其中报刊、印刷品广告中的保健食品标志，直径不得小于 1 cm，影视、户外显示屏广告中的保健食品标志，须不间断的出现。在广播广告中，应以清晰的语言表明其为保健食品。

图 9-9　保健食品标志

9.2.2.11 绿色饮品企业环境质量合格标志

绿色饮品企业环境质量合格标志(图 9-10),绿色饮品是指遵循可持续发展原则,按照特定生产方式生产,经专门机构认证,许可使用绿色食品标志的无污染、安全、优质、营养类食品的总称。绿色饮品是未来农业和食品发展的一种新兴主导食品。图形中麦穗代表绿色食品,中间的酒杯代表饮品,"y"是"饮"字拼音的第一个字母,杯底蓝色代表洁净水。

图 9-10　绿色饮品企业环境质量合格标志

9.2.2.12 中国环境标志

中国环境标志(图 9-11)(俗称"十环"),图形由中心的青山、绿水、太阳及周围的十个环组成。图形的中心结构表示人类赖以生存的环境,外围的十个环紧密结合,环环紧扣,表示公众参与,共同保护环境;同时十个环的"环"字与环境的"环"同字,其寓意为"全民联系起来,共同保护人类赖以生存的环境"。

中国环境标志是一种标在产品或其包装上的标签,是产品的"证明性商标",它表明该产品不仅质量合格,而且在生产、使用和处理处置过程中符合特定的环境保护要求,与同类产品相比,具有低毒少害、节约资源等优势。

图 9-11　中国环境标志

9.2.2.13 国家免检产品标志

免检是指对符合规定条件的产品免予政府部门实施的质量监督检查的活动。获准免检的产品"在一定时间内免予各地区、各部门各种形式的检查"。免检产品自获准免检之日起 3 年内,在全国范围内免除各地区、各部门在生产和流通领域实施的各种形式的产品质量监督检查。

国家免检产品标志(图 9-12)属于质量标志。获得免检证书的企业在免检有效期内,可以自愿将免检标志标示在获准免检的产品或者其铭牌、包装物、使用说明书、质量合格证上。国家质检总局统一规定的免检标志呈圆形,正中位置为"免"字汉语拼音声母"M"的正、倒连接图形,上实下虚,意指免检产品的外在及内在质量都符合有关质量法律法规的要求。在这一中心图案上方,有"国家免检产品"的字样,显示了国家免检的权威性。

图 9-12　国家免检产品标志

9.2.2.14 采用国际标准产品标志

国际标准产品标志(图 9-13),是我国产品采用国际标准的一种专用说明标志,是企业对产品质量达到国际先进水平或国际水平的自我声明形式。采标标志由国家质量技术监督局统一设计标志图样。外圈表示"中国制造"用 CHINA 的第 1 个字母 C 表示、里面是地球和

ISO、IEC 图样，表示国际标准化组织(ISO)和国际电工委员会(IEC)制订的国际标准，下面“采用国际标准产品”8 个字画龙点睛地表示使用采标标志的产品系采用国际标准或国外先进标准，质量达到国际先进水平或国标水平。

图 9-13 国际标准产品标志

思考题

1. ISO 涉及的食品包装标准有哪些？
2. 食品法典委员会有关的食品包装标准有哪些？
3. 我国的食品包装国家标准可分为哪几类？各有什么内容？
4.《食品安全法》有关食品包装的规定有哪些？
5.《农产品质量安全法》有关食品包装的规定有哪些？
6. 食品包装上常见的质量标志有哪些？各有何寓意？

参 考 文 献

[1] 章建浩. 2017.食品包装学[M].4 版.北京:中国农业出版社.

[2] 阚建全. 2015.食品化学[M].3 版.北京:中国农业大学出版社.

[3] 江汉湖. 2010.食品微生物学[M].3 版.北京:中国农业出版社.

[4] 章建浩. 2000. 食品包装大全(一)[M]. 北京：中国轻工业出版社.

[5] 章建浩. 2009. 食品包装学[M]. 北京：中国农业出版社.

[6] 张琳. 2010.食品包装[M]. 北京：印刷工业出版社.

[7] 武志杰，梁文举，姜勇，等. 2006. 农产品安全生产原理与技术[M]. 北京：中国农业科学技术出版社.

[8] 黄俊彦. 2007. 现代商品包装技术[M]. 北京：化学工业出版社.

[9] 李代明. 2008. 食品包装学[M]. 北京：中国计量出版社.

[10] 中国标准出版社第一编辑室. 2006. 中国包装标准汇编[M]. 北京：中国标准出版社.

[11] 郝晓秀. 2006. 包装材料学[M]. 北京：印刷工业出版社.

[12] 徐永英，刘书钗. 1996. 纸和纸板包装材料生产技术[M]. 北京：中国科技大学出版社.

[13] 薛山，赵国华. 2012. 食品包装材料中有害物质迁移的研究进展[J]. 食品工业科技，(2)：404-409.

[14] 杨艳,刘颖,贾士芳. 2015. 多糖类可食性包装纸的生产工艺及应用前景[J]. 农业技术与装备,(01):82-84.

[15] 隋明,魏明英. 2017. 魔芋基材可食用蔬菜包装纸生产工艺的研究[J]. 食品研究与开发，38(08):89-91.

[16] 李欣欣,马中苏，杨圣岽. 2012. 可食膜的研究与应用进展[J]. 安徽农业科学，40(22)：11438-11441.

[17] SIVAREOBAN T，HETTIARACHCHY N S，JOHNSON M G. 2008. Physical and antimicrobial properties of grape seed extract，nisin，and EDTA incorporated soy protein edible films[J]. Food research international，41(8)：781-785.

[18] KOKOSZKA S，DEBEANFORT F，HAMBLETON A，et al. 2010. Protein and glycerol contents affect 72 physico-chemical properties of soy protein isolate-based edible films[J]. Innovative food science and emerging technologies，11(3)：503-510.

[19] 陈光，孙旸，王刚，等. 2008. 可食膜的研究进展[J]. 吉林农业大学学报，30(4):596-

604.
[20] 高翔. 2013. 多糖可食用包装膜的制备与应用研究[D]. 青岛：中国海洋大学.
[21] 隋明，魏明英. 2017. 魔芋基材可食用蔬菜包装纸生产工艺的研究[J]. 食品研究与开发，38(08)：89-91.
[22] 刘梅. 2014. 壳聚糖食用包装膜的制备及其相关结构性能的研究[D]. 合肥：安徽农业大学.
[23] 高翔. 2013. 多糖可食用包装膜的制备与应用研究[D]. 青岛：中国海洋大学.
[24] 马丽艳，马晓军. 2018. 纳米材料改性纸张包装性能的研究进展[J]. 包装工程，39(13)：1-7.
[25] AZADMANJIRI J, BERNDT C C, WANG J, et al. 2016. Nanolaminated Composite Materials: Structure, Inter-face Role and Applications[J]. Rsc Advances, 6(111): 354-360.
[26] 杜俊. 2016. 纳米纤维素增韧 PHBV 的工艺及机理研究[D]. 南京：南京林业大学.
[27] 祝婧超，唐孙东日，宋先亮，等. 2011. 添加纳米材料对纸张性能影响的研究[J]. 纸和造纸，(5)：33-35.
[28] 王璇. 2016. 纳米纤维素改性聚乳酸复合材料及增容机理研究[D]. 北京：北京林业大学.
[29] HASSAN E A, HASSAN M L, ABOU-ZEID R E, et al. 2016. Novel Nanofibrillated Cellulose/Chitosan Nanoparticles Nanocomposites Films and Their Use for Paper Coat-ing[J]. Journal of Science Direct, 93(12): 219-226.
[30] 塑料五金网. 技术创新：复合纸包装或将替代塑料软包装[EB/OL]. (2015-07-20)[2018-03-31. http: //www. sjwj. com/ Information/InfoForDetail_134434. html.
[31] SHEIKH S, D'SOUZA S. Packaging with an Antibacte-rial Coating: US, 20170267431[P]. 2017-09-21.
[32] 谢清萍，彭建军，张权. 2014. 纳米材料在纸张表面处理中的应用[J]. 中国造纸，33(3)：61-67.
[33] XIE Q P, PENG J, ZHANG Q. 2014. Appli-cation of Nanomaterials in Paper Surface Treatment[J]. Chinese Pulp and Paper, 33(3): 61-67.
[34] 中国包装网. 2015. 详谈纳米技术在瓦楞包装中的应用[J]. 中国包装，(4)：66-68.
[35] 董同力嘎. 2015. 食品包装学[M]. 北京：科学出版社.
[36] 任发政，郑宝东，张钦发. 2009. 食品包装学[M]. 北京：中国农业大学出版社.
[37] 李代明. 2008. 食品包装学[M]. 北京：中国计量出版社.
[38] 张琳. 2010. 食品包装[M]. 北京：印刷工业出版社.
[39] 章建浩. 2009. 生鲜食品贮藏保鲜包装技术[M]. 北京：化学工业出版社.
[40] 刘雪. 2013. 中国传统食品之粽子的包装设计现状及趋势研究(D). 秦皇岛：燕山大学，(12).
[41] 洪凰，冯恺. 2015. 真空包装粽子品质指标研究[J]. 食品工程，(3)：49-52.

[42] 李里特,江正强. 2011. 焙烤食品工艺学[M]. 北京:中国轻工业出版社.
[43] 张建浩. 2005. 食品包装学[M]. 北京:中国农业出版社.
[44] 张国治. 2006. 方便主食加工机械[M]. 北京:化学工业出版社.
[45] 胡舰,周莹,左波,等. 2018. 热风—压差膨化生产非油炸方便面的工艺优化[J]. 食品与机械,34(05):198-203+215.
[46] 刘东芳,陈欣,于佳佳. 2013. 镀铝复合膜包装与方便面面饼相容性的研究及分析[J]. 包装工程,34(19):29-33.
[47] 李慧. 2012. 层层揭开方便面包装的秘密[J]. 湖南包装,(04):44-46.
[48] 中华人民共和国食品安全法(主席令第二十一号)[2015-10-01 实施].
[49] GB 7718—2011 食品安全国家标准预包装食品标签通则[S].
[50]《中国食品工业协会团体标准食品保质期通用指南》[S](T/CNFIA 001—2017).
[51] 金国斌. 2003. 包装商品保质期(货架寿命)的概念、影响因素及确定方法[J]. 软包装,000(4):49-51.
[52] 杨福馨. 2012. 食品包装学[M]. 北京:印刷工业出版社.
[53] 杨玉红,陈淑范. 2011. 食品微生物学[M]. 武汉:武汉理工大学出版社.
[54] 刘力桥,奚德昌. 2003. 防潮包装的研究方法[J]. 包装工程,2.
[55] 李云魁. 2012. 食品防潮抗氧化包装设计及软件开发[J]. 无锡市:江南大学.
[56] 武文斌. 2002. 面粉防潮包装设计与应用[J]. 粮油仓储科技通讯,(1)27:28.
[57] 武晓明. 2016. 浅析防潮包装设计[J]. 决策的信息,6.
[58] 原琳,卢立新. 2008. 酥性饼干防潮包装保质期预测模型的研究[J]. 食品工业科技,10:206-208.
[59] 赵剑飞. 2005. 应用栅栏因子保鲜理论分析影响熟香肠货架期的因素[J]. 肉类工业,1:285.
[60] 孙丽芹,董新伟,刘玉鹏,等. 1998. 脂类的自动氧化机理[J]. 中国油脂,05.
[61] 穆同娜,张惠,景全荣. 2004. 油脂的氧化机理及天然抗氧化物的简介[J]. 食品科学,25.
[62] 徐芳,卢立新. 2008. 油脂氧化机理及含油脂食品抗氧化包装研究进展[J]. 包装工程,6.
[63] 皮林格 O. G.,巴纳 A. L. 等. 2004. 食品用塑料包装材料:阻隔功能,传质,品质保证和立法[M]. 范家起,等译. 北京:化学工业出版社.
[64]《欧盟食品接触材料安全法规实用指南》编委会. 2005. 欧盟食品接触材料安全法规实用指南[M]. 北京:中国标准出版社.
[65] PIRINGER O G, BANER A L. 2008. Plastic packaging: interactions with food and pharmaceuticals[M]. 2ed, Completely Revised Edition. Weinheim: Wiley-VCH.
[66] 巴恩斯 K. A.,辛克莱 C. R.,沃森 D. H.,等. 2011. 食品接触材料及其化学迁移[M]. 宋欢,等译. 北京:中国轻工业出版社.
[67] 刘志刚. 2007. 塑料包装材料化学物迁移试验及数值模拟研究[D]. 无锡:江南大学.

[68] 王平利. 2010. 塑料包装材料中迁移物扩散系数的分子动力学研究[D]. 广州：暨南大学.

[69] TEHRANY E A, DESOBRY S. 2004. Partition coefficients in food/packaging systems: a review[J]. Food Additives and Contaminants: Part A, 21(12): 1186-1202.

[70] FRANZ R. 2005. Migration modelling from food-contact plastics into foodstuffs as a new tool for consumer exposure estimation[J]. Food Additives and Contaminants, 22(10): 920-937.

[71] POÇAS M F, OLIVEIRA J C, BRANDSCH R, et al. 2012. Analysis of mathematical models describe the migration of additives from packaging plastics to foods[J]. Journal of Food Process Engineering, 35(4): 657-676.

[72] 吴秀英. 2014. 食品包装材料的种类及其安全性[J]. 质量探索,(9):56-59.

[73] 胡长鹰. 2018. 食品包装材料及其安全性研究动态[J]. 食品安全质量检测学报,(12):3205.